尘肺病防治工作指南

中国煤矿尘肺病防治基金会
国家安全生产监督管理总局信息研究院　编写

煤炭工业出版社
·北　京·

图书在版编目（CIP）数据

尘肺病防治工作指南／中国煤矿尘肺病防治基金会，国家安全生产监督管理总局信息研究院编写．--北京：煤炭工业出版社，2018

ISBN 978-7-5020-6717-5

Ⅰ．①尘…　Ⅱ．①中…　②国…　Ⅲ．①尘肺—防治—指南　Ⅳ．①R598.2-62

中国版本图书馆 CIP 数据核字（2018）第 123906 号

尘肺病防治工作指南

编　　写	中国煤矿尘肺病防治基金会 国家安全生产监督管理总局信息研究院
责任编辑	曲光宇
责任校对	尤　爽
封面设计	王　滨
出版发行	煤炭工业出版社（北京市朝阳区芍药居 35 号　100029）
电　　话	010-84657898（总编室）　010-84657880（读者服务部）
网　　址	www.cciph.com.cn
印　　刷	北京市庆全新光印刷有限公司
经　　销	全国新华书店
开　　本	710mm×1000mm 1/16　**印张**　31 1/2　**字数**　534 千字
版　　次	2018 年 6 月第 1 版　2018 年 6 月第 1 次印刷
社内编号	20180382　**定价**　128.00 元

编　委　会

前 言

职业健康和职业病防治事关劳动者身体健康和生命安全，事关经济发展和社会稳定的大局，一直备受社会各方关注。党中央、国务院历来高度重视职业病防治工作。为了预防、控制和消除职业病危害，防治职业病，保护劳动者身体健康及其相关权益，国家相继颁布、修订了一系列职业病相关的法律法规和政策措施，为职业病防治工作提供了有力支撑。特别是《职业病防治法》实施以来，各地区、各有关部门依法履行职责，积极组织开展职业病危害源头治理和重点领域专项整治，严肃查处危害劳动者身体健康和生命安全的违法行为，企业职业卫生条件进一步改善，全社会关心、关注职业病危害防治工作的氛围初步形成。

但是，应当看到，我国职业病危害防治形势依然严峻，煤矿等高发领域新发病例仍呈上升趋势，尤其是尘肺病，形势更为严峻。据统计，尘肺病是目前我国发病人数最多和影响范围最广的职业病，约占职业病病人总人数的80%，近年来平均每年报告新发尘肺病病例一万多例。由于尘肺病具有潜伏周期长、发病缓慢等特点，一旦发病往往难以治愈，伤残率高，严重影响劳动者身体健康，甚至危及生命安全。加之现行法制体制不健全，实践中个别企业漠视生产安全和尘肺病防治主体责任，一些直接危害劳动者身体健康、侵犯其合法权益的违法行为时有发生，尘肺病监管难、鉴定难、维权难等矛盾依然突出，对劳动者全面保护还有待进一步提高。

习近平总书记多次强调指出：人民对美好生活的向往就是我们的奋斗目标。现阶段，人民美好生活需要日益广泛，对民主、法治、公平、正义、安全、环境、健康等方面的要求日益增长。对每一位有劳动能力的公民来说，只有远离职业病，生活才能更加美好。为此，《职业病危害治理“十三五”规划》明确提出，深入开展煤矿粉尘综合治理工程，全面落实企业职业病危害防治主体责任，到2020年基本实现粉尘等重点职业病危害因素的有效遏制。《中共中央　国务院关于推进安全生产领域改革发展的意见》进一步指出，建立完善职业病防治体系，制定职业病防治中长期规划，加强企业职业健康监管执法，建立安全生产和职业健康一体化监管执法体制。党的十九大报告坚持把人民利益摆在至高无上的地位，进一步强调树立安全发展理念，弘扬生命至上、安全第一的思想，加强和创新社会治理，使人民获得感、幸福感、安全感更加充实、更有保障、更可持续。

尘肺病防治是一项长期的系统性工程，需要多方参与、齐抓共管。作为社会治理的重要参与主体，中国煤矿尘肺病防治基金会自成立以来，始终紧紧围绕推进尘肺病预防和救助工作，坚持“以人为本、关爱生命、慈善为怀、防治尘肺”的办会宗旨，广泛募集社会资金，积极开展尘肺病防治、科研、普法宣传和新技术推广工作，并启动实施了尘肺病康复工程、预防工程，设立了省部级劳模尘肺病人公益救助、尘肺病人家庭氧疗救助、井下防尘降尘公益项目和农民工清肺救助等项目，在降低尘肺病的发病率，提高尘肺矿工劳动能力和生活质量，并最终消灭尘肺病等方面做出了积极贡献，累计救助尘肺病矿工16万余人。

为深入学习贯彻党的十九大精神，更加广泛地宣传国家有关尘肺病防治方面的法规、政策和相关制度，切实帮助广大劳动者尤其尘肺病职工拿起法律武器，依法维护自身合法权益，中国煤矿尘肺病防治基金会组织法律援助中心（设在煤炭信息研究院法律研究所）等相关部门的专业人员，对我国现行尘肺病防治方面的法规政策按照发布层级，分门别类进行了汇编整理，并精选了司法实务中的部分典型案例，针对案例所呈现的问题进行讨论，点评案件焦点，列举适用法律法规，从中揭示热点问题，为读者答疑解惑和提供维权指引；同时，系统编写了尘肺病防治的基础知识，内容浅显易懂，便于学习掌握。希望本书对有关人员提高法律意识、专业知识和水平、维护尘肺病患者权益、推动尘肺病防治工作有所帮助。

作 者

2018 年 2 月

目 次

上编 法 律 法 规

中编　尘肺病防治知识

下编　案　例　评　析

上编

法律法规

第一部分　法律、行政法规

中华人民共和国宪法

（1982 年 12 月 4 日第五届全国人民代表大会第五次会议通过，1982 年 12 月4 日全国人民代表大会公告公布施行、根据 1988 年 4 月 12 日第七届全国人民代表大会第一次会议通过的《中华人民共和国宪法修正案》、1993 年 3 月 29 日第八届全国人民代表大会第一次会议通过的《中华人民共和国宪法修正案》、1999 年 3 月 15 日第九届全国人民代表大会第二次会议通过的《中华人民共和国宪法修正案》、2004 年 3 月 14 日第十届全国人民代表大会第二次会议通过的《中华人民共和国宪法修正案》和 2018 年 3 月 11 日第十三届全国人民代表大会第一次会议通过的《中华人民共和国宪法修正案》修正）

目　　录

序　　言

中国是世界上历史最悠久的国家之一。中国各族人民共同创造了光辉灿烂的文化，具有光荣的革命传统。

一八四〇年以后，封建的中国逐渐变成半殖民地、半封建的国家。中国人民为国家独立、民族解放和民主自由进行了前仆后继的英勇奋斗。

二十世纪，中国发生了翻天覆地的伟大历史变革。

一九一一年孙中山先生领导的辛亥革命，废除了封建帝制，创立了中华民国。但是，中国人民反对帝国主义和封建主义的历史任务还没有完成。

一九四九年，以毛泽东主席为领袖的中国共产党领导中国各族人民，在经历了长期的艰难曲折的武装斗争和其他形式的斗争以后，终于推翻了帝国主义、封建主义和官僚资本主义的统治，取得了新民主主义革命的伟大胜利，建立了中华人民共和国。从此，中国人民掌握了国家的权力，成为国家的主人。

中华人民共和国成立以后，我国社会逐步实现了由新民主主义到社会主义的过渡。生产资料私有制的社会主义改造已经完成，人剥削人的制度已经消灭，社会主义制度已经确立。工人阶级领导的、以工农联盟为基础的人民民主专政，实质上即无产阶级专政，得到巩固和发展。中国人民和中国人民解放军战胜了帝国主义、霸权主义的侵略、破坏和武装挑衅，维护了国家的独立和安全，增强了国防。经济建设取得了重大的成就，独立的、比较完整的社会主义工业体系已经基本形成，农业生产显著提高。教育、科学、文化等事业有了很大的发展，社会主义思想教育取得了明显的成效。广大人民的生活有了较大的改善。

中国新民主主义革命的胜利和社会主义事业的成就，是中国共产党领导中国各族人民，在马克思列宁主义、毛泽东思想的指引下，坚持真理，修正错误，战胜许多艰难险阻而取得的。我国将长期处于社会主义初级阶段。国家的根本任务是，沿着中国特色社会主义道路，集中力量进行社会主义现代化建设。中国各族人民将继续在中国共产党领导下，在马克思列宁主义、毛泽东思想、邓小平理论、“三个代表”重要思想、科学发展观、习近平新时代中国特色社会主义思想指引下，坚持人民民主专政，坚持社会主义道路，坚持改革开放，不断完善社会主义的各项制度，发展社会主义市场经济，发展社会主义民主，健全社会主义法治，贯彻新发展理念，自力更生，艰苦奋斗，逐步实现工业、农业、国防和科学技术的现代化，推动物质文明、政治文明、精神文明、社会文明、生态文明协调发展，把我国建设成为富强民主文明和谐美丽的社会主义现代化强国，实现中华民族伟大复兴。

在我国，剥削阶级作为阶级已经消灭，但是阶级斗争还将在一定范围内长期存在。中国人民对敌视和破坏我国社会主义制度的国内外的敌对势力和敌对分子，必须进行斗争。

台湾是中华人民共和国的神圣领土的一部分。完成统一祖国的大业是包括台湾同胞在内的全中国人民的神圣职责。

社会主义的建设事业必须依靠工人、农民和知识分子，团结一切可以团结的力量。在长期的革命、建设、改革过程中，已经结成由中国共产党领导的，有各民主党派和各人民团体参加的，包括全体社会主义劳动者、社会主义事业的建设者、拥护社会主义的爱国者、拥护祖国统一和致力于中华民族伟大复兴的爱国者的广泛的爱国统一战线，这个统一战线将继续巩固和发展。中国人民政治协商会议是有广泛代表性的统一战线组织，过去发挥了重要的历史作用，今后在国家政治生活、社会生活和对外友好活动中，在进行社会主义现代化建设、维护国家的统一和团结的斗争中，将进一步发挥它的重要作用。中国共产党领导的多党合作和政治协商制度将长期存在和发展。

中华人民共和国是全国各族人民共同缔造的统一的多民族国家。平等团结互助和谐的社会主义民族关系已经确立，并将继续加强。在维护民族团结的斗争中，要反对大民族主义，主要是大汉族主义，也要反对地方民族主义。国家尽一切努力，促进全国各民族的共同繁荣。

中国革命、建设、改革的成就是同世界人民的支持分不开的。中国的前途是同世界的前途紧密地联系在一起的。中国坚持独立自主的对外政策，坚持互相尊重主权和领土完整、互不侵犯、互不干涉内政、平等互利、和平共处的五项原则，坚持和平发展道路，坚持互利共赢开放战略，发展同各国的外交关系和经济、文化交流，推动构建人类命运共同体；坚持反对帝国主义、霸权主义、殖民主义，加强同世界各国人民的团结，支持被压迫民族和发展中国家争取和维护民族独立、发展民族经济的正义斗争，为维护世界和平和促进人类进步事业而努力。

本宪法以法律的形式确认了中国各族人民奋斗的成果，规定了国家的根本制度和根本任务，是国家的根本法，具有最高的法律效力。全国各族人民、一切国家机关和武装力量、各政党和各社会团体、各企业事业组织，都必须以宪法为根本的活动准则，并且负有维护宪法尊严、保证宪法实施的职责。

第一章 总　纲

第一条　中华人民共和国是工人阶级领导的、以工农联盟为基础的人民民主专政的社会主义国家。

社会主义制度是中华人民共和国的根本制度。中国共产党领导是中国特色社会主义最本质的特征。禁止任何组织或者个人破坏社会主义制度。

第二条　中华人民共和国的一切权力属于人民。

人民行使国家权力的机关是全国人民代表大会和地方各级人民代表大会。

人民依照法律规定，通过各种途径和形式，管理国家事务，管理经济和文化事业，管理社会事务。

第三条　中华人民共和国的国家机构实行民主集中制的原则。

全国人民代表大会和地方各级人民代表大会都由民主选举产生，对人民负责，受人民监督。

国家行政机关、监察机关、审判机关、检察机关都由人民代表大会产生，对它负责，受它监督。

中央和地方的国家机构职权的划分，遵循在中央的统一领导下，充分发挥地方的主动性、积极性的原则。

第四条　中华人民共和国各民族一律平等。国家保障各少数民族的合法的权利和利益，维护和发展各民族的平等团结互助和谐关系。禁止对任何民族的歧视和压迫，禁止破坏民族团结和制造民族分裂的行为。

国家根据各少数民族的特点和需要，帮助各少数民族地区加速经济和文化的发展。

各少数民族聚居的地方实行区域自治，设立自治机关，行使自治权。各民族自治地方都是中华人民共和国不可分离的部分。

各民族都有使用和发展自己的语言文字的自由，都有保持或者改革自己的风俗习惯的自由。

第五条 中华人民共和国实行依法治国，建设社会主义法治国家。

国家维护社会主义法制的统一和尊严。

一切法律、行政法规和地方性法规都不得同宪法相抵触。

一切国家机关和武装力量、各政党和各社会团体、各企业事业组织都必须遵守宪法和法律。一切违反宪法和法律的行为，必须予以追究。

任何组织或者个人都不得有超越宪法和法律的特权。

第六条 中华人民共和国的社会主义经济制度的基础是生产资料的社会主义公有制，即全民所有制和劳动群众集体所有制。社会主义公有制消灭人剥削人的制度，实行各尽所能、按劳分配的原则。

国家在社会主义初级阶段，坚持公有制为主体、多种所有制经济共同发展的基本经济制度，坚持按劳分配为主体、多种分配方式并存的分配制度。

第七条 国有经济，即社会主义全民所有制经济，是国民经济中的主导力量。国家保障国有经济的巩固和发展。

第八条 农村集体经济组织实行家庭承包经营为基础、统分结合的双层经营体制。农村中的生产、供销、信用、消费等各种形式的合作经济，是社会主义劳动群众集体所有制经济。参加农村集体经济组织的劳动者，有权在法律规定的范围内经营自留地、自留山、家庭副业和饲养自留畜。

城镇中的手工业、工业、建筑业、运输业、商业、服务业等行业的各种形式的合作经济，都是社会主义劳动群众集体所有制经济。

国家保护城乡集体经济组织的合法的权利和利益，鼓励、指导和帮助集体经济的发展。

第九条 矿藏、水流、森林、山岭、草原、荒地、滩涂等自然资源，都属于国家所有，即全民所有；由法律规定属于集体所有的森林和山岭、草原、荒地、滩涂除外。

国家保障自然资源的合理利用，保护珍贵的动物和植物。禁止任何组织或者个人用任何手段侵占或者破坏自然资源。

第十条 城市的土地属于国家所有。

农村和城市郊区的土地，除由法律规定属于国家所有的以外，属于集体所有；宅基地和自留地、自留山，也属于集体所有。

国家为了公共利益的需要，可以依照法律规定对土地实行征收或者征用并给予补偿。

任何组织或者个人不得侵占、买卖或者以其他形式非法转让土地。土地的使用权可以依照法律的规定转让。

一切使用土地的组织和个人必须合理地利用土地。

第十一条 在法律规定范围内的个体经济、私营经济等非公有制经济，是社会主义市场经济的重要组成部分。

国家保护个体经济、私营经济等非公有制经济的合法的权利和利益。国家鼓励、支持和引导非公有制经济的发展，并对非公有制经济依法实行监督和管理。

第十二条 社会主义的公共财产神圣不可侵犯。

国家保护社会主义的公共财产。禁止任何组织或者个人用任何手段侵占或者破坏国家的和集体的财产。

第十三条 公民的合法的私有财产不受侵犯。

国家依照法律规定保护公民的私有财产权和继承权。

国家为了公共利益的需要，可以依照法律规定对公民的私有财产实行征收或者征用并给予补偿。

第十四条 国家通过提高劳动者的积极性和技术水平，推广先进的科学技术，完善经济管理体制和企业经营管理制度，实行各种形式的社会主义责任制，改进劳动组织，以不断提高劳动生产率和经济效益，发展社会生产力。

国家厉行节约，反对浪费。

国家合理安排积累和消费，兼顾国家、集体和个人的利益，在发展生产的基础上，逐步改善人民的物质生活和文化生活。

国家建立健全同经济发展水平相适应的社会保障制度。

第十五条 国家实行社会主义市场经济。

国家加强经济立法，完善宏观调控。

国家依法禁止任何组织或者个人扰乱社会经济秩序。

第十六条 国有企业在法律规定的范围内有权自主经营。

国有企业依照法律规定，通过职工代表大会和其他形式，实行民主管理。

第十七条 集体经济组织在遵守有关法律的前提下，有独立进行经济活动的自主权。

集体经济组织实行民主管理，依照法律规定选举和罢免管理人员，决定经营管理的重大问题。

第十八条　中华人民共和国允许外国的企业和其他经济组织或者个人依照中华人民共和国法律的规定在中国投资，同中国的企业或者其他经济组织进行各种形式的经济合作。

在中国境内的外国企业和其他外国经济组织以及中外合资经营的企业，都必须遵守中华人民共和国的法律。它们的合法的权利和利益受中华人民共和国法律的保护。

第十九条　国家发展社会主义的教育事业，提高全国人民的科学文化水平。

国家举办各种学校，普及初等义务教育，发展中等教育、职业教育和高等教育，并且发展学前教育。

国家发展各种教育设施，扫除文盲，对工人、农民、国家工作人员和其他劳动者进行政治、文化、科学、技术、业务的教育，鼓励自学成才。

国家鼓励集体经济组织、国家企业事业组织和其他社会力量依照法律规定举办各种教育事业。

国家推广全国通用的普通话。

第二十条　国家发展自然科学和社会科学事业，普及科学和技术知识，奖励科学研究成果和技术发明创造。

第二十一条　国家发展医疗卫生事业，发展现代医药和我国传统医药，鼓励和支持农村集体经济组织、国家企业事业组织和街道组织举办各种医疗卫生设施，开展群众性的卫生活动，保护人民健康。

国家发展体育事业，开展群众性的体育活动，增强人民体质。

第二十二条　国家发展为人民服务、为社会主义服务的文学艺术事业、新闻广播电视事业、出版发行事业、图书馆博物馆文化馆和其他文化事业，开展群众性的文化活动。

国家保护名胜古迹、珍贵文物和其他重要历史文化遗产。

第二十三条　国家培养为社会主义服务的各种专业人才，扩大知识分子的队伍，创造条件，充分发挥他们在社会主义现代化建设中的作用。

第二十四条　国家通过普及理想教育、道德教育、文化教育、纪律和法制教育，通过在城乡不同范围的群众中制定和执行各种守则、公约，加强社会主义精神文明的建设。

国家倡导社会主义核心价值观，提倡爱祖国、爱人民、爱劳动、爱科学、爱社会主义的公德，在人民中进行爱国主义、集体主义和国际主义、共产主义的教育，进行辩证唯物主义和历史唯物主义的教育，反对资本主义的、封建主义的和其他的腐朽思想。

第二十五条 国家推行计划生育，使人口的增长同经济和社会发展计划相适应。

第二十六条 国家保护和改善生活环境和生态环境，防治污染和其他公害。

国家组织和鼓励植树造林，保护林木。

第二十七条 一切国家机关实行精简的原则，实行工作责任制，实行工作人员的培训和考核制度，不断提高工作质量和工作效率，反对官僚主义。

一切国家机关和国家工作人员必须依靠人民的支持，经常保持同人民的密切联系，倾听人民的意见和建议，接受人民的监督，努力为人民服务。

国家工作人员就职时应当依照法律规定公开进行宪法宣誓。

第二十八条 国家维护社会秩序，镇压叛国和其他危害国家安全的犯罪活动，制裁危害社会治安、破坏社会主义经济和其他犯罪的活动，惩办和改造犯罪分子。

第二十九条 中华人民共和国的武装力量属于人民。它的任务是巩固国防，抵抗侵略,保卫祖国,保卫人民的和平劳动,参加国家建设事业,努力为人民服务。

国家加强武装力量的革命化、现代化、正规化的建设，增强国防力量。

第三十条 中华人民共和国的行政区域划分如下：

（一）全国分为省、自治区、直辖市；

（二）省、自治区分为自治州、县、自治县、市；

（三）县、自治县分为乡、民族乡、镇。

直辖市和较大的市分为区、县。自治州分为县、自治县、市。

自治区、自治州、自治县都是民族自治地方。

第三十一条 国家在必要时得设立特别行政区。在特别行政区内实行的制度按照具体情况由全国人民代表大会以法律规定。

第三十二条 中华人民共和国保护在中国境内的外国人的合法权利和利益，在中国境内的外国人必须遵守中华人民共和国的法律。

中华人民共和国对于因为政治原因要求避难的外国人，可以给予受庇护的权利。

第二章　公民的基本权利和义务

第三十三条　凡具有中华人民共和国国籍的人都是中华人民共和国公民。

中华人民共和国公民在法律面前一律平等。

国家尊重和保障人权。

任何公民享有宪法和法律规定的权利，同时必须履行宪法和法律规定的义务。

第三十四条　中华人民共和国年满十八周岁的公民，不分民族、种族、性别、职业、家庭出身、宗教信仰、教育程度、财产状况、居住期限，都有选举权和被选举权；但是依照法律被剥夺政治权利的人除外。

第三十五条　中华人民共和国公民有言论、出版、集会、结社、游行、示威的自由。

第三十六条　中华人民共和国公民有宗教信仰自由。

任何国家机关、社会团体和个人不得强制公民信仰宗教或者不信仰宗教，不得歧视信仰宗教的公民和不信仰宗教的公民。

国家保护正常的宗教活动。任何人不得利用宗教进行破坏社会秩序、损害公民身体健康、妨碍国家教育制度的活动。

宗教团体和宗教事务不受外国势力的支配。

第三十七条　中华人民共和国公民的人身自由不受侵犯。

任何公民，非经人民检察院批准或者决定或者人民法院决定，并由公安机关执行，不受逮捕。

禁止非法拘禁和以其他方法非法剥夺或者限制公民的人身自由，禁止非法搜查公民的身体。

第三十八条　中华人民共和国公民的人格尊严不受侵犯。禁止用任何方法对公民进行侮辱、诽谤和诬告陷害。

第三十九条　中华人民共和国公民的住宅不受侵犯。禁止非法搜查或者非法侵入公民的住宅。

第四十条 中华人民共和国公民的通信自由和通信秘密受法律的保护。除因国家安全或者追查刑事犯罪的需要，由公安机关或者检察机关依照法律规定的程序对通信进行检查外，任何组织或者个人不得以任何理由侵犯公民的通信自由和通信秘密。

第四十一条 中华人民共和国公民对于任何国家机关和国家工作人员，有提出批评和建议的权利；对于任何国家机关和国家工作人员的违法失职行为，有向有关国家机关提出申诉、控告或者检举的权利，但是不得捏造或者歪曲事实进行诬告陷害。

对于公民的申诉、控告或者检举，有关国家机关必须查清事实，负责处理。任何人不得压制和打击报复。

由于国家机关和国家工作人员侵犯公民权利而受到损失的人，有依照法律规定取得赔偿的权利。

第四十二条 中华人民共和国公民有劳动的权利和义务。

国家通过各种途径，创造劳动就业条件，加强劳动保护，改善劳动条件，并在发展生产的基础上，提高劳动报酬和福利待遇。

劳动是一切有劳动能力的公民的光荣职责。国有企业和城乡集体经济组织的劳动者都应当以国家主人翁的态度对待自己的劳动。国家提倡社会主义劳动竞赛，奖励劳动模范和先进工作者。国家提倡公民从事义务劳动。

国家对就业前的公民进行必要的劳动就业训练。

第四十三条 中华人民共和国劳动者有休息的权利。

国家发展劳动者休息和休养的设施，规定职工的工作时间和休假制度。

第四十四条 国家依照法律规定实行企业事业组织的职工和国家机关工作人员的退休制度。退休人员的生活受到国家和社会的保障。

第四十五条 中华人民共和国公民在年老、疾病或者丧失劳动能力的情况下，有从国家和社会获得物质帮助的权利。国家发展为公民享受这些权利所需要的社会保险、社会救济和医疗卫生事业。

国家和社会保障残废军人的生活，抚恤烈士家属，优待军人家属。

国家和社会帮助安排盲、聋、哑和其他有残疾的公民的劳动、生活和教育。

第四十六条 中华人民共和国公民有受教育的权利和义务。

国家培养青年、少年、儿童在品德、智力、体质等方面全面发展。

第四十七条　中华人民共和国公民有进行科学研究、文学艺术创作和其他文化活动的自由。国家对于从事教育、科学、技术、文学、艺术和其他文化事业的公民的有益于人民的创造性工作，给以鼓励和帮助。

第四十八条　中华人民共和国妇女在政治的、经济的、文化的、社会的和家庭的生活等各方面享有同男子平等的权利。

国家保护妇女的权利和利益，实行男女同工同酬，培养和选拔妇女干部。

第四十九条　婚姻、家庭、母亲和儿童受国家的保护。

夫妻双方有实行计划生育的义务。

父母有抚养教育未成年子女的义务，成年子女有赡养扶助父母的义务。

禁止破坏婚姻自由，禁止虐待老人、妇女和儿童。

第五十条　中华人民共和国保护华侨的正当的权利和利益，保护归侨和侨眷的合法的权利和利益。

第五十一条　中华人民共和国公民在行使自由和权利的时候，不得损害国家的、社会的、集体的利益和其他公民的合法的自由和权利。

第五十二条　中华人民共和国公民有维护国家统一和全国各民族团结的义务。

第五十三条　中华人民共和国公民必须遵守宪法和法律，保守国家秘密，爱护公共财产，遵守劳动纪律，遵守公共秩序，尊重社会公德。

第五十四条　中华人民共和国公民有维护祖国的安全、荣誉和利益的义务，不得有危害祖国的安全、荣誉和利益的行为。

第五十五条　保卫祖国、抵抗侵略是中华人民共和国每一个公民的神圣职责。

依照法律服兵役和参加民兵组织是中华人民共和国公民的光荣义务。

第五十六条　中华人民共和国公民有依照法律纳税的义务。

第三章　国　家　机　构

第一节　全国人民代表大会

第五十七条　中华人民共和国全国人民代表大会是最高国家权力机关。它的常设机关是全国人民代表大会常务委员会。

第五十八条 全国人民代表大会和全国人民代表大会常务委员会行使国家立法权。

第五十九条 全国人民代表大会由省、自治区、直辖市、特别行政区和军队选出的代表组成。各少数民族都应当有适当名额的代表。

全国人民代表大会代表的选举由全国人民代表大会常务委员会主持。

全国人民代表大会代表名额和代表产生办法由法律规定。

第六十条 全国人民代表大会每届任期五年。

全国人民代表大会任期届满的两个月以前，全国人民代表大会常务委员会必须完成下届全国人民代表大会代表的选举。如果遇到不能进行选举的非常情况，由全国人民代表大会常务委员会以全体组成人员的三分之二以上的多数通过，可以推迟选举，延长本届全国人民代表大会的任期。在非常情况结束后一年内，必须完成下届全国人民代表大会代表的选举。

第六十一条 全国人民代表大会会议每年举行一次，由全国人民代表大会常务委员会召集。如果全国人民代表大会常务委员会认为必要，或者有五分之一以上的全国人民代表大会代表提议，可以临时召集全国人民代表大会会议。

全国人民代表大会举行会议的时候，选举主席团主持会议。

第六十二条 全国人民代表大会行使下列职权：

（一）修改宪法；

（二）监督宪法的实施；

（三）制定和修改刑事、民事、国家机构的和其他的基本法律；

（四）选举中华人民共和国主席、副主席；

（五）根据中华人民共和国主席的提名，决定国务院总理的人选；根据国务院总理的提名，决定国务院副总理、国务委员、各部部长、各委员会主任、审计长、秘书长的人选；

（六）选举中央军事委员会主席；根据中央军事委员会主席的提名，决定中央军事委员会其他组成人员的人选；

（七）选举国家监察委员会主任；

（八）选举最高人民法院院长；

（九）选举最高人民检察院检察长；

（十）审查和批准国民经济和社会发展计划和计划执行情况的报告；

（十一）审查和批准国家的预算和预算执行情况的报告；

（十二）改变或者撤销全国人民代表大会常务委员会不适当的决定；

（十三）批准省、自治区和直辖市的建置；

（十四）决定特别行政区的设立及其制度；

（十五）决定战争和和平的问题；

（十六）应当由最高国家权力机关行使的其他职权。

第六十三条　全国人民代表大会有权罢免下列人员：

（一）中华人民共和国主席、副主席；

（二）国务院总理、副总理、国务委员、各部部长、各委员会主任、审计长、秘书长；

（三）中央军事委员会主席和中央军事委员会其他组成人员；

（四）国家监察委员会主任；

（五）最高人民法院院长；

（六）最高人民检察院检察长。

第六十四条　宪法的修改，由全国人民代表大会常务委员会或者五分之一以上的全国人民代表大会代表提议，并由全国人民代表大会以全体代表的三分之二以上的多数通过。

法律和其他议案由全国人民代表大会以全体代表的过半数通过。

第六十五条　全国人民代表大会常务委员会由下列人员组成：

委员长，

副委员长若干人，

秘书长，

委员若干人。

全国人民代表大会常务委员会组成人员中，应当有适当名额的少数民族代表。

全国人民代表大会选举并有权罢免全国人民代表大会常务委员会的组成人员。

全国人民代表大会常务委员会的组成人员不得担任国家行政机关、监察机关、审判机关和检察机关的职务。

第六十六条　全国人民代表大会常务委员会每届任期同全国人民代表大会每

届任期相同，它行使职权到下届全国人民代表大会选出新的常务委员会为止。

委员长、副委员长连续任职不得超过两届。

第六十七条 全国人民代表大会常务委员会行使下列职权：

（一）解释宪法，监督宪法的实施；

（二）制定和修改除应当由全国人民代表大会制定的法律以外的其他法律；

（三）在全国人民代表大会闭会期间，对全国人民代表大会制定的法律进行部分补充和修改，但是不得同该法律的基本原则相抵触；

（四）解释法律；

（五）在全国人民代表大会闭会期间，审查和批准国民经济和社会发展计划、国家预算在执行过程中所必须作的部分调整方案；

（六）监督国务院、中央军事委员会、国家监察委员会、最高人民法院和最高人民检察院的工作；

（七）撤销国务院制定的同宪法、法律相抵触的行政法规、决定和命令；

（八）撤销省、自治区、直辖市国家权力机关制定的同宪法、法律和行政法规相抵触的地方性法规和决议；

（九）在全国人民代表大会闭会期间，根据国务院总理的提名，决定部长、委员会主任、审计长、秘书长的人选；

（十）在全国人民代表大会闭会期间，根据中央军事委员会主席的提名，决定中央军事委员会其他组成人员的人选；

（十一）根据国家监察委员会主任的提请，任免国家监察委员会副主任、委员；

（十二）根据最高人民法院院长的提请，任免最高人民法院副院长、审判员、审判委员会委员和军事法院院长；

（十三）根据最高人民检察院检察长的提请，任免最高人民检察院副检察长、检察员、检察委员会委员和军事检察院检察长，并且批准省、自治区、直辖市的人民检察院检察长的任免；

（十四）决定驻外全权代表的任免；

（十五）决定同外国缔结的条约和重要协定的批准和废除；

（十六）规定军人和外交人员的衔级制度和其他专门衔级制度；

（十七）规定和决定授予国家的勋章和荣誉称号；

（十八）决定特赦；

（十九）在全国人民代表大会闭会期间，如果遇到国家遭受武装侵犯或者必须履行国际间共同防止侵略的条约的情况，决定战争状态的宣布；

（二十）决定全国总动员或者局部动员；

（二十一）决定全国或者个别省、自治区、直辖市进入紧急状态；

（二十二）全国人民代表大会授予的其他职权。

第六十八条 全国人民代表大会常务委员会委员长主持全国人民代表大会常务委员会的工作，召集全国人民代表大会常务委员会会议。副委员长、秘书长协助委员长工作。

委员长、副委员长、秘书长组成委员长会议，处理全国人民代表大会常务委员会的重要日常工作。

第六十九条 全国人民代表大会常务委员会对全国人民代表大会负责并报告工作。

第七十条 全国人民代表大会设立民族委员会、宪法和法律委员会、财政经济委员会、教育科学文化卫生委员会、外事委员会、华侨委员会和其他需要设立的专门委员会。在全国人民代表大会闭会期间，各专门委员会受全国人民代表大会常务委员会的领导。

各专门委员会在全国人民代表大会和全国人民代表大会常务委员会领导下，研究、审议和拟订有关议案。

第七十一条 全国人民代表大会和全国人民代表大会常务委员会认为必要的时候，可以组织关于特定问题的调查委员会，并且根据调查委员会的报告，作出相应的决议。

调查委员会进行调查的时候，一切有关的国家机关、社会团体和公民都有义务向它提供必要的材料。

第七十二条 全国人民代表大会代表和全国人民代表大会常务委员会组成人员，有权依照法律规定的程序分别提出属于全国人民代表大会和全国人民代表大会常务委员会职权范围内的议案。

第七十三条 全国人民代表大会代表在全国人民代表大会开会期间，全国人民代表大会常务委员会组成人员在常务委员会开会期间，有权依照法律规定的程序提出对国务院或者国务院各部、各委员会的质询案。受质询的机关必须负责答复。

第七十四条 全国人民代表大会代表，非经全国人民代表大会会议主席团许可，在全国人民代表大会闭会期间非经全国人民代表大会常务委员会许可，不受逮捕或者刑事审判。

第七十五条 全国人民代表大会代表在全国人民代表大会各种会议上的发言和表决，不受法律追究。

第七十六条 全国人民代表大会代表必须模范地遵守宪法和法律，保守国家秘密，并且在自己参加的生产、工作和社会活动中，协助宪法和法律的实施。

全国人民代表大会代表应当同原选举单位和人民保持密切的联系，听取和反映人民的意见和要求，努力为人民服务。

第七十七条 全国人民代表大会代表受原选举单位的监督。原选举单位有权依照法律规定的程序罢免本单位选出的代表。

第七十八条 全国人民代表大会和全国人民代表大会常务委员会的组织和工作程序由法律规定。

第二节 中华人民共和国主席

第七十九条 中华人民共和国主席、副主席由全国人民代表大会选举。

有选举权和被选举权的年满四十五周岁的中华人民共和国公民可以被选为中华人民共和国主席、副主席。

中华人民共和国主席、副主席每届任期同全国人民代表大会每届任期相同。

第八十条 中华人民共和国主席根据全国人民代表大会的决定和全国人民代表大会常务委员会的决定，公布法律，任免国务院总理、副总理、国务委员、各部部长、各委员会主任、审计长、秘书长，授予国家的勋章和荣誉称号，发布特赦令，宣布进入紧急状态，宣布战争状态，发布动员令。

第八十一条 中华人民共和国主席代表中华人民共和国，进行国事活动，接受外国使节；根据全国人民代表大会常务委员会的决定，派遣和召回驻外全权代表，批准和废除同外国缔结的条约和重要协定。

第八十二条 中华人民共和国副主席协助主席工作。

中华人民共和国副主席受主席的委托，可以代行主席的部分职权。

第八十三条 中华人民共和国主席、副主席行使职权到下届全国人民代表大会选出的主席、副主席就职为止。

第八十四条 中华人民共和国主席缺位的时候，由副主席继任主席的职位。

中华人民共和国副主席缺位的时候，由全国人民代表大会补选。

中华人民共和国主席、副主席都缺位的时候，由全国人民代表大会补选；在补选以前，由全国人民代表大会常务委员会委员长暂时代理主席职位。

第三节 国 务 院

第八十五条 中华人民共和国国务院，即中央人民政府，是最高国家权力机关的执行机关，是最高国家行政机关。

第八十六条 国务院由下列人员组成：

总理，

副总理若干人，

国务委员若干人，

各部部长，

各委员会主任，

审计长，

秘书长。

国务院实行总理负责制。各部、各委员会实行部长、主任负责制。

国务院的组织由法律规定。

第八十七条 国务院每届任期同全国人民代表大会每届任期相同。

总理、副总理、国务委员连续任职不得超过两届。

第八十八条 总理领导国务院的工作。副总理、国务委员协助总理工作。

总理、副总理、国务委员、秘书长组成国务院常务会议。

总理召集和主持国务院常务会议和国务院全体会议。

第八十九条 国务院行使下列职权：

（一）根据宪法和法律，规定行政措施，制定行政法规，发布决定和命令；

（二）向全国人民代表大会或者全国人民代表大会常务委员会提出议案；

（三）规定各部和各委员会的任务和职责，统一领导各部和各委员会的工作，并且领导不属于各部和各委员会的全国性的行政工作；

（四）统一领导全国地方各级国家行政机关的工作，规定中央和省、自治区、直辖市的国家行政机关的职权的具体划分；

（五）编制和执行国民经济和社会发展计划和国家预算；

（六）领导和管理经济工作和城乡建设、生态文明建设；

（七）领导和管理教育、科学、文化、卫生、体育和计划生育工作；

（八）领导和管理民政、公安、司法行政等工作；

（九）管理对外事务，同外国缔结条约和协定；

（十）领导和管理国防建设事业；

（十一）领导和管理民族事务，保障少数民族的平等权利和民族自治地方的自治权利；

（十二）保护华侨的正当的权利和利益，保护归侨和侨眷的合法的权利和利益；

（十三）改变或者撤销各部、各委员会发布的不适当的命令、指示和规章；

（十四）改变或者撤销地方各级国家行政机关的不适当的决定和命令；

（十五）批准省、自治区、直辖市的区域划分，批准自治州、县、自治县、市的建置和区域划分；

（十六）依照法律规定决定省、自治区、直辖市的范围内部分地区进入紧急状态；

（十七）审定行政机构的编制，依照法律规定任免、培训、考核和奖惩行政人员；

（十八）全国人民代表大会和全国人民代表大会常务委员会授予的其他职权。

第九十条 国务院各部部长、各委员会主任负责本部门的工作；召集和主持部务会议或者委员会会议、委务会议，讨论决定本部门工作的重大问题。

各部、各委员会根据法律和国务院的行政法规、决定、命令，在本部门的权限内，发布命令、指示和规章。

第九十一条 国务院设立审计机关，对国务院各部门和地方各级政府的财政收支，对国家的财政金融机构和企业事业组织的财务收支，进行审计监督。

审计机关在国务院总理领导下，依照法律规定独立行使审计监督权，不受其他行政机关、社会团体和个人的干涉。

第九十二条　国务院对全国人民代表大会负责并报告工作；在全国人民代表大会闭会期间，对全国人民代表大会常务委员会负责并报告工作。

第四节　中央军事委员会

第九十三条　中华人民共和国中央军事委员会领导全国武装力量。

中央军事委员会由下列人员组成：

主席，

副主席若干人，

委员若干人。

中央军事委员会实行主席负责制。

中央军事委员会每届任期同全国人民代表大会每届任期相同。

第九十四条　中央军事委员会主席对全国人民代表大会和全国人民代表大会常务委员会负责。

第五节　地方各级人民代表大会和地方各级人民政府

第九十五条　省、直辖市、县、市、市辖区、乡、民族乡、镇设立人民代表大会和人民政府。

地方各级人民代表大会和地方各级人民政府的组织由法律规定。

自治区、自治州、自治县设立自治机关。自治机关的组织和工作根据宪法第三章第五节、第六节规定的基本原则由法律规定。

第九十六条　地方各级人民代表大会是地方国家权力机关。

县级以上的地方各级人民代表大会设立常务委员会。

第九十七条　省、直辖市、设区的市的人民代表大会代表由下一级的人民代表大会选举；县、不设区的市、市辖区、乡、民族乡、镇的人民代表大会代表由选民直接选举。

地方各级人民代表大会代表名额和代表产生办法由法律规定。

第九十八条　地方各级人民代表大会每届任期五年。

第九十九条 地方各级人民代表大会在本行政区域内，保证宪法、法律、行政法规的遵守和执行；依照法律规定的权限，通过和发布决议，审查和决定地方的经济建设、文化建设和公共事业建设的计划。

县级以上的地方各级人民代表大会审查和批准本行政区域内的国民经济和社会发展计划、预算以及它们的执行情况的报告；有权改变或者撤销本级人民代表大会常务委员会不适当的决定。

民族乡的人民代表大会可以依照法律规定的权限采取适合民族特点的具体措施。

第一百条 省、直辖市的人民代表大会和它们的常务委员会，在不同宪法、法律、行政法规相抵触的前提下，可以制定地方性法规，报全国人民代表大会常务委员会备案。

设区的市的人民代表大会和它们的常务委员会，在不同宪法、法律、行政法规和本省、自治区的地方性法规相抵触的前提下，可以依照法律规定制定地方性法规，报本省、自治区人民代表大会常务委员会批准后施行。

第一百零一条 地方各级人民代表大会分别选举并且有权罢免本级人民政府的省长和副省长、市长和副市长、县长和副县长、区长和副区长、乡长和副乡长、镇长和副镇长。

县级以上的地方各级人民代表大会选举并且有权罢免本级监察委员会主任、本级人民法院院长和本级人民检察院检察长。选出或者罢免人民检察院检察长，须报上级人民检察院检察长提请该级人民代表大会常务委员会批准。

第一百零二条 省、直辖市、设区的市的人民代表大会代表受原选举单位的监督；县、不设区的市、市辖区、乡、民族乡、镇的人民代表大会代表受选民的监督。

地方各级人民代表大会代表的选举单位和选民有权依照法律规定的程序罢免由他们选出的代表。

第一百零三条 县级以上的地方各级人民代表大会常务委员会由主任、副主任若干人和委员若干人组成，对本级人民代表大会负责并报告工作。

县级以上的地方各级人民代表大会选举并有权罢免本级人民代表大会常务委员会的组成人员。

县级以上的地方各级人民代表大会常务委员会的组成人员不得担任国家行政

机关、监察机关、审判机关和检察机关的职务。

第一百零四条　县级以上的地方各级人民代表大会常务委员会讨论、决定本行政区域内各方面工作的重大事项；监督本级人民政府、监察委员会、人民法院和人民检察院的工作；撤销本级人民政府的不适当的决定和命令；撤销下一级人民代表大会的不适当的决议；依照法律规定的权限决定国家机关工作人员的任免；在本级人民代表大会闭会期间，罢免和补选上一级人民代表大会的个别代表。

第一百零五条　地方各级人民政府是地方各级国家权力机关的执行机关，是地方各级国家行政机关。

地方各级人民政府实行省长、市长、县长、区长、乡长、镇长负责制。

第一百零六条　地方各级人民政府每届任期同本级人民代表大会每届任期相同。

第一百零七条　县级以上地方各级人民政府依照法律规定的权限，管理本行政区域内的经济、教育、科学、文化、卫生、体育事业、城乡建设事业和财政、民政、公安、民族事务、司法行政、计划生育等行政工作，发布决定和命令，任免、培训、考核和奖惩行政工作人员。

乡、民族乡、镇的人民政府执行本级人民代表大会的决议和上级国家行政机关的决定和命令，管理本行政区域内的行政工作。

省、直辖市的人民政府决定乡、民族乡、镇的建置和区域划分。

第一百零八条　县级以上的地方各级人民政府领导所属各工作部门和下级人民政府的工作，有权改变或者撤销所属各工作部门和下级人民政府的不适当的决定。

第一百零九条　县级以上的地方各级人民政府设立审计机关。地方各级审计机关依照法律规定独立行使审计监督权，对本级人民政府和上一级审计机关负责。

第一百一十条　地方各级人民政府对本级人民代表大会负责并报告工作。县级以上的地方各级人民政府在本级人民代表大会闭会期间，对本级人民代表大会常务委员会负责并报告工作。

地方各级人民政府对上一级国家行政机关负责并报告工作。全国地方各级人民政府都是国务院统一领导下的国家行政机关，都服从国务院。

第一百一十一条 城市和农村按居民居住地区设立的居民委员会或者村民委员会是基层群众性自治组织。居民委员会、村民委员会的主任、副主任和委员由居民选举。居民委员会、村民委员会同基层政权的相互关系由法律规定。

居民委员会、村民委员会设人民调解、治安保卫、公共卫生等委员会，办理本居住地区的公共事务和公益事业，调解民间纠纷，协助维护社会治安，并且向人民政府反映群众的意见、要求和提出建议。

第六节 民族自治地方的自治机关

第一百一十二条 民族自治地方的自治机关是自治区、自治州、自治县的人民代表大会和人民政府。

第一百一十三条 自治区、自治州、自治县的人民代表大会中，除实行区域自治的民族的代表外，其他居住在本行政区域内的民族也应当有适当名额的代表。

自治区、自治州、自治县的人民代表大会常务委员会中应当有实行区域自治的民族的公民担任主任或者副主任。

第一百一十四条 自治区主席、自治州州长、自治县县长由实行区域自治的民族的公民担任。

第一百一十五条 自治区、自治州、自治县的自治机关行使宪法第三章第五节规定的地方国家机关的职权，同时依照宪法、民族区域自治法和其他法律规定的权限行使自治权，根据本地方实际情况贯彻执行国家的法律、政策。

第一百一十六条 民族自治地方的人民代表大会有权依照当地民族的政治、经济和文化的特点，制定自治条例和单行条例。自治区的自治条例和单行条例，报全国人民代表大会常务委员会批准后生效。自治州、自治县的自治条例和单行条例，报省或者自治区的人民代表大会常务委员会批准后生效，并报全国人民代表大会常务委员会备案。

第一百一十七条 民族自治地方的自治机关有管理地方财政的自治权。凡是依照国家财政体制属于民族自治地方的财政收入，都应当由民族自治地方的自治机关自主地安排使用。

第一百一十八条 民族自治地方的自治机关在国家计划的指导下，自主地安排和管理地方性的经济建设事业。

国家在民族自治地方开发资源、建设企业的时候，应当照顾民族自治地方的利益。

第一百一十九条　民族自治地方的自治机关自主地管理本地方的教育、科学、文化、卫生、体育事业，保护和整理民族的文化遗产，发展和繁荣民族文化。

第一百二十条　民族自治地方的自治机关依照国家的军事制度和当地的实际需要，经国务院批准，可以组织本地方维护社会治安的公安部队。

第一百二十一条　民族自治地方的自治机关在执行职务的时候，依照本民族自治地方自治条例的规定，使用当地通用的一种或者几种语言文字。

第一百二十二条　国家从财政、物资、技术等方面帮助各少数民族加速发展经济建设和文化建设事业。

国家帮助民族自治地方从当地民族中大量培养各级干部、各种专业人才和技术工人。

第七节　监 察 委 员 会

第一百二十三条　中华人民共和国各级监察委员会是国家的监察机关。

第一百二十四条　中华人民共和国设立国家监察委员会和地方各级监察委员会。

监察委员会由下列人员组成：

主任，

副主任若干人，

委员若干人。

监察委员会主任每届任期同本级人民代表大会每届任期相同。国家监察委员会主任连续任职不得超过两届。

监察委员会的组织和职权由法律规定。

第一百二十五条　中华人民共和国国家监察委员会是最高监察机关。

国家监察委员会领导地方各级监察委员会的工作，上级监察委员会领导下级监察委员会的工作。

第一百二十六条 国家监察委员会对全国人民代表大会和全国人民代表大会常务委员会负责。地方各级监察委员会对产生它的国家权力机关和上一级监察委员会负责。

第一百二十七条 监察委员会依照法律规定独立行使监察权，不受行政机关、社会团体和个人的干涉。

监察机关办理职务违法和职务犯罪案件，应当与审判机关、检察机关、执法部门互相配合，互相制约。

第八节 人民法院和人民检察院

第一百二十八条 中华人民共和国人民法院是国家的审判机关。

第一百二十九条 中华人民共和国设立最高人民法院、地方各级人民法院和军事法院等专门人民法院。

最高人民法院院长每届任期同全国人民代表大会每届任期相同，连续任职不得超过两届。

人民法院的组织由法律规定。

第一百三十条 人民法院审理案件，除法律规定的特别情况外，一律公开进行。被告人有权获得辩护。

第一百三十一条 人民法院依照法律规定独立行使审判权，不受行政机关、社会团体和个人的干涉。

第一百三十二条 最高人民法院是最高审判机关。

最高人民法院监督地方各级人民法院和专门人民法院的审判工作，上级人民法院监督下级人民法院的审判工作。

第一百三十三条 最高人民法院对全国人民代表大会和全国人民代表大会常务委员会负责。地方各级人民法院对产生它的国家权力机关负责。

第一百三十四条 中华人民共和国人民检察院是国家的法律监督机关。

第一百三十五条 中华人民共和国设立最高人民检察院、地方各级人民检察院和军事检察院等专门人民检察院。

最高人民检察院检察长每届任期同全国人民代表大会每届任期相同，连续任职不得超过两届。

人民检察院的组织由法律规定。

第一百三十六条　人民检察院依照法律规定独立行使检察权，不受行政机关、社会团体和个人的干涉。

第一百三十七条　最高人民检察院是最高检察机关。

最高人民检察院领导地方各级人民检察院和专门人民检察院的工作，上级人民检察院领导下级人民检察院的工作。

第一百三十八条　最高人民检察院对全国人民代表大会和全国人民代表大会常务委员会负责。地方各级人民检察院对产生它的国家权力机关和上级人民检察院负责。

第一百三十九条　各民族公民都有用本民族语言文字进行诉讼的权利。人民法院和人民检察院对于不通晓当地通用的语言文字的诉讼参与人，应当为他们翻译。

在少数民族聚居或者多民族共同居住的地区，应当用当地通用的语言进行审理；起诉书、判决书、布告和其他文书应当根据实际需要使用当地通用的一种或者几种文字。

第一百四十条　人民法院、人民检察院和公安机关办理刑事案件，应当分工负责，互相配合，互相制约，以保证准确有效地执行法律。

第四章　国旗、国歌、国徽、首都

第一百四十一条　中华人民共和国国旗是五星红旗。

中华人民共和国国歌是《义勇军进行曲》。

第一百四十二条　中华人民共和国国徽，中间是五星照耀下的天安门，周围是谷穗和齿轮。

第一百四十三条　中华人民共和国首都是北京。

中华人民共和国民法总则

（2017 年 3 月 15 日第十二届全国人民代表大会第五次会议通过）

第一章 基 本 规 定

第一条 为了保护民事主体的合法权益，调整民事关系，维护社会和经济秩序，适应中国特色社会主义发展要求，弘扬社会主义核心价值观，根据宪法，制定本法。

第二条 民法调整平等主体的自然人、法人和非法人组织之间的人身关系和财产关系。

第三条 民事主体的人身权利、财产权利以及其他合法权益受法律保护，任何组织或者个人不得侵犯。

第四条 民事主体在民事活动中的法律地位一律平等。

第五条 民事主体从事民事活动，应当遵循自愿原则，按照自己的意思设立、变更、终止民事法律关系。

第六条 民事主体从事民事活动，应当遵循公平原则，合理确定各方的权利和义务。

第七条 民事主体从事民事活动，应当遵循诚信原则，秉持诚实，恪守承诺。

第八条 民事主体从事民事活动，不得违反法律，不得违背公序良俗。

第九条 民事主体从事民事活动，应当有利于节约资源、保护生态环境。

第十条 处理民事纠纷，应当依照法律；法律没有规定的，可以适用习惯，但是不得违背公序良俗。

第十一条 其他法律对民事关系有特别规定的，依照其规定。

第十二条 中华人民共和国领域内的民事活动，适用中华人民共和国法律。法律另有规定的，依照其规定。

第二章　自　然　人

第一节　民事权利能力和民事行为能力

第十三条　自然人从出生时起到死亡时止，具有民事权利能力，依法享有民事权利，承担民事义务。

第十四条　自然人的民事权利能力一律平等。

第十五条　自然人的出生时间和死亡时间，以出生证明、死亡证明记载的时间为准；没有出生证明、死亡证明的，以户籍登记或者其他有效身份登记记载的时间为准。有其他证据足以推翻以上记载时间的，以该证据证明的时间为准。

第十六条　涉及遗产继承、接受赠与等胎儿利益保护的，胎儿视为具有民事权利能力。但是胎儿娩出时为死体的，其民事权利能力自始不存在。

第十七条　十八周岁以上的自然人为成年人。不满十八周岁的自然人为未成年人。

第十八条　成年人为完全民事行为能力人，可以独立实施民事法律行为。

十六周岁以上的未成年人，以自己的劳动收入为主要生活来源的，视为完全民事行为能力人。

第十九条　八周岁以上的未成年人为限制民事行为能力人，实施民事法律行为由其法定代理人代理或者经其法定代理人同意、追认，但是可以独立实施纯获利益的民事法律行为或者与其年龄、智力相适应的民事法律行为。

第二十条　不满八周岁的未成年人为无民事行为能力人，由其法定代理人代理实施民事法律行为。

第二十一条　不能辨认自己行为的成年人为无民事行为能力人，由其法定代理人代理实施民事法律行为。

八周岁以上的未成年人不能辨认自己行为的，适用前款规定。

第二十二条　不能完全辨认自己行为的成年人为限制民事行为能力人，实施民事法律行为由其法定代理人代理或者经其法定代理人同意、追认，但是可以独立实施纯获利益的民事法律行为或者与其智力、精神健康状况相适应的民事法律行为。

第二十三条 无民事行为能力人、限制民事行为能力人的监护人是其法定代理人。

第二十四条 不能辨认或者不能完全辨认自己行为的成年人，其利害关系人或者有关组织，可以向人民法院申请认定该成年人为无民事行为能力人或者限制民事行为能力人。

被人民法院认定为无民事行为能力人或者限制民事行为能力人的，经本人、利害关系人或者有关组织申请，人民法院可以根据其智力、精神健康恢复的状况，认定该成年人恢复为限制民事行为能力人或者完全民事行为能力人。

本条规定的有关组织包括：居民委员会、村民委员会、学校、医疗机构、妇女联合会、残疾人联合会、依法设立的老年人组织、民政部门等。

第二十五条 自然人以户籍登记或者其他有效身份登记记载的居所为住所；经常居所与住所不一致的，经常居所视为住所。

第二节 监 护

第二十六条 父母对未成年子女负有抚养、教育和保护的义务。

成年子女对父母负有赡养、扶助和保护的义务。

第二十七条 父母是未成年子女的监护人。

未成年人的父母已经死亡或者没有监护能力的，由下列有监护能力的人按顺序担任监护人：

（一）祖父母、外祖父母；

（二）兄、姐；

（三）其他愿意担任监护人的个人或者组织，但是须经未成年人住所地的居民委员会、村民委员会或者民政部门同意。

第二十八条 无民事行为能力或者限制民事行为能力的成年人，由下列有监护能力的人按顺序担任监护人：

（一）配偶；

（二）父母、子女；

（三）其他近亲属；

（四）其他愿意担任监护人的个人或者组织，但是须经被监护人住所地的居民委员会、村民委员会或者民政部门同意。

第二十九条　被监护人的父母担任监护人的，可以通过遗嘱指定监护人。

第三十条　依法具有监护资格的人之间可以协议确定监护人。协议确定监护人应当尊重被监护人的真实意愿。

第三十一条　对监护人的确定有争议的，由被监护人住所地的居民委员会、村民委员会或者民政部门指定监护人，有关当事人对指定不服的，可以向人民法院申请指定监护人；有关当事人也可以直接向人民法院申请指定监护人。

居民委员会、村民委员会、民政部门或者人民法院应当尊重被监护人的真实意愿，按照最有利于被监护人的原则在依法具有监护资格的人中指定监护人。

依照本条第一款规定指定监护人前，被监护人的人身权利、财产权利以及其他合法权益处于无人保护状态的，由被监护人住所地的居民委员会、村民委员会、法律规定的有关组织或者民政部门担任临时监护人。

监护人被指定后,不得擅自变更;擅自变更的,不免除被指定的监护人的责任。

第三十二条　没有依法具有监护资格的人的，监护人由民政部门担任，也可以由具备履行监护职责条件的被监护人住所地的居民委员会、村民委员会担任。

第三十三条　具有完全民事行为能力的成年人，可以与其近亲属、其他愿意担任监护人的个人或者组织事先协商，以书面形式确定自己的监护人。协商确定的监护人在该成年人丧失或者部分丧失民事行为能力时，履行监护职责。

第三十四条　监护人的职责是代理被监护人实施民事法律行为，保护被监护人的人身权利、财产权利以及其他合法权益等。

监护人依法履行监护职责产生的权利，受法律保护。

监护人不履行监护职责或者侵害被监护人合法权益的，应当承担法律责任。

第三十五条　监护人应当按照最有利于被监护人的原则履行监护职责。监护人除为维护被监护人利益外，不得处分被监护人的财产。

未成年人的监护人履行监护职责，在作出与被监护人利益有关的决定时，应当根据被监护人的年龄和智力状况，尊重被监护人的真实意愿。

成年人的监护人履行监护职责，应当最大程度地尊重被监护人的真实意愿，保障并协助被监护人实施与其智力、精神健康状况相适应的民事法律行为。对被监护人有能力独立处理的事务，监护人不得干涉。

第三十六条　监护人有下列情形之一的，人民法院根据有关个人或者组织的申请，撤销其监护人资格，安排必要的临时监护措施，并按照最有利于被监护人的原则依法指定监护人：

（一）实施严重损害被监护人身心健康行为的；

（二）怠于履行监护职责，或者无法履行监护职责并且拒绝将监护职责部分或者全部委托给他人，导致被监护人处于危困状态的；

（三）实施严重侵害被监护人合法权益的其他行为的。

本条规定的有关个人和组织包括：其他依法具有监护资格的人，居民委员会、村民委员会、学校、医疗机构、妇女联合会、残疾人联合会、未成年人保护组织、依法设立的老年人组织、民政部门等。

前款规定的个人和民政部门以外的组织未及时向人民法院申请撤销监护人资格的，民政部门应当向人民法院申请。

第三十七条 依法负担被监护人抚养费、赡养费、扶养费的父母、子女、配偶等，被人民法院撤销监护人资格后，应当继续履行负担的义务。

第三十八条 被监护人的父母或者子女被人民法院撤销监护人资格后，除对被监护人实施故意犯罪的外，确有悔改表现的，经其申请，人民法院可以在尊重被监护人真实意愿的前提下，视情况恢复其监护人资格，人民法院指定的监护人与被监护人的监护关系同时终止。

第三十九条 有下列情形之一的，监护关系终止：

（一）被监护人取得或者恢复完全民事行为能力；

（二）监护人丧失监护能力；

（三）被监护人或者监护人死亡；

（四）人民法院认定监护关系终止的其他情形。

监护关系终止后，被监护人仍然需要监护的，应当依法另行确定监护人。

第三节　宣告失踪和宣告死亡

第四十条 自然人下落不明满二年的，利害关系人可以向人民法院申请宣告该自然人为失踪人。

第四十一条 自然人下落不明的时间从其失去音讯之日起计算。战争期间下落不明的，下落不明的时间自战争结束之日或者有关机关确定的下落不明之日起计算。

第四十二条　失踪人的财产由其配偶、成年子女、父母或者其他愿意担任财产代管人的人代管。

代管有争议，没有前款规定的人，或者前款规定的人无代管能力的，由人民法院指定的人代管。

第四十三条　财产代管人应当妥善管理失踪人的财产，维护其财产权益。

失踪人所欠税款、债务和应付的其他费用，由财产代管人从失踪人的财产中支付。

财产代管人因故意或者重大过失造成失踪人财产损失的，应当承担赔偿责任。

第四十四条　财产代管人不履行代管职责、侵害失踪人财产权益或者丧失代管能力的，失踪人的利害关系人可以向人民法院申请变更财产代管人。

财产代管人有正当理由的，可以向人民法院申请变更财产代管人。

人民法院变更财产代管人的，变更后的财产代管人有权要求原财产代管人及时移交有关财产并报告财产代管情况。

第四十五条　失踪人重新出现，经本人或者利害关系人申请，人民法院应当撤销失踪宣告。

失踪人重新出现，有权要求财产代管人及时移交有关财产并报告财产代管情况。

第四十六条　自然人有下列情形之一的，利害关系人可以向人民法院申请宣告该自然人死亡：

（一）下落不明满四年；

（二）因意外事件，下落不明满二年。

因意外事件下落不明，经有关机关证明该自然人不可能生存的，申请宣告死亡不受二年时间的限制。

第四十七条　对同一自然人，有的利害关系人申请宣告死亡，有的利害关系人申请宣告失踪，符合本法规定的宣告死亡条件的，人民法院应当宣告死亡。

第四十八条　被宣告死亡的人，人民法院宣告死亡的判决作出之日视为其死亡的日期；因意外事件下落不明宣告死亡的，意外事件发生之日视为其死亡的日期。

第四十九条　自然人被宣告死亡但是并未死亡的，不影响该自然人在被宣告死亡期间实施的民事法律行为的效力。

第五十条 被宣告死亡的人重新出现，经本人或者利害关系人申请，人民法院应当撤销死亡宣告。

第五十一条 被宣告死亡的人的婚姻关系，自死亡宣告之日起消灭。死亡宣告被撤销的，婚姻关系自撤销死亡宣告之日起自行恢复，但是其配偶再婚或者向婚姻登记机关书面声明不愿意恢复的除外。

第五十二条 被宣告死亡的人在被宣告死亡期间，其子女被他人依法收养的，在死亡宣告被撤销后，不得以未经本人同意为由主张收养关系无效。

第五十三条 被撤销死亡宣告的人有权请求依照继承法取得其财产的民事主体返还财产。无法返还的，应当给予适当补偿。

利害关系人隐瞒真实情况，致使他人被宣告死亡取得其财产的，除应当返还财产外，还应当对由此造成的损失承担赔偿责任。

第四节 个体工商户和农村承包经营户

第五十四条 自然人从事工商业经营，经依法登记，为个体工商户。个体工商户可以起字号。

第五十五条 农村集体经济组织的成员，依法取得农村土地承包经营权，从事家庭承包经营的，为农村承包经营户。

第五十六条 个体工商户的债务，个人经营的，以个人财产承担；家庭经营的，以家庭财产承担；无法区分的，以家庭财产承担。

农村承包经营户的债务，以从事农村土地承包经营的农户财产承担；事实上由农户部分成员经营的，以该部分成员的财产承担。

第三章 法　　人

第一节 一 般 规 定

第五十七条 法人是具有民事权利能力和民事行为能力，依法独立享有民事权利和承担民事义务的组织。

第五十八条　法人应当依法成立。

法人应当有自己的名称、组织机构、住所、财产或者经费。法人成立的具体条件和程序，依照法律、行政法规的规定。

设立法人，法律、行政法规规定须经有关机关批准的，依照其规定。

第五十九条　法人的民事权利能力和民事行为能力，从法人成立时产生，到法人终止时消灭。

第六十条　法人以其全部财产独立承担民事责任。

第六十一条　依照法律或者法人章程的规定，代表法人从事民事活动的负责人，为法人的法定代表人。

法定代表人以法人名义从事的民事活动，其法律后果由法人承受。

法人章程或者法人权力机构对法定代表人代表权的限制，不得对抗善意相对人。

第六十二条　法定代表人因执行职务造成他人损害的，由法人承担民事责任。

法人承担民事责任后，依照法律或者法人章程的规定，可以向有过错的法定代表人追偿。

第六十三条　法人以其主要办事机构所在地为住所。依法需要办理法人登记的，应当将主要办事机构所在地登记为住所。

第六十四条　法人存续期间登记事项发生变化的，应当依法向登记机关申请变更登记。

第六十五条　法人的实际情况与登记的事项不一致的，不得对抗善意相对人。

第六十六条　登记机关应当依法及时公示法人登记的有关信息。

第六十七条　法人合并的，其权利和义务由合并后的法人享有和承担。

法人分立的，其权利和义务由分立后的法人享有连带债权，承担连带债务，但是债权人和债务人另有约定的除外。

第六十八条　有下列原因之一并依法完成清算、注销登记的，法人终止：

（一）法人解散；

（二）法人被宣告破产；

（三）法律规定的其他原因。

法人终止，法律、行政法规规定须经有关机关批准的，依照其规定。

第六十九条 有下列情形之一的，法人解散：

（一）法人章程规定的存续期间届满或者法人章程规定的其他解散事由出现；

（二）法人的权力机构决议解散；

（三）因法人合并或者分立需要解散；

（四）法人依法被吊销营业执照、登记证书，被责令关闭或者被撤销；

（五）法律规定的其他情形。

第七十条 法人解散的，除合并或者分立的情形外，清算义务人应当及时组成清算组进行清算。

法人的董事、理事等执行机构或者决策机构的成员为清算义务人。法律、行政法规另有规定的，依照其规定。

清算义务人未及时履行清算义务，造成损害的，应当承担民事责任；主管机关或者利害关系人可以申请人民法院指定有关人员组成清算组进行清算。

第七十一条 法人的清算程序和清算组职权，依照有关法律的规定；没有规定的，参照适用公司法的有关规定。

第七十二条 清算期间法人存续，但是不得从事与清算无关的活动。

法人清算后的剩余财产，根据法人章程的规定或者法人权力机构的决议处理。法律另有规定的，依照其规定。

清算结束并完成法人注销登记时，法人终止；依法不需要办理法人登记的，清算结束时，法人终止。

第七十三条 法人被宣告破产的，依法进行破产清算并完成法人注销登记时，法人终止。

第七十四条 法人可以依法设立分支机构。法律、行政法规规定分支机构应当登记的，依照其规定。

分支机构以自己的名义从事民事活动，产生的民事责任由法人承担；也可以先以该分支机构管理的财产承担，不足以承担的，由法人承担。

第七十五条 设立人为设立法人从事的民事活动，其法律后果由法人承受；法人未成立的，其法律后果由设立人承受，设立人为二人以上的，享有连带债权，承担连带债务。

设立人为设立法人以自己的名义从事民事活动产生的民事责任，第三人有权选择请求法人或者设立人承担。

第二节　营　利　法　人

第七十六条　以取得利润并分配给股东等出资人为目的成立的法人，为营利法人。

营利法人包括有限责任公司、股份有限公司和其他企业法人等。

第七十七条　营利法人经依法登记成立。

第七十八条　依法设立的营利法人，由登记机关发给营利法人营业执照。营业执照签发日期为营利法人的成立日期。

第七十九条　设立营利法人应当依法制定法人章程。

第八十条　营利法人应当设权力机构。

权力机构行使修改法人章程，选举或者更换执行机构、监督机构成员，以及法人章程规定的其他职权。

第八十一条　营利法人应当设执行机构。

执行机构行使召集权力机构会议，决定法人的经营计划和投资方案，决定法人内部管理机构的设置，以及法人章程规定的其他职权。

执行机构为董事会或者执行董事的，董事长、执行董事或者经理按照法人章程的规定担任法定代表人；未设董事会或者执行董事的，法人章程规定的主要负责人为其执行机构和法定代表人。

第八十二条　营利法人设监事会或者监事等监督机构的，监督机构依法行使检查法人财务，监督执行机构成员、高级管理人员执行法人职务的行为，以及法人章程规定的其他职权。

第八十三条　营利法人的出资人不得滥用出资人权利损害法人或者其他出资人的利益。滥用出资人权利给法人或者其他出资人造成损失的，应当依法承担民事责任。

营利法人的出资人不得滥用法人独立地位和出资人有限责任损害法人的债权人利益。滥用法人独立地位和出资人有限责任，逃避债务，严重损害法人的债权人利益的，应当对法人债务承担连带责任。

第八十四条 营利法人的控股出资人、实际控制人、董事、监事、高级管理人员不得利用其关联关系损害法人的利益。利用关联关系给法人造成损失的，应当承担赔偿责任。

第八十五条 营利法人的权力机构、执行机构作出决议的会议召集程序、表决方式违反法律、行政法规、法人章程，或者决议内容违反法人章程的，营利法人的出资人可以请求人民法院撤销该决议，但是营利法人依据该决议与善意相对人形成的民事法律关系不受影响。

第八十六条 营利法人从事经营活动，应当遵守商业道德，维护交易安全，接受政府和社会的监督，承担社会责任。

第三节　非营利法人

第八十七条 为公益目的或者其他非营利目的成立，不向出资人、设立人或者会员分配所取得利润的法人，为非营利法人。

非营利法人包括事业单位、社会团体、基金会、社会服务机构等。

第八十八条 具备法人条件，为适应经济社会发展需要，提供公益服务设立的事业单位，经依法登记成立，取得事业单位法人资格；依法不需要办理法人登记的，从成立之日起，具有事业单位法人资格。

第八十九条 事业单位法人设理事会的，除法律另有规定外，理事会为其决策机构。事业单位法人的法定代表人依照法律、行政法规或者法人章程的规定产生。

第九十条 具备法人条件，基于会员共同意愿，为公益目的或者会员共同利益等非营利目的设立的社会团体，经依法登记成立，取得社会团体法人资格；依法不需要办理法人登记的，从成立之日起，具有社会团体法人资格。

第九十一条 设立社会团体法人应当依法制定法人章程。

社会团体法人应当设会员大会或者会员代表大会等权力机构。

社会团体法人应当设理事会等执行机构。理事长或者会长等负责人按照法人章程的规定担任法定代表人。

第九十二条 具备法人条件，为公益目的以捐助财产设立的基金会、社会服务机构等，经依法登记成立，取得捐助法人资格。

依法设立的宗教活动场所，具备法人条件的，可以申请法人登记，取得捐助法人资格。法律、行政法规对宗教活动场所有规定的，依照其规定。

第九十三条 设立捐助法人应当依法制定法人章程。

捐助法人应当设理事会、民主管理组织等决策机构，并设执行机构。理事长等负责人按照法人章程的规定担任法定代表人。

捐助法人应当设监事会等监督机构。

第九十四条 捐助人有权向捐助法人查询捐助财产的使用、管理情况，并提出意见和建议，捐助法人应当及时、如实答复。

捐助法人的决策机构、执行机构或者法定代表人作出决定的程序违反法律、行政法规、法人章程，或者决定内容违反法人章程的，捐助人等利害关系人或者主管机关可以请求人民法院撤销该决定，但是捐助法人依据该决定与善意相对人形成的民事法律关系不受影响。

第九十五条 为公益目的成立的非营利法人终止时，不得向出资人、设立人或者会员分配剩余财产。剩余财产应当按照法人章程的规定或者权力机构的决议用于公益目的；无法按照法人章程的规定或者权力机构的决议处理的，由主管机关主持转给宗旨相同或者相近的法人，并向社会公告。

第四节 特别法人

第九十六条 本节规定的机关法人、农村集体经济组织法人、城镇农村的合作经济组织法人、基层群众性自治组织法人，为特别法人。

第九十七条 有独立经费的机关和承担行政职能的法定机构从成立之日起，具有机关法人资格，可以从事为履行职能所需要的民事活动。

第九十八条 机关法人被撤销的，法人终止，其民事权利和义务由继任的机关法人享有和承担；没有继任的机关法人的，由作出撤销决定的机关法人享有和承担。

第九十九条 农村集体经济组织依法取得法人资格。

法律、行政法规对农村集体经济组织有规定的，依照其规定。

第一百条 城镇农村的合作经济组织依法取得法人资格。

法律、行政法规对城镇农村的合作经济组织有规定的，依照其规定。

第一百零一条 居民委员会、村民委员会具有基层群众性自治组织法人资格，可以从事为履行职能所需要的民事活动。

未设立村集体经济组织的，村民委员会可以依法代行村集体经济组织的职能。

第四章 非法人组织

第一百零二条 非法人组织是不具有法人资格，但是能够依法以自己的名义从事民事活动的组织。

非法人组织包括个人独资企业、合伙企业、不具有法人资格的专业服务机构等。

第一百零三条 非法人组织应当依照法律的规定登记。

设立非法人组织，法律、行政法规规定须经有关机关批准的，依照其规定。

第一百零四条 非法人组织的财产不足以清偿债务的，其出资人或者设立人承担无限责任。法律另有规定的，依照其规定。

第一百零五条 非法人组织可以确定一人或者数人代表该组织从事民事活动。

第一百零六条 有下列情形之一的，非法人组织解散：

（一）章程规定的存续期间届满或者章程规定的其他解散事由出现；

（二）出资人或者设立人决定解散；

（三）法律规定的其他情形。

第一百零七条 非法人组织解散的，应当依法进行清算。

第一百零八条 非法人组织除适用本章规定外，参照适用本法第三章第一节的有关规定。

第五章 民事权利

第一百零九条 自然人的人身自由、人格尊严受法律保护。

第一百一十条 自然人享有生命权、身体权、健康权、姓名权、肖像权、名誉权、荣誉权、隐私权、婚姻自主权等权利。

法人、非法人组织享有名称权、名誉权、荣誉权等权利。

第一百一十一条　自然人的个人信息受法律保护。任何组织和个人需要获取他人个人信息的，应当依法取得并确保信息安全，不得非法收集、使用、加工、传输他人个人信息，不得非法买卖、提供或者公开他人个人信息。

第一百一十二条　自然人因婚姻、家庭关系等产生的人身权利受法律保护。

第一百一十三条　民事主体的财产权利受法律平等保护。

第一百一十四条　民事主体依法享有物权。

物权是权利人依法对特定的物享有直接支配和排他的权利，包括所有权、用益物权和担保物权。

第一百一十五条　物包括不动产和动产。法律规定权利作为物权客体的，依照其规定。

第一百一十六条　物权的种类和内容，由法律规定。

第一百一十七条　为了公共利益的需要，依照法律规定的权限和程序征收、征用不动产或者动产的，应当给予公平、合理的补偿。

第一百一十八条　民事主体依法享有债权。

债权是因合同、侵权行为、无因管理、不当得利以及法律的其他规定，权利人请求特定义务人为或者不为一定行为的权利。

第一百一十九条　依法成立的合同，对当事人具有法律约束力。

第一百二十条　民事权益受到侵害的，被侵权人有权请求侵权人承担侵权责任。

第一百二十一条　没有法定的或者约定的义务，为避免他人利益受损失而进行管理的人，有权请求受益人偿还由此支出的必要费用。

第一百二十二条　因他人没有法律根据，取得不当利益，受损失的人有权请求其返还不当利益。

第一百二十三条　民事主体依法享有知识产权。

知识产权是权利人依法就下列客体享有的专有的权利：

（一）作品；

（二）发明、实用新型、外观设计；

（三）商标；

（四）地理标志；

（五）商业秘密；

（六）集成电路布图设计；

（七）植物新品种；

（八）法律规定的其他客体。

第一百二十四条 自然人依法享有继承权。

自然人合法的私有财产，可以依法继承。

第一百二十五条 民事主体依法享有股权和其他投资性权利。

第一百二十六条 民事主体享有法律规定的其他民事权利和利益。

第一百二十七条 法律对数据、网络虚拟财产的保护有规定的，依照其规定。

第一百二十八条 法律对未成年人、老年人、残疾人、妇女、消费者等的民事权利保护有特别规定的，依照其规定。

第一百二十九条 民事权利可以依据民事法律行为、事实行为、法律规定的事件或者法律规定的其他方式取得。

第一百三十条 民事主体按照自己的意愿依法行使民事权利，不受干涉。

第一百三十一条 民事主体行使权利时，应当履行法律规定的和当事人约定的义务。

第一百三十二条 民事主体不得滥用民事权利损害国家利益、社会公共利益或者他人合法权益。

第六章 民事法律行为

第一节 一般规定

第一百三十三条 民事法律行为是民事主体通过意思表示设立、变更、终止民事法律关系的行为。

第一百三十四条 民事法律行为可以基于双方或者多方的意思表示一致成立，也可以基于单方的意思表示成立。

法人、非法人组织依照法律或者章程规定的议事方式和表决程序作出决议的，该决议行为成立。

第一百三十五条 民事法律行为可以采用书面形式、口头形式或者其他形式；法律、行政法规规定或者当事人约定采用特定形式的，应当采用特定形式。

第一百三十六条　民事法律行为自成立时生效，但是法律另有规定或者当事人另有约定的除外。

行为人非依法律规定或者未经对方同意，不得擅自变更或者解除民事法律行为。

第二节　意　思　表　示

第一百三十七条　以对话方式作出的意思表示，相对人知道其内容时生效。

以非对话方式作出的意思表示，到达相对人时生效。以非对话方式作出的采用数据电文形式的意思表示，相对人指定特定系统接收数据电文的，该数据电文进入该特定系统时生效；未指定特定系统的，相对人知道或者应当知道该数据电文进入其系统时生效。当事人对采用数据电文形式的意思表示的生效时间另有约定的，按照其约定。

第一百三十八条　无相对人的意思表示，表示完成时生效。法律另有规定的，依照其规定。

第一百三十九条　以公告方式作出的意思表示，公告发布时生效。

第一百四十条　行为人可以明示或者默示作出意思表示。

沉默只有在有法律规定、当事人约定或者符合当事人之间的交易习惯时，才可以视为意思表示。

第一百四十一条　行为人可以撤回意思表示。撤回意思表示的通知应当在意思表示到达相对人前或者与意思表示同时到达相对人。

第一百四十二条　有相对人的意思表示的解释，应当按照所使用的词句，结合相关条款、行为的性质和目的、习惯以及诚信原则，确定意思表示的含义。

无相对人的意思表示的解释，不能完全拘泥于所使用的词句，而应当结合相关条款、行为的性质和目的、习惯以及诚信原则，确定行为人的真实意思。

第三节　民事法律行为的效力

第一百四十三条　具备下列条件的民事法律行为有效：

（一）行为人具有相应的民事行为能力；

（二）意思表示真实；

（三）不违反法律、行政法规的强制性规定，不违背公序良俗。

第一百四十四条 无民事行为能力人实施的民事法律行为无效。

第一百四十五条 限制民事行为能力人实施的纯获利益的民事法律行为或者与其年龄、智力、精神健康状况相适应的民事法律行为有效；实施的其他民事法律行为经法定代理人同意或者追认后有效。

相对人可以催告法定代理人自收到通知之日起一个月内予以追认。法定代理人未作表示的，视为拒绝追认。民事法律行为被追认前，善意相对人有撤销的权利。撤销应当以通知的方式作出。

第一百四十六条 行为人与相对人以虚假的意思表示实施的民事法律行为无效。

以虚假的意思表示隐藏的民事法律行为的效力，依照有关法律规定处理。

第一百四十七条 基于重大误解实施的民事法律行为，行为人有权请求人民法院或者仲裁机构予以撤销。

第一百四十八条 一方以欺诈手段，使对方在违背真实意思的情况下实施的民事法律行为，受欺诈方有权请求人民法院或者仲裁机构予以撤销。

第一百四十九条 第三人实施欺诈行为，使一方在违背真实意思的情况下实施的民事法律行为，对方知道或者应当知道该欺诈行为的，受欺诈方有权请求人民法院或者仲裁机构予以撤销。

第一百五十条 一方或者第三人以胁迫手段，使对方在违背真实意思的情况下实施的民事法律行为，受胁迫方有权请求人民法院或者仲裁机构予以撤销。

第一百五十一条 一方利用对方处于危困状态、缺乏判断能力等情形，致使民事法律行为成立时显失公平的，受损害方有权请求人民法院或者仲裁机构予以撤销。

第一百五十二条 有下列情形之一的，撤销权消灭：

（一）当事人自知道或者应当知道撤销事由之日起一年内、重大误解的当事人自知道或者应当知道撤销事由之日起三个月内没有行使撤销权；

（二）当事人受胁迫，自胁迫行为终止之日起一年内没有行使撤销权；

（三）当事人知道撤销事由后明确表示或者以自己的行为表明放弃撤销权。

当事人自民事法律行为发生之日起五年内没有行使撤销权的，撤销权消灭。

第一百五十三条 违反法律、行政法规的强制性规定的民事法律行为无效，但是该强制性规定不导致该民事法律行为无效的除外。

违背公序良俗的民事法律行为无效。

第一百五十四条　行为人与相对人恶意串通，损害他人合法权益的民事法律行为无效。

第一百五十五条　无效的或者被撤销的民事法律行为自始没有法律约束力。

第一百五十六条　民事法律行为部分无效，不影响其他部分效力的，其他部分仍然有效。

第一百五十七条　民事法律行为无效、被撤销或者确定不发生效力后，行为人因该行为取得的财产，应当予以返还；不能返还或者没有必要返还的，应当折价补偿。有过错的一方应当赔偿对方由此所受到的损失；各方都有过错的，应当各自承担相应的责任。法律另有规定的，依照其规定。

第四节　民事法律行为的附条件和附期限

第一百五十八条　民事法律行为可以附条件，但是按照其性质不得附条件的除外。附生效条件的民事法律行为，自条件成就时生效。附解除条件的民事法律行为，自条件成就时失效。

第一百五十九条　附条件的民事法律行为，当事人为自己的利益不正当地阻止条件成就的，视为条件已成就；不正当地促成条件成就的，视为条件不成就。

第一百六十条　民事法律行为可以附期限，但是按照其性质不得附期限的除外。附生效期限的民事法律行为，自期限届至时生效。附终止期限的民事法律行为，自期限届满时失效。

第七章　代　理

第一节　一 般 规 定

第一百六十一条　民事主体可以通过代理人实施民事法律行为。

依照法律规定、当事人约定或者民事法律行为的性质，应当由本人亲自实施的民事法律行为，不得代理。

第一百六十二条 代理人在代理权限内，以被代理人名义实施的民事法律行为，对被代理人发生效力。

第一百六十三条 代理包括委托代理和法定代理。

委托代理人按照被代理人的委托行使代理权。法定代理人依照法律的规定行使代理权。

第一百六十四条 代理人不履行或者不完全履行职责，造成被代理人损害的，应当承担民事责任。

代理人和相对人恶意串通，损害被代理人合法权益的，代理人和相对人应当承担连带责任。

第二节 委托代理

第一百六十五条 委托代理授权采用书面形式的，授权委托书应当载明代理人的姓名或者名称、代理事项、权限和期间，并由被代理人签名或者盖章。

第一百六十六条 数人为同一代理事项的代理人的，应当共同行使代理权，但是当事人另有约定的除外。

第一百六十七条 代理人知道或者应当知道代理事项违法仍然实施代理行为，或者被代理人知道或者应当知道代理人的代理行为违法未作反对表示的，被代理人和代理人应当承担连带责任。

第一百六十八条 代理人不得以被代理人的名义与自己实施民事法律行为，但是被代理人同意或者追认的除外。

代理人不得以被代理人的名义与自己同时代理的其他人实施民事法律行为，但是被代理的双方同意或者追认的除外。

第一百六十九条 代理人需要转委托第三人代理的，应当取得被代理人的同意或者追认。

转委托代理经被代理人同意或者追认的，被代理人可以就代理事务直接指示转委托的第三人，代理人仅就第三人的选任以及对第三人的指示承担责任。

转委托代理未经被代理人同意或者追认的，代理人应当对转委托的第三人的行为承担责任，但是在紧急情况下代理人为了维护被代理人的利益需要转委托第三人代理的除外。

第一百七十条　执行法人或者非法人组织工作任务的人员，就其职权范围内的事项，以法人或者非法人组织的名义实施民事法律行为，对法人或者非法人组织发生效力。

法人或者非法人组织对执行其工作任务的人员职权范围的限制，不得对抗善意相对人。

第一百七十一条　行为人没有代理权、超越代理权或者代理权终止后，仍然实施代理行为，未经被代理人追认的，对被代理人不发生效力。

相对人可以催告被代理人自收到通知之日起一个月内予以追认。被代理人未作表示的，视为拒绝追认。行为人实施的行为被追认前，善意相对人有撤销的权利。撤销应当以通知的方式作出。

行为人实施的行为未被追认的，善意相对人有权请求行为人履行债务或者就其受到的损害请求行为人赔偿，但是赔偿的范围不得超过被代理人追认时相对人所能获得的利益。

相对人知道或者应当知道行为人无权代理的，相对人和行为人按照各自的过错承担责任。

第一百七十二条　行为人没有代理权、超越代理权或者代理权终止后，仍然实施代理行为，相对人有理由相信行为人有代理权的，代理行为有效。

第三节　代　理　终　止

第一百七十三条　有下列情形之一的，委托代理终止：

（一）代理期间届满或者代理事务完成；

（二）被代理人取消委托或者代理人辞去委托；

（三）代理人丧失民事行为能力；

（四）代理人或者被代理人死亡；

（五）作为代理人或者被代理人的法人、非法人组织终止。

第一百七十四条　被代理人死亡后，有下列情形之一的，委托代理人实施的代理行为有效：

（一）代理人不知道并且不应当知道被代理人死亡；

（二）被代理人的继承人予以承认；

（三）授权中明确代理权在代理事务完成时终止；

（四）被代理人死亡前已经实施，为了被代理人的继承人的利益继续代理。

作为被代理人的法人、非法人组织终止的，参照适用前款规定。

第一百七十五条 有下列情形之一的，法定代理终止：

（一）被代理人取得或者恢复完全民事行为能力；

（二）代理人丧失民事行为能力；

（三）代理人或者被代理人死亡；

（四）法律规定的其他情形。

第八章 民 事 责 任

第一百七十六条 民事主体依照法律规定和当事人约定，履行民事义务，承担民事责任。

第一百七十七条 二人以上依法承担按份责任，能够确定责任大小的，各自承担相应的责任；难以确定责任大小的，平均承担责任。

第一百七十八条 二人以上依法承担连带责任的，权利人有权请求部分或者全部连带责任人承担责任。

连带责任人的责任份额根据各自责任大小确定；难以确定责任大小的，平均承担责任。实际承担责任超过自己责任份额的连带责任人，有权向其他连带责任人追偿。

连带责任，由法律规定或者当事人约定。

第一百七十九条 承担民事责任的方式主要有：

（一）停止侵害；

（二）排除妨碍；

（三）消除危险；

（四）返还财产；

（五）恢复原状；

（六）修理、重作、更换；

（七）继续履行；

（八）赔偿损失；

（九）支付违约金；

（十）消除影响、恢复名誉；

（十一）赔礼道歉。

法律规定惩罚性赔偿的，依照其规定。

本条规定的承担民事责任的方式，可以单独适用，也可以合并适用。

第一百八十条 因不可抗力不能履行民事义务的，不承担民事责任。法律另有规定的，依照其规定。

不可抗力是指不能预见、不能避免且不能克服的客观情况。

第一百八十一条 因正当防卫造成损害的，不承担民事责任。

正当防卫超过必要的限度，造成不应有的损害的，正当防卫人应当承担适当的民事责任。

第一百八十二条 因紧急避险造成损害的，由引起险情发生的人承担民事责任。

危险由自然原因引起的，紧急避险人不承担民事责任，可以给予适当补偿。

紧急避险采取措施不当或者超过必要的限度，造成不应有的损害的，紧急避险人应当承担适当的民事责任。

第一百八十三条 因保护他人民事权益使自己受到损害的，由侵权人承担民事责任，受益人可以给予适当补偿。没有侵权人、侵权人逃逸或者无力承担民事责任，受害人请求补偿的，受益人应当给予适当补偿。

第一百八十四条 因自愿实施紧急救助行为造成受助人损害的，救助人不承担民事责任。

第一百八十五条 侵害英雄烈士等的姓名、肖像、名誉、荣誉，损害社会公共利益的，应当承担民事责任。

第一百八十六条 因当事人一方的违约行为，损害对方人身权益、财产权益的，受损害方有权选择请求其承担违约责任或者侵权责任。

第一百八十七条 民事主体因同一行为应当承担民事责任、行政责任和刑事责任的，承担行政责任或者刑事责任不影响承担民事责任；民事主体的财产不足以支付的，优先用于承担民事责任。

第九章　诉　讼　时　效

第一百八十八条　向人民法院请求保护民事权利的诉讼时效期间为三年。法律另有规定的，依照其规定。

诉讼时效期间自权利人知道或者应当知道权利受到损害以及义务人之日起计算。法律另有规定的，依照其规定。但是自权利受到损害之日起超过二十年的，人民法院不予保护；有特殊情况的，人民法院可以根据权利人的申请决定延长。

第一百八十九条　当事人约定同一债务分期履行的，诉讼时效期间自最后一期履行期限届满之日起计算。

第一百九十条　无民事行为能力人或者限制民事行为能力人对其法定代理人的请求权的诉讼时效期间，自该法定代理终止之日起计算。

第一百九十一条　未成年人遭受性侵害的损害赔偿请求权的诉讼时效期间，自受害人年满十八周岁之日起计算。

第一百九十二条　诉讼时效期间届满的，义务人可以提出不履行义务的抗辩。

诉讼时效期间届满后，义务人同意履行的，不得以诉讼时效期间届满为由抗辩；义务人已自愿履行的，不得请求返还。

第一百九十三条　人民法院不得主动适用诉讼时效的规定。

第一百九十四条　在诉讼时效期间的最后六个月内，因下列障碍，不能行使请求权的，诉讼时效中止：

（一）不可抗力；

（二）无民事行为能力人或者限制民事行为能力人没有法定代理人，或者法定代理人死亡、丧失民事行为能力、丧失代理权；

（三）继承开始后未确定继承人或者遗产管理人；

（四）权利人被义务人或者其他人控制；

（五）其他导致权利人不能行使请求权的障碍。

自中止时效的原因消除之日起满六个月，诉讼时效期间届满。

第一百九十五条　有下列情形之一的，诉讼时效中断，从中断、有关程序终结时起，诉讼时效期间重新计算：

（一）权利人向义务人提出履行请求；

（二）义务人同意履行义务；

（三）权利人提起诉讼或者申请仲裁；

（四）与提起诉讼或者申请仲裁具有同等效力的其他情形。

第一百九十六条　下列请求权不适用诉讼时效的规定：

（一）请求停止侵害、排除妨碍、消除危险；

（二）不动产物权和登记的动产物权的权利人请求返还财产；

（三）请求支付抚养费、赡养费或者扶养费；

（四）依法不适用诉讼时效的其他请求权。

第一百九十七条　诉讼时效的期间、计算方法以及中止、中断的事由由法律规定，当事人约定无效。

当事人对诉讼时效利益的预先放弃无效。

第一百九十八条　法律对仲裁时效有规定的，依照其规定；没有规定的，适用诉讼时效的规定。

第一百九十九条　法律规定或者当事人约定的撤销权、解除权等权利的存续期间，除法律另有规定外，自权利人知道或者应当知道权利产生之日起计算，不适用有关诉讼时效中止、中断和延长的规定。存续期间届满，撤销权、解除权等权利消灭。

第十章　期　间　计　算

第二百条　民法所称的期间按照公历年、月、日、小时计算。

第二百零一条　按照年、月、日计算期间的，开始的当日不计入，自下一日开始计算。

按照小时计算期间的，自法律规定或者当事人约定的时间开始计算。

第二百零二条　按照年、月计算期间的，到期月的对应日为期间的最后一日；没有对应日的，月末日为期间的最后一日。

第二百零三条　期间的最后一日是法定休假日的，以法定休假日结束的次日为期间的最后一日。

期间的最后一日的截止时间为二十四时；有业务时间的，停止业务活动的时间为截止时间。

第二百零四条 期间的计算方法依照本法的规定，但是法律另有规定或者当事人另有约定的除外。

第十一章 附 则

第二百零五条 民法所称的“以上”“以下”“以内”“届满”，包括本数；所称的“不满”“超过”“以外”，不包括本数。

第二百零六条 本法自 2017 年 10 月 1 日起施行。

中华人民共和国安全生产法

（2002 年 6 月 29 日第九届全国人民代表大会常务委员会第二十八次会议通过；根据 2009 年 8 月 27 日第十一届全国人民代表大会常务委员会第十次会议关于《关于修改部分法律的决定》第一次修正；根据 2014 年 8 月 31 日第十二届全国人民代表大会常务委员会第十次会议《关于修改〈中华人民共和国安全生产法〉的决定》第二次修正）

第一章 总 则

第一条 为了加强安全生产工作，防止和减少生产安全事故，保障人民群众生命和财产安全，促进经济社会持续健康发展，制定本法。

第二条 在中华人民共和国领域内从事生产经营活动的单位（以下统称生产经营单位）的安全生产，适用本法；有关法律、行政法规对消防安全和道路交通安全、铁路交通安全、水上交通安全、民用航空安全以及核与辐射安全、特种设备安全另有规定的，适用其规定。

第三条 安全生产工作应当以人为本，坚持安全发展，坚持安全第一、预防为主、综合治理的方针，强化和落实生产经营单位的主体责任，建立生产经营单位负责、职工参与、政府监管、行业自律和社会监督的机制。

第四条 生产经营单位必须遵守本法和其他有关安全生产的法律、法规，加强安全生产管理，建立、健全安全生产责任制和安全生产规章制度，改善安全生产条件，推进安全生产标准化建设，提高安全生产水平，确保安全生产。

第五条 生产经营单位的主要负责人对本单位的安全生产工作全面负责。

第六条 生产经营单位的从业人员有依法获得安全生产保障的权利，并应当依法履行安全生产方面的义务。

第七条 工会依法对安全生产工作进行监督。

生产经营单位的工会依法组织职工参加本单位安全生产工作的民主管理和民

主监督，维护职工在安全生产方面的合法权益。生产经营单位制定或者修改有关安全生产的规章制度，应当听取工会的意见。

第八条 国务院和县级以上地方各级人民政府应当根据国民经济和社会发展规划制定安全生产规划，并组织实施。安全生产规划应当与城乡规划相衔接。

国务院和县级以上地方各级人民政府应当加强对安全生产工作的领导，支持、督促各有关部门依法履行安全生产监督管理职责，建立健全安全生产工作协调机制，及时协调、解决安全生产监督管理中存在的重大问题。

乡、镇人民政府以及街道办事处、开发区管理机构等地方人民政府的派出机关应当按照职责，加强对本行政区域内生产经营单位安全生产状况的监督检查，协助上级人民政府有关部门依法履行安全生产监督管理职责。

第九条 国务院安全生产监督管理部门依照本法，对全国安全生产工作实施综合监督管理；县级以上地方各级人民政府安全生产监督管理部门依照本法，对本行政区域内安全生产工作实施综合监督管理。

国务院有关部门依照本法和其他有关法律、行政法规的规定，在各自的职责范围内对有关行业、领域的安全生产工作实施监督管理；县级以上地方各级人民政府有关部门依照本法和其他有关法律、法规的规定，在各自的职责范围内对有关行业、领域的安全生产工作实施监督管理。

安全生产监督管理部门和对有关行业、领域的安全生产工作实施监督管理的部门，统称负有安全生产监督管理职责的部门。

第十条 国务院有关部门应当按照保障安全生产的要求，依法及时制定有关的国家标准或者行业标准，并根据科技进步和经济发展适时修订。

生产经营单位必须执行依法制定的保障安全生产的国家标准或者行业标准。

第十一条 各级人民政府及其有关部门应当采取多种形式，加强对有关安全生产的法律、法规和安全生产知识的宣传，增强全社会的安全生产意识。

第十二条 有关协会组织依照法律、行政法规和章程，为生产经营单位提供安全生产方面的信息、培训等服务，发挥自律作用，促进生产经营单位加强安全生产管理。

第十三条 依法设立的为安全生产提供技术、管理服务的机构，依照法律、行政法规和执业准则，接受生产经营单位的委托为其安全生产工作提供技术、管理服务。

生产经营单位委托前款规定的机构提供安全生产技术、管理服务的，保证安全生产的责任仍由本单位负责。

第十四条　国家实行生产安全事故责任追究制度，依照本法和有关法律、法规的规定，追究生产安全事故责任人员的法律责任。

第十五条　国家鼓励和支持安全生产科学技术研究和安全生产先进技术的推广应用，提高安全生产水平。

第十六条　国家对在改善安全生产条件、防止生产安全事故、参加抢险救护等方面取得显著成绩的单位和个人，给予奖励。

第二章　生产经营单位的安全生产保障

第十七条　生产经营单位应当具备本法和有关法律、行政法规和国家标准或者行业标准规定的安全生产条件；不具备安全生产条件的，不得从事生产经营活动。

第十八条　生产经营单位的主要负责人对本单位安全生产工作负有下列职责：

（一）建立、健全本单位安全生产责任制；

（二）组织制定本单位安全生产规章制度和操作规程；

（三）组织制定并实施本单位安全生产教育和培训计划；

（四）保证本单位安全生产投入的有效实施；

（五）督促、检查本单位的安全生产工作，及时消除生产安全事故隐患；

（六）组织制定并实施本单位的生产安全事故应急救援预案；

（七）及时、如实报告生产安全事故。

第十九条　生产经营单位的安全生产责任制应当明确各岗位的责任人员、责任范围和考核标准等内容。

生产经营单位应当建立相应的机制，加强对安全生产责任制落实情况的监督考核，保证安全生产责任制的落实。

第二十条　生产经营单位应当具备的安全生产条件所必需的资金投入，由生产经营单位的决策机构、主要负责人或者个人经营的投资人予以保证，并对由于安全生产所必需的资金投入不足导致的后果承担责任。

有关生产经营单位应当按照规定提取和使用安全生产费用，专门用于改善安全生产条件。安全生产费用在成本中据实列支。安全生产费用提取、使用和监督管理的具体办法由国务院财政部门会同国务院安全生产监督管理部门征求国务院有关部门意见后制定。

第二十一条 矿山、金属冶炼、建筑施工、道路运输单位和危险物品的生产、经营、储存单位,应当设置安全生产管理机构或者配备专职安全生产管理人员。

前款规定以外的其他生产经营单位，从业人员超过一百人的，应当设置安全生产管理机构或者配备专职安全生产管理人员；从业人员在一百人以下的，应当配备专职或者兼职的安全生产管理人员。

第二十二条 生产经营单位的安全生产管理机构以及安全生产管理人员履行下列职责：

（一）组织或者参与拟订本单位安全生产规章制度、操作规程和生产安全事故应急救援预案；

（二）组织或者参与本单位安全生产教育和培训，如实记录安全生产教育和培训情况；

（三）督促落实本单位重大危险源的安全管理措施；

（四）组织或者参与本单位应急救援演练；

（五）检查本单位的安全生产状况，及时排查生产安全事故隐患，提出改进安全生产管理的建议；

（六）制止和纠正违章指挥、强令冒险作业、违反操作规程的行为；

（七）督促落实本单位安全生产整改措施。

第二十三条 生产经营单位的安全生产管理机构以及安全生产管理人员应当恪尽职守，依法履行职责。

生产经营单位作出涉及安全生产的经营决策，应当听取安全生产管理机构以及安全生产管理人员的意见。

生产经营单位不得因安全生产管理人员依法履行职责而降低其工资、福利等待遇或者解除与其订立的劳动合同。

危险物品的生产、储存单位以及矿山、金属冶炼单位的安全生产管理人员的任免，应当告知主管的负有安全生产监督管理职责的部门。

第二十四条 生产经营单位的主要负责人和安全生产管理人员必须具备与本

单位所从事的生产经营活动相应的安全生产知识和管理能力。

危险物品的生产、经营、储存单位以及矿山、金属冶炼、建筑施工、道路运输单位的主要负责人和安全生产管理人员，应当由主管的负有安全生产监督管理职责的部门对其安全生产知识和管理能力考核合格。考核不得收费。

危险物品的生产、储存单位以及矿山、金属冶炼单位应当有注册安全工程师从事安全生产管理工作。鼓励其他生产经营单位聘用注册安全工程师从事安全生产管理工作。注册安全工程师按专业分类管理，具体办法由国务院人力资源和社会保障部门、国务院安全生产监督管理部门会同国务院有关部门制定。

第二十五条 生产经营单位应当对从业人员进行安全生产教育和培训，保证从业人员具备必要的安全生产知识，熟悉有关的安全生产规章制度和安全操作规程，掌握本岗位的安全操作技能，了解事故应急处理措施，知悉自身在安全生产方面的权利和义务。未经安全生产教育和培训合格的从业人员，不得上岗作业。

生产经营单位使用被派遣劳动者的，应当将被派遣劳动者纳入本单位从业人员统一管理，对被派遣劳动者进行岗位安全操作规程和安全操作技能的教育和培训。劳务派遣单位应当对被派遣劳动者进行必要的安全生产教育和培训。

生产经营单位接收中等职业学校、高等学校学生实习的，应当对实习学生进行相应的安全生产教育和培训，提供必要的劳动防护用品。学校应当协助生产经营单位对实习学生进行安全生产教育和培训。

生产经营单位应当建立安全生产教育和培训档案，如实记录安全生产教育和培训的时间、内容、参加人员以及考核结果等情况。

第二十六条 生产经营单位采用新工艺、新技术、新材料或者使用新设备，必须了解、掌握其安全技术特性，采取有效的安全防护措施，并对从业人员进行专门的安全生产教育和培训。

第二十七条 生产经营单位的特种作业人员必须按照国家有关规定经专门的安全作业培训，取得相应资格，方可上岗作业。

特种作业人员的范围由国务院安全生产监督管理部门会同国务院有关部门确定。

第二十八条 生产经营单位新建、改建、扩建工程项目（以下统称建设项目）的安全设施，必须与主体工程同时设计、同时施工、同时投入生产和使用。安全设施投资应当纳入建设项目概算。

第二十九条 矿山、金属冶炼建设项目和用于生产、储存、装卸危险物品的建设项目，应当按照国家有关规定进行安全评价。

第三十条 建设项目安全设施的设计人、设计单位应当对安全设施设计负责。

矿山、金属冶炼建设项目和用于生产、储存、装卸危险物品的建设项目的安全设施设计应当按照国家有关规定报经有关部门审查，审查部门及其负责审查的人员对审查结果负责。

第三十一条 矿山、金属冶炼建设项目和用于生产、储存、装卸危险物品的建设项目的施工单位必须按照批准的安全设施设计施工，并对安全设施的工程质量负责。

矿山、金属冶炼建设项目和用于生产、储存危险物品的建设项目竣工投入生产或者使用前，应当由建设单位负责组织对安全设施进行验收；验收合格后，方可投入生产和使用。安全生产监督管理部门应当加强对建设单位验收活动和验收结果的监督核查。

第三十二条 生产经营单位应当在有较大危险因素的生产经营场所和有关设施、设备上，设置明显的安全警示标志。

第三十三条 安全设备的设计、制造、安装、使用、检测、维修、改造和报废，应当符合国家标准或者行业标准。

生产经营单位必须对安全设备进行经常性维护、保养，并定期检测，保证正常运转。维护、保养、检测应当作好记录，并由有关人员签字。

第三十四条 生产经营单位使用的危险物品的容器、运输工具，以及涉及人身安全、危险性较大的海洋石油开采特种设备和矿山井下特种设备，必须按照国家有关规定，由专业生产单位生产，并经具有专业资质的检测、检验机构检测、检验合格，取得安全使用证或者安全标志，方可投入使用。检测、检验机构对检测、检验结果负责。

第三十五条 国家对严重危及生产安全的工艺、设备实行淘汰制度，具体目录由国务院安全生产监督管理部门会同国务院有关部门制定并公布。法律、行政法规对目录的制定另有规定的，适用其规定。

省、自治区、直辖市人民政府可以根据本地区实际情况制定并公布具体目录，对前款规定以外的危及生产安全的工艺、设备予以淘汰。

生产经营单位不得使用应当淘汰的危及生产安全的工艺、设备。

第三十六条 生产、经营、运输、储存、使用危险物品或者处置废弃危险物品的，由有关主管部门依照有关法律、法规的规定和国家标准或者行业标准审批并实施监督管理。

生产经营单位生产、经营、运输、储存、使用危险物品或者处置废弃危险物品，必须执行有关法律、法规和国家标准或者行业标准，建立专门的安全管理制度，采取可靠的安全措施，接受有关主管部门依法实施的监督管理。

第三十七条 生产经营单位对重大危险源应当登记建档，进行定期检测、评估、监控，并制定应急预案，告知从业人员和相关人员在紧急情况下应当采取的应急措施。

生产经营单位应当按照国家有关规定将本单位重大危险源及有关安全措施、应急措施报有关地方人民政府安全生产监督管理部门和有关部门备案。

第三十八条 生产经营单位应当建立健全生产安全事故隐患排查治理制度，采取技术、管理措施，及时发现并消除事故隐患。事故隐患排查治理情况应当如实记录，并向从业人员通报。

县级以上地方各级人民政府负有安全生产监督管理职责的部门应当建立健全重大事故隐患治理督办制度，督促生产经营单位消除重大事故隐患。

第三十九条 生产、经营、储存、使用危险物品的车间、商店、仓库不得与员工宿舍在同一座建筑物内，并应当与员工宿舍保持安全距离。

生产经营场所和员工宿舍应当设有符合紧急疏散要求、标志明显、保持畅通的出口。禁止锁闭、封堵生产经营场所或者员工宿舍的出口。

第四十条 生产经营单位进行爆破、吊装以及国务院安全生产监督管理部门会同国务院有关部门规定的其他危险作业，应当安排专门人员进行现场安全管理，确保操作规程的遵守和安全措施的落实。

第四十一条 生产经营单位应当教育和督促从业人员严格执行本单位的安全生产规章制度和安全操作规程；并向从业人员如实告知作业场所和工作岗位存在的危险因素、防范措施以及事故应急措施。

第四十二条 生产经营单位必须为从业人员提供符合国家标准或者行业标准的劳动防护用品，并监督、教育从业人员按照使用规则佩戴、使用。

第四十三条 生产经营单位的安全生产管理人员应当根据本单位的生产经营

特点，对安全生产状况进行经常性检查；对检查中发现的安全问题，应当立即处理；不能处理的，应当及时报告本单位有关负责人，有关负责人应当及时处理。检查及处理情况应当如实记录在案。

生产经营单位的安全生产管理人员在检查中发现重大事故隐患，依照前款规定向本单位有关负责人报告，有关负责人不及时处理的，安全生产管理人员可以向主管的负有安全生产监督管理职责的部门报告，接到报告的部门应当依法及时处理。

第四十四条　生产经营单位应当安排用于配备劳动防护用品、进行安全生产培训的经费。

第四十五条　两个以上生产经营单位在同一作业区域内进行生产经营活动，可能危及对方生产安全的，应当签订安全生产管理协议，明确各自的安全生产管理职责和应当采取的安全措施，并指定专职安全生产管理人员进行安全检查与协调。

第四十六条　生产经营单位不得将生产经营项目、场所、设备发包或者出租给不具备安全生产条件或者相应资质的单位或者个人。

生产经营项目、场所发包或者出租给其他单位的，生产经营单位应当与承包单位、承租单位签订专门的安全生产管理协议，或者在承包合同、租赁合同中约定各自的安全生产管理职责；生产经营单位对承包单位、承租单位的安全生产工作统一协调、管理，定期进行安全检查，发现安全问题的，应当及时督促整改。

第四十七条　生产经营单位发生生产安全事故时，单位的主要负责人应当立即组织抢救，并不得在事故调查处理期间擅离职守。

第四十八条　生产经营单位必须依法参加工伤保险，为从业人员缴纳保险费。

国家鼓励生产经营单位投保安全生产责任保险。

第三章　从业人员的安全生产权利义务

第四十九条　生产经营单位与从业人员订立的劳动合同，应当载明有关保障从业人员劳动安全、防止职业危害的事项，以及依法为从业人员办理工伤保险的事项。

生产经营单位不得以任何形式与从业人员订立协议，免除或者减轻其对从业人员因生产安全事故伤亡依法应承担的责任。

第五十条　生产经营单位的从业人员有权了解其作业场所和工作岗位存在的危险因素、防范措施及事故应急措施，有权对本单位的安全生产工作提出建议。

第五十一条　从业人员有权对本单位安全生产工作中存在的问题提出批评、检举、控告；有权拒绝违章指挥和强令冒险作业。

生产经营单位不得因从业人员对本单位安全生产工作提出批评、检举、控告或者拒绝违章指挥、强令冒险作业而降低其工资、福利等待遇或者解除与其订立的劳动合同。

第五十二条　从业人员发现直接危及人身安全的紧急情况时，有权停止作业或者在采取可能的应急措施后撤离作业场所。

生产经营单位不得因从业人员在前款紧急情况下停止作业或者采取紧急撤离措施而降低其工资、福利等待遇或者解除与其订立的劳动合同。

第五十三条　因生产安全事故受到损害的从业人员，除依法享有工伤保险外，依照有关民事法律尚有获得赔偿的权利的，有权向本单位提出赔偿要求。

第五十四条　从业人员在作业过程中，应当严格遵守本单位的安全生产规章制度和操作规程，服从管理，正确佩戴和使用劳动防护用品。

第五十五条　从业人员应当接受安全生产教育和培训，掌握本职工作所需的安全生产知识，提高安全生产技能，增强事故预防和应急处理能力。

第五十六条　从业人员发现事故隐患或者其他不安全因素，应当立即向现场安全生产管理人员或者本单位负责人报告；接到报告的人员应当及时予以处理。

第五十七条　工会有权对建设项目的安全设施与主体工程同时设计、同时施工、同时投入生产和使用进行监督，提出意见。

工会对生产经营单位违反安全生产法律、法规，侵犯从业人员合法权益的行为，有权要求纠正；发现生产经营单位违章指挥、强令冒险作业或者发现事故隐患时，有权提出解决的建议，生产经营单位应当及时研究答复；发现危及从业人员生命安全的情况时，有权向生产经营单位建议组织从业人员撤离危险场所，生产经营单位必须立即作出处理。

工会有权依法参加事故调查，向有关部门提出处理意见，并要求追究有关人员的责任。

第五十八条 生产经营单位使用被派遣劳动者的，被派遣劳动者享有本法规定的从业人员的权利，并应当履行本法规定的从业人员的义务。

第四章 安全生产的监督管理

第五十九条 县级以上地方各级人民政府应当根据本行政区域内的安全生产状况，组织有关部门按照职责分工，对本行政区域内容易发生重大生产安全事故的生产经营单位进行严格检查。

安全生产监督管理部门应当按照分类分级监督管理的要求，制定安全生产年度监督检查计划，并按照年度监督检查计划进行监督检查，发现事故隐患，应当及时处理。

第六十条 负有安全生产监督管理职责的部门依照有关法律、法规的规定，对涉及安全生产的事项需要审查批准（包括批准、核准、许可、注册、认证、颁发证照等，下同）或者验收的，必须严格依照有关法律、法规和国家标准或者行业标准规定的安全生产条件和程序进行审查；不符合有关法律、法规和国家标准或者行业标准规定的安全生产条件的，不得批准或者验收通过。对未依法取得批准或者验收合格的单位擅自从事有关活动的，负责行政审批的部门发现或者接到举报后应当立即予以取缔，并依法予以处理。对已经依法取得批准的单位，负责行政审批的部门发现其不再具备安全生产条件的，应当撤销原批准。

第六十一条 负有安全生产监督管理职责的部门对涉及安全生产的事项进行审查、验收，不得收取费用；不得要求接受审查、验收的单位购买其指定品牌或者指定生产、销售单位的安全设备、器材或者其他产品。

第六十二条 安全生产监督管理部门和其他负有安全生产监督管理职责的部门依法开展安全生产行政执法工作，对生产经营单位执行有关安全生产的法律、法规和国家标准或者行业标准的情况进行监督检查，行使以下职权：

（一）进入生产经营单位进行检查，调阅有关资料，向有关单位和人员了解情况；

（二）对检查中发现的安全生产违法行为，当场予以纠正或者要求限期改正；对依法应当给予行政处罚的行为，依照本法和其他有关法律、行政法规的规定作出行政处罚决定；

（三）对检查中发现的事故隐患，应当责令立即排除；重大事故隐患排除前或者排除过程中无法保证安全的，应当责令从危险区域内撤出作业人员，责令暂时停产停业或者停止使用相关设施、设备；重大事故隐患排除后，经审查同意，方可恢复生产经营和使用；

（四）对有根据认为不符合保障安全生产的国家标准或者行业标准的设施、设备、器材以及违法生产、储存、使用、经营、运输的危险物品予以查封或者扣押，对违法生产、储存、使用、经营危险物品的作业场所予以查封，并依法作出处理决定。

监督检查不得影响被检查单位的正常生产经营活动。

第六十三条　生产经营单位对负有安全生产监督管理职责的部门的监督检查人员（以下统称安全生产监督检查人员）依法履行监督检查职责，应当予以配合，不得拒绝、阻挠。

第六十四条　安全生产监督检查人员应当忠于职守，坚持原则，秉公执法。

安全生产监督检查人员执行监督检查任务时，必须出示有效的监督执法证件；对涉及被检查单位的技术秘密和业务秘密，应当为其保密。

第六十五条　安全生产监督检查人员应当将检查的时间、地点、内容、发现的问题及其处理情况，作出书面记录，并由检查人员和被检查单位的负责人签字；被检查单位的负责人拒绝签字的，检查人员应当将情况记录在案，并向负有安全生产监督管理职责的部门报告。

第六十六条　负有安全生产监督管理职责的部门在监督检查中，应当互相配合，实行联合检查；确需分别进行检查的，应当互通情况，发现存在的安全问题应当由其他有关部门进行处理的，应当及时移送其他有关部门并形成记录备查，接受移送的部门应当及时进行处理。

第六十七条　负有安全生产监督管理职责的部门依法对存在重大事故隐患的生产经营单位作出停产停业、停止施工、停止使用相关设施或者设备的决定，生产经营单位应当依法执行，及时消除事故隐患。生产经营单位拒不执行，有发生生产安全事故的现实危险的，在保证安全的前提下，经本部门主要负责人批准，负有安全生产监督管理职责的部门可以采取通知有关单位停止供电、停止供应民用爆炸物品等措施，强制生产经营单位履行决定。通知应当采用书面形式，有关单位应当予以配合。

负有安全生产监督管理职责的部门依照前款规定采取停止供电措施，除有危及生产安全的紧急情形外，应当提前二十四小时通知生产经营单位。生产经营单位依法履行行政决定、采取相应措施消除事故隐患的，负有安全生产监督管理职责的部门应当及时解除前款规定的措施。

第六十八条 监察机关依照行政监察法的规定，对负有安全生产监督管理职责的部门及其工作人员履行安全生产监督管理职责实施监察。

第六十九条 承担安全评价、认证、检测、检验的机构应当具备国家规定的资质条件，并对其作出的安全评价、认证、检测、检验的结果负责。

第七十条 负有安全生产监督管理职责的部门应当建立举报制度，公开举报电话、信箱或者电子邮件地址，受理有关安全生产的举报；受理的举报事项经调查核实后，应当形成书面材料；需要落实整改措施的，报经有关负责人签字并督促落实。

第七十一条 任何单位或者个人对事故隐患或者安全生产违法行为，均有权向负有安全生产监督管理职责的部门报告或者举报。

第七十二条 居民委员会、村民委员会发现其所在区域内的生产经营单位存在事故隐患或者安全生产违法行为时，应当向当地人民政府或者有关部门报告。

第七十三条 县级以上各级人民政府及其有关部门对报告重大事故隐患或者举报安全生产违法行为的有功人员，给予奖励。具体奖励办法由国务院安全生产监督管理部门会同国务院财政部门制定。

第七十四条 新闻、出版、广播、电影、电视等单位有进行安全生产公益宣传教育的义务，有对违反安全生产法律、法规的行为进行舆论监督的权利。

第七十五条 负有安全生产监督管理职责的部门应当建立安全生产违法行为信息库，如实记录生产经营单位的安全生产违法行为信息；对违法行为情节严重的生产经营单位，应当向社会公告，并通报行业主管部门、投资主管部门、国土资源主管部门、证券监督管理机构以及有关金融机构。

第五章　生产安全事故的应急救援与调查处理

第七十六条 国家加强生产安全事故应急能力建设，在重点行业、领域建立应急救援基地和应急救援队伍，鼓励生产经营单位和其他社会力量建立应急救援队伍，配备相应的应急救援装备和物资，提高应急救援的专业化水平。

国务院安全生产监督管理部门建立全国统一的生产安全事故应急救援信息系统，国务院有关部门建立健全相关行业、领域的生产安全事故应急救援信息系统。

第七十七条 县级以上地方各级人民政府应当组织有关部门制定本行政区域内生产安全事故应急救援预案，建立应急救援体系。

第七十八条 生产经营单位应当制定本单位生产安全事故应急救援预案，与所在地县级以上地方人民政府组织制定的生产安全事故应急救援预案相衔接，并定期组织演练。

第七十九条 危险物品的生产、经营、储存单位以及矿山、金属冶炼、城市轨道交通运营、建筑施工单位应当建立应急救援组织；生产经营规模较小的，可以不建立应急救援组织，但应当指定兼职的应急救援人员。

危险物品的生产、经营、储存、运输单位以及矿山、金属冶炼、城市轨道交通运营、建筑施工单位应当配备必要的应急救援器材、设备和物资，并进行经常性维护、保养，保证正常运转。

第八十条 生产经营单位发生生产安全事故后，事故现场有关人员应当立即报告本单位负责人。

单位负责人接到事故报告后，应当迅速采取有效措施，组织抢救，防止事故扩大，减少人员伤亡和财产损失，并按照国家有关规定立即如实报告当地负有安全生产监督管理职责的部门，不得隐瞒不报、谎报或者迟报，不得故意破坏事故现场、毁灭有关证据。

第八十一条 负有安全生产监督管理职责的部门接到事故报告后，应当立即按照国家有关规定上报事故情况。负有安全生产监督管理职责的部门和有关地方人民政府对事故情况不得隐瞒不报、谎报或者迟报。

第八十二条 有关地方人民政府和负有安全生产监督管理职责的部门的负责人接到生产安全事故报告后，应当按照生产安全事故应急救援预案的要求立即赶到事故现场，组织事故抢救。

参与事故抢救的部门和单位应当服从统一指挥，加强协同联动，采取有效的应急救援措施，并根据事故救援的需要采取警戒、疏散等措施，防止事故扩大和次生灾害的发生，减少人员伤亡和财产损失。

事故抢救过程中应当采取必要措施，避免或者减少对环境造成的危害。

任何单位和个人都应当支持、配合事故抢救，并提供一切便利条件。

第八十三条 事故调查处理应当按照科学严谨、依法依规、实事求是、注重实效的原则，及时、准确地查清事故原因，查明事故性质和责任，总结事故教训，提出整改措施，并对事故责任者提出处理意见。事故调查报告应当依法及时向社会公布。事故调查和处理的具体办法由国务院制定。

事故发生单位应当及时全面落实整改措施，负有安全生产监督管理职责的部门应当加强监督检查。

第八十四条 生产经营单位发生生产安全事故，经调查确定为责任事故的，除了应当查明事故单位的责任并依法予以追究外，还应当查明对安全生产的有关事项负有审查批准和监督职责的行政部门的责任，对有失职、渎职行为的，依照本法第八十七条的规定追究法律责任。

第八十五条 任何单位和个人不得阻挠和干涉对事故的依法调查处理。

第八十六条 县级以上地方各级人民政府安全生产监督管理部门应当定期统计分析本行政区域内发生生产安全事故的情况，并定期向社会公布。

第六章 法 律 责 任

第八十七条 负有安全生产监督管理职责的部门的工作人员，有下列行为之一的，给予降级或者撤职的处分；构成犯罪的，依照刑法有关规定追究刑事责任：

（一）对不符合法定安全生产条件的涉及安全生产的事项予以批准或者验收通过的；

（二）发现未依法取得批准、验收的单位擅自从事有关活动或者接到举报后不予取缔或者不依法予以处理的；

（三）对已经依法取得批准的单位不履行监督管理职责，发现其不再具备安全生产条件而不撤销原批准或者发现安全生产违法行为不予查处的；

（四）在监督检查中发现重大事故隐患，不依法及时处理的。

负有安全生产监督管理职责的部门的工作人员有前款规定以外的滥用职权、玩忽职守、徇私舞弊行为的，依法给予处分；构成犯罪的，依照刑法有关规定追究刑事责任。

第八十八条　负有安全生产监督管理职责的部门，要求被审查、验收的单位购买其指定的安全设备、器材或者其他产品的，在对安全生产事项的审查、验收中收取费用的，由其上级机关或者监察机关责令改正，责令退还收取的费用；情节严重的，对直接负责的主管人员和其他直接责任人员依法给予处分。

第八十九条　承担安全评价、认证、检测、检验工作的机构，出具虚假证明的，没收违法所得；违法所得在十万元以上的，并处违法所得二倍以上五倍以下的罚款；没有违法所得或者违法所得不足十万元的，单处或者并处十万元以上二十万元以下的罚款；对其直接负责的主管人员和其他直接责任人员处二万元以上五万元以下的罚款；给他人造成损害的，与生产经营单位承担连带赔偿责任；构成犯罪的，依照刑法有关规定追究刑事责任。

对有前款违法行为的机构，吊销其相应资质。

第九十条　生产经营单位的决策机构、主要负责人或者个人经营的投资人不依照本法规定保证安全生产所必需的资金投入，致使生产经营单位不具备安全生产条件的，责令限期改正，提供必需的资金；逾期未改正的，责令生产经营单位停产停业整顿。

有前款违法行为，导致发生生产安全事故的，对生产经营单位的主要负责人给予撤职处分，对个人经营的投资人处二万元以上二十万元以下的罚款；构成犯罪的，依照刑法有关规定追究刑事责任。

第九十一条　生产经营单位的主要负责人未履行本法规定的安全生产管理职责的，责令限期改正；逾期未改正的，处二万元以上五万元以下的罚款，责令生产经营单位停产停业整顿。

生产经营单位的主要负责人有前款违法行为，导致发生生产安全事故的，给予撤职处分；构成犯罪的，依照刑法有关规定追究刑事责任。

生产经营单位的主要负责人依照前款规定受刑事处罚或者撤职处分的，自刑罚执行完毕或者受处分之日起，五年内不得担任任何生产经营单位的主要负责人；对重大、特别重大生产安全事故负有责任的，终身不得担任本行业生产经营单位的主要负责人。

第九十二条　生产经营单位的主要负责人未履行本法规定的安全生产管理职责，导致发生生产安全事故的，由安全生产监督管理部门依照下列规定处以罚款：

（一）发生一般事故的，处上一年年收入百分之三十的罚款；

（二）发生较大事故的，处上一年年收入百分之四十的罚款；

（三）发生重大事故的，处上一年年收入百分之六十的罚款；

（四）发生特别重大事故的，处上一年年收入百分之八十的罚款。

第九十三条 生产经营单位的安全生产管理人员未履行本法规定的安全生产管理职责的，责令限期改正；导致发生生产安全事故的，暂停或者撤销其与安全生产有关的资格；构成犯罪的，依照刑法有关规定追究刑事责任。

第九十四条 生产经营单位有下列行为之一的，责令限期改正，可以处五万元以下的罚款；逾期未改正的，责令停产停业整顿，并处五万元以上十万元以下的罚款，对其直接负责的主管人员和其他直接责任人员处一万元以上二万元以下的罚款：

（一）未按照规定设置安全生产管理机构或者配备安全生产管理人员的；

（二）危险物品的生产、经营、储存单位以及矿山、金属冶炼、建筑施工、道路运输单位的主要负责人和安全生产管理人员未按照规定经考核合格的；

（三）未按照规定对从业人员、被派遣劳动者、实习学生进行安全生产教育和培训，或者未按照规定如实告知有关的安全生产事项的；

（四）未如实记录安全生产教育和培训情况的；

（五）未将事故隐患排查治理情况如实记录或者未向从业人员通报的；

（六）未按照规定制定生产安全事故应急救援预案或者未定期组织演练的；

（七）特种作业人员未按照规定经专门的安全作业培训并取得相应资格，上岗作业的。

第九十五条 生产经营单位有下列行为之一的，责令停止建设或者停产停业整顿，限期改正；逾期未改正的，处五十万元以上一百万元以下的罚款，对其直接负责的主管人员和其他直接责任人员处二万元以上五万元以下的罚款；构成犯罪的，依照刑法有关规定追究刑事责任：

（一）未按照规定对矿山、金属冶炼建设项目或者用于生产、储存、装卸危险物品的建设项目进行安全评价的；

（二）矿山、金属冶炼建设项目或者用于生产、储存、装卸危险物品的建设项目没有安全设施设计或者安全设施设计未按照规定报经有关部门审查同意的；

（三）矿山、金属冶炼建设项目或者用于生产、储存、装卸危险物品的建设项目的施工单位未按照批准的安全设施设计施工的；

（四）矿山、金属冶炼建设项目或者用于生产、储存危险物品的建设项目竣工投入生产或者使用前，安全设施未经验收合格的。

第九十六条　生产经营单位有下列行为之一的，责令限期改正，可以处五万元以下的罚款；逾期未改正的，处五万元以上二十万元以下的罚款，对其直接负责的主管人员和其他直接责任人员处一万元以上二万元以下的罚款；情节严重的，责令停产停业整顿；构成犯罪的，依照刑法有关规定追究刑事责任：

（一）未在有较大危险因素的生产经营场所和有关设施、设备上设置明显的安全警示标志的；

（二）安全设备的安装、使用、检测、改造和报废不符合国家标准或者行业标准的；

（三）未对安全设备进行经常性维护、保养和定期检测的；

（四）未为从业人员提供符合国家标准或者行业标准的劳动防护用品的；

（五）危险物品的容器、运输工具，以及涉及人身安全、危险性较大的海洋石油开采特种设备和矿山井下特种设备未经具有专业资质的机构检测、检验合格，取得安全使用证或者安全标志，投入使用的；

（六）使用应当淘汰的危及生产安全的工艺、设备的。

第九十七条　未经依法批准，擅自生产、经营、运输、储存、使用危险物品或者处置废弃危险物品的，依照有关危险物品安全管理的法律、行政法规的规定予以处罚；构成犯罪的，依照刑法有关规定追究刑事责任。

第九十八条　生产经营单位有下列行为之一的，责令限期改正，可以处十万元以下的罚款；逾期未改正的，责令停产停业整顿，并处十万元以上二十万元以下的罚款，对其直接负责的主管人员和其他直接责任人员处二万元以上五万元以下的罚款；构成犯罪的，依照刑法有关规定追究刑事责任：

（一）生产、经营、运输、储存、使用危险物品或者处置废弃危险物品，未建立专门安全管理制度、未采取可靠的安全措施的；

（二）对重大危险源未登记建档，或者未进行评估、监控，或者未制定应急预案的；

（三）进行爆破、吊装以及国务院安全生产监督管理部门会同国务院有关部门规定的其他危险作业，未安排专门人员进行现场安全管理的；

（四）未建立事故隐患排查治理制度的。

第九十九条 生产经营单位未采取措施消除事故隐患的，责令立即消除或者限期消除；生产经营单位拒不执行的，责令停产停业整顿，并处十万元以上五十万元以下的罚款，对其直接负责的主管人员和其他直接责任人员处二万元以上五万元以下的罚款。

第一百条 生产经营单位将生产经营项目、场所、设备发包或者出租给不具备安全生产条件或者相应资质的单位或者个人的，责令限期改正，没收违法所得；违法所得十万元以上的，并处违法所得二倍以上五倍以下的罚款；没有违法所得或者违法所得不足十万元的，单处或者并处十万元以上二十万元以下的罚款；对其直接负责的主管人员和其他直接责任人员处一万元以上二万元以下的罚款；导致发生生产安全事故给他人造成损害的，与承包方、承租方承担连带赔偿责任。

生产经营单位未与承包单位、承租单位签订专门的安全生产管理协议或者未在承包合同、租赁合同中明确各自的安全生产管理职责，或者未对承包单位、承租单位的安全生产统一协调、管理的，责令限期改正，可以处五万元以下的罚款，对其直接负责的主管人员和其他直接责任人员可以处一万元以下的罚款；逾期未改正的，责令停产停业整顿。

第一百零一条 两个以上生产经营单位在同一作业区域内进行可能危及对方安全生产的生产经营活动，未签订安全生产管理协议或者未指定专职安全生产管理人员进行安全检查与协调的，责令限期改正，可以处五万元以下的罚款，对其直接负责的主管人员和其他直接责任人员可以处一万元以下的罚款；逾期未改正的，责令停产停业。

第一百零二条 生产经营单位有下列行为之一的，责令限期改正，可以处五万元以下的罚款，对其直接负责的主管人员和其他直接责任人员可以处一万元以下的罚款；逾期未改正的，责令停产停业整顿；构成犯罪的，依照刑法有关规定追究刑事责任：

（一）生产、经营、储存、使用危险物品的车间、商店、仓库与员工宿舍在同一座建筑内，或者与员工宿舍的距离不符合安全要求的；

（二）生产经营场所和员工宿舍未设有符合紧急疏散需要、标志明显、保持畅通的出口，或者锁闭、封堵生产经营场所或者员工宿舍出口的。

第一百零三条　生产经营单位与从业人员订立协议，免除或者减轻其对从业人员因生产安全事故伤亡依法应承担的责任的，该协议无效；对生产经营单位的主要负责人、个人经营的投资人处二万元以上十万元以下的罚款。

第一百零四条　生产经营单位的从业人员不服从管理，违反安全生产规章制度或者操作规程的，由生产经营单位给予批评教育，依照有关规章制度给予处分；构成犯罪的，依照刑法有关规定追究刑事责任。

第一百零五条　违反本法规定，生产经营单位拒绝、阻碍负有安全生产监督管理职责的部门依法实施监督检查的，责令改正；拒不改正的，处二万元以上二十万元以下的罚款；对其直接负责的主管人员和其他直接责任人员处一万元以上二万元以下的罚款；构成犯罪的，依照刑法有关规定追究刑事责任。

第一百零六条　生产经营单位的主要负责人在本单位发生生产安全事故时，不立即组织抢救或者在事故调查处理期间擅离职守或者逃匿的，给予降级、撤职的处分，并由安全生产监督管理部门处上一年年收入百分之六十至百分之一百的罚款；对逃匿的处十五日以下拘留；构成犯罪的，依照刑法有关规定追究刑事责任。

生产经营单位的主要负责人对生产安全事故隐瞒不报、谎报或者迟报的，依照前款规定处罚。

第一百零七条　有关地方人民政府、负有安全生产监督管理职责的部门，对生产安全事故隐瞒不报、谎报或者迟报的，对直接负责的主管人员和其他直接责任人员依法给予处分；构成犯罪的，依照刑法有关规定追究刑事责任。

第一百零八条　生产经营单位不具备本法和其他有关法律、行政法规和国家标准或者行业标准规定的安全生产条件，经停产停业整顿仍不具备安全生产条件的，予以关闭；有关部门应当依法吊销其有关证照。

第一百零九条　发生生产安全事故，对负有责任的生产经营单位除要求其依法承担相应的赔偿等责任外，由安全生产监督管理部门依照下列规定处以罚款：

（一）发生一般事故的，处二十万元以上五十万元以下的罚款；

（二）发生较大事故的，处五十万元以上一百万元以下的罚款；

（三）发生重大事故的，处一百万元以上五百万元以下的罚款；

（四）发生特别重大事故的，处五百万元以上一千万元以下的罚款；情节特别严重的，处一千万元以上二千万元以下的罚款。

第一百一十条　本法规定的行政处罚，由安全生产监督管理部门和其他负有安全生产监督管理职责的部门按照职责分工决定。予以关闭的行政处罚由负有安全生产监督管理职责的部门报请县级以上人民政府按照国务院规定的权限决定；给予拘留的行政处罚由公安机关依照治安管理处罚法的规定决定。

第一百一十一条　生产经营单位发生生产安全事故造成人员伤亡、他人财产损失的，应当依法承担赔偿责任；拒不承担或者其负责人逃匿的，由人民法院依法强制执行。

生产安全事故的责任人未依法承担赔偿责任，经人民法院依法采取执行措施后，仍不能对受害人给予足额赔偿的，应当继续履行赔偿义务；受害人发现责任人有其他财产的，可以随时请求人民法院执行。

第七章　附　　则

第一百一十二条　本法下列用语的含义：

危险物品，是指易燃易爆物品、危险化学品、放射性物品等能够危及人身安全和财产安全的物品。

重大危险源，是指长期地或者临时地生产、搬运、使用或者储存危险物品，且危险物品的数量等于或者超过临界量的单元（包括场所和设施）。

第一百一十三条　本法规定的生产安全一般事故、较大事故、重大事故、特别重大事故的划分标准由国务院规定。

国务院安全生产监督管理部门和其他负有安全生产监督管理职责的部门应当根据各自的职责分工，制定相关行业、领域重大事故隐患的判定标准。

第一百一十四条　本法自 2002 年 11 月 1 日起施行。

中华人民共和国煤炭法

（1996 年 8 月 29 日第八届全国人民代表大会常务委员会第二十一次会议通过，根据 2009 年 8 月 27 日第十一届全国人民代表大会常务委员会第十次会议《关于修改部分法律的决定》第一次修正；根据 2011 年 4 月 22 日第十一届全国人民代表大会常务委员会第二十次会议《关于修改〈中华人民共和国煤炭法〉的决定》第二次修正；根据 2013 年 6 月 29 日第十二届全国人民代表大会常务委员会第三次会议《关于修改〈中华人民共和国文物保护法〉等十二部法律的决定》第三次修正；根据 2016 年 11 月 7 日第十二届全国人民代表大会常务委员会第二十四次会议《关于修改〈中华人民共和国对外贸易法〉等十二部法律的决定》第四次修正）

第一章 总 则

第一条 为了合理开发利用和保护煤炭资源，规范煤炭生产、经营活动，促进和保障煤炭行业的发展，制定本法。

第二条 在中华人民共和国领域和中华人民共和国管辖的其他海域从事煤炭生产、经营活动，适用本法。

第三条 煤炭资源属于国家所有。地表或者地下的煤炭资源的国家所有权，不因其依附的土地的所有权或者使用权的不同而改变。

第四条 国家对煤炭开发实行统一规划、合理布局、综合利用的方针。

第五条 国家依法保护煤炭资源，禁止任何乱采、滥挖破坏煤炭资源的行为。

第六条 国家保护依法投资开发煤炭资源的投资者的合法权益。

国家保障国有煤矿的健康发展。

国家对乡镇煤矿采取扶持、改造、整顿、联合、提高的方针，实行正规合理开发和有序发展。

第七条 煤矿企业必须坚持安全第一、预防为主的安全生产方针，建立健全安全生产的责任制度和群防群治制度。

第八条 各级人民政府及其有关部门和煤矿企业必须采取措施加强劳动保护，保障煤矿职工的安全和健康。

国家对煤矿井下作业的职工采取特殊保护措施。

第九条 国家鼓励和支持在开发利用煤炭资源过程中采用先进的科学技术和管理方法。

煤矿企业应当加强和改善经营管理，提高劳动生产率和经济效益。

第十条 国家维护煤矿矿区的生产秩序、工作秩序，保护煤矿企业设施。

第十一条 开发利用煤炭资源，应当遵守有关环境保护的法律、法规，防治污染和其他公害，保护生态环境。

第十二条 国务院煤炭管理部门依法负责全国煤炭行业的监督管理。国务院有关部门在各自的职责范围内负责煤炭行业的监督管理。

县级以上地方人民政府煤炭管理部门和有关部门依法负责本行政区域内煤炭行业的监督管理。

第十三条 煤炭矿务局是国有煤矿企业，具有独立法人资格。

矿务局和其他具有独立法人资格的煤矿企业、煤炭经营企业依法实行自主经营、自负盈亏、自我约束、自我发展。

第二章 煤炭生产开发规划与煤矿建设

第十四条 国务院煤炭管理部门根据全国矿产资源勘查规划编制全国煤炭资源勘查规划。

第十五条 国务院煤炭管理部门根据全国矿产资源规划规定的煤炭资源，组织编制和实施煤炭生产开发规划。

省、自治区、直辖市人民政府煤炭管理部门根据全国矿产资源规划规定的煤炭资源，组织编制和实施本地区煤炭生产开发规划，并报国务院煤炭管理部门备案。

第十六条 煤炭生产开发规划应当根据国民经济和社会发展的需要制定，并纳入国民经济和社会发展计划。

第十七条 国家制定优惠政策，支持煤炭工业发展，促进煤矿建设。

煤矿建设项目应当符合煤炭生产开发规划和煤炭产业政策。

第十八条 煤矿建设使用土地，应当依照有关法律、行政法规的规定办理。征收土地的,应当依法支付土地补偿费和安置补偿费,做好迁移居民的安置工作。

煤矿建设应当贯彻保护耕地、合理利用土地的原则。

地方人民政府对煤矿建设依法使用土地和迁移居民，应当给予支持和协助。

第十九条 煤矿建设应当坚持煤炭开发与环境治理同步进行。煤矿建设项目的环境保护设施必须与主体工程同时设计、同时施工、同时验收、同时投入使用。

第三章 煤炭生产与煤矿安全

第二十条 煤矿投入生产前，煤矿企业应当依照有关安全生产的法律、行政法规的规定取得安全生产许可证。未取得安全生产许可证的，不得从事煤炭生产。

第二十一条 对国民经济具有重要价值的特殊煤种或者稀缺煤种，国家实行保护性开采。

第二十二条 开采煤炭资源必须符合煤矿开采规程，遵守合理的开采顺序，达到规定的煤炭资源回采率。

煤炭资源回采率由国务院煤炭管理部门根据不同的资源和开采条件确定。

国家鼓励煤矿企业进行复采或者开采边角残煤和极薄煤。

第二十三条 煤矿企业应当加强煤炭产品质量的监督检查和管理。煤炭产品质量应当按照国家标准或者行业标准分等论级。

第二十四条 煤炭生产应当依法在批准的开采范围内进行，不得超越批准的开采范围越界、越层开采。

采矿作业不得擅自开采保安煤柱，不得采用可能危及相邻煤矿生产安全的决水、爆破、贯通巷道等危险方法。

第二十五条 因开采煤炭压占土地或者造成地表土地塌陷、挖损，由采矿者负责进行复垦，恢复到可供利用的状态；造成他人损失的，应当依法给予补偿。

第二十六条 关闭煤矿和报废矿井，应当依照有关法律、法规和国务院煤炭管理部门的规定办理。

第二十七条 国家建立煤矿企业积累煤矿衰老期转产资金的制度。

国家鼓励和扶持煤矿企业发展多种经营。

第二十八条 国家提倡和支持煤矿企业和其他企业发展煤电联产、炼焦、煤化工、煤建材等，进行煤炭的深加工和精加工。

国家鼓励煤矿企业发展煤炭洗选加工，综合开发利用煤层气、煤矸石、煤泥、石煤和泥炭。

第二十九条 国家发展和推广洁净煤技术。

国家采取措施取缔土法炼焦。禁止新建土法炼焦窑炉；现有的土法炼焦限期改造。

第三十条 县级以上各级人民政府及其煤炭管理部门和其他有关部门，应当加强对煤矿安全生产工作的监督管理。

第三十一条 煤矿企业的安全生产管理，实行矿务局长、矿长负责制。

第三十二条 矿务局长、矿长及煤矿企业的其他主要负责人必须遵守有关矿山安全的法律、法规和煤炭行业安全规章、规程，加强对煤矿安全生产工作的管理，执行安全生产责任制度，采取有效措施，防止伤亡和其他安全生产事故的发生。

第三十三条 煤矿企业应当对职工进行安全生产教育、培训；未经安全生产教育、培训的，不得上岗作业。

煤矿企业职工必须遵守有关安全生产的法律、法规、煤炭行业规章、规程和企业规章制度。

第三十四条 在煤矿井下作业中，出现危及职工生命安全并无法排除的紧急情况时，作业现场负责人或者安全管理人员应当立即组织职工撤离危险现场，并及时报告有关方面负责人。

第三十五条 煤矿企业工会发现企业行政方面违章指挥、强令职工冒险作业或者生产过程中发现明显重大事故隐患，可能危及职工生命安全的情况，有权提出解决问题的建议，煤矿企业行政方面必须及时作出处理决定。企业行政方面拒不处理的，工会有权提出批评、检举和控告。

第三十六条 煤矿企业必须为职工提供保障安全生产所需的劳动保护用品。

第三十七条 煤矿企业应当依法为职工参加工伤保险缴纳工伤保险费。鼓励企业为井下作业职工办理意外伤害保险，支付保险费。

第三十八条 煤矿企业使用的设备、器材、火工产品和安全仪器，必须符合国家标准或者行业标准。

第四章 煤 炭 经 营

第三十九条 煤炭经营企业从事煤炭经营，应当遵守有关法律、法规的规定，改善服务，保障供应。禁止一切非法经营活动。

第四十条 煤炭经营应当减少中间环节和取消不合理的中间环节，提倡有条件的煤矿企业直销。

煤炭用户和煤炭销区的煤炭经营企业有权直接从煤矿企业购进煤炭。在煤炭产区可以组成煤炭销售、运输服务机构，为中心煤矿办理经销、运输业务。

禁止行政机关违反国家规定擅自设立煤炭供应的中间环节和额外加收费用。

第四十一条 从事煤炭运输的车站、港口及其他运输企业不得利用其掌握的运力作为参与煤炭经营、谋取不正当利益的手段。

第四十二条 国务院物价行政主管部门会同国务院煤炭管理部门和有关部门对煤炭的销售价格进行监督管理。

第四十三条 煤矿企业和煤炭经营企业供应用户的煤炭质量应当符合国家标准或者行业标准，质级相符，质价相符。用户对煤炭质量有特殊要求的，由供需双方在煤炭购销合同中约定。

煤矿企业和煤炭经营企业不得在煤炭中掺杂、掺假，以次充好。

第四十四条 煤矿企业和煤炭经营企业供应用户的煤炭质量不符合国家标准或者行业标准，或者不符合合同约定，或者质级不符、质价不符，给用户造成损失的，应当依法给予赔偿。

第四十五条 煤矿企业、煤炭经营企业、运输企业和煤炭用户应当依照法律、国务院有关规定或者合同约定供应、运输和接卸煤炭。

运输企业应当将承运的不同质量的煤炭分装、分堆。

第四十六条 煤炭的进出口依照国务院的规定，实行统一管理。

具备条件的大型煤炭企业经国务院对外经济贸易主管部门依法许可，有权从事煤炭出口经营。

第四十七条 煤炭经营管理办法，由国务院依照本法规定。

第五章 煤矿矿区保护

第四十八条 任何单位或者个人不得危害煤矿矿区的电力、通讯、水源、交通及其他生产设施。

禁止任何单位和个人扰乱煤矿矿区的生产秩序和工作秩序。

第四十九条 未经煤矿企业同意，任何单位或者个人不得在煤矿企业依法取得土地使用权的有效期间内在该土地上种植、养殖、取土或者修建建筑物、构筑物。

第五十条 对盗窃或者破坏煤矿矿区设施、器材及其他危及煤矿矿区安全的行为，一切单位和个人都有权检举、控告。

第五十一条 任何单位或者个人需要在煤矿采区范围内进行可能危及煤矿安全的作业时，应当经煤矿企业同意，报煤炭管理部门批准，并采取安全措施后，方可进行作业。

在煤矿矿区范围内需要建设公用工程或者其他工程的，有关单位应当事先与煤矿企业协商并达成协议后，方可施工。

第五十二条 未经煤矿企业同意，任何单位或者个人不得占用煤矿企业的铁路专用线、专用道路、专用航道、专用码头、电力专用线、专用供水管路。

第六章 监督检查

第五十三条 煤炭管理部门和有关部门的监督检查人员应当熟悉煤炭法律、法规，掌握有关煤炭专业技术，公正廉洁，秉公执法。

第五十四条 煤炭管理部门和有关部门依法对煤矿企业和煤炭经营企业执行煤炭法律、法规的情况进行监督检查。

第五十五条 煤炭管理部门和有关部门的监督检查人员进行监督检查时，有权向煤矿企业、煤炭经营企业或者用户了解有关执行煤炭法律、法规的情况，查阅有关资料，并有权进入现场进行检查。

煤矿企业、煤炭经营企业和用户对依法执行监督检查任务的煤炭管理部门和有关部门的监督检查人员应当提供方便。

第五十六条　煤炭管理部门和有关部门的监督检查人员对煤矿企业和煤炭经营企业违反煤炭法律、法规的行为，有权要求其依法改正。

煤炭管理部门和有关部门的监督检查人员进行监督检查时，应当出示证件。

第七章　法律责任

第五十七条　违反本法第二十二条的规定，开采煤炭资源未达到国务院煤炭管理部门规定的煤炭资源回采率的，由煤炭管理部门责令限期改正；逾期仍达不到规定的回采率的，责令停止生产。

第五十八条　违反本法第二十四条的规定，擅自开采保安煤柱或者采用危及相邻煤矿生产安全的危险方法进行采矿作业的，由劳动行政主管部门会同煤炭管理部门责令停止作业；由煤炭管理部门没收违法所得，并处违法所得一倍以上五倍以下的罚款；构成犯罪的，由司法机关依法追究刑事责任；造成损失的，依法承担赔偿责任。

第五十九条　违反本法第四十三条的规定，在煤炭产品中掺杂、掺假，以次充好的，责令停止销售，没收违法所得，并处违法所得一倍以上五倍以下的罚款；构成犯罪的，由司法机关依法追究刑事责任。

第六十条　违反本法第五十条的规定，未经煤矿企业同意，在煤矿企业依法取得土地使用权的有效期间内在该土地上修建建筑物、构筑物的，由当地人民政府动员拆除；拒不拆除的，责令拆除。

第六十一条　违反本法第五十一条的规定，未经煤矿企业同意，占用煤矿企业的铁路专用线、专用道路、专用航道、专用码头、电力专用线、专用供水管路的，由县级以上地方人民政府责令限期改正；逾期不改正的，强制清除，可以并处五万元以下的罚款；造成损失的，依法承担赔偿责任。

第六十二条　违反本法第五十二条的规定，未经批准或者未采取安全措施，在煤矿采区范围内进行危及煤矿安全作业的，由煤炭管理部门责令停止作业，可以并处五万元以下的罚款；造成损失的，依法承担赔偿责任。

第六十三条　有下列行为之一的，由公安机关依照治安管理处罚法的有关规定处罚；构成犯罪的，由司法机关依法追究刑事责任：

（一）阻碍煤矿建设，致使煤矿建设不能正常进行的；

（二）故意损坏煤矿矿区的电力、通讯、水源、交通及其他生产设施的；

（三）扰乱煤矿矿区秩序，致使生产、工作不能正常进行的；

（四）拒绝、阻碍监督检查人员依法执行职务的。

第六十四条 煤矿企业的管理人员违章指挥、强令职工冒险作业，发生重大伤亡事故的，依照刑法有关规定追究刑事责任。

第六十五条 煤矿企业的管理人员对煤矿事故隐患不采取措施予以消除，发生重大伤亡事故的，依照刑法有关规定追究刑事责任。

第六十六条 煤炭管理部门和有关部门的工作人员玩忽职守、徇私舞弊、滥用职权的，依法给予行政处分；构成犯罪的，由司法机关依法追究刑事责任。

第八章 附 则

第六十七条 本法自 1996 年 12 月 1 日起施行。

中华人民共和国劳动合同法

（2007 年 6 月 29 日第十届全国人民代表大会常务委员会第二十八次会议通过，根据 2012 年 12 月 28 日第十一届全国人民代表大会常务委员会第三十次会议《关于修改〈中华人民共和国劳动合同法〉的决定》修正）

第一章　总　　则

第一条　为了完善劳动合同制度，明确劳动合同双方当事人的权利和义务，保护劳动者的合法权益，构建和发展和谐稳定的劳动关系，制定本法。

第二条　中华人民共和国境内的企业、个体经济组织、民办非企业单位等组织（以下称用人单位）与劳动者建立劳动关系，订立、履行、变更、解除或者终止劳动合同，适用本法。

国家机关、事业单位、社会团体和与其建立劳动关系的劳动者，订立、履行、变更、解除或者终止劳动合同，依照本法执行。

第三条　订立劳动合同，应当遵循合法、公平、平等自愿、协商一致、诚实信用的原则。

依法订立的劳动合同具有约束力，用人单位与劳动者应当履行劳动合同约定的义务。

第四条　用人单位应当依法建立和完善劳动规章制度，保障劳动者享有劳动权利、履行劳动义务。

用人单位在制定、修改或者决定有关劳动报酬、工作时间、休息休假、劳动安全卫生、保险福利、职工培训、劳动纪律以及劳动定额管理等直接涉及劳动者切身利益的规章制度或者重大事项时，应当经职工代表大会或者全体职工讨论，提出方案和意见，与工会或者职工代表平等协商确定。

在规章制度和重大事项决定实施过程中，工会或者职工认为不适当的，有权向用人单位提出，通过协商予以修改完善。

用人单位应当将直接涉及劳动者切身利益的规章制度和重大事项决定公示，或者告知劳动者。

第五条 县级以上人民政府劳动行政部门会同工会和企业方面代表，建立健全协调劳动关系三方机制，共同研究解决有关劳动关系的重大问题。

第六条 工会应当帮助、指导劳动者与用人单位依法订立和履行劳动合同，并与用人单位建立集体协商机制，维护劳动者的合法权益。

第二章 劳动合同的订立

第七条 用人单位自用工之日起即与劳动者建立劳动关系。用人单位应当建立职工名册备查。

第八条 用人单位招用劳动者时，应当如实告知劳动者工作内容、工作条件、工作地点、职业危害、安全生产状况、劳动报酬，以及劳动者要求了解的其他情况；用人单位有权了解劳动者与劳动合同直接相关的基本情况，劳动者应当如实说明。

第九条 用人单位招用劳动者，不得扣押劳动者的居民身份证和其他证件，不得要求劳动者提供担保或者以其他名义向劳动者收取财物。

第十条 建立劳动关系，应当订立书面劳动合同。

已建立劳动关系，未同时订立书面劳动合同的，应当自用工之日起一个月内订立书面劳动合同。

用人单位与劳动者在用工前订立劳动合同的，劳动关系自用工之日起建立。

第十一条 用人单位未在用工的同时订立书面劳动合同，与劳动者约定的劳动报酬不明确的，新招用的劳动者的劳动报酬按照集体合同规定的标准执行；没有集体合同或者集体合同未规定的，实行同工同酬。

第十二条 劳动合同分为固定期限劳动合同、无固定期限劳动合同和以完成一定工作任务为期限的劳动合同。

第十三条 固定期限劳动合同，是指用人单位与劳动者约定合同终止时间的劳动合同。

用人单位与劳动者协商一致，可以订立固定期限劳动合同。

第十四条 无固定期限劳动合同，是指用人单位与劳动者约定无确定终止时间的劳动合同。

用人单位与劳动者协商一致，可以订立无固定期限劳动合同。有下列情形之一，劳动者提出或者同意续订、订立劳动合同的，除劳动者提出订立固定期限劳动合同外，应当订立无固定期限劳动合同：

（一）劳动者在该用人单位连续工作满十年的；

（二）用人单位初次实行劳动合同制度或者国有企业改制重新订立劳动合同时，劳动者在该用人单位连续工作满十年且距法定退休年龄不足十年的；

（三）连续订立二次固定期限劳动合同，且劳动者没有本法第三十九条和第四十条第一项、第二项规定的情形，续订劳动合同的。

用人单位自用工之日起满一年不与劳动者订立书面劳动合同的，视为用人单位与劳动者已订立无固定期限劳动合同。

第十五条 以完成一定工作任务为期限的劳动合同，是指用人单位与劳动者约定以某项工作的完成为合同期限的劳动合同。

用人单位与劳动者协商一致,可以订立以完成一定工作任务为期限的劳动合同。

第十六条 劳动合同由用人单位与劳动者协商一致，并经用人单位与劳动者在劳动合同文本上签字或者盖章生效。

劳动合同文本由用人单位和劳动者各执一份。

第十七条 劳动合同应当具备以下条款：

（一）用人单位的名称、住所和法定代表人或者主要负责人；

（二）劳动者的姓名、住址和居民身份证或者其他有效身份证件号码；

（三）劳动合同期限；

（四）工作内容和工作地点；

（五）工作时间和休息休假；

（六）劳动报酬；

（七）社会保险；

（八）劳动保护、劳动条件和职业危害防护；

（九）法律、法规规定应当纳入劳动合同的其他事项。

劳动合同除前款规定的必备条款外，用人单位与劳动者可以约定试用期、培训、保守秘密、补充保险和福利待遇等其他事项。

第十八条 劳动合同对劳动报酬和劳动条件等标准约定不明确，引发争议的，用人单位与劳动者可以重新协商；协商不成的，适用集体合同规定；没有集体合同或者集体合同未规定劳动报酬的，实行同工同酬；没有集体合同或者集体合同未规定劳动条件等标准的，适用国家有关规定。

第十九条 劳动合同期限三个月以上不满一年的，试用期不得超过一个月；劳动合同期限一年以上不满三年的，试用期不得超过二个月；三年以上固定期限和无固定期限的劳动合同，试用期不得超过六个月。

同一用人单位与同一劳动者只能约定一次试用期。

以完成一定工作任务为期限的劳动合同或者劳动合同期限不满三个月的，不得约定试用期。

试用期包含在劳动合同期限内。劳动合同仅约定试用期的，试用期不成立，该期限为劳动合同期限。

第二十条 劳动者在试用期的工资不得低于本单位相同岗位最低档工资或者劳动合同约定工资的百分之八十，并不得低于用人单位所在地的最低工资标准。

第二十一条 在试用期中，除劳动者有本法第三十九条和第四十条第一项、第二项规定的情形外，用人单位不得解除劳动合同。用人单位在试用期解除劳动合同的，应当向劳动者说明理由。

第二十二条 用人单位为劳动者提供专项培训费用，对其进行专业技术培训的，可以与该劳动者订立协议，约定服务期。

劳动者违反服务期约定的，应当按照约定向用人单位支付违约金。违约金的数额不得超过用人单位提供的培训费用。用人单位要求劳动者支付的违约金不得超过服务期尚未履行部分所应分摊的培训费用。

用人单位与劳动者约定服务期的，不影响按照正常的工资调整机制提高劳动者在服务期期间的劳动报酬。

第二十三条 用人单位与劳动者可以在劳动合同中约定保守用人单位的商业秘密和与知识产权相关的保密事项。

对负有保密义务的劳动者，用人单位可以在劳动合同或者保密协议中与劳动者约定竞业限制条款，并约定在解除或者终止劳动合同后，在竞业限制期限内按月给予劳动者经济补偿。劳动者违反竞业限制约定的，应当按照约定向用人单位支付违约金。

第二十四条　竞业限制的人员限于用人单位的高级管理人员、高级技术人员和其他负有保密义务的人员。竞业限制的范围、地域、期限由用人单位与劳动者约定，竞业限制的约定不得违反法律、法规的规定。

在解除或者终止劳动合同后，前款规定的人员到与本单位生产或者经营同类产品、从事同类业务的有竞争关系的其他用人单位，或者自己开业生产或者经营同类产品、从事同类业务的竞业限制期限，不得超过二年。

第二十五条　除本法第二十二条和第二十三条规定的情形外，用人单位不得与劳动者约定由劳动者承担违约金。

第二十六条　下列劳动合同无效或者部分无效：

（一）以欺诈、胁迫的手段或者乘人之危，使对方在违背真实意思的情况下订立或者变更劳动合同的；

（二）用人单位免除自己的法定责任、排除劳动者权利的；

（三）违反法律、行政法规强制性规定的。

对劳动合同的无效或者部分无效有争议的，由劳动争议仲裁机构或者人民法院确认。

第二十七条　劳动合同部分无效，不影响其他部分效力的，其他部分仍然有效。

第二十八条　劳动合同被确认无效，劳动者已付出劳动的，用人单位应当向劳动者支付劳动报酬。劳动报酬的数额，参照本单位相同或者相近岗位劳动者的劳动报酬确定。

第三章　劳动合同的履行和变更

第二十九条　用人单位与劳动者应当按照劳动合同的约定，全面履行各自的义务。

第三十条　用人单位应当按照劳动合同约定和国家规定，向劳动者及时足额支付劳动报酬。

用人单位拖欠或者未足额支付劳动报酬的，劳动者可以依法向当地人民法院申请支付令，人民法院应当依法发出支付令。

第三十一条　用人单位应当严格执行劳动定额标准，不得强迫或者变相强迫劳动者加班。用人单位安排加班的，应当按照国家有关规定向劳动者支付加班费。

第三十二条 劳动者拒绝用人单位管理人员违章指挥、强令冒险作业的，不视为违反劳动合同。

劳动者对危害生命安全和身体健康的劳动条件，有权对用人单位提出批评、检举和控告。

第三十三条 用人单位变更名称、法定代表人、主要负责人或者投资人等事项，不影响劳动合同的履行。

第三十四条 用人单位发生合并或者分立等情况，原劳动合同继续有效，劳动合同由承继其权利和义务的用人单位继续履行。

第三十五条 用人单位与劳动者协商一致，可以变更劳动合同约定的内容。变更劳动合同，应当采用书面形式。

变更后的劳动合同文本由用人单位和劳动者各执一份。

第四章　劳动合同的解除和终止

第三十六条 用人单位与劳动者协商一致，可以解除劳动合同。

第三十七条 劳动者提前三十日以书面形式通知用人单位，可以解除劳动合同。劳动者在试用期内提前三日通知用人单位，可以解除劳动合同。

第三十八条 用人单位有下列情形之一的，劳动者可以解除劳动合同：

（一）未按照劳动合同约定提供劳动保护或者劳动条件的；

（二）未及时足额支付劳动报酬的；

（三）未依法为劳动者缴纳社会保险费的；

（四）用人单位的规章制度违反法律、法规的规定，损害劳动者权益的；

（五）因本法第二十六条第一款规定的情形致使劳动合同无效的；

（六）法律、行政法规规定劳动者可以解除劳动合同的其他情形。

用人单位以暴力、威胁或者非法限制人身自由的手段强迫劳动者劳动的，或者用人单位违章指挥、强令冒险作业危及劳动者人身安全的，劳动者可以立即解除劳动合同，不需事先告知用人单位。

第三十九条 劳动者有下列情形之一的，用人单位可以解除劳动合同：

（一）在试用期间被证明不符合录用条件的；

（二）严重违反用人单位的规章制度的；

（三）严重失职，营私舞弊，给用人单位造成重大损害的；

（四）劳动者同时与其他用人单位建立劳动关系，对完成本单位的工作任务造成严重影响，或者经用人单位提出，拒不改正的；

（五）因本法第二十六条第一款第一项规定的情形致使劳动合同无效的；

（六）被依法追究刑事责任的。

第四十条　有下列情形之一的，用人单位提前三十日以书面形式通知劳动者本人或者额外支付劳动者一个月工资后，可以解除劳动合同：

（一）劳动者患病或者非因工负伤，在规定的医疗期满后不能从事原工作，也不能从事由用人单位另行安排的工作的；

（二）劳动者不能胜任工作，经过培训或者调整工作岗位，仍不能胜任工作的；

（三）劳动合同订立时所依据的客观情况发生重大变化，致使劳动合同无法履行，经用人单位与劳动者协商，未能就变更劳动合同内容达成协议的。

第四十一条　有下列情形之一，需要裁减人员二十人以上或者裁减不足二十人但占企业职工总数百分之十以上的，用人单位提前三十日向工会或者全体职工说明情况，听取工会或者职工的意见后，裁减人员方案经向劳动行政部门报告，可以裁减人员：

（一）依照企业破产法规定进行重整的；

（二）生产经营发生严重困难的；

（三）企业转产、重大技术革新或者经营方式调整，经变更劳动合同后，仍需裁减人员的；

（四）其他因劳动合同订立时所依据的客观经济情况发生重大变化，致使劳动合同无法履行的。

裁减人员时，应当优先留用下列人员：

（一）与本单位订立较长期限的固定期限劳动合同的；

（二）与本单位订立无固定期限劳动合同的；

（三）家庭无其他就业人员，有需要扶养的老人或者未成年人的。

用人单位依照本条第一款规定裁减人员，在六个月内重新招用人员的，应当通知被裁减的人员，并在同等条件下优先招用被裁减的人员。

第四十二条　劳动者有下列情形之一的，用人单位不得依照本法第四十条、

第四十一条的规定解除劳动合同：

（一）从事接触职业病危害作业的劳动者未进行离岗前职业健康检查，或者疑似职业病病人在诊断或者医学观察期间的；

（二）在本单位患职业病或者因工负伤并被确认丧失或者部分丧失劳动能力的；

（三）患病或者非因工负伤，在规定的医疗期内的；

（四）女职工在孕期、产期、哺乳期的；

（五）在本单位连续工作满十五年，且距法定退休年龄不足五年的；

（六）法律、行政法规规定的其他情形。

第四十三条 用人单位单方解除劳动合同，应当事先将理由通知工会。用人单位违反法律、行政法规规定或者劳动合同约定的，工会有权要求用人单位纠正。用人单位应当研究工会的意见，并将处理结果书面通知工会。

第四十四条 有下列情形之一的，劳动合同终止：

（一）劳动合同期满的；

（二）劳动者开始依法享受基本养老保险待遇的；

（三）劳动者死亡，或者被人民法院宣告死亡或者宣告失踪的；

（四）用人单位被依法宣告破产的；

（五）用人单位被吊销营业执照、责令关闭、撤销或者用人单位决定提前解散的；

（六）法律、行政法规规定的其他情形。

第四十五条 劳动合同期满，有本法第四十二条规定情形之一的，劳动合同应当续延至相应的情形消失时终止。但是，本法第四十二条第二项规定丧失或者部分丧失劳动能力劳动者的劳动合同的终止，按照国家有关工伤保险的规定执行。

第四十六条 有下列情形之一的，用人单位应当向劳动者支付经济补偿：

（一）劳动者依照本法第三十八条规定解除劳动合同的；

（二）用人单位依照本法第三十六条规定向劳动者提出解除劳动合同并与劳动者协商一致解除劳动合同的；

（三）用人单位依照本法第四十条规定解除劳动合同的；

（四）用人单位依照本法第四十一条第一款规定解除劳动合同的；

（五）除用人单位维持或者提高劳动合同约定条件续订劳动合同，劳动者不同意续订的情形外，依照本法第四十四条第一项规定终止固定期限劳动合同的；

（六）依照本法第四十四条第四项、第五项规定终止劳动合同的；

（七）法律、行政法规规定的其他情形。

第四十七条　经济补偿按劳动者在本单位工作的年限，每满一年支付一个月工资的标准向劳动者支付。六个月以上不满一年的，按一年计算；不满六个月的，向劳动者支付半个月工资的经济补偿。

劳动者月工资高于用人单位所在直辖市、设区的市级人民政府公布的本地区上年度职工月平均工资三倍的，向其支付经济补偿的标准按职工月平均工资三倍的数额支付，向其支付经济补偿的年限最高不超过十二年。

本条所称月工资是指劳动者在劳动合同解除或者终止前十二个月的平均工资。

第四十八条　用人单位违反本法规定解除或者终止劳动合同，劳动者要求继续履行劳动合同的，用人单位应当继续履行；劳动者不要求继续履行劳动合同或者劳动合同已经不能继续履行的，用人单位应当依照本法第八十七条规定支付赔偿金。

第四十九条　国家采取措施，建立健全劳动者社会保险关系跨地区转移接续制度。

第五十条　用人单位应当在解除或者终止劳动合同时出具解除或者终止劳动合同的证明，并在十五日内为劳动者办理档案和社会保险关系转移手续。

劳动者应当按照双方约定，办理工作交接。用人单位依照本法有关规定应当向劳动者支付经济补偿的，在办结工作交接时支付。

用人单位对已经解除或者终止的劳动合同的文本，至少保存二年备查。

第五章　特　别　规　定

第一节　集　体　合　同

第五十一条　企业职工一方与用人单位通过平等协商，可以就劳动报酬、工作时间、休息休假、劳动安全卫生、保险福利等事项订立集体合同。集体合同草案应当提交职工代表大会或者全体职工讨论通过。

集体合同由工会代表企业职工一方与用人单位订立；尚未建立工会的用人单位，由上级工会指导劳动者推举的代表与用人单位订立。

第五十二条 企业职工一方与用人单位可以订立劳动安全卫生、女职工权益保护、工资调整机制等专项集体合同。

第五十三条 在县级以下区域内，建筑业、采矿业、餐饮服务业等行业可以由工会与企业方面代表订立行业性集体合同，或者订立区域性集体合同。

第五十四条 集体合同订立后，应当报送劳动行政部门；劳动行政部门自收到集体合同文本之日起十五日内未提出异议的，集体合同即行生效。

依法订立的集体合同对用人单位和劳动者具有约束力。行业性、区域性集体合同对当地本行业、本区域的用人单位和劳动者具有约束力。

第五十五条 集体合同中劳动报酬和劳动条件等标准不得低于当地人民政府规定的最低标准；用人单位与劳动者订立的劳动合同中劳动报酬和劳动条件等标准不得低于集体合同规定的标准。

第五十六条 用人单位违反集体合同，侵犯职工劳动权益的，工会可以依法要求用人单位承担责任；因履行集体合同发生争议，经协商解决不成的，工会可以依法申请仲裁、提起诉讼。

第二节　劳　务　派　遣

第五十七条 经营劳务派遣业务应当具备下列条件：

（一）注册资本不得少于人民币二百万元；

（二）有与开展业务相适应的固定的经营场所和设施；

（三）有符合法律、行政法规规定的劳务派遣管理制度；

（四）法律、行政法规规定的其他条件。

经营劳务派遣业务，应当向劳动行政部门依法申请行政许可；经许可的，依法办理相应的公司登记。未经许可，任何单位和个人不得经营劳务派遣业务。

第五十八条 劳务派遣单位是本法所称用人单位，应当履行用人单位对劳动者的义务。劳务派遣单位与被派遣劳动者订立的劳动合同，除应当载明本法第十七条规定的事项外，还应当载明被派遣劳动者的用工单位以及派遣期限、工作岗位等情况。

劳务派遣单位应当与被派遣劳动者订立二年以上的固定期限劳动合同，按月支付劳动报酬；被派遣劳动者在无工作期间，劳务派遣单位应当按照所在地人民政府规定的最低工资标准，向其按月支付报酬。

第五十九条　劳务派遣单位派遣劳动者应当与接受以劳务派遣形式用工的单位（以下称用工单位）订立劳务派遣协议。劳务派遣协议应当约定派遣岗位和人员数量、派遣期限、劳动报酬和社会保险费的数额与支付方式以及违反协议的责任。

用工单位应当根据工作岗位的实际需要与劳务派遣单位确定派遣期限，不得将连续用工期限分割订立数个短期劳务派遣协议。

第六十条　劳务派遣单位应当将劳务派遣协议的内容告知被派遣劳动者。

劳务派遣单位不得克扣用工单位按照劳务派遣协议支付给被派遣劳动者的劳动报酬。

劳务派遣单位和用工单位不得向被派遣劳动者收取费用。

第六十一条　劳务派遣单位跨地区派遣劳动者的，被派遣劳动者享有的劳动报酬和劳动条件，按照用工单位所在地的标准执行。

第六十二条　用工单位应当履行下列义务：

（一）执行国家劳动标准，提供相应的劳动条件和劳动保护；

（二）告知被派遣劳动者的工作要求和劳动报酬；

（三）支付加班费、绩效奖金，提供与工作岗位相关的福利待遇；

（四）对在岗被派遣劳动者进行工作岗位所必需的培训；

（五）连续用工的，实行正常的工资调整机制。

用工单位不得将被派遣劳动者再派遣到其他用人单位。

第六十三条　被派遣劳动者享有与用工单位的劳动者同工同酬的权利。用工单位应当按照同工同酬原则，对被派遣劳动者与本单位同类岗位的劳动者实行相同的劳动报酬分配办法。用工单位无同类岗位劳动者的，参照用工单位所在地相同或者相近岗位劳动者的劳动报酬确定。

劳务派遣单位与被派遣劳动者订立的劳动合同和与用工单位订立的劳务派遣协议，载明或者约定的向被派遣劳动者支付的劳动报酬应当符合前款规定。

第六十四条　被派遣劳动者有权在劳务派遣单位或者用工单位依法参加或者

组织工会，维护自身的合法权益。

第六十五条 被派遣劳动者可以依照本法第三十六条、第三十八条的规定与劳务派遣单位解除劳动合同。

被派遣劳动者有本法第三十九条和第四十条第一项、第二项规定情形的，用工单位可以将劳动者退回劳务派遣单位，劳务派遣单位依照本法有关规定，可以与劳动者解除劳动合同。

第六十六条 劳动合同用工是我国的企业基本用工形式。劳务派遣用工是补充形式，只能在临时性、辅助性或者替代性的工作岗位上实施。

前款规定的临时性工作岗位是指存续时间不超过六个月的岗位；辅助性工作岗位是指为主营业务岗位提供服务的非主营业务岗位；替代性工作岗位是指用工单位的劳动者因脱产学习、休假等原因无法工作的一定期间内，可以由其他劳动者替代工作的岗位。

用工单位应当严格控制劳务派遣用工数量，不得超过其用工总量的一定比例，具体比例由国务院劳动行政部门规定。

第六十七条 用人单位不得设立劳务派遣单位向本单位或者所属单位派遣劳动者。

第三节 非全日制用工

第六十八条 非全日制用工，是指以小时计酬为主，劳动者在同一用人单位一般平均每日工作时间不超过四小时，每周工作时间累计不超过二十四小时的用工形式。

第六十九条 非全日制用工双方当事人可以订立口头协议。

从事非全日制用工的劳动者可以与一个或者一个以上用人单位订立劳动合同；但是，后订立的劳动合同不得影响先订立的劳动合同的履行。

第七十条 非全日制用工双方当事人不得约定试用期。

第七十一条 非全日制用工双方当事人任何一方都可以随时通知对方终止用工。终止用工，用人单位不向劳动者支付经济补偿。

第七十二条 非全日制用工小时计酬标准不得低于用人单位所在地人民政府规定的最低小时工资标准。

非全日制用工劳动报酬结算支付周期最长不得超过十五日。

第六章 监 督 检 查

第七十三条 国务院劳动行政部门负责全国劳动合同制度实施的监督管理。

县级以上地方人民政府劳动行政部门负责本行政区域内劳动合同制度实施的监督管理。

县级以上各级人民政府劳动行政部门在劳动合同制度实施的监督管理工作中，应当听取工会、企业方面代表以及有关行业主管部门的意见。

第七十四条 县级以上地方人民政府劳动行政部门依法对下列实施劳动合同制度的情况进行监督检查：

（一）用人单位制定直接涉及劳动者切身利益的规章制度及其执行的情况；

（二）用人单位与劳动者订立和解除劳动合同的情况；

（三）劳务派遣单位和用工单位遵守劳务派遣有关规定的情况；

（四）用人单位遵守国家关于劳动者工作时间和休息休假规定的情况；

（五）用人单位支付劳动合同约定的劳动报酬和执行最低工资标准的情况；

（六）用人单位参加各项社会保险和缴纳社会保险费的情况；

（七）法律、法规规定的其他劳动监察事项。

第七十五条 县级以上地方人民政府劳动行政部门实施监督检查时，有权查阅与劳动合同、集体合同有关的材料，有权对劳动场所进行实地检查，用人单位和劳动者都应当如实提供有关情况和材料。

劳动行政部门的工作人员进行监督检查，应当出示证件，依法行使职权，文明执法。

第七十六条 县级以上人民政府建设、卫生、安全生产监督管理等有关主管部门在各自职责范围内，对用人单位执行劳动合同制度的情况进行监督管理。

第七十七条 劳动者合法权益受到侵害的，有权要求有关部门依法处理，或者依法申请仲裁、提起诉讼。

第七十八条 工会依法维护劳动者的合法权益，对用人单位履行劳动合同、集体合同的情况进行监督。用人单位违反劳动法律、法规和劳动合同、集体合同的，工会有权提出意见或者要求纠正；劳动者申请仲裁、提起诉讼的，工会依法给予支持和帮助。

第七十九条 任何组织或者个人对违反本法的行为都有权举报，县级以上人民政府劳动行政部门应当及时核实、处理，并对举报有功人员给予奖励。

第七章 法律责任

第八十条 用人单位直接涉及劳动者切身利益的规章制度违反法律、法规规定的，由劳动行政部门责令改正，给予警告；给劳动者造成损害的，应当承担赔偿责任。

第八十一条 用人单位提供的劳动合同文本未载明本法规定的劳动合同必备条款或者用人单位未将劳动合同文本交付劳动者的，由劳动行政部门责令改正；给劳动者造成损害的，应当承担赔偿责任。

第八十二条 用人单位自用工之日起超过一个月不满一年未与劳动者订立书面劳动合同的，应当向劳动者每月支付二倍的工资。

用人单位违反本法规定不与劳动者订立无固定期限劳动合同的，自应当订立无固定期限劳动合同之日起向劳动者每月支付二倍的工资。

第八十三条 用人单位违反本法规定与劳动者约定试用期的，由劳动行政部门责令改正；违法约定的试用期已经履行的，由用人单位以劳动者试用期满月工资为标准，按已经履行的超过法定试用期的期间向劳动者支付赔偿金。

第八十四条 用人单位违反本法规定，扣押劳动者居民身份证等证件的，由劳动行政部门责令限期退还劳动者本人，并依照有关法律规定给予处罚。

用人单位违反本法规定，以担保或者其他名义向劳动者收取财物的，由劳动行政部门责令限期退还劳动者本人，并以每人五百元以上二千元以下的标准处以罚款；给劳动者造成损害的，应当承担赔偿责任。

劳动者依法解除或者终止劳动合同，用人单位扣押劳动者档案或者其他物品的，依照前款规定处罚。

第八十五条 用人单位有下列情形之一的，由劳动行政部门责令限期支付劳动报酬、加班费或者经济补偿；劳动报酬低于当地最低工资标准的，应当支付其差额部分；逾期不支付的，责令用人单位按应付金额百分之五十以上百分之一百以下的标准向劳动者加付赔偿金：

（一）未按照劳动合同的约定或者国家规定及时足额支付劳动者劳动报酬的；

（二）低于当地最低工资标准支付劳动者工资的；

（三）安排加班不支付加班费的；

（四）解除或者终止劳动合同，未依照本法规定向劳动者支付经济补偿的。

第八十六条 劳动合同依照本法第二十六条规定被确认无效，给对方造成损害的，有过错的一方应当承担赔偿责任。

第八十七条 用人单位违反本法规定解除或者终止劳动合同的，应当依照本法第四十七条规定的经济补偿标准的二倍向劳动者支付赔偿金。

第八十八条 用人单位有下列情形之一的，依法给予行政处罚；构成犯罪的，依法追究刑事责任；给劳动者造成损害的，应当承担赔偿责任：

（一）以暴力、威胁或者非法限制人身自由的手段强迫劳动的；

（二）违章指挥或者强令冒险作业危及劳动者人身安全的；

（三）侮辱、体罚、殴打、非法搜查或者拘禁劳动者的；

（四）劳动条件恶劣、环境污染严重，给劳动者身心健康造成严重损害的。

第八十九条 用人单位违反本法规定未向劳动者出具解除或者终止劳动合同的书面证明，由劳动行政部门责令改正；给劳动者造成损害的，应当承担赔偿责任。

第九十条 劳动者违反本法规定解除劳动合同，或者违反劳动合同中约定的保密义务或者竞业限制，给用人单位造成损失的，应当承担赔偿责任。

第九十一条 用人单位招用与其他用人单位尚未解除或者终止劳动合同的劳动者，给其他用人单位造成损失的，应当承担连带赔偿责任。

第九十二条 违反本法规定，未经许可，擅自经营劳务派遣业务的，由劳动行政部门责令停止违法行为，没收违法所得，并处违法所得一倍以上五倍以下的罚款；没有违法所得的，可以处五万元以下的罚款。

劳务派遣单位、用工单位违反本法有关劳务派遣规定的，由劳动行政部门责令限期改正；逾期不改正的，以每人五千元以上一万元以下的标准处以罚款，对劳务派遣单位，吊销其劳务派遣业务经营许可证。用工单位给被派遣劳动者造成损害的，劳务派遣单位与用工单位承担连带赔偿责任。

第九十三条 对不具备合法经营资格的用人单位的违法犯罪行为，依法追究法律责任；劳动者已经付出劳动的，该单位或者其出资人应当依照本法有关规定向劳动者支付劳动报酬、经济补偿、赔偿金；给劳动者造成损害的，应当承担赔偿责任。

第九十四条 个人承包经营违反本法规定招用劳动者，给劳动者造成损害的，发包的组织与个人承包经营者承担连带赔偿责任。

第九十五条 劳动行政部门和其他有关主管部门及其工作人员玩忽职守、不履行法定职责，或者违法行使职权，给劳动者或者用人单位造成损害的，应当承担赔偿责任；对直接负责的主管人员和其他直接责任人员，依法给予行政处分；构成犯罪的，依法追究刑事责任。

第八章 附 则

第九十六条 事业单位与实行聘用制的工作人员订立、履行、变更、解除或者终止劳动合同，法律、行政法规或者国务院另有规定的，依照其规定；未作规定的，依照本法有关规定执行。

第九十七条 本法施行前已依法订立且在本法施行之日存续的劳动合同，继续履行；本法第十四条第二款第三项规定连续订立固定期限劳动合同的次数，自本法施行后续订固定期限劳动合同时开始计算。

本法施行前已建立劳动关系，尚未订立书面劳动合同的，应当自本法施行之日起一个月内订立。

本法施行之日存续的劳动合同在本法施行后解除或者终止，依照本法第四十六条规定应当支付经济补偿的，经济补偿年限自本法施行之日起计算；本法施行前按照当时有关规定，用人单位应当向劳动者支付经济补偿的，按照当时有关规定执行。

第九十八条 本法自 2008 年 1 月 1 日起施行。

中华人民共和国侵权责任法

（2009 年 12 月 26 日第十一届全国人民代表大会常务委员会第十二次会议通过）

第一章　一　般　规　定

第一条　为保护民事主体的合法权益，明确侵权责任，预防并制裁侵权行为，促进社会和谐稳定，制定本法。

第二条　侵害民事权益，应当依照本法承担侵权责任。

本法所称民事权益，包括生命权、健康权、姓名权、名誉权、荣誉权、肖像权、隐私权、婚姻自主权、监护权、所有权、用益物权、担保物权、著作权、专利权、商标专用权、发现权、股权、继承权等人身、财产权益。

第三条　被侵权人有权请求侵权人承担侵权责任。

第四条　侵权人因同一行为应当承担行政责任或者刑事责任的，不影响依法承担侵权责任。

因同一行为应当承担侵权责任和行政责任、刑事责任，侵权人的财产不足以支付的，先承担侵权责任。

第五条　其他法律对侵权责任另有特别规定的，依照其规定。

第二章　责任构成和责任方式

第六条　行为人因过错侵害他人民事权益，应当承担侵权责任。

根据法律规定推定行为人有过错，行为人不能证明自己没有过错的，应当承担侵权责任。

第七条　行为人损害他人民事权益，不论行为人有无过错，法律规定应当承担侵权责任的，依照其规定。

第八条 二人以上共同实施侵权行为，造成他人损害的，应当承担连带责任。

第九条 教唆、帮助他人实施侵权行为的，应当与行为人承担连带责任。

教唆、帮助无民事行为能力人、限制民事行为能力人实施侵权行为的，应当承担侵权责任；该无民事行为能力人、限制民事行为能力人的监护人未尽到监护责任的，应当承担相应的责任。

第十条 二人以上实施危及他人人身、财产安全的行为，其中一人或者数人的行为造成他人损害，能够确定具体侵权人的，由侵权人承担责任；不能确定具体侵权人的，行为人承担连带责任。

第十一条 二人以上分别实施侵权行为造成同一损害，每个人的侵权行为都足以造成全部损害的，行为人承担连带责任。

第十二条 二人以上分别实施侵权行为造成同一损害，能够确定责任大小的，各自承担相应的责任；难以确定责任大小的，平均承担赔偿责任。

第十三条 法律规定承担连带责任的，被侵权人有权请求部分或者全部连带责任人承担责任。

第十四条 连带责任人根据各自责任大小确定相应的赔偿数额；难以确定责任大小的，平均承担赔偿责任。

支付超出自己赔偿数额的连带责任人，有权向其他连带责任人追偿。

第十五条 承担侵权责任的方式主要有：

（一）停止侵害；

（二）排除妨碍；

（三）消除危险；

（四）返还财产；

（五）恢复原状；

（六）赔偿损失；

（七）赔礼道歉；

（八）消除影响、恢复名誉。

以上承担侵权责任的方式，可以单独适用，也可以合并适用。

第十六条 侵害他人造成人身损害的，应当赔偿医疗费、护理费、交通费等为治疗和康复支出的合理费用，以及因误工减少的收入。造成残疾的，还应当赔偿残疾生活辅助具费和残疾赔偿金。造成死亡的，还应当赔偿丧葬费和死亡赔偿金。

第十七条　因同一侵权行为造成多人死亡的，可以以相同数额确定死亡赔偿金。

第十八条　被侵权人死亡的，其近亲属有权请求侵权人承担侵权责任。被侵权人为单位，该单位分立、合并的，承继权利的单位有权请求侵权人承担侵权责任。

被侵权人死亡的，支付被侵权人医疗费、丧葬费等合理费用的人有权请求侵权人赔偿费用，但侵权人已支付该费用的除外。

第十九条　侵害他人财产的，财产损失按照损失发生时的市场价格或者其他方式计算。

第二十条　侵害他人人身权益造成财产损失的，按照被侵权人因此受到的损失赔偿；被侵权人的损失难以确定，侵权人因此获得利益的，按照其获得的利益赔偿；侵权人因此获得的利益难以确定，被侵权人和侵权人就赔偿数额协商不一致，向人民法院提起诉讼的，由人民法院根据实际情况确定赔偿数额。

第二十一条　侵权行为危及他人人身、财产安全的，被侵权人可以请求侵权人承担停止侵害、排除妨碍、消除危险等侵权责任。

第二十二条　侵害他人人身权益，造成他人严重精神损害的，被侵权人可以请求精神损害赔偿。

第二十三条　因防止、制止他人民事权益被侵害而使自己受到损害的，由侵权人承担责任。侵权人逃逸或者无力承担责任，被侵权人请求补偿的，受益人应当给予适当补偿。

第二十四条　受害人和行为人对损害的发生都没有过错的，可以根据实际情况，由双方分担损失。

第二十五条　损害发生后，当事人可以协商赔偿费用的支付方式。协商不一致的，赔偿费用应当一次性支付；一次性支付确有困难的，可以分期支付，但应当提供相应的担保。

第三章　不承担责任和减轻责任的情形

第二十六条　被侵权人对损害的发生也有过错的，可以减轻侵权人的责任。

第二十七条　损害是因受害人故意造成的，行为人不承担责任。

第二十八条 损害是因第三人造成的，第三人应当承担侵权责任。

第二十九条 因不可抗力造成他人损害的，不承担责任。法律另有规定的，依照其规定。

第三十条 因正当防卫造成损害的，不承担责任。正当防卫超过必要的限度，造成不应有的损害的，正当防卫人应当承担适当的责任。

第三十一条 因紧急避险造成损害的，由引起险情发生的人承担责任。如果危险是由自然原因引起的，紧急避险人不承担责任或者给予适当补偿。紧急避险采取措施不当或者超过必要的限度，造成不应有的损害的，紧急避险人应当承担适当的责任。

第四章 关于责任主体的特殊规定

第三十二条 无民事行为能力人、限制民事行为能力人造成他人损害的，由监护人承担侵权责任。监护人尽到监护责任的，可以减轻其侵权责任。

有财产的无民事行为能力人、限制民事行为能力人造成他人损害的，从本人财产中支付赔偿费用。不足部分，由监护人赔偿。

第三十三条 完全民事行为能力人对自己的行为暂时没有意识或者失去控制造成他人损害有过错的，应当承担侵权责任；没有过错的，根据行为人的经济状况对受害人适当补偿。

完全民事行为能力人因醉酒、滥用麻醉药品或者精神药品对自己的行为暂时没有意识或者失去控制造成他人损害的，应当承担侵权责任。

第三十四条 用人单位的工作人员因执行工作任务造成他人损害的，由用人单位承担侵权责任。

劳务派遣期间，被派遣的工作人员因执行工作任务造成他人损害的，由接受劳务派遣的用工单位承担侵权责任；劳务派遣单位有过错的，承担相应的补充责任。

第三十五条 个人之间形成劳务关系，提供劳务一方因劳务造成他人损害的，由接受劳务一方承担侵权责任。提供劳务一方因劳务自己受到损害的，根据双方各自的过错承担相应的责任。

第三十六条 网络用户、网络服务提供者利用网络侵害他人民事权益的，应当承担侵权责任。

网络用户利用网络服务实施侵权行为的，被侵权人有权通知网络服务提供者采取删除、屏蔽、断开链接等必要措施。网络服务提供者接到通知后未及时采取必要措施的，对损害的扩大部分与该网络用户承担连带责任。

网络服务提供者知道网络用户利用其网络服务侵害他人民事权益，未采取必要措施的，与该网络用户承担连带责任。

第三十七条 宾馆、商场、银行、车站、娱乐场所等公共场所的管理人或者群众性活动的组织者，未尽到安全保障义务，造成他人损害的，应当承担侵权责任。

因第三人的行为造成他人损害的，由第三人承担侵权责任；管理人或者组织者未尽到安全保障义务的，承担相应的补充责任。

第三十八条 无民事行为能力人在幼儿园、学校或者其他教育机构学习、生活期间受到人身损害的，幼儿园、学校或者其他教育机构应当承担责任，但能够证明尽到教育、管理职责的，不承担责任。

第三十九条 限制民事行为能力人在学校或者其他教育机构学习、生活期间受到人身损害，学校或者其他教育机构未尽到教育、管理职责的，应当承担责任。

第四十条 无民事行为能力人或者限制民事行为能力人在幼儿园、学校或者其他教育机构学习、生活期间，受到幼儿园、学校或者其他教育机构以外的人员人身损害的，由侵权人承担侵权责任；幼儿园、学校或者其他教育机构未尽到管理职责的，承担相应的补充责任。

第五章 产 品 责 任

第四十一条 因产品存在缺陷造成他人损害的，生产者应当承担侵权责任。

第四十二条 因销售者的过错使产品存在缺陷，造成他人损害的，销售者应当承担侵权责任。

销售者不能指明缺陷产品的生产者也不能指明缺陷产品的供货者的，销售者应当承担侵权责任。

第四十三条 因产品存在缺陷造成损害的，被侵权人可以向产品的生产者请求赔偿，也可以向产品的销售者请求赔偿。

产品缺陷由生产者造成的，销售者赔偿后，有权向生产者追偿。

因销售者的过错使产品存在缺陷的，生产者赔偿后，有权向销售者追偿。

第四十四条 因运输者、仓储者等第三人的过错使产品存在缺陷，造成他人损害的，产品的生产者、销售者赔偿后，有权向第三人追偿。

第四十五条 因产品缺陷危及他人人身、财产安全的，被侵权人有权请求生产者、销售者承担排除妨碍、消除危险等侵权责任。

第四十六条 产品投入流通后发现存在缺陷的，生产者、销售者应当及时采取警示、召回等补救措施。未及时采取补救措施或者补救措施不力造成损害的，应当承担侵权责任。

第四十七条 明知产品存在缺陷仍然生产、销售，造成他人死亡或者健康严重损害的，被侵权人有权请求相应的惩罚性赔偿。

第六章 机动车交通事故责任

第四十八条 机动车发生交通事故造成损害的，依照道路交通安全法的有关规定承担赔偿责任。

第四十九条 因租赁、借用等情形机动车所有人与使用人不是同一人时，发生交通事故后属于该机动车一方责任的，由保险公司在机动车强制保险责任限额范围内予以赔偿。不足部分，由机动车使用人承担赔偿责任；机动车所有人对损害的发生有过错的，承担相应的赔偿责任。

第五十条 当事人之间已经以买卖等方式转让并交付机动车但未办理所有权转移登记，发生交通事故后属于该机动车一方责任的，由保险公司在机动车强制保险责任限额范围内予以赔偿。不足部分，由受让人承担赔偿责任。

第五十一条 以买卖等方式转让拼装或者已达到报废标准的机动车，发生交通事故造成损害的，由转让人和受让人承担连带责任。

第五十二条 盗窃、抢劫或者抢夺的机动车发生交通事故造成损害的，由盗窃人、抢劫人或者抢夺人承担赔偿责任。保险公司在机动车强制保险责任限额范围内垫付抢救费用的，有权向交通事故责任人追偿。

第五十三条 机动车驾驶人发生交通事故后逃逸，该机动车参加强制保险的，由保险公司在机动车强制保险责任限额范围内予以赔偿；机动车不明或者该机动车未参加强制保险，需要支付被侵权人人身伤亡的抢救、丧葬等费用的，由道路交通事故社会救助基金垫付。道路交通事故社会救助基金垫付后，其管理机构有权向交通事故责任人追偿。

第七章　医疗损害责任

第五十四条　患者在诊疗活动中受到损害，医疗机构及其医务人员有过错的，由医疗机构承担赔偿责任。

第五十五条　医务人员在诊疗活动中应当向患者说明病情和医疗措施。需要实施手术、特殊检查、特殊治疗的，医务人员应当及时向患者说明医疗风险、替代医疗方案等情况，并取得其书面同意；不宜向患者说明的，应当向患者的近亲属说明，并取得其书面同意。

医务人员未尽到前款义务，造成患者损害的，医疗机构应当承担赔偿责任。

第五十六条　因抢救生命垂危的患者等紧急情况，不能取得患者或者其近亲属意见的，经医疗机构负责人或者授权的负责人批准，可以立即实施相应的医疗措施。

第五十七条　医务人员在诊疗活动中未尽到与当时的医疗水平相应的诊疗义务，造成患者损害的，医疗机构应当承担赔偿责任。

第五十八条　患者有损害，因下列情形之一的，推定医疗机构有过错：

（一）违反法律、行政法规、规章以及其他有关诊疗规范的规定；

（二）隐匿或者拒绝提供与纠纷有关的病历资料；

（三）伪造、篡改或者销毁病历资料。

第五十九条　因药品、消毒药剂、医疗器械的缺陷，或者输入不合格的血液造成患者损害的，患者可以向生产者或者血液提供机构请求赔偿，也可以向医疗机构请求赔偿。患者向医疗机构请求赔偿的，医疗机构赔偿后，有权向负有责任的生产者或者血液提供机构追偿。

第六十条　患者有损害，因下列情形之一的，医疗机构不承担赔偿责任：

（一）患者或者其近亲属不配合医疗机构进行符合诊疗规范的诊疗；

（二）医务人员在抢救生命垂危的患者等紧急情况下已经尽到合理诊疗义

务；

（三）限于当时的医疗水平难以诊疗。

前款第一项情形中，医疗机构及其医务人员也有过错的，应当承担相应的赔偿责任。

第六十一条 医疗机构及其医务人员应当按照规定填写并妥善保管住院志、医嘱单、检验报告、手术及麻醉记录、病理资料、护理记录、医疗费用等病历资料。

患者要求查阅、复制前款规定的病历资料的，医疗机构应当提供。

第六十二条 医疗机构及其医务人员应当对患者的隐私保密。泄露患者隐私或者未经患者同意公开其病历资料，造成患者损害的，应当承担侵权责任。

第六十三条 医疗机构及其医务人员不得违反诊疗规范实施不必要的检查。

第六十四条 医疗机构及其医务人员的合法权益受法律保护。干扰医疗秩序，妨害医务人员工作、生活的，应当依法承担法律责任。

第八章 环境污染责任

第六十五条 因污染环境造成损害的，污染者应当承担侵权责任。

第六十六条 因污染环境发生纠纷，污染者应当就法律规定的不承担责任或者减轻责任的情形及其行为与损害之间不存在因果关系承担举证责任。

第六十七条 两个以上污染者污染环境，污染者承担责任的大小，根据污染物的种类、排放量等因素确定。

第六十八条 因第三人的过错污染环境造成损害的，被侵权人可以向污染者请求赔偿，也可以向第三人请求赔偿。污染者赔偿后，有权向第三人追偿。

第九章 高度危险责任

第六十九条 从事高度危险作业造成他人损害的，应当承担侵权责任。

第七十条 民用核设施发生核事故造成他人损害的，民用核设施的经营者应当承担侵权责任，但能够证明损害是因战争等情形或者受害人故意造成的，不承担责任。

第七十一条　民用航空器造成他人损害的，民用航空器的经营者应当承担侵权责任，但能够证明损害是因受害人故意造成的，不承担责任。

第七十二条　占有或者使用易燃、易爆、剧毒、放射性等高度危险物造成他人损害的，占有人或者使用人应当承担侵权责任，但能够证明损害是因受害人故意或者不可抗力造成的，不承担责任。被侵权人对损害的发生有重大过失的，可以减轻占有人或者使用人的责任。

第七十三条　从事高空、高压、地下挖掘活动或者使用高速轨道运输工具造成他人损害的，经营者应当承担侵权责任，但能够证明损害是因受害人故意或者不可抗力造成的，不承担责任。被侵权人对损害的发生有过失的，可以减轻经营者的责任。

第七十四条　遗失、抛弃高度危险物造成他人损害的，由所有人承担侵权责任。所有人将高度危险物交由他人管理的，由管理人承担侵权责任；所有人有过错的，与管理人承担连带责任。

第七十五条　非法占有高度危险物造成他人损害的，由非法占有人承担侵权责任。所有人、管理人不能证明对防止他人非法占有尽到高度注意义务的，与非法占有人承担连带责任。

第七十六条　未经许可进入高度危险活动区域或者高度危险物存放区域受到损害，管理人已经采取安全措施并尽到警示义务的，可以减轻或者不承担责任。

第七十七条　承担高度危险责任，法律规定赔偿限额的，依照其规定。

第十章　饲养动物损害责任

第七十八条　饲养的动物造成他人损害的，动物饲养人或者管理人应当承担侵权责任，但能够证明损害是因被侵权人故意或者重大过失造成的，可以不承担或者减轻责任。

第七十九条　违反管理规定，未对动物采取安全措施造成他人损害的，动物饲养人或者管理人应当承担侵权责任。

第八十条　禁止饲养的烈性犬等危险动物造成他人损害的，动物饲养人或者管理人应当承担侵权责任。

第八十一条　动物园的动物造成他人损害的，动物园应当承担侵权责任，但能够证明尽到管理职责的，不承担责任。

第八十二条 遗弃、逃逸的动物在遗弃、逃逸期间造成他人损害的，由原动物饲养人或者管理人承担侵权责任。

第八十三条 因第三人的过错致使动物造成他人损害的，被侵权人可以向动物饲养人或者管理人请求赔偿，也可以向第三人请求赔偿。动物饲养人或者管理人赔偿后，有权向第三人追偿。

第八十四条 饲养动物应当遵守法律，尊重社会公德，不得妨害他人生活。

第十一章 物件损害责任

第八十五条 建筑物、构筑物或者其他设施及其搁置物、悬挂物发生脱落、坠落造成他人损害，所有人、管理人或者使用人不能证明自己没有过错的，应当承担侵权责任。所有人、管理人或者使用人赔偿后，有其他责任人的，有权向其他责任人追偿。

第八十六条 建筑物、构筑物或者其他设施倒塌造成他人损害的，由建设单位与施工单位承担连带责任。建设单位、施工单位赔偿后，有其他责任人的，有权向其他责任人追偿。

因其他责任人的原因，建筑物、构筑物或者其他设施倒塌造成他人损害的，由其他责任人承担侵权责任。

第八十七条 从建筑物中抛掷物品或者从建筑物上坠落的物品造成他人损害，难以确定具体侵权人的，除能够证明自己不是侵权人的外，由可能加害的建筑物使用人给予补偿。

第八十八条 堆放物倒塌造成他人损害，堆放人不能证明自己没有过错的，应当承担侵权责任。

第八十九条 在公共道路上堆放、倾倒、遗撒妨碍通行的物品造成他人损害的，有关单位或者个人应当承担侵权责任。

第九十条 因林木折断造成他人损害，林木的所有人或者管理人不能证明自己没有过错的，应当承担侵权责任。

第九十一条 在公共场所或者道路上挖坑、修缮安装地下设施等，没有设置明显标志和采取安全措施造成他人损害的，施工人应当承担侵权责任。

窨井等地下设施造成他人损害，管理人不能证明尽到管理职责的，应当承担侵权责任。

第十二章　附　　则

第九十二条　本法自 2010 年 7 月 1 日起施行。

中华人民共和国社会保险法

（2010年10月28日第十一届全国人民代表大会常务委员会第十七次会议通过）

第一章　总　　则

第一条　为了规范社会保险关系，维护公民参加社会保险和享受社会保险待遇的合法权益，使公民共享发展成果，促进社会和谐稳定，根据宪法，制定本法。

第二条　国家建立基本养老保险、基本医疗保险、工伤保险、失业保险、生育保险等社会保险制度，保障公民在年老、疾病、工伤、失业、生育等情况下依法从国家和社会获得物质帮助的权利。

第三条　社会保险制度坚持广覆盖、保基本、多层次、可持续的方针，社会保险水平应当与经济社会发展水平相适应。

第四条　中华人民共和国境内的用人单位和个人依法缴纳社会保险费，有权查询缴费记录、个人权益记录，要求社会保险经办机构提供社会保险咨询等相关服务。

个人依法享受社会保险待遇，有权监督本单位为其缴费情况。

第五条　县级以上人民政府将社会保险事业纳入国民经济和社会发展规划。

国家多渠道筹集社会保险资金。县级以上人民政府对社会保险事业给予必要的经费支持。

国家通过税收优惠政策支持社会保险事业。

第六条　国家对社会保险基金实行严格监管。

国务院和省、自治区、直辖市人民政府建立健全社会保险基金监督管理制度，保障社会保险基金安全、有效运行。

县级以上人民政府采取措施，鼓励和支持社会各方面参与社会保险基金的监督。

第七条 国务院社会保险行政部门负责全国的社会保险管理工作，国务院其他有关部门在各自的职责范围内负责有关的社会保险工作。

县级以上地方人民政府社会保险行政部门负责本行政区域的社会保险管理工作，县级以上地方人民政府其他有关部门在各自的职责范围内负责有关的社会保险工作。

第八条 社会保险经办机构提供社会保险服务，负责社会保险登记、个人权益记录、社会保险待遇支付等工作。

第九条 工会依法维护职工的合法权益，有权参与社会保险重大事项的研究，参加社会保险监督委员会，对与职工社会保险权益有关的事项进行监督。

第二章 基本养老保险

第十条 职工应当参加基本养老保险，由用人单位和职工共同缴纳基本养老保险费。

无雇工的个体工商户、未在用人单位参加基本养老保险的非全日制从业人员以及其他灵活就业人员可以参加基本养老保险，由个人缴纳基本养老保险费。

公务员和参照公务员法管理的工作人员养老保险的办法由国务院规定。

第十一条 基本养老保险实行社会统筹与个人账户相结合。

基本养老保险基金由用人单位和个人缴费以及政府补贴等组成。

第十二条 用人单位应当按照国家规定的本单位职工工资总额的比例缴纳基本养老保险费，记入基本养老保险统筹基金。

职工应当按照国家规定的本人工资的比例缴纳基本养老保险费，记入个人账户。

无雇工的个体工商户、未在用人单位参加基本养老保险的非全日制从业人员以及其他灵活就业人员参加基本养老保险的，应当按照国家规定缴纳基本养老保险费，分别记入基本养老保险统筹基金和个人账户。

第十三条 国有企业、事业单位职工参加基本养老保险前，视同缴费年限期间应当缴纳的基本养老保险费由政府承担。

基本养老保险基金出现支付不足时，政府给予补贴。

第十四条 个人账户不得提前支取，记账利率不得低于银行定期存款利率，免征利息税。个人死亡的，个人账户余额可以继承。

第十五条 基本养老金由统筹养老金和个人账户养老金组成。

基本养老金根据个人累计缴费年限、缴费工资、当地职工平均工资、个人账户金额、城镇人口平均预期寿命等因素确定。

第十六条 参加基本养老保险的个人，达到法定退休年龄时累计缴费满十五年的，按月领取基本养老金。

参加基本养老保险的个人，达到法定退休年龄时累计缴费不足十五年的，可以缴费至满十五年，按月领取基本养老金；也可以转入新型农村社会养老保险或者城镇居民社会养老保险，按照国务院规定享受相应的养老保险待遇。

第十七条 参加基本养老保险的个人，因病或者非因工死亡的，其遗属可以领取丧葬补助金和抚恤金；在未达到法定退休年龄时因病或者非因工致残完全丧失劳动能力的，可以领取病残津贴。所需资金从基本养老保险基金中支付。

第十八条 国家建立基本养老金正常调整机制。根据职工平均工资增长、物价上涨情况，适时提高基本养老保险待遇水平。

第十九条 个人跨统筹地区就业的，其基本养老保险关系随本人转移，缴费年限累计计算。个人达到法定退休年龄时，基本养老金分段计算、统一支付。具体办法由国务院规定。

第二十条 国家建立和完善新型农村社会养老保险制度。

新型农村社会养老保险实行个人缴费、集体补助和政府补贴相结合。

第二十一条 新型农村社会养老保险待遇由基础养老金和个人账户养老金组成。

参加新型农村社会养老保险的农村居民，符合国家规定条件的，按月领取新型农村社会养老保险待遇。

第二十二条 国家建立和完善城镇居民社会养老保险制度。

省、自治区、直辖市人民政府根据实际情况，可以将城镇居民社会养老保险和新型农村社会养老保险合并实施。

第三章 基本医疗保险

第二十三条 职工应当参加职工基本医疗保险，由用人单位和职工按照国家规定共同缴纳基本医疗保险费。

无雇工的个体工商户、未在用人单位参加职工基本医疗保险的非全日制从业人员以及其他灵活就业人员可以参加职工基本医疗保险，由个人按照国家规定缴纳基本医疗保险费。

第二十四条　国家建立和完善新型农村合作医疗制度。

新型农村合作医疗的管理办法，由国务院规定。

第二十五条　国家建立和完善城镇居民基本医疗保险制度。

城镇居民基本医疗保险实行个人缴费和政府补贴相结合。

享受最低生活保障的人、丧失劳动能力的残疾人、低收入家庭六十周岁以上的老年人和未成年人等所需个人缴费部分，由政府给予补贴。

第二十六条　职工基本医疗保险、新型农村合作医疗和城镇居民基本医疗保险的待遇标准按照国家规定执行。

第二十七条　参加职工基本医疗保险的个人，达到法定退休年龄时累计缴费达到国家规定年限的，退休后不再缴纳基本医疗保险费，按照国家规定享受基本医疗保险待遇；未达到国家规定年限的，可以缴费至国家规定年限。

第二十八条　符合基本医疗保险药品目录、诊疗项目、医疗服务设施标准以及急诊、抢救的医疗费用，按照国家规定从基本医疗保险基金中支付。

第二十九条　参保人员医疗费用中应当由基本医疗保险基金支付的部分，由社会保险经办机构与医疗机构、药品经营单位直接结算。

社会保险行政部门和卫生行政部门应当建立异地就医医疗费用结算制度，方便参保人员享受基本医疗保险待遇。

第三十条　下列医疗费用不纳入基本医疗保险基金支付范围：

（一）应当从工伤保险基金中支付的；

（二）应当由第三人负担的；

（三）应当由公共卫生负担的；

（四）在境外就医的。

医疗费用依法应当由第三人负担，第三人不支付或者无法确定第三人的，由基本医疗保险基金先行支付。基本医疗保险基金先行支付后，有权向第三人追偿。

第三十一条　社会保险经办机构根据管理服务的需要，可以与医疗机构、药品经营单位签订服务协议，规范医疗服务行为。

医疗机构应当为参保人员提供合理、必要的医疗服务。

第三十二条 个人跨统筹地区就业的，其基本医疗保险关系随本人转移，缴费年限累计计算。

第四章 工 伤 保 险

第三十三条 职工应当参加工伤保险，由用人单位缴纳工伤保险费，职工不缴纳工伤保险费。

第三十四条 国家根据不同行业的工伤风险程度确定行业的差别费率，并根据使用工伤保险基金、工伤发生率等情况在每个行业内确定费率档次。行业差别费率和行业内费率档次由国务院社会保险行政部门制定，报国务院批准后公布施行。

社会保险经办机构根据用人单位使用工伤保险基金、工伤发生率和所属行业费率档次等情况，确定用人单位缴费费率。

第三十五条 用人单位应当按照本单位职工工资总额，根据社会保险经办机构确定的费率缴纳工伤保险费。

第三十六条 职工因工作原因受到事故伤害或者患职业病，且经工伤认定的,享受工伤保险待遇;其中,经劳动能力鉴定丧失劳动能力的,享受伤残待遇。

工伤认定和劳动能力鉴定应当简捷、方便。

第三十七条 职工因下列情形之一导致本人在工作中伤亡的，不认定为工伤：

（一）故意犯罪；

（二）醉酒或者吸毒；

（三）自残或者自杀；

（四）法律、行政法规规定的其他情形。

第三十八条 因工伤发生的下列费用,按照国家规定从工伤保险基金中支付：

（一）治疗工伤的医疗费用和康复费用；

（二）住院伙食补助费；

（三）到统筹地区以外就医的交通食宿费；

（四）安装配置伤残辅助器具所需费用；

（五）生活不能自理的，经劳动能力鉴定委员会确认的生活护理费；

（六）一次性伤残补助金和一至四级伤残职工按月领取的伤残津贴；

（七）终止或者解除劳动合同时，应当享受的一次性医疗补助金；

（八）因工死亡的，其遗属领取的丧葬补助金、供养亲属抚恤金和因工死亡补助金；

（九）劳动能力鉴定费。

第三十九条　因工伤发生的下列费用，按照国家规定由用人单位支付：

（一）治疗工伤期间的工资福利；

（二）五级、六级伤残职工按月领取的伤残津贴；

（三）终止或者解除劳动合同时，应当享受的一次性伤残就业补助金。

第四十条　工伤职工符合领取基本养老金条件的，停发伤残津贴，享受基本养老保险待遇。基本养老保险待遇低于伤残津贴的，从工伤保险基金中补足差额。

第四十一条　职工所在用人单位未依法缴纳工伤保险费，发生工伤事故的，由用人单位支付工伤保险待遇。用人单位不支付的，从工伤保险基金中先行支付。

从工伤保险基金中先行支付的工伤保险待遇应当由用人单位偿还。用人单位不偿还的，社会保险经办机构可以依照本法第六十三条的规定追偿。

第四十二条　由于第三人的原因造成工伤，第三人不支付工伤医疗费用或者无法确定第三人的，由工伤保险基金先行支付。工伤保险基金先行支付后，有权向第三人追偿。

第四十三条　工伤职工有下列情形之一的，停止享受工伤保险待遇：

（一）丧失享受待遇条件的；

（二）拒不接受劳动能力鉴定的；

（三）拒绝治疗的。

第五章　失　业　保　险

第四十四条　职工应当参加失业保险，由用人单位和职工按照国家规定共同缴纳失业保险费。

第四十五条　失业人员符合下列条件的，从失业保险基金中领取失业保险金：

（一）失业前用人单位和本人已经缴纳失业保险费满一年的；

（二）非因本人意愿中断就业的；

（三）已经进行失业登记，并有求职要求的。

第四十六条 失业人员失业前用人单位和本人累计缴费满一年不足五年的，领取失业保险金的期限最长为十二个月；累计缴费满五年不足十年的，领取失业保险金的期限最长为十八个月；累计缴费十年以上的，领取失业保险金的期限最长为二十四个月。重新就业后，再次失业的，缴费时间重新计算，领取失业保险金的期限与前次失业应当领取而尚未领取的失业保险金的期限合并计算，最长不超过二十四个月。

第四十七条 失业保险金的标准，由省、自治区、直辖市人民政府确定，不得低于城市居民最低生活保障标准。

第四十八条 失业人员在领取失业保险金期间，参加职工基本医疗保险，享受基本医疗保险待遇。

失业人员应当缴纳的基本医疗保险费从失业保险基金中支付，个人不缴纳基本医疗保险费。

第四十九条 失业人员在领取失业保险金期间死亡的，参照当地对在职职工死亡的规定，向其遗属发给一次性丧葬补助金和抚恤金。所需资金从失业保险基金中支付。

个人死亡同时符合领取基本养老保险丧葬补助金、工伤保险丧葬补助金和失业保险丧葬补助金条件的，其遗属只能选择领取其中的一项。

第五十条 用人单位应当及时为失业人员出具终止或者解除劳动关系的证明，并将失业人员的名单自终止或者解除劳动关系之日起十五日内告知社会保险经办机构。

失业人员应当持本单位为其出具的终止或者解除劳动关系的证明，及时到指定的公共就业服务机构办理失业登记。

失业人员凭失业登记证明和个人身份证明，到社会保险经办机构办理领取失业保险金的手续。失业保险金领取期限自办理失业登记之日起计算。

第五十一条 失业人员在领取失业保险金期间有下列情形之一的，停止领取失业保险金，并同时停止享受其他失业保险待遇：

（一）重新就业的；

（二）应征服兵役的；

（三）移居境外的；

（四）享受基本养老保险待遇的；

（五）无正当理由，拒不接受当地人民政府指定部门或者机构介绍的适当工作或者提供的培训的。

第五十二条　职工跨统筹地区就业的，其失业保险关系随本人转移，缴费年限累计计算。

第六章　生　育　保　险

第五十三条　职工应当参加生育保险，由用人单位按照国家规定缴纳生育保险费，职工不缴纳生育保险费。

第五十四条　用人单位已经缴纳生育保险费的，其职工享受生育保险待遇；职工未就业配偶按照国家规定享受生育医疗费用待遇。所需资金从生育保险基金中支付。

生育保险待遇包括生育医疗费用和生育津贴。

第五十五条　生育医疗费用包括下列各项：

（一）生育的医疗费用；

（二）计划生育的医疗费用；

（三）法律、法规规定的其他项目费用。

第五十六条　职工有下列情形之一的，可以按照国家规定享受生育津贴：

（一）女职工生育享受产假；

（二）享受计划生育手术休假；

（三）法律、法规规定的其他情形。

生育津贴按照职工所在用人单位上年度职工月平均工资计发。

第七章　社会保险费征缴

第五十七条　用人单位应当自成立之日起三十日内凭营业执照、登记证书或者单位印章，向当地社会保险经办机构申请办理社会保险登记。社会保险经办机构应当自收到申请之日起十五日内予以审核，发给社会保险登记证件。

用人单位的社会保险登记事项发生变更或者用人单位依法终止的，应当自变更或者终止之日起三十日内，到社会保险经办机构办理变更或者注销社会保险登记。

工商行政管理部门、民政部门和机构编制管理机关应当及时向社会保险经办机构通报用人单位的成立、终止情况，公安机关应当及时向社会保险经办机构通报个人的出生、死亡以及户口登记、迁移、注销等情况。

第五十八条 用人单位应当自用工之日起三十日内为其职工向社会保险经办机构申请办理社会保险登记。未办理社会保险登记的，由社会保险经办机构核定其应当缴纳的社会保险费。

自愿参加社会保险的无雇工的个体工商户、未在用人单位参加社会保险的非全日制从业人员以及其他灵活就业人员，应当向社会保险经办机构申请办理社会保险登记。

国家建立全国统一的个人社会保障号码。个人社会保障号码为公民身份号码。

第五十九条 县级以上人民政府加强社会保险费的征收工作。

社会保险费实行统一征收，实施步骤和具体办法由国务院规定。

第六十条 用人单位应当自行申报、按时足额缴纳社会保险费，非因不可抗力等法定事由不得缓缴、减免。职工应当缴纳的社会保险费由用人单位代扣代缴，用人单位应当按月将缴纳社会保险费的明细情况告知本人。

无雇工的个体工商户、未在用人单位参加社会保险的非全日制从业人员以及其他灵活就业人员，可以直接向社会保险费征收机构缴纳社会保险费。

第六十一条 社会保险费征收机构应当依法按时足额征收社会保险费，并将缴费情况定期告知用人单位和个人。

第六十二条 用人单位未按规定申报应当缴纳的社会保险费数额的，按照该单位上月缴费额的百分之一百一十确定应当缴纳数额；缴费单位补办申报手续后，由社会保险费征收机构按照规定结算。

第六十三条 用人单位未按时足额缴纳社会保险费的，由社会保险费征收机构责令其限期缴纳或者补足。

用人单位逾期仍未缴纳或者补足社会保险费的，社会保险费征收机构可以向银行和其他金融机构查询其存款账户；并可以申请县级以上有关行政部门作出划拨社会保险费的决定，书面通知其开户银行或者其他金融机构划拨社会保险费。用人单位账户余额少于应当缴纳的社会保险费的，社会保险费征收机构可以要求该用人单位提供担保，签订延期缴费协议。

用人单位未足额缴纳社会保险费且未提供担保的，社会保险费征收机构可以申请人民法院扣押、查封、拍卖其价值相当于应当缴纳社会保险费的财产，以拍卖所得抵缴社会保险费。

第八章　社会保险基金

第六十四条　社会保险基金包括基本养老保险基金、基本医疗保险基金、工伤保险基金、失业保险基金和生育保险基金。各项社会保险基金按照社会保险险种分别建账，分账核算，执行国家统一的会计制度。

社会保险基金专款专用，任何组织和个人不得侵占或者挪用。

基本养老保险基金逐步实行全国统筹，其他社会保险基金逐步实行省级统筹，具体时间、步骤由国务院规定。

第六十五条　社会保险基金通过预算实现收支平衡。

县级以上人民政府在社会保险基金出现支付不足时，给予补贴。

第六十六条　社会保险基金按照统筹层次设立预算。社会保险基金预算按照社会保险项目分别编制。

第六十七条　社会保险基金预算、决算草案的编制、审核和批准，依照法律和国务院规定执行。

第六十八条　社会保险基金存入财政专户，具体管理办法由国务院规定。

第六十九条　社会保险基金在保证安全的前提下，按照国务院规定投资运营实现保值增值。

社会保险基金不得违规投资运营，不得用于平衡其他政府预算，不得用于兴建、改建办公场所和支付人员经费、运行费用、管理费用，或者违反法律、行政法规规定挪作其他用途。

第七十条　社会保险经办机构应当定期向社会公布参加社会保险情况以及社会保险基金的收入、支出、结余和收益情况。

第七十一条 国家设立全国社会保障基金，由中央财政预算拨款以及国务院批准的其他方式筹集的资金构成，用于社会保障支出的补充、调剂。全国社会保障基金由全国社会保障基金管理运营机构负责管理运营，在保证安全的前提下实现保值增值。

全国社会保障基金应当定期向社会公布收支、管理和投资运营的情况。国务院财政部门、社会保险行政部门、审计机关对全国社会保障基金的收支、管理和投资运营情况实施监督。

第九章 社会保险经办

第七十二条 统筹地区设立社会保险经办机构。社会保险经办机构根据工作需要，经所在地的社会保险行政部门和机构编制管理机关批准，可以在本统筹地区设立分支机构和服务网点。

社会保险经办机构的人员经费和经办社会保险发生的基本运行费用、管理费用，由同级财政按照国家规定予以保障。

第七十三条 社会保险经办机构应当建立健全业务、财务、安全和风险管理制度。

社会保险经办机构应当按时足额支付社会保险待遇。

第七十四条 社会保险经办机构通过业务经办、统计、调查获取社会保险工作所需的数据，有关单位和个人应当及时、如实提供。

社会保险经办机构应当及时为用人单位建立档案，完整、准确地记录参加社会保险的人员、缴费等社会保险数据，妥善保管登记、申报的原始凭证和支付结算的会计凭证。

社会保险经办机构应当及时、完整、准确地记录参加社会保险的个人缴费和用人单位为其缴费，以及享受社会保险待遇等个人权益记录，定期将个人权益记录单免费寄送本人。

用人单位和个人可以免费向社会保险经办机构查询、核对其缴费和享受社会保险待遇记录，要求社会保险经办机构提供社会保险咨询等相关服务。

第七十五条 全国社会保险信息系统按照国家统一规划，由县级以上人民政府按照分级负责的原则共同建设。

第十章 社会保险监督

第七十六条 各级人民代表大会常务委员会听取和审议本级人民政府对社会保险基金的收支、管理、投资运营以及监督检查情况的专项工作报告，组织对本法实施情况的执法检查等，依法行使监督职权。

第七十七条 县级以上人民政府社会保险行政部门应当加强对用人单位和个人遵守社会保险法律、法规情况的监督检查。

社会保险行政部门实施监督检查时，被检查的用人单位和个人应当如实提供与社会保险有关的资料，不得拒绝检查或者谎报、瞒报。

第七十八条 财政部门、审计机关按照各自职责，对社会保险基金的收支、管理和投资运营情况实施监督。

第七十九条 社会保险行政部门对社会保险基金的收支、管理和投资运营情况进行监督检查，发现存在问题的，应当提出整改建议，依法作出处理决定或者向有关行政部门提出处理建议。社会保险基金检查结果应当定期向社会公布。

社会保险行政部门对社会保险基金实施监督检查，有权采取下列措施：

（一）查阅、记录、复制与社会保险基金收支、管理和投资运营相关的资料，对可能被转移、隐匿或者灭失的资料予以封存；

（二）询问与调查事项有关的单位和个人，要求其对与调查事项有关的问题作出说明、提供有关证明材料；

（三）对隐匿、转移、侵占、挪用社会保险基金的行为予以制止并责令改正。

第八十条 统筹地区人民政府成立由用人单位代表、参保人员代表，以及工会代表、专家等组成的社会保险监督委员会，掌握、分析社会保险基金的收支、管理和投资运营情况，对社会保险工作提出咨询意见和建议，实施社会监督。

社会保险经办机构应当定期向社会保险监督委员会汇报社会保险基金的收支、管理和投资运营情况。社会保险监督委员会可以聘请会计师事务所对社会保险基金的收支、管理和投资运营情况进行年度审计和专项审计。审计结果应当向社会公开。

社会保险监督委员会发现社会保险基金收支、管理和投资运营中存在问题的，有权提出改正建议；对社会保险经办机构及其工作人员的违法行为，有权向有关部门提出依法处理建议。

第八十一条 社会保险行政部门和其他有关行政部门、社会保险经办机构、社会保险费征收机构及其工作人员，应当依法为用人单位和个人的信息保密，不得以任何形式泄露。

第八十二条 任何组织或者个人有权对违反社会保险法律、法规的行为进行举报、投诉。

社会保险行政部门、卫生行政部门、社会保险经办机构、社会保险费征收机构和财政部门、审计机关对属于本部门、本机构职责范围的举报、投诉，应当依法处理；对不属于本部门、本机构职责范围的，应当书面通知并移交有权处理的部门、机构处理。有权处理的部门、机构应当及时处理，不得推诿。

第八十三条 用人单位或者个人认为社会保险费征收机构的行为侵害自己合法权益的，可以依法申请行政复议或者提起行政诉讼。

用人单位或者个人对社会保险经办机构不依法办理社会保险登记、核定社会保险费、支付社会保险待遇、办理社会保险转移接续手续或者侵害其他社会保险权益的行为，可以依法申请行政复议或者提起行政诉讼。

个人与所在用人单位发生社会保险争议的，可以依法申请调解、仲裁，提起诉讼。用人单位侵害个人社会保险权益的，个人也可以要求社会保险行政部门或者社会保险费征收机构依法处理。

第十一章 法律责任

第八十四条 用人单位不办理社会保险登记的，由社会保险行政部门责令限期改正；逾期不改正的，对用人单位处应缴社会保险费数额一倍以上三倍以下的罚款，对其直接负责的主管人员和其他直接责任人员处五百元以上三千元以下的罚款。

第八十五条 用人单位拒不出具终止或者解除劳动关系证明的，依照《中华人民共和国劳动合同法》的规定处理。

第八十六条 用人单位未按时足额缴纳社会保险费的，由社会保险费征收机构责令限期缴纳或者补足，并自欠缴之日起，按日加收万分之五的滞纳金；逾期仍不缴纳的，由有关行政部门处欠缴数额一倍以上三倍以下的罚款。

第八十七条　社会保险经办机构以及医疗机构、药品经营单位等社会保险服务机构以欺诈、伪造证明材料或者其他手段骗取社会保险基金支出的，由社会保险行政部门责令退回骗取的社会保险金，处骗取金额二倍以上五倍以下的罚款；属于社会保险服务机构的，解除服务协议；直接负责的主管人员和其他直接责任人员有执业资格的，依法吊销其执业资格。

第八十八条　以欺诈、伪造证明材料或者其他手段骗取社会保险待遇的，由社会保险行政部门责令退回骗取的社会保险金，处骗取金额二倍以上五倍以下的罚款。

第八十九条　社会保险经办机构及其工作人员有下列行为之一的，由社会保险行政部门责令改正；给社会保险基金、用人单位或者个人造成损失的，依法承担赔偿责任；对直接负责的主管人员和其他直接责任人员依法给予处分：

（一）未履行社会保险法定职责的；

（二）未将社会保险基金存入财政专户的；

（三）克扣或者拒不按时支付社会保险待遇的；

（四）丢失或者篡改缴费记录、享受社会保险待遇记录等社会保险数据、个人权益记录的；

（五）有违反社会保险法律、法规的其他行为的。

第九十条　社会保险费征收机构擅自更改社会保险费缴费基数、费率，导致少收或者多收社会保险费的，由有关行政部门责令其追缴应当缴纳的社会保险费或者退还不应当缴纳的社会保险费；对直接负责的主管人员和其他直接责任人员依法给予处分。

第九十一条　违反本法规定，隐匿、转移、侵占、挪用社会保险基金或者违规投资运营的，由社会保险行政部门、财政部门、审计机关责令追回；有违法所得的，没收违法所得；对直接负责的主管人员和其他直接责任人员依法给予处分。

第九十二条　社会保险行政部门和其他有关行政部门、社会保险经办机构、社会保险费征收机构及其工作人员泄露用人单位和个人信息的，对直接负责的主管人员和其他直接责任人员依法给予处分；给用人单位或者个人造成损失的，应当承担赔偿责任。

第九十三条 国家工作人员在社会保险管理、监督工作中滥用职权、玩忽职守、徇私舞弊的，依法给予处分。

第九十四条 违反本法规定，构成犯罪的，依法追究刑事责任。

第十二章 附 则

第九十五条 进城务工的农村居民依照本法规定参加社会保险。

第九十六条 征收农村集体所有的土地，应当足额安排被征地农民的社会保险费，按照国务院规定将被征地农民纳入相应的社会保险制度。

第九十七条 外国人在中国境内就业的，参照本法规定参加社会保险。

第九十八条 本法自 2011 年 7 月 1 日起施行。

中华人民共和国劳动争议调解仲裁法

（2007年12月29日第十届全国人民代表大会常务委员会第三十一次会议通过）

第一章　总　　则

第一条　为了公正及时解决劳动争议，保护当事人合法权益，促进劳动关系和谐稳定，制定本法。

第二条　中华人民共和国境内的用人单位与劳动者发生的下列劳动争议，适用本法：

（一）因确认劳动关系发生的争议；

（二）因订立、履行、变更、解除和终止劳动合同发生的争议；

（三）因除名、辞退和辞职、离职发生的争议；

（四）因工作时间、休息休假、社会保险、福利、培训以及劳动保护发生的争议；

（五）因劳动报酬、工伤医疗费、经济补偿或者赔偿金等发生的争议；

（六）法律、法规规定的其他劳动争议。

第三条　解决劳动争议，应当根据事实，遵循合法、公正、及时、着重调解的原则，依法保护当事人的合法权益。

第四条　发生劳动争议，劳动者可以与用人单位协商，也可以请工会或者第三方共同与用人单位协商，达成和解协议。

第五条　发生劳动争议，当事人不愿协商、协商不成或者达成和解协议后不履行的，可以向调解组织申请调解；不愿调解、调解不成或者达成调解协议后不履行的，可以向劳动争议仲裁委员会申请仲裁；对仲裁裁决不服的，除本法另有规定的外，可以向人民法院提起诉讼。

第六条　发生劳动争议，当事人对自己提出的主张，有责任提供证据。与争议事项有关的证据属于用人单位掌握管理的，用人单位应当提供；用人单位不提供的，应当承担不利后果。

第七条 发生劳动争议的劳动者一方在十人以上，并有共同请求的，可以推举代表参加调解、仲裁或者诉讼活动。

第八条 县级以上人民政府劳动行政部门会同工会和企业方面代表建立协调劳动关系三方机制，共同研究解决劳动争议的重大问题。

第九条 用人单位违反国家规定，拖欠或者未足额支付劳动报酬，或者拖欠工伤医疗费、经济补偿或者赔偿金的，劳动者可以向劳动行政部门投诉，劳动行政部门应当依法处理。

第二章 调 解

第十条 发生劳动争议，当事人可以到下列调解组织申请调解：

（一）企业劳动争议调解委员会；

（二）依法设立的基层人民调解组织；

（三）在乡镇、街道设立的具有劳动争议调解职能的组织。

企业劳动争议调解委员会由职工代表和企业代表组成。职工代表由工会成员担任或者由全体职工推举产生，企业代表由企业负责人指定。企业劳动争议调解委员会主任由工会成员或者双方推举的人员担任。

第十一条 劳动争议调解组织的调解员应当由公道正派、联系群众、热心调解工作，并具有一定法律知识、政策水平和文化水平的成年公民担任。

第十二条 当事人申请劳动争议调解可以书面申请，也可以口头申请。口头申请的，调解组织应当当场记录申请人基本情况、申请调解的争议事项、理由和时间。

第十三条 调解劳动争议，应当充分听取双方当事人对事实和理由的陈述，耐心疏导，帮助其达成协议。

第十四条 经调解达成协议的，应当制作调解协议书。

调解协议书由双方当事人签名或者盖章，经调解员签名并加盖调解组织印章后生效，对双方当事人具有约束力，当事人应当履行。

自劳动争议调解组织收到调解申请之日起十五日内未达成调解协议的，当事人可以依法申请仲裁。

第十五条　达成调解协议后，一方当事人在协议约定期限内不履行调解协议的，另一方当事人可以依法申请仲裁。

第十六条　因支付拖欠劳动报酬、工伤医疗费、经济补偿或者赔偿金事项达成调解协议，用人单位在协议约定期限内不履行的，劳动者可以持调解协议书依法向人民法院申请支付令。人民法院应当依法发出支付令。

第三章　仲　　裁

第一节　一　般　规　定

第十七条　劳动争议仲裁委员会按照统筹规划、合理布局和适应实际需要的原则设立。省、自治区人民政府可以决定在市、县设立；直辖市人民政府可以决定在区、县设立。直辖市、设区的市也可以设立一个或者若干个劳动争议仲裁委员会。劳动争议仲裁委员会不按行政区划层层设立。

第十八条　国务院劳动行政部门依照本法有关规定制定仲裁规则。省、自治区、直辖市人民政府劳动行政部门对本行政区域的劳动争议仲裁工作进行指导。

第十九条　劳动争议仲裁委员会由劳动行政部门代表、工会代表和企业方面代表组成。劳动争议仲裁委员会组成人员应当是单数。

劳动争议仲裁委员会依法履行下列职责：

（一）聘任、解聘专职或者兼职仲裁员；

（二）受理劳动争议案件；

（三）讨论重大或者疑难的劳动争议案件；

（四）对仲裁活动进行监督。

劳动争议仲裁委员会下设办事机构，负责办理劳动争议仲裁委员会的日常工作。

第二十条　劳动争议仲裁委员会应当设仲裁员名册。

仲裁员应当公道正派并符合下列条件之一：

（一）曾任审判员的；

（二）从事法律研究、教学工作并具有中级以上职称的；

（三）具有法律知识、从事人力资源管理或者工会等专业工作满五年的；

（四）律师执业满三年的。

第二十一条 劳动争议仲裁委员会负责管辖本区域内发生的劳动争议。

劳动争议由劳动合同履行地或者用人单位所在地的劳动争议仲裁委员会管辖。双方当事人分别向劳动合同履行地和用人单位所在地的劳动争议仲裁委员会申请仲裁的，由劳动合同履行地的劳动争议仲裁委员会管辖。

第二十二条 发生劳动争议的劳动者和用人单位为劳动争议仲裁案件的双方当事人。

劳务派遣单位或者用工单位与劳动者发生劳动争议的，劳务派遣单位和用工单位为共同当事人。

第二十三条 与劳动争议案件的处理结果有利害关系的第三人，可以申请参加仲裁活动或者由劳动争议仲裁委员会通知其参加仲裁活动。

第二十四条 当事人可以委托代理人参加仲裁活动。委托他人参加仲裁活动，应当向劳动争议仲裁委员会提交有委托人签名或者盖章的委托书，委托书应当载明委托事项和权限。

第二十五条 丧失或者部分丧失民事行为能力的劳动者，由其法定代理人代为参加仲裁活动；无法定代理人的，由劳动争议仲裁委员会为其指定代理人。劳动者死亡的，由其近亲属或者代理人参加仲裁活动。

第二十六条 劳动争议仲裁公开进行，但当事人协议不公开进行或者涉及国家秘密、商业秘密和个人隐私的除外。

第二节　申请和受理

第二十七条 劳动争议申请仲裁的时效期间为一年。仲裁时效期间从当事人知道或者应当知道其权利被侵害之日起计算。

前款规定的仲裁时效，因当事人一方向对方当事人主张权利，或者向有关部门请求权利救济，或者对方当事人同意履行义务而中断。从中断时起，仲裁时效期间重新计算。

因不可抗力或者有其他正当理由，当事人不能在本条第一款规定的仲裁时效期间申请仲裁的，仲裁时效中止。从中止时效的原因消除之日起，仲裁时效期间继续计算。

劳动关系存续期间因拖欠劳动报酬发生争议的，劳动者申请仲裁不受本条第一款规定的仲裁时效期间的限制；但是，劳动关系终止的，应当自劳动关系终止之日起一年内提出。

第二十八条 申请人申请仲裁应当提交书面仲裁申请，并按照被申请人人数提交副本。

仲裁申请书应当载明下列事项：

（一）劳动者的姓名、性别、年龄、职业、工作单位和住所，用人单位的名称、住所和法定代表人或者主要负责人的姓名、职务；

（二）仲裁请求和所根据的事实、理由；

（三）证据和证据来源、证人姓名和住所。

书写仲裁申请确有困难的，可以口头申请，由劳动争议仲裁委员会记入笔录，并告知对方当事人。

第二十九条 劳动争议仲裁委员会收到仲裁申请之日起五日内，认为符合受理条件的，应当受理，并通知申请人；认为不符合受理条件的，应当书面通知申请人不予受理，并说明理由。对劳动争议仲裁委员会不予受理或者逾期未作出决定的，申请人可以就该劳动争议事项向人民法院提起诉讼。

第三十条 劳动争议仲裁委员会受理仲裁申请后，应当在五日内将仲裁申请书副本送达被申请人。

被申请人收到仲裁申请书副本后，应当在十日内向劳动争议仲裁委员会提交答辩书。劳动争议仲裁委员会收到答辩书后，应当在五日内将答辩书副本送达申请人。被申请人未提交答辩书的，不影响仲裁程序的进行。

第三节 开庭和裁决

第三十一条 劳动争议仲裁委员会裁决劳动争议案件实行仲裁庭制。仲裁庭由三名仲裁员组成，设首席仲裁员。简单劳动争议案件可以由一名仲裁员独任仲裁。

第三十二条 劳动争议仲裁委员会应当在受理仲裁申请之日起五日内将仲裁庭的组成情况书面通知当事人。

第三十三条 仲裁员有下列情形之一，应当回避，当事人也有权以口头或者书面方式提出回避申请：

（一）是本案当事人或者当事人、代理人的近亲属的；

（二）与本案有利害关系的；

（三）与本案当事人、代理人有其他关系，可能影响公正裁决的；

（四）私自会见当事人、代理人，或者接受当事人、代理人的请客送礼的。

劳动争议仲裁委员会对回避申请应当及时作出决定，并以口头或者书面方式通知当事人。

第三十四条 仲裁员有本法第三十三条第四项规定情形，或者有索贿受贿、徇私舞弊、枉法裁决行为的，应当依法承担法律责任。劳动争议仲裁委员会应当将其解聘。

第三十五条 仲裁庭应当在开庭五日前，将开庭日期、地点书面通知双方当事人。当事人有正当理由的，可以在开庭三日前请求延期开庭。是否延期，由劳动争议仲裁委员会决定。

第三十六条 申请人收到书面通知，无正当理由拒不到庭或者未经仲裁庭同意中途退庭的，可以视为撤回仲裁申请。

被申请人收到书面通知，无正当理由拒不到庭或者未经仲裁庭同意中途退庭的，可以缺席裁决。

第三十七条 仲裁庭对专门性问题认为需要鉴定的，可以交由当事人约定的鉴定机构鉴定；当事人没有约定或者无法达成约定的，由仲裁庭指定的鉴定机构鉴定。

根据当事人的请求或者仲裁庭的要求，鉴定机构应当派鉴定人参加开庭。当事人经仲裁庭许可，可以向鉴定人提问。

第三十八条 当事人在仲裁过程中有权进行质证和辩论。质证和辩论终结时，首席仲裁员或者独任仲裁员应当征询当事人的最后意见。

第三十九条 当事人提供的证据经查证属实的，仲裁庭应当将其作为认定事实的根据。

劳动者无法提供由用人单位掌握管理的与仲裁请求有关的证据，仲裁庭可以要求用人单位在指定期限内提供。用人单位在指定期限内不提供的，应当承担不利后果。

第四十条 仲裁庭应当将开庭情况记入笔录。当事人和其他仲裁参加人认为对自己陈述的记录有遗漏或者差错的，有权申请补正。如果不予补正，应当记录该申请。

笔录由仲裁员、记录人员、当事人和其他仲裁参加人签名或者盖章。

第四十一条 当事人申请劳动争议仲裁后，可以自行和解。达成和解协议的，可以撤回仲裁申请。

第四十二条 仲裁庭在作出裁决前，应当先行调解。

调解达成协议的，仲裁庭应当制作调解书。

调解书应当写明仲裁请求和当事人协议的结果。调解书由仲裁员签名，加盖劳动争议仲裁委员会印章，送达双方当事人。调解书经双方当事人签收后，发生法律效力。

调解不成或者调解书送达前，一方当事人反悔的，仲裁庭应当及时作出裁决。

第四十三条 仲裁庭裁决劳动争议案件，应当自劳动争议仲裁委员会受理仲裁申请之日起四十五日内结束。案情复杂需要延期的，经劳动争议仲裁委员会主任批准，可以延期并书面通知当事人，但是延长期限不得超过十五日。逾期未作出仲裁裁决的，当事人可以就该劳动争议事项向人民法院提起诉讼。

仲裁庭裁决劳动争议案件时，其中一部分事实已经清楚，可以就该部分先行裁决。

第四十四条 仲裁庭对追索劳动报酬、工伤医疗费、经济补偿或者赔偿金的案件，根据当事人的申请，可以裁决先予执行，移送人民法院执行。

仲裁庭裁决先予执行的，应当符合下列条件：

（一）当事人之间权利义务关系明确；

（二）不先予执行将严重影响申请人的生活。

劳动者申请先予执行的，可以不提供担保。

第四十五条 裁决应当按照多数仲裁员的意见作出，少数仲裁员的不同意见应当记入笔录。仲裁庭不能形成多数意见时，裁决应当按照首席仲裁员的意见作出。

第四十六条 裁决书应当载明仲裁请求、争议事实、裁决理由、裁决结果和裁决日期。裁决书由仲裁员签名，加盖劳动争议仲裁委员会印章。对裁决持不同意见的仲裁员，可以签名，也可以不签名。

第四十七条 下列劳动争议，除本法另有规定的外，仲裁裁决为终局裁决，裁决书自作出之日起发生法律效力：

（一）追索劳动报酬、工伤医疗费、经济补偿或者赔偿金，不超过当地月最低工资标准十二个月金额的争议；

（二）因执行国家的劳动标准在工作时间、休息休假、社会保险等方面发生的争议。

第四十八条 劳动者对本法第四十七条规定的仲裁裁决不服的，可以自收到仲裁裁决书之日起十五日内向人民法院提起诉讼。

第四十九条 用人单位有证据证明本法第四十七条规定的仲裁裁决有下列情形之一，可以自收到仲裁裁决书之日起三十日内向劳动争议仲裁委员会所在地的中级人民法院申请撤销裁决：

（一）适用法律、法规确有错误的；

（二）劳动争议仲裁委员会无管辖权的；

（三）违反法定程序的；

（四）裁决所根据的证据是伪造的；

（五）对方当事人隐瞒了足以影响公正裁决的证据的；

（六）仲裁员在仲裁该案时有索贿受贿、徇私舞弊、枉法裁决行为的。

人民法院经组成合议庭审查核实裁决有前款规定情形之一的，应当裁定撤销。

仲裁裁决被人民法院裁定撤销的，当事人可以自收到裁定书之日起十五日内就该劳动争议事项向人民法院提起诉讼。

第五十条 当事人对本法第四十七条规定以外的其他劳动争议案件的仲裁裁决不服的，可以自收到仲裁裁决书之日起十五日内向人民法院提起诉讼；期满不起诉的，裁决书发生法律效力。

第五十一条 当事人对发生法律效力的调解书、裁决书，应当依照规定的期限履行。一方当事人逾期不履行的，另一方当事人可以依照民事诉讼法的有关规定向人民法院申请执行。受理申请的人民法院应当依法执行。

第四章 附 则

第五十二条 事业单位实行聘用制的工作人员与本单位发生劳动争议的，依照本法执行；法律、行政法规或者国务院另有规定的，依照其规定。

第五十三条 劳动争议仲裁不收费。劳动争议仲裁委员会的经费由财政予以保障。

第五十四条 本法自 2008 年 5 月 1 日起施行。

中华人民共和国职业病防治法

（2001 年 10 月 27 日第九届全国人民代表大会常务委员会第二十四次会议通过，根据 2011 年 12 月 31 日第十一届全国人民代表大会常务委员会第二十四次会议《关于修改〈中华人民共和国职业病防治法〉的决定》第一次修正；根据 2016 年 7 月 2 日第十二届全国人民代表大会常务委员会第二十一次会议《关于修改〈中华人民共和国节约能源法〉等六部法律的决定》第二次修正；根据 2017 年 11 月 4 日第十二届全国人民代表大会常务委员会第三十次会议《关于修改〈中华人民共和国会计法〉等十一部法律的决定》第三次修正）

第一章　总　　则

第一条　为了预防、控制和消除职业病危害，防治职业病，保护劳动者健康及其相关权益，促进经济社会发展，根据宪法，制定本法。

第二条　本法适用于中华人民共和国领域内的职业病防治活动。

本法所称职业病，是指企业、事业单位和个体经济组织等用人单位的劳动者在职业活动中，因接触粉尘、放射性物质和其他有毒、有害因素而引起的疾病。

职业病的分类和目录由国务院卫生行政部门会同国务院安全生产监督管理部门、劳动保障行政部门制定、调整并公布。

第三条　职业病防治工作坚持预防为主、防治结合的方针，建立用人单位负责、行政机关监管、行业自律、职工参与和社会监督的机制，实行分类管理、综合治理。

第四条　劳动者依法享有职业卫生保护的权利。

用人单位应当为劳动者创造符合国家职业卫生标准和卫生要求的工作环境和条件，并采取措施保障劳动者获得职业卫生保护。

工会组织依法对职业病防治工作进行监督，维护劳动者的合法权益。用人单位制定或者修改有关职业病防治的规章制度，应当听取工会组织的意见。

第五条　用人单位应当建立、健全职业病防治责任制，加强对职业病防治的管理，提高职业病防治水平，对本单位产生的职业病危害承担责任。

第六条　用人单位的主要负责人对本单位的职业病防治工作全面负责。

第七条　用人单位必须依法参加工伤保险。

国务院和县级以上地方人民政府劳动保障行政部门应当加强对工伤社会保险的监督管理，确保劳动者依法享受工伤社会保险待遇。

第八条　国家鼓励和支持研制、开发、推广、应用有利于职业病防治和保护劳动者健康的新技术、新工艺、新设备、新材料，加强对职业病的机理和发生规律的基础研究，提高职业病防治科学技术水平；积极采用有效的职业病防治技术、工艺、设备、材料；限制使用或者淘汰职业病危害严重的技术、工艺、设备、材料。

国家鼓励和支持职业病医疗康复机构的建设。

第九条　国家实行职业卫生监督制度。

国务院安全生产监督管理部门、卫生行政部门、劳动保障行政部门依照本法和国务院确定的职责，负责全国职业病防治的监督管理工作。国务院有关部门在各自的职责范围内负责职业病防治的有关监督管理工作。

县级以上地方人民政府安全生产监督管理部门、卫生行政部门、劳动保障行政部门依据各自职责，负责本行政区域内职业病防治的监督管理工作。县级以上地方人民政府有关部门在各自的职责范围内负责职业病防治的有关监督管理工作。

县级以上人民政府安全生产监督管理部门、卫生行政部门、劳动保障行政部门（以下统称职业卫生监督管理部门）应当加强沟通，密切配合，按照各自职责分工，依法行使职权，承担责任。

第十条　国务院和县级以上地方人民政府应当制定职业病防治规划，将其纳入国民经济和社会发展计划，并组织实施。

县级以上地方人民政府统一负责、领导、组织、协调本行政区域的职业病防治工作，建立健全职业病防治工作体制、机制，统一领导、指挥职业卫生突发事件应对工作；加强职业病防治能力建设和服务体系建设，完善、落实职业病防治工作责任制。

乡、民族乡、镇的人民政府应当认真执行本法，支持职业卫生监督管理部门依法履行职责。

第十一条 县级以上人民政府职业卫生监督管理部门应当加强对职业病防治的宣传教育，普及职业病防治的知识，增强用人单位的职业病防治观念，提高劳动者的职业健康意识、自我保护意识和行使职业卫生保护权利的能力。

第十二条 有关防治职业病的国家职业卫生标准，由国务院卫生行政部门组织制定并公布。

国务院卫生行政部门应当组织开展重点职业病监测和专项调查，对职业健康风险进行评估，为制定职业卫生标准和职业病防治政策提供科学依据。

县级以上地方人民政府卫生行政部门应当定期对本行政区域的职业病防治情况进行统计和调查分析。

第十三条 任何单位和个人有权对违反本法的行为进行检举和控告。有关部门收到相关的检举和控告后，应当及时处理。

对防治职业病成绩显著的单位和个人，给予奖励。

第二章 前 期 预 防

第十四条 用人单位应当依照法律、法规要求，严格遵守国家职业卫生标准，落实职业病预防措施，从源头上控制和消除职业病危害。

第十五条 产生职业病危害的用人单位的设立除应当符合法律、行政法规规定的设立条件外，其工作场所还应当符合下列职业卫生要求：

（一）职业病危害因素的强度或者浓度符合国家职业卫生标准；

（二）有与职业病危害防护相适应的设施；

（三）生产布局合理，符合有害与无害作业分开的原则；

（四）有配套的更衣间、洗浴间、孕妇休息间等卫生设施；

（五）设备、工具、用具等设施符合保护劳动者生理、心理健康的要求；

（六）法律、行政法规和国务院卫生行政部门、安全生产监督管理部门关于保护劳动者健康的其他要求。

第十六条 国家建立职业病危害项目申报制度。

用人单位工作场所存在职业病目录所列职业病的危害因素的，应当及时、如实向所在地安全生产监督管理部门申报危害项目，接受监督。

职业病危害因素分类目录由国务院卫生行政部门会同国务院安全生产监督管

理部门制定、调整并公布。职业病危害项目申报的具体办法由国务院安全生产监督管理部门制定。

第十七条　新建、扩建、改建建设项目和技术改造、技术引进项目（以下统称建设项目）可能产生职业病危害的，建设单位在可行性论证阶段应当进行职业病危害预评价。

医疗机构建设项目可能产生放射性职业病危害的，建设单位应当向卫生行政部门提交放射性职业病危害预评价报告。卫生行政部门应当自收到预评价报告之日起三十日内，作出审核决定并书面通知建设单位。未提交预评价报告或者预评价报告未经卫生行政部门审核同意的，不得开工建设。

职业病危害预评价报告应当对建设项目可能产生的职业病危害因素及其对工作场所和劳动者健康的影响作出评价，确定危害类别和职业病防护措施。

建设项目职业病危害分类管理办法由国务院安全生产监督管理部门制定。

第十八条　建设项目的职业病防护设施所需费用应当纳入建设项目工程预算，并与主体工程同时设计，同时施工，同时投入生产和使用。

建设项目的职业病防护设施设计应当符合国家职业卫生标准和卫生要求；其中，医疗机构放射性职业病危害严重的建设项目的防护设施设计，应当经卫生行政部门审查同意后，方可施工。

建设项目在竣工验收前，建设单位应当进行职业病危害控制效果评价。

医疗机构可能产生放射性职业病危害的建设项目竣工验收时，其放射性职业病防护设施经卫生行政部门验收合格后，方可投入使用；其他建设项目的职业病防护设施应当由建设单位负责依法组织验收，验收合格后，方可投入生产和使用。安全生产监督管理部门应当加强对建设单位组织的验收活动和验收结果的监督核查。

第十九条　国家对从事放射性、高毒、高危粉尘等作业实行特殊管理。具体管理办法由国务院制定。

第三章　劳动过程中的防护与管理

第二十条　用人单位应当采取下列职业病防治管理措施：

（一）设置或者指定职业卫生管理机构或者组织，配备专职或者兼职的职业卫生管理人员，负责本单位的职业病防治工作；

（二）制定职业病防治计划和实施方案；

（三）建立、健全职业卫生管理制度和操作规程；

（四）建立、健全职业卫生档案和劳动者健康监护档案；

（五）建立、健全工作场所职业病危害因素监测及评价制度；

（六）建立、健全职业病危害事故应急救援预案。

第二十一条 用人单位应当保障职业病防治所需的资金投入，不得挤占、挪用，并对因资金投入不足导致的后果承担责任。

第二十二条 用人单位必须采用有效的职业病防护设施，并为劳动者提供个人使用的职业病防护用品。

用人单位为劳动者个人提供的职业病防护用品必须符合防治职业病的要求；不符合要求的，不得使用。

第二十三条 用人单位应当优先采用有利于防治职业病和保护劳动者健康的新技术、新工艺、新设备、新材料，逐步替代职业病危害严重的技术、工艺、设备、材料。

第二十四条 产生职业病危害的用人单位，应当在醒目位置设置公告栏，公布有关职业病防治的规章制度、操作规程、职业病危害事故应急救援措施和工作场所职业病危害因素检测结果。

对产生严重职业病危害的作业岗位，应当在其醒目位置，设置警示标识和中文警示说明。警示说明应当载明产生职业病危害的种类、后果、预防以及应急救治措施等内容。

第二十五条 对可能发生急性职业损伤的有毒、有害工作场所，用人单位应当设置报警装置，配置现场急救用品、冲洗设备、应急撤离通道和必要的泄险区。

对放射工作场所和放射性同位素的运输、贮存，用人单位必须配置防护设备和报警装置，保证接触放射线的工作人员佩戴个人剂量计。

对职业病防护设备、应急救援设施和个人使用的职业病防护用品，用人单位应当进行经常性的维护、检修，定期检测其性能和效果，确保其处于正常状态，不得擅自拆除或者停止使用。

第二十六条 用人单位应当实施由专人负责的职业病危害因素日常监测，并确保监测系统处于正常运行状态。

用人单位应当按照国务院安全生产监督管理部门的规定，定期对工作场所进行职业病危害因素检测、评价。检测、评价结果存入用人单位职业卫生档案，定期向所在地安全生产监督管理部门报告并向劳动者公布。

职业病危害因素检测、评价由依法设立的国务院安全生产监督管理部门或者设区的市级以上地方人民政府安全生产监督管理部门按照职责分工给予资质认可的职业卫生技术服务机构进行。职业卫生技术服务机构所作检测、评价应当客观、真实。

发现工作场所职业病危害因素不符合国家职业卫生标准和卫生要求时，用人单位应当立即采取相应治理措施，仍然达不到国家职业卫生标准和卫生要求的，必须停止存在职业病危害因素的作业；职业病危害因素经治理后，符合国家职业卫生标准和卫生要求的，方可重新作业。

第二十七条 职业卫生技术服务机构依法从事职业病危害因素检测、评价工作，接受安全生产监督管理部门的监督检查。安全生产监督管理部门应当依法履行监督职责。

第二十八条 向用人单位提供可能产生职业病危害的设备的，应当提供中文说明书，并在设备的醒目位置设置警示标识和中文警示说明。警示说明应当载明设备性能、可能产生的职业病危害、安全操作和维护注意事项、职业病防护以及应急救治措施等内容。

第二十九条 向用人单位提供可能产生职业病危害的化学品、放射性同位素和含有放射性物质的材料的，应当提供中文说明书。说明书应当载明产品特性、主要成分、存在的有害因素、可能产生的危害后果、安全使用注意事项、职业病防护以及应急救治措施等内容。产品包装应当有醒目的警示标识和中文警示说明。贮存上述材料的场所应当在规定的部位设置危险物品标识或者放射性警示标识。

国内首次使用或者首次进口与职业病危害有关的化学材料，使用单位或者进口单位按照国家规定经国务院有关部门批准后，应当向国务院卫生行政部门、安全生产监督管理部门报送该化学材料的毒性鉴定以及经有关部门登记注册或者批准进口的文件等资料。

进口放射性同位素、射线装置和含有放射性物质的物品的，按照国家有关规定办理。

第三十条 任何单位和个人不得生产、经营、进口和使用国家明令禁止使用的可能产生职业病危害的设备或者材料。

第三十一条 任何单位和个人不得将产生职业病危害的作业转移给不具备职业病防护条件的单位和个人。不具备职业病防护条件的单位和个人不得接受产生职业病危害的作业。

第三十二条 用人单位对采用的技术、工艺、设备、材料，应当知悉其产生的职业病危害，对有职业病危害的技术、工艺、设备、材料隐瞒其危害而采用的，对所造成的职业病危害后果承担责任。

第三十三条 用人单位与劳动者订立劳动合同（含聘用合同，下同）时，应当将工作过程中可能产生的职业病危害及其后果、职业病防护措施和待遇等如实告知劳动者，并在劳动合同中写明，不得隐瞒或者欺骗。

劳动者在已订立劳动合同期间因工作岗位或者工作内容变更，从事与所订立劳动合同中未告知的存在职业病危害的作业时，用人单位应当依照前款规定，向劳动者履行如实告知的义务，并协商变更原劳动合同相关条款。

用人单位违反前两款规定的，劳动者有权拒绝从事存在职业病危害的作业，用人单位不得因此解除与劳动者所订立的劳动合同。

第三十四条 用人单位的主要负责人和职业卫生管理人员应当接受职业卫生培训，遵守职业病防治法律、法规，依法组织本单位的职业病防治工作。

用人单位应当对劳动者进行上岗前的职业卫生培训和在岗期间的定期职业卫生培训，普及职业卫生知识，督促劳动者遵守职业病防治法律、法规、规章和操作规程，指导劳动者正确使用职业病防护设备和个人使用的职业病防护用品。

劳动者应当学习和掌握相关的职业卫生知识，增强职业病防范意识，遵守职业病防治法律、法规、规章和操作规程，正确使用、维护职业病防护设备和个人使用的职业病防护用品，发现职业病危害事故隐患应当及时报告。

劳动者不履行前款规定义务的，用人单位应当对其进行教育。

第三十五条 对从事接触职业病危害的作业的劳动者，用人单位应当按照国务院安全生产监督管理部门、卫生行政部门的规定组织上岗前、在岗期间和离岗时的职业健康检查，并将检查结果书面告知劳动者。职业健康检查费用由用人单位承担。

用人单位不得安排未经上岗前职业健康检查的劳动者从事接触职业病危害的作业；不得安排有职业禁忌的劳动者从事其所禁忌的作业；对在职业健康检查中发现有与所从事的职业相关的健康损害的劳动者，应当调离原工作岗位，并妥善安置；对未进行离岗前职业健康检查的劳动者不得解除或者终止与其订立的劳动合同。

职业健康检查应当由取得《医疗机构执业许可证》的医疗卫生机构承担。卫生行政部门应当加强对职业健康检查工作的规范管理，具体管理办法由国务院卫生行政部门制定。

第三十六条 用人单位应当为劳动者建立职业健康监护档案，并按照规定的期限妥善保存。

职业健康监护档案应当包括劳动者的职业史、职业病危害接触史、职业健康检查结果和职业病诊疗等有关个人健康资料。

劳动者离开用人单位时，有权索取本人职业健康监护档案复印件，用人单位应当如实、无偿提供，并在所提供的复印件上签章。

第三十七条 发生或者可能发生急性职业病危害事故时，用人单位应当立即采取应急救援和控制措施，并及时报告所在地安全生产监督管理部门和有关部门。安全生产监督管理部门接到报告后，应当及时会同有关部门组织调查处理；必要时，可以采取临时控制措施。卫生行政部门应当组织做好医疗救治工作。

对遭受或者可能遭受急性职业病危害的劳动者，用人单位应当及时组织救治、进行健康检查和医学观察，所需费用由用人单位承担。

第三十八条 用人单位不得安排未成年工从事接触职业病危害的作业；不得安排孕期、哺乳期的女职工从事对本人和胎儿、婴儿有危害的作业。

第三十九条 劳动者享有下列职业卫生保护权利：

（一）获得职业卫生教育、培训；

（二）获得职业健康检查、职业病诊疗、康复等职业病防治服务；

（三）了解工作场所产生或者可能产生的职业病危害因素、危害后果和应当采取的职业病防护措施；

（四）要求用人单位提供符合防治职业病要求的职业病防护设施和个人使用的职业病防护用品，改善工作条件；

（五）对违反职业病防治法律、法规以及危及生命健康的行为提出批评、检举和控告；

（六）拒绝违章指挥和强令进行没有职业病防护措施的作业；

（七）参与用人单位职业卫生工作的民主管理，对职业病防治工作提出意见和建议。

用人单位应当保障劳动者行使前款所列权利。因劳动者依法行使正当权利而降低其工资、福利等待遇或者解除、终止与其订立的劳动合同的，其行为无效。

第四十条 工会组织应当督促并协助用人单位开展职业卫生宣传教育和培训，有权对用人单位的职业病防治工作提出意见和建议，依法代表劳动者与用人单位签订劳动安全卫生专项集体合同，与用人单位就劳动者反映的有关职业病防治的问题进行协调并督促解决。

工会组织对用人单位违反职业病防治法律、法规，侵犯劳动者合法权益的行为，有权要求纠正；产生严重职业病危害时，有权要求采取防护措施，或者向政府有关部门建议采取强制性措施；发生职业病危害事故时，有权参与事故调查处理；发现危及劳动者生命健康的情形时，有权向用人单位建议组织劳动者撤离危险现场，用人单位应当立即作出处理。

第四十一条 用人单位按照职业病防治要求，用于预防和治理职业病危害、工作场所卫生检测、健康监护和职业卫生培训等费用，按照国家有关规定，在生产成本中据实列支。

第四十二条 职业卫生监督管理部门应当按照职责分工，加强对用人单位落实职业病防护管理措施情况的监督检查，依法行使职权，承担责任。

第四章 职业病诊断与职业病病人保障

第四十三条 医疗卫生机构承担职业病诊断，应当经省、自治区、直辖市人民政府卫生行政部门批准。省、自治区、直辖市人民政府卫生行政部门应当向社会公布本行政区域内承担职业病诊断的医疗卫生机构的名单。

承担职业病诊断的医疗卫生机构应当具备下列条件：

（一）持有《医疗机构执业许可证》；

（二）具有与开展职业病诊断相适应的医疗卫生技术人员；

（三）具有与开展职业病诊断相适应的仪器、设备；

（四）具有健全的职业病诊断质量管理制度。

承担职业病诊断的医疗卫生机构不得拒绝劳动者进行职业病诊断的要求。

第四十四条　劳动者可以在用人单位所在地、本人户籍所在地或者经常居住地依法承担职业病诊断的医疗卫生机构进行职业病诊断。

第四十五条　职业病诊断标准和职业病诊断、鉴定办法由国务院卫生行政部门制定。职业病伤残等级的鉴定办法由国务院劳动保障行政部门会同国务院卫生行政部门制定。

第四十六条　职业病诊断，应当综合分析下列因素：

（一）病人的职业史；

（二）职业病危害接触史和工作场所职业病危害因素情况；

（三）临床表现以及辅助检查结果等。

没有证据否定职业病危害因素与病人临床表现之间的必然联系的，应当诊断为职业病。

职业病诊断证明书应当由参与诊断的取得职业病诊断资格的执业医师签署，并经承担职业病诊断的医疗卫生机构审核盖章。

第四十七条　用人单位应当如实提供职业病诊断、鉴定所需的劳动者职业史和职业病危害接触史、工作场所职业病危害因素检测结果等资料；安全生产监督管理部门应当监督检查和督促用人单位提供上述资料；劳动者和有关机构也应当提供与职业病诊断、鉴定有关的资料。

职业病诊断、鉴定机构需要了解工作场所职业病危害因素情况时，可以对工作场所进行现场调查，也可以向安全生产监督管理部门提出，安全生产监督管理部门应当在十日内组织现场调查。用人单位不得拒绝、阻挠。

第四十八条　职业病诊断、鉴定过程中，用人单位不提供工作场所职业病危害因素检测结果等资料的，诊断、鉴定机构应当结合劳动者的临床表现、辅助检查结果和劳动者的职业史、职业病危害接触史，并参考劳动者的自述、安全生产监督管理部门提供的日常监督检查信息等，作出职业病诊断、鉴定结论。

劳动者对用人单位提供的工作场所职业病危害因素检测结果等资料有异议，或者因劳动者的用人单位解散、破产，无用人单位提供上述资料的，诊断、鉴定机构应当提请安全生产监督管理部门进行调查，安全生产监督管理部门应当自接到申请之日起三十日内对存在异议的资料或者工作场所职业病危害因素情况作出判定；有关部门应当配合。

第四十九条 职业病诊断、鉴定过程中，在确认劳动者职业史、职业病危害接触史时，当事人对劳动关系、工种、工作岗位或者在岗时间有争议的，可以向当地的劳动人事争议仲裁委员会申请仲裁；接到申请的劳动人事争议仲裁委员会应当受理，并在三十日内作出裁决。

当事人在仲裁过程中对自己提出的主张，有责任提供证据。劳动者无法提供由用人单位掌握管理的与仲裁主张有关的证据的，仲裁庭应当要求用人单位在指定期限内提供；用人单位在指定期限内不提供的，应当承担不利后果。

劳动者对仲裁裁决不服的，可以依法向人民法院提起诉讼。

用人单位对仲裁裁决不服的，可以在职业病诊断、鉴定程序结束之日起十五日内依法向人民法院提起诉讼；诉讼期间，劳动者的治疗费用按照职业病待遇规定的途径支付。

第五十条 用人单位和医疗卫生机构发现职业病病人或者疑似职业病病人时，应当及时向所在地卫生行政部门和安全生产监督管理部门报告。确诊为职业病的，用人单位还应当向所在地劳动保障行政部门报告。接到报告的部门应当依法作出处理。

第五十一条 县级以上地方人民政府卫生行政部门负责本行政区域内的职业病统计报告的管理工作，并按照规定上报。

第五十二条 当事人对职业病诊断有异议的，可以向作出诊断的医疗卫生机构所在地地方人民政府卫生行政部门申请鉴定。

职业病诊断争议由设区的市级以上地方人民政府卫生行政部门根据当事人的申请，组织职业病诊断鉴定委员会进行鉴定。

当事人对设区的市级职业病诊断鉴定委员会的鉴定结论不服的，可以向省、自治区、直辖市人民政府卫生行政部门申请再鉴定。

第五十三条 职业病诊断鉴定委员会由相关专业的专家组成。

省、自治区、直辖市人民政府卫生行政部门应当设立相关的专家库，需要对职业病争议作出诊断鉴定时，由当事人或者当事人委托有关卫生行政部门从专家库中以随机抽取的方式确定参加诊断鉴定委员会的专家。

职业病诊断鉴定委员会应当按照国务院卫生行政部门颁布的职业病诊断标准和职业病诊断、鉴定办法进行职业病诊断鉴定，向当事人出具职业病诊断鉴定书。职业病诊断、鉴定费用由用人单位承担。

第五十四条 职业病诊断鉴定委员会组成人员应当遵守职业道德，客观、公正地进行诊断鉴定，并承担相应的责任。职业病诊断鉴定委员会组成人员不得私下接触当事人，不得收受当事人的财物或者其他好处，与当事人有利害关系的，应当回避。

人民法院受理有关案件需要进行职业病鉴定时，应当从省、自治区、直辖市人民政府卫生行政部门依法设立的相关的专家库中选取参加鉴定的专家。

第五十五条 医疗卫生机构发现疑似职业病病人时，应当告知劳动者本人并及时通知用人单位。

用人单位应当及时安排对疑似职业病病人进行诊断；在疑似职业病病人诊断或者医学观察期间，不得解除或者终止与其订立的劳动合同。

疑似职业病病人在诊断、医学观察期间的费用，由用人单位承担。

第五十六条 用人单位应当保障职业病病人依法享受国家规定的职业病待遇。

用人单位应当按照国家有关规定，安排职业病病人进行治疗、康复和定期检查。

用人单位对不适宜继续从事原工作的职业病病人，应当调离原岗位，并妥善安置。

用人单位对从事接触职业病危害的作业的劳动者，应当给予适当岗位津贴。

第五十七条 职业病病人的诊疗、康复费用，伤残以及丧失劳动能力的职业病病人的社会保障，按照国家有关工伤保险的规定执行。

第五十八条 职业病病人除依法享有工伤保险外，依照有关民事法律，尚有获得赔偿的权利的，有权向用人单位提出赔偿要求。

第五十九条 劳动者被诊断患有职业病，但用人单位没有依法参加工伤保险的，其医疗和生活保障由该用人单位承担。

第六十条 职业病病人变动工作单位，其依法享有的待遇不变。

用人单位在发生分立、合并、解散、破产等情形时，应当对从事接触职业病危害的作业的劳动者进行健康检查，并按照国家有关规定妥善安置职业病病人。

第六十一条 用人单位已经不存在或者无法确认劳动关系的职业病病人，可以向地方人民政府民政部门申请医疗救助和生活等方面的救助。

地方各级人民政府应当根据本地区的实际情况，采取其他措施，使前款规定的职业病病人获得医疗救治。

第五章　监　督　检　查

第六十二条　县级以上人民政府职业卫生监督管理部门依照职业病防治法律、法规、国家职业卫生标准和卫生要求，依据职责划分，对职业病防治工作进行监督检查。

第六十三条　安全生产监督管理部门履行监督检查职责时，有权采取下列措施：

（一）进入被检查单位和职业病危害现场，了解情况，调查取证；

（二）查阅或者复制与违反职业病防治法律、法规的行为有关的资料和采集样品；

（三）责令违反职业病防治法律、法规的单位和个人停止违法行为。

第六十四条　发生职业病危害事故或者有证据证明危害状态可能导致职业病危害事故发生时，安全生产监督管理部门可以采取下列临时控制措施：

（一）责令暂停导致职业病危害事故的作业；

（二）封存造成职业病危害事故或者可能导致职业病危害事故发生的材料和设备；

（三）组织控制职业病危害事故现场。

在职业病危害事故或者危害状态得到有效控制后，安全生产监督管理部门应当及时解除控制措施。

第六十五条　职业卫生监督执法人员依法执行职务时，应当出示监督执法证件。

职业卫生监督执法人员应当忠于职守，秉公执法，严格遵守执法规范；涉及用人单位的秘密的，应当为其保密。

第六十六条　职业卫生监督执法人员依法执行职务时，被检查单位应当接受检查并予以支持配合，不得拒绝和阻碍。

第六十七条　卫生行政部门、安全生产监督管理部门及其职业卫生监督执法人员履行职责时，不得有下列行为：

（一）对不符合法定条件的，发给建设项目有关证明文件、资质证明文件或者予以批准；

（二）对已经取得有关证明文件的，不履行监督检查职责；

（三）发现用人单位存在职业病危害的，可能造成职业病危害事故，不及时依法采取控制措施；

（四）其他违反本法的行为。

第六十八条 职业卫生监督执法人员应当依法经过资格认定。

职业卫生监督管理部门应当加强队伍建设，提高职业卫生监督执法人员的政治、业务素质，依照本法和其他有关法律、法规的规定，建立、健全内部监督制度，对其工作人员执行法律、法规和遵守纪律的情况，进行监督检查。

第六章 法 律 责 任

第六十九条 建设单位违反本法规定，有下列行为之一的，由安全生产监督管理部门和卫生行政部门依据职责分工给予警告，责令限期改正；逾期不改正的，处十万元以上五十万元以下的罚款；情节严重的，责令停止产生职业病危害的作业，或者提请有关人民政府按照国务院规定的权限责令停建、关闭：

（一）未按照规定进行职业病危害预评价的；

（二）医疗机构可能产生放射性职业病危害的建设项目未按照规定提交放射性职业病危害预评价报告，或者放射性职业病危害预评价报告未经卫生行政部门审核同意，开工建设的；

（三）建设项目的职业病防护设施未按照规定与主体工程同时设计、同时施工、同时投入生产和使用的；

（四）建设项目的职业病防护设施设计不符合国家职业卫生标准和卫生要求，或者医疗机构放射性职业病危害严重的建设项目的防护设施设计未经卫生行政部门审查同意擅自施工的；

（五）未按照规定对职业病防护设施进行职业病危害控制效果评价的；

（六）建设项目竣工投入生产和使用前，职业病防护设施未按照规定验收合格的。

第七十条 违反本法规定，有下列行为之一的，由安全生产监督管理部门给予警告，责令限期改正；逾期不改正的，处十万元以下的罚款：

（一）工作场所职业病危害因素检测、评价结果没有存档、上报、公布的；

（二）未采取本法第二十条规定的职业病防治管理措施的；

（三）未按照规定公布有关职业病防治的规章制度、操作规程、职业病危害事故应急救援措施的；

（四）未按照规定组织劳动者进行职业卫生培训，或者未对劳动者个人职业病防护采取指导、督促措施的；

（五）国内首次使用或者首次进口与职业病危害有关的化学材料，未按照规定报送毒性鉴定资料以及经有关部门登记注册或者批准进口的文件的。

第七十一条 用人单位违反本法规定，有下列行为之一的，由安全生产监督管理部门责令限期改正，给予警告，可以并处五万元以上十万元以下的罚款：

（一）未按照规定及时、如实向安全生产监督管理部门申报产生职业病危害的项目的；

（二）未实施由专人负责的职业病危害因素日常监测，或者监测系统不能正常监测的；

（三）订立或者变更劳动合同时，未告知劳动者职业病危害真实情况的；

（四）未按照规定组织职业健康检查、建立职业健康监护档案或者未将检查结果书面告知劳动者的；

（五）未依照本法规定在劳动者离开用人单位时提供职业健康监护档案复印件的。

第七十二条 用人单位违反本法规定，有下列行为之一的，由安全生产监督管理部门给予警告，责令限期改正，逾期不改正的，处五万元以上二十万元以下的罚款；情节严重的，责令停止产生职业病危害的作业，或者提请有关人民政府按照国务院规定的权限责令关闭：

（一）工作场所职业病危害因素的强度或者浓度超过国家职业卫生标准的；

（二）未提供职业病防护设施和个人使用的职业病防护用品，或者提供的职业病防护设施和个人使用的职业病防护用品不符合国家职业卫生标准和卫生要求的；

（三）对职业病防护设备、应急救援设施和个人使用的职业病防护用品未按照规定进行维护、检修、检测，或者不能保持正常运行、使用状态的；

（四）未按照规定对工作场所职业病危害因素进行检测、评价的；

（五）工作场所职业病危害因素经治理仍然达不到国家职业卫生标准和卫生要求时，未停止存在职业病危害因素的作业的；

（六）未按照规定安排职业病病人、疑似职业病病人进行诊治的；

（七）发生或者可能发生急性职业病危害事故时，未立即采取应急救援和控制措施或者未按照规定及时报告的；

（八）未按照规定在产生严重职业病危害的作业岗位醒目位置设置警示标识和中文警示说明的；

（九）拒绝职业卫生监督管理部门监督检查的；

（十）隐瞒、伪造、篡改、毁损职业健康监护档案、工作场所职业病危害因素检测评价结果等相关资料，或者拒不提供职业病诊断、鉴定所需资料的；

（十一）未按照规定承担职业病诊断、鉴定费用和职业病病人的医疗、生活保障费用的。

第七十三条　向用人单位提供可能产生职业病危害的设备、材料，未按照规定提供中文说明书或者设置警示标识和中文警示说明的，由安全生产监督管理部门责令限期改正，给予警告，并处五万元以上二十万元以下的罚款。

第七十四条　用人单位和医疗卫生机构未按照规定报告职业病、疑似职业病的，由有关主管部门依据职责分工责令限期改正，给予警告，可以并处一万元以下的罚款；弄虚作假的，并处二万元以上五万元以下的罚款；对直接负责的主管人员和其他直接责任人员，可以依法给予降级或者撤职的处分。

第七十五条　违反本法规定，有下列情形之一的，由安全生产监督管理部门责令限期治理，并处五万元以上三十万元以下的罚款；情节严重的，责令停止产生职业病危害的作业，或者提请有关人民政府按照国务院规定的权限责令关闭：

（一）隐瞒技术、工艺、设备、材料所产生的职业病危害而采用的；

（二）隐瞒本单位职业卫生真实情况的；

（三）可能发生急性职业损伤的有毒、有害工作场所、放射工作场所或者放射性同位素的运输、贮存不符合本法第二十六规定的；

（四）使用国家明令禁止使用的可能产生职业病危害的设备或者材料的；

（五）将产生职业病危害的作业转移给没有职业病防护条件的单位和个人，

或者没有职业病防护条件的单位和个人接受产生职业病危害的作业的；

（六）擅自拆除、停止使用职业病防护设备或者应急救援设施的；

（七）安排未经职业健康检查的劳动者、有职业禁忌的劳动者、未成年工或者孕期、哺乳期女职工从事接触职业病危害的作业或者禁忌作业的；

（八）违章指挥和强令劳动者进行没有职业病防护措施的作业的。

第七十六条 生产、经营或者进口国家明令禁止使用的可能产生职业病危害的设备或者材料的，依照有关法律、行政法规的规定给予处罚。

第七十七条 用人单位违反本法规定，已经对劳动者生命健康造成严重损害的，由安全生产监督管理部门责令停止产生职业病危害的作业，或者提请有关人民政府按照国务院规定的权限责令关闭，并处十万元以上五十万元以下的罚款。

第七十八条 用人单位违反本法规定，造成重大职业病危害事故或者其他严重后果，构成犯罪的，对直接负责的主管人员和其他直接责任人员，依法追究刑事责任。

第七十九条 未取得职业卫生技术服务资质认可擅自从事职业卫生技术服务的，或者医疗卫生机构未经批准擅自从事职业病诊断的，由安全生产监督管理部门和卫生行政部门依据职责分工责令立即停止违法行为，没收违法所得；违法所得五千元以上的，并处违法所得二倍以上十倍以下的罚款；没有违法所得或者违法所得不足五千元的，并处五千元以上五万元以下的罚款；情节严重的，对直接负责的主管人员和其他直接责任人员，依法给予降级、撤职或者开除的处分。

第八十条 从事职业卫生技术服务的机构和承担职业病诊断的医疗卫生机构违反本法规定，有下列行为之一的，由安全生产监督管理部门和卫生行政部门依据职责分工责令立即停止违法行为，给予警告，没收违法所得；违法所得五千元以上的，并处违法所得二倍以上五倍以下的罚款；没有违法所得或者违法所得不足五千元的，并处五千元以上二万元以下的罚款；情节严重的，由原认可或者批准机关取消其相应的资格；对直接负责的主管人员和其他直接责任人员，依法给予降级、撤职或者开除的处分；构成犯罪的，依法追究刑事责任：

（一）超出资质认可或者批准范围从事职业卫生技术服务或者职业病诊断的；

（二）不按照本法规定履行法定职责的；

（三）出具虚假证明文件的。

第八十一条 职业病诊断鉴定委员会组成人员收受职业病诊断争议当事人的财物或者其他好处的，给予警告，没收收受的财物，可以并处三千元以上五万元以下的罚款，取消其担任职业病诊断鉴定委员会组成人员的资格，并从省、自治区、直辖市人民政府卫生行政部门设立的专家库中予以除名。

第八十二条 卫生行政部门、安全生产监督管理部门不按照规定报告职业病和职业病危害事故的，由上一级行政部门责令改正，通报批评，给予警告；虚报、瞒报的，对单位负责人、直接负责的主管人员和其他直接责任人员依法给予降级、撤职或者开除的处分。

第八十三条 县级以上地方人民政府在职业病防治工作中未依照本法履行职责，本行政区域出现重大职业病危害事故、造成严重社会影响的，依法对直接负责的主管人员和其他直接责任人员给予记大过直至开除的处分。

县级以上人民政府职业卫生监督管理部门不履行本法规定的职责，滥用职权、玩忽职守、徇私舞弊，依法对直接负责的主管人员和其他直接责任人员给予记大过或者降级的处分；造成职业病危害事故或者其他严重后果的，依法给予撤职或者开除的处分。

第八十四条 违反本法规定，构成犯罪的，依法追究刑事责任。

第七章 附 则

第八十五条 本法下列用语的含义：

职业病危害，是指对从事职业活动的劳动者可能导致职业病的各种危害。职业病危害因素包括：职业活动中存在的各种有害的化学、物理、生物因素以及在作业过程中产生的其他职业有害因素。

职业禁忌，是指劳动者从事特定职业或者接触特定职业病危害因素时，比一般职业人群更易于遭受职业病危害和罹患职业病或者可能导致原有自身疾病病情加重，或者在从事作业过程中诱发可能导致对他人生命健康构成危险的疾病的个人特殊生理或者病理状态。

第八十六条 本法第二条规定的用人单位以外的单位，产生职业病危害的，其职业病防治活动可以参照本法执行。

劳务派遣用工单位应当履行本法规定的用人单位的义务。

中国人民解放军参照执行本法的办法，由国务院、中央军事委员会制定。

第八十七条 对医疗机构放射性职业病危害控制的监督管理，由卫生行政部门依照本法的规定实施。

第八十八条 本法自 2002 年 5 月 1 日起施行。

中华人民共和国国家赔偿法

（1994年5月12日第八届全国人民代表大会常务委员会第七次会议通过，2010年4月29日第十一届全国人民代表大会常务委员会第十四次会议第一次修正；2012年10月26日第十一届全国人民代表大会常务委员会第二十九次会议第二次修正）

第一章　总　则

第一条　为保障公民、法人和其他组织享有依法取得国家赔偿的权利，促进国家机关依法行使职权，根据宪法，制定本法。

第二条　国家机关和国家机关工作人员行使职权，有本法规定的侵犯公民、法人和其他组织合法权益的情形，造成损害的，受害人有依照本法取得国家赔偿的权利。

本法规定的赔偿义务机关，应当依照本法及时履行赔偿义务。

第二章　行政赔偿

第一节　赔偿范围

第三条　行政机关及其工作人员在行使行政职权时有下列侵犯人身权情形之一的，受害人有取得赔偿的权利：

（一）违法拘留或者违法采取限制公民人身自由的行政强制措施的；

（二）非法拘禁或者以其他方法非法剥夺公民人身自由的；

（三）以殴打、虐待等行为或者唆使、放纵他人以殴打、虐待等行为造成公民身体伤害或者死亡的；

（四）违法使用武器、警械造成公民身体伤害或者死亡的；

（五）造成公民身体伤害或者死亡的其他违法行为。

第四条 行政机关及其工作人员在行使行政职权时有下列侵犯财产权情形之一的，受害人有取得赔偿的权利：

（一）违法实施罚款、吊销许可证和执照、责令停产停业、没收财物等行政处罚的；

（二）违法对财产采取查封、扣押、冻结等行政强制措施的；

（三）违法征收、征用财产的；

（四）造成财产损害的其他违法行为。

第五条 属于下列情形之一的，国家不承担赔偿责任：

（一）行政机关工作人员与行使职权无关的个人行为；

（二）因公民、法人和其他组织自己的行为致使损害发生的；

（三）法律规定的其他情形。

第二节 赔偿请求人和赔偿义务机关

第六条 受害的公民、法人和其他组织有权要求赔偿。

受害的公民死亡，其继承人和其他有扶养关系的亲属有权要求赔偿。

受害的法人或者其他组织终止的，其权利承受人有权要求赔偿。

第七条 行政机关及其工作人员行使行政职权侵犯公民、法人和其他组织的合法权益造成损害的，该行政机关为赔偿义务机关。

两个以上行政机关共同行使行政职权时侵犯公民、法人和其他组织的合法权益造成损害的，共同行使行政职权的行政机关为共同赔偿义务机关。

法律、法规授权的组织在行使授予的行政权力时侵犯公民、法人和其他组织的合法权益造成损害的，被授权的组织为赔偿义务机关。

受行政机关委托的组织或者个人在行使受委托的行政权力时侵犯公民、法人和其他组织的合法权益造成损害的，委托的行政机关为赔偿义务机关。

赔偿义务机关被撤销的，继续行使其职权的行政机关为赔偿义务机关；没有继续行使其职权的行政机关的，撤销该赔偿义务机关的行政机关为赔偿义务机关。

第八条 经复议机关复议的，最初造成侵权行为的行政机关为赔偿义务机关，但复议机关的复议决定加重损害的，复议机关对加重的部分履行赔偿义务。

第三节 赔 偿 程 序

第九条 赔偿义务机关有本法第三条、第四条规定情形之一的，应当给予赔偿。

赔偿请求人要求赔偿，应当先向赔偿义务机关提出，也可以在申请行政复议或者提起行政诉讼时一并提出。

第十条 赔偿请求人可以向共同赔偿义务机关中的任何一个赔偿义务机关要求赔偿，该赔偿义务机关应当先予赔偿。

第十一条 赔偿请求人根据受到的不同损害，可以同时提出数项赔偿要求。

第十二条 要求赔偿应当递交申请书，申请书应当载明下列事项：

（一）受害人的姓名、性别、年龄、工作单位和住所，法人或者其他组织的名称、住所和法定代表人或者主要负责人的姓名、职务；

（二）具体的要求、事实根据和理由；

（三）申请的年、月、日。

赔偿请求人书写申请书确有困难的，可以委托他人代书；也可以口头申请，由赔偿义务机关记入笔录。

赔偿请求人不是受害人本人的，应当说明与受害人的关系，并提供相应证明。

赔偿请求人当面递交申请书的，赔偿义务机关应当当场出具加盖本行政机关专用印章并注明收讫日期的书面凭证。申请材料不齐全的，赔偿义务机关应当当场或者在五日内一次性告知赔偿请求人需要补正的全部内容。

第十三条 赔偿义务机关应当自收到申请之日起两个月内，作出是否赔偿的决定。赔偿义务机关作出赔偿决定，应当充分听取赔偿请求人的意见，并可以与赔偿请求人就赔偿方式、赔偿项目和赔偿数额依照本法第四章的规定进行协商。

赔偿义务机关决定赔偿的，应当制作赔偿决定书，并自作出决定之日起十日内送达赔偿请求人。

赔偿义务机关决定不予赔偿的，应当自作出决定之日起十日内书面通知赔偿请求人，并说明不予赔偿的理由。

第十四条 赔偿义务机关在规定期限内未作出是否赔偿的决定，赔偿请求人可以自期限届满之日起三个月内，向人民法院提起诉讼。

赔偿请求人对赔偿的方式、项目、数额有异议的，或者赔偿义务机关作出不予赔偿决定的，赔偿请求人可以自赔偿义务机关作出赔偿或者不予赔偿决定之日起三个月内，向人民法院提起诉讼。

第十五条 人民法院审理行政赔偿案件，赔偿请求人和赔偿义务机关对自己提出的主张，应当提供证据。

赔偿义务机关采取行政拘留或者限制人身自由的强制措施期间，被限制人身自由的人死亡或者丧失行为能力的，赔偿义务机关的行为与被限制人身自由的人的死亡或者丧失行为能力是否存在因果关系，赔偿义务机关应当提供证据。

第十六条 赔偿义务机关赔偿损失后，应当责令有故意或者重大过失的工作人员或者受委托的组织或者个人承担部分或者全部赔偿费用。

对有故意或者重大过失的责任人员，有关机关应当依法给予处分；构成犯罪的，应当依法追究刑事责任。

第三章 刑 事 赔 偿

第一节 赔 偿 范 围

第十七条 行使侦查、检察、审判职权的机关以及看守所、监狱管理机关及其工作人员在行使职权时有下列侵犯人身权情形之一的，受害人有取得赔偿的权利：

（一）违反刑事诉讼法的规定对公民采取拘留措施的，或者依照刑事诉讼法规定的条件和程序对公民采取拘留措施，但是拘留时间超过刑事诉讼法规定的时限，其后决定撤销案件、不起诉或者判决宣告无罪终止追究刑事责任的；

（二）对公民采取逮捕措施后，决定撤销案件、不起诉或者判决宣告无罪终止追究刑事责任的；

（三）依照审判监督程序再审改判无罪，原判刑罚已经执行的；

（四）刑讯逼供或者以殴打、虐待等行为或者唆使、放纵他人以殴打、虐待等行为造成公民身体伤害或者死亡的；

（五）违法使用武器、警械造成公民身体伤害或者死亡的。

第十八条　行使侦查、检察、审判职权的机关以及看守所、监狱管理机关及其工作人员在行使职权时有下列侵犯财产权情形之一的，受害人有取得赔偿的权利：

（一）违法对财产采取查封、扣押、冻结、追缴等措施的；

（二）依照审判监督程序再审改判无罪，原判罚金、没收财产已经执行的。

第十九条　属于下列情形之一的，国家不承担赔偿责任：

（一）因公民自己故意作虚伪供述，或者伪造其他有罪证据被羁押或者被判处刑罚的；

（二）依照刑法第十七条、第十八条规定不负刑事责任的人被羁押的；

（三）依照刑事诉讼法第十五条、第一百七十三条第二款、第二百七十三条第二款、第二百七十九条规定不追究刑事责任的人被羁押的；

（四）行使侦查、检察、审判职权的机关以及看守所、监狱管理机关的工作人员与行使职权无关的个人行为；

（五）因公民自伤、自残等故意行为致使损害发生的；

（六）法律规定的其他情形。

第二节　赔偿请求人和赔偿义务机关

第二十条　赔偿请求人的确定依照本法第六条的规定。

第二十一条　行使侦查、检察、审判职权的机关以及看守所、监狱管理机关及其工作人员在行使职权时侵犯公民、法人和其他组织的合法权益造成损害的，该机关为赔偿义务机关。

对公民采取拘留措施，依照本法的规定应当给予国家赔偿的，作出拘留决定的机关为赔偿义务机关。

对公民采取逮捕措施后决定撤销案件、不起诉或者判决宣告无罪的，作出逮捕决定的机关为赔偿义务机关。

再审改判无罪的，作出原生效判决的人民法院为赔偿义务机关。二审改判无罪，以及二审发回重审后作无罪处理的，作出一审有罪判决的人民法院为赔偿义务机关。

第三节 赔 偿 程 序

第二十二条 赔偿义务机关有本法第十七条、第十八条规定情形之一的，应当给予赔偿。

赔偿请求人要求赔偿，应当先向赔偿义务机关提出。

赔偿请求人提出赔偿请求，适用本法第十一条、第十二条的规定。

第二十三条 赔偿义务机关应当自收到申请之日起两个月内，作出是否赔偿的决定。赔偿义务机关作出赔偿决定，应当充分听取赔偿请求人的意见，并可以与赔偿请求人就赔偿方式、赔偿项目和赔偿数额依照本法第四章的规定进行协商。

赔偿义务机关决定赔偿的，应当制作赔偿决定书，并自作出决定之日起十日内送达赔偿请求人。

赔偿义务机关决定不予赔偿的，应当自作出决定之日起十日内书面通知赔偿请求人，并说明不予赔偿的理由。

第二十四条 赔偿义务机关在规定期限内未作出是否赔偿的决定，赔偿请求人可以自期限届满之日起三十日内向赔偿义务机关的上一级机关申请复议。

赔偿请求人对赔偿的方式、项目、数额有异议的，或者赔偿义务机关作出不予赔偿决定的，赔偿请求人可以自赔偿义务机关作出赔偿或者不予赔偿决定之日起三十日内，向赔偿义务机关的上一级机关申请复议。

赔偿义务机关是人民法院的，赔偿请求人可以依照本条规定向其上一级人民法院赔偿委员会申请作出赔偿决定。

第二十五条 复议机关应当自收到申请之日起两个月内作出决定。

赔偿请求人不服复议决定的，可以在收到复议决定之日起三十日内向复议机关所在地的同级人民法院赔偿委员会申请作出赔偿决定；复议机关逾期不作决定的，赔偿请求人可以自期限届满之日起三十日内向复议机关所在地的同级人民法院赔偿委员会申请作出赔偿决定。

第二十六条 人民法院赔偿委员会处理赔偿请求，赔偿请求人和赔偿义务机关对自己提出的主张，应当提供证据。

被羁押人在羁押期间死亡或者丧失行为能力的，赔偿义务机关的行为与被羁押人的死亡或者丧失行为能力是否存在因果关系，赔偿义务机关应当提供证据。

第二十七条 人民法院赔偿委员会处理赔偿请求，采取书面审查的办法。必要时，可以向有关单位和人员调查情况、收集证据。赔偿请求人与赔偿义务机关对损害事实及因果关系有争议的，赔偿委员会可以听取赔偿请求人和赔偿义务机关的陈述和申辩，并可以进行质证。

第二十八条 人民法院赔偿委员会应当自收到赔偿申请之日起三个月内作出决定；属于疑难、复杂、重大案件的，经本院院长批准，可以延长三个月。

第二十九条 中级以上的人民法院设立赔偿委员会，由人民法院三名以上审判员组成，组成人员的人数应当为单数。

赔偿委员会作赔偿决定，实行少数服从多数的原则。

赔偿委员会作出的赔偿决定，是发生法律效力的决定，必须执行。

第三十条 赔偿请求人或者赔偿义务机关对赔偿委员会作出的决定，认为确有错误的，可以向上一级人民法院赔偿委员会提出申诉。

赔偿委员会作出的赔偿决定生效后，如发现赔偿决定违反本法规定的，经本院院长决定或者上级人民法院指令，赔偿委员会应当在两个月内重新审查并依法作出决定，上一级人民法院赔偿委员会也可以直接审查并作出决定。

最高人民检察院对各级人民法院赔偿委员会作出的决定，上级人民检察院对下级人民法院赔偿委员会作出的决定，发现违反本法规定的，应当向同级人民法院赔偿委员会提出意见，同级人民法院赔偿委员会应当在两个月内重新审查并依法作出决定。

第三十一条 赔偿义务机关赔偿后，应当向有下列情形之一的工作人员追偿部分或者全部赔偿费用：

（一）有本法第十七条第四项、第五项规定情形的；

（二）在处理案件中有贪污受贿，徇私舞弊，枉法裁判行为的。

对有前款规定情形的责任人员，有关机关应当依法给予处分；构成犯罪的，应当依法追究刑事责任。

第四章　赔偿方式和计算标准

第三十二条 国家赔偿以支付赔偿金为主要方式。

能够返还财产或者恢复原状的，予以返还财产或者恢复原状。

第三十三条 侵犯公民人身自由的，每日赔偿金按照国家上年度职工日平均工资计算。

第三十四条 侵犯公民生命健康权的，赔偿金按照下列规定计算：

（一）造成身体伤害的，应当支付医疗费、护理费，以及赔偿因误工减少的收入。减少的收入每日的赔偿金按照国家上年度职工日平均工资计算，最高额为国家上年度职工年平均工资的五倍；

（二）造成部分或者全部丧失劳动能力的，应当支付医疗费、护理费、残疾生活辅助具费、康复费等因残疾而增加的必要支出和继续治疗所必需的费用，以及残疾赔偿金。残疾赔偿金根据丧失劳动能力的程度，按照国家规定的伤残等级确定，最高不超过国家上年度职工年平均工资的二十倍。造成全部丧失劳动能力的，对其扶养的无劳动能力的人，还应当支付生活费；

（三）造成死亡的，应当支付死亡赔偿金、丧葬费，总额为国家上年度职工年平均工资的二十倍。对死者生前扶养的无劳动能力的人，还应当支付生活费。

前款第二项、第三项规定的生活费的发放标准，参照当地最低生活保障标准执行。被扶养的人是未成年人的，生活费给付至十八周岁止；其他无劳动能力的人，生活费给付至死亡时止。

第三十五条 有本法第三条或者第十七条规定情形之一，致人精神损害的，应当在侵权行为影响的范围内，为受害人消除影响，恢复名誉，赔礼道歉；造成严重后果的，应当支付相应的精神损害抚慰金。

第三十六条 侵犯公民、法人和其他组织的财产权造成损害的，按照下列规定处理：

（一）处罚款、罚金、追缴、没收财产或者违法征收、征用财产的，返还财产；

（二）查封、扣押、冻结财产的，解除对财产的查封、扣押、冻结，造成财产损坏或者灭失的，依照本条第三项、第四项的规定赔偿；

（三）应当返还的财产损坏的，能够恢复原状的恢复原状，不能恢复原状的，按照损害程度给付相应的赔偿金；

（四）应当返还的财产灭失的，给付相应的赔偿金；

（五）财产已经拍卖或者变卖的，给付拍卖或者变卖所得的价款；变卖的价款明显低于财产价值的，应当支付相应的赔偿金；

（六）吊销许可证和执照、责令停产停业的，赔偿停产停业期间必要的经常性费用开支；

（七）返还执行的罚款或者罚金、追缴或者没收的金钱，解除冻结的存款或者汇款的，应当支付银行同期存款利息；

（八）对财产权造成其他损害的，按照直接损失给予赔偿。

第三十七条　赔偿费用列入各级财政预算。

赔偿请求人凭生效的判决书、复议决定书、赔偿决定书或者调解书，向赔偿义务机关申请支付赔偿金。

赔偿义务机关应当自收到支付赔偿金申请之日起七日内，依照预算管理权限向有关的财政部门提出支付申请。财政部门应当自收到支付申请之日起十五日内支付赔偿金。

赔偿费用预算与支付管理的具体办法由国务院规定。

第五章　其　他　规　定

第三十八条　人民法院在民事诉讼、行政诉讼过程中，违法采取对妨害诉讼的强制措施、保全措施或者对判决、裁定及其他生效法律文书执行错误，造成损害的，赔偿请求人要求赔偿的程序，适用本法刑事赔偿程序的规定。

第三十九条　赔偿请求人请求国家赔偿的时效为两年，自其知道或者应当知道国家机关及其工作人员行使职权时的行为侵犯其人身权、财产权之日起计算，但被羁押等限制人身自由期间不计算在内。在申请行政复议或者提起行政诉讼时一并提出赔偿请求的，适用行政复议法、行政诉讼法有关时效的规定。

赔偿请求人在赔偿请求时效的最后六个月内，因不可抗力或者其他障碍不能行使请求权的，时效中止。从中止时效的原因消除之日起，赔偿请求时效期间继续计算。

第四十条　外国人、外国企业和组织在中华人民共和国领域内要求中华人民共和国国家赔偿的，适用本法。

外国人、外国企业和组织的所属国对中华人民共和国公民、法人和其他组织要求该国国家赔偿的权利不予保护或者限制的，中华人民共和国与该外国人、外国企业和组织的所属国实行对等原则。

第六章　附　　则

第四十一条　赔偿请求人要求国家赔偿的，赔偿义务机关、复议机关和人民法院不得向赔偿请求人收取任何费用。

对赔偿请求人取得的赔偿金不予征税。

第四十二条　本法自 1995 年 1 月 1 日起施行。

中华人民共和国工会法

（1992年4月3日第七届全国人民代表大会第五次会议通过，根据2001年10月27日第九届全国人民代表大会常务委员会第二十四次会议《关于修改〈中华人民共和国工会法〉的决定》修正；根据2009年8月27日第十一届全国人民代表大会常务委员会第十次会议《关于修改部分法律的决定》第二次修正）

第一章　总　　则

第一条　为保障工会在国家政治、经济和社会生活中的地位，确定工会的权利与义务，发挥工会在社会主义现代化建设事业中的作用，根据宪法，制定本法。

第二条　工会是职工自愿结合的工人阶级的群众组织。

中华全国总工会及其各工会组织代表职工的利益，依法维护职工的合法权益。

第三条　在中国境内的企业、事业单位、机关中以工资收入为主要生活来源的体力劳动者和脑力劳动者，不分民族、种族、性别、职业、宗教信仰、教育程度，都有依法参加和组织工会的权利。任何组织和个人不得阻挠和限制。

第四条　工会必须遵守和维护宪法，以宪法为根本的活动准则，以经济建设为中心，坚持社会主义道路、坚持人民民主专政、坚持中国共产党的领导、坚持马克思列宁主义毛泽东思想邓小平理论，坚持改革开放，依照工会章程独立自主地开展工作。

工会会员全国代表大会制定或者修改《中国工会章程》，章程不得与宪法和法律相抵触。

国家保护工会的合法权益不受侵犯。

第五条　工会组织和教育职工依照宪法和法律的规定行使民主权利，发挥国家主人翁的作用，通过各种途径和形式，参与管理国家事务、管理经济和文化事业、管理社会事务；协助人民政府开展工作，维护工人阶级领导的、以工农联盟为基础的人民民主专政的社会主义国家政权。

第六条 维护职工合法权益是工会的基本职责。工会在维护全国人民总体利益的同时，代表和维护职工的合法权益。

工会通过平等协商和集体合同制度，协调劳动关系，维护企业职工劳动权益。

工会依照法律规定通过职工代表大会或者其他形式，组织职工参与本单位的民主决策、民主管理和民主监督。

工会必须密切联系职工，听取和反映职工的意见和要求，关心职工的生活，帮助职工解决困难，全心全意为职工服务。

第七条 工会动员和组织职工积极参加经济建设，努力完成生产任务和工作任务。教育职工不断提高思想道德、技术业务和科学文化素质，建设有理想、有道德、有文化、有纪律的职工队伍。

第八条 中华全国总工会根据独立、平等、互相尊重、互不干涉内部事务的原则，加强同各国工会组织的友好合作关系。

第二章 工 会 组 织

第九条 工会各级组织按照民主集中制原则建立。

各级工会委员会由会员大会或者会员代表大会民主选举产生。企业主要负责人的近亲属不得作为本企业基层工会委员会成员的人选。

各级工会委员会向同级会员大会或者会员代表大会负责并报告工作，接受其监督。

工会会员大会或者会员代表大会有权撤换或者罢免其所选举的代表或者工会委员会组成人员。

上级工会组织领导下级工会组织。

第十条 企业、事业单位、机关有会员二十五人以上的，应当建立基层工会委员会；不足二十五人的，可以单独建立基层工会委员会，也可以由两个以上单位的会员联合建立基层工会委员会，也可以选举组织员一人，组织会员开展活动。女职工人数较多的，可以建立工会女职工委员会，在同级工会领导下开展工作；女职工人数较少的，可以在工会委员会中设女职工委员。

企业职工较多的乡镇、城市街道，可以建立基层工会的联合会。

县级以上地方建立地方各级总工会。

同一行业或者性质相近的几个行业，可以根据需要建立全国的或者地方的产业工会。

全国建立统一的中华全国总工会。

第十一条　基层工会、地方各级总工会、全国或者地方产业工会组织的建立，必须报上一级工会批准。

上级工会可以派员帮助和指导企业职工组建工会，任何单位和个人不得阻挠。

第十二条　任何组织和个人不得随意撤销、合并工会组织。

基层工会所在的企业终止或者所在的事业单位、机关被撤销，该工会组织相应撤销，并报告上一级工会。

依前款规定被撤销的工会，其会员的会籍可以继续保留，具体管理办法由中华全国总工会制定。

第十三条　职工二百人以上的企业、事业单位的工会，可以设专职工会主席。工会专职工作人员的人数由工会与企业、事业单位协商确定。

第十四条　中华全国总工会、地方总工会、产业工会具有社会团体法人资格。

基层工会组织具备民法通则规定的法人条件的，依法取得社会团体法人资格。

第十五条　基层工会委员会每届任期三年或者五年。各级地方总工会委员会和产业工会委员会每届任期五年。

第十六条　基层工会委员会定期召开会员大会或者会员代表大会，讨论决定工会工作的重大问题。经基层工会委员会或者三分之一以上的工会会员提议，可以临时召开会员大会或者会员代表大会。

第十七条　工会主席、副主席任期未满时，不得随意调动其工作。因工作需要调动时，应当征得本级工会委员会和上一级工会的同意。

罢免工会主席、副主席必须召开会员大会或者会员代表大会讨论，非经会员大会全体会员或者会员代表大会全体代表过半数通过，不得罢免。

第十八条 基层工会专职主席、副主席或者委员自任职之日起，其劳动合同期限自动延长，延长期限相当于其任职期间；非专职主席、副主席或者委员自任职之日起，其尚未履行的劳动合同期限短于任期的，劳动合同期限自动延长至任期期满。但是，任职期间个人严重过失或者达到法定退休年龄的除外。

第三章 工会的权利和义务

第十九条 企业、事业单位违反职工代表大会制度和其他民主管理制度，工会有权要求纠正，保障职工依法行使民主管理的权利。

法律、法规规定应当提交职工大会或者职工代表大会审议、通过、决定的事项，企业、事业单位应当依法办理。

第二十条 工会帮助、指导职工与企业以及实行企业化管理的事业单位签订劳动合同。

工会代表职工与企业以及实行企业化管理的事业单位进行平等协商，签订集体合同。集体合同草案应当提交职工代表大会或者全体职工讨论通过。

工会签订集体合同，上级工会应当给予支持和帮助。

企业违反集体合同，侵犯职工劳动权益的，工会可以依法要求企业承担责任；因履行集体合同发生争议，经协商解决不成的，工会可以向劳动争议仲裁机构提请仲裁，仲裁机构不予受理或者对仲裁裁决不服的，可以向人民法院提起诉讼。

第二十一条 企业、事业单位处分职工，工会认为不适当的，有权提出意见。

企业单方面解除职工劳动合同时，应当事先将理由通知工会，工会认为企业违反法律、法规和有关合同，要求重新研究处理时，企业应当研究工会的意见，并将处理结果书面通知工会。

职工认为企业侵犯其劳动权益而申请劳动争议仲裁或者向人民法院提起诉讼的，工会应当给予支持和帮助。

第二十二条 企业、事业单位违反劳动法律、法规规定，有下列侵犯职工劳动权益情形，工会应当代表职工与企业、事业单位交涉，要求企业、事业单位采取措施予以改正；企业、事业单位应当予以研究处理，并向工会作出答复；企业、事业单位拒不改正的，工会可以请求当地人民政府依法作出处理：

（一）克扣职工工资的；

（二）不提供劳动安全卫生条件的；

（三）随意延长劳动时间的；

（四）侵犯女职工和未成年工特殊权益的；

（五）其他严重侵犯职工劳动权益的。

第二十三条 工会依照国家规定对新建、扩建企业和技术改造工程中的劳动条件和安全卫生设施与主体工程同时设计、同时施工、同时投产使用进行监督。对工会提出的意见，企业或者主管部门应当认真处理，并将处理结果书面通知工会。

第二十四条 工会发现企业违章指挥、强令工人冒险作业，或者生产过程中发现明显重大事故隐患和职业危害，有权提出解决的建议，企业应当及时研究答复；发现危及职工生命安全的情况时，工会有权向企业建议组织职工撤离危险现场，企业必须及时作出处理决定。

第二十五条 工会有权对企业、事业单位侵犯职工合法权益的问题进行调查，有关单位应当予以协助。

第二十六条 职工因工伤亡事故和其他严重危害职工健康问题的调查处理，必须有工会参加。工会应当向有关部门提出处理意见，并有权要求追究直接负责的主管人员和有关责任人员的责任。对工会提出的意见，应当及时研究，给予答复。

第二十七条 企业、事业单位发生停工、怠工事件，工会应当代表职工同企业、事业单位或者有关方面协商，反映职工的意见和要求并提出解决意见。对于职工的合理要求，企业、事业单位应当予以解决。工会协助企业、事业单位做好工作，尽快恢复生产、工作秩序。

第二十八条 工会参加企业的劳动争议调解工作。

地方劳动争议仲裁组织应当有同级工会代表参加。

第二十九条 县级以上各级总工会可以为所属工会和职工提供法律服务。

第三十条 工会协助企业、事业单位、机关办好职工集体福利事业，做好工资、劳动安全卫生和社会保险工作。

第三十一条 工会会同企业、事业单位教育职工以国家主人翁态度对待劳动，爱护国家和企业的财产，组织职工开展群众性的合理化建议、技术革新活动，进行业余文化技术学习和职工培训，组织职工开展文娱、体育活动。

第三十二条 根据政府委托，工会与有关部门共同做好劳动模范和先进生产（工作）者的评选、表彰、培养和管理工作。

第三十三条 国家机关在组织起草或者修改直接涉及职工切身利益的法律、法规、规章时，应当听取工会意见。

县级以上各级人民政府制定国民经济和社会发展计划，对涉及职工利益的重大问题，应当听取同级工会的意见。

县级以上各级人民政府及其有关部门研究制定劳动就业、工资、劳动安全卫生、社会保险等涉及职工切身利益的政策、措施时，应当吸收同级工会参加研究，听取工会意见。

第三十四条 县级以上地方各级人民政府可以召开会议或者采取适当方式，向同级工会通报政府的重要的工作部署和与工会工作有关的行政措施，研究解决工会反映的职工群众的意见和要求。

各级人民政府劳动行政部门应当会同同级工会和企业方面代表，建立劳动关系三方协商机制，共同研究解决劳动关系方面的重大问题。

第四章 基层工会组织

第三十五条 国有企业职工代表大会是企业实行民主管理的基本形式，是职工行使民主管理权力的机构，依照法律规定行使职权。

国有企业的工会委员会是职工代表大会的工作机构，负责职工代表大会的日常工作，检查、督促职工代表大会决议的执行。

第三十六条 集体企业的工会委员会，应当支持和组织职工参加民主管理和民主监督，维护职工选举和罢免管理人员、决定经营管理的重大问题的权力。

第三十七条 本法第三十五条、第三十六条规定以外的其他企业、事业单位的工会委员会，依照法律规定组织职工采取与企业、事业单位相适应的形式，参与企业、事业单位民主管理。

第三十八条 企业、事业单位研究经营管理和发展的重大问题应当听取工会的意见；召开讨论有关工资、福利、劳动安全卫生、社会保险等涉及职工切身利益的会议，必须有工会代表参加。

企业、事业单位应当支持工会依法开展工作，工会应当支持企业、事业单位依法行使经营管理权。

第三十九条　公司的董事会、监事会中职工代表的产生，依照公司法有关规定执行。

第四十条　基层工会委员会召开会议或者组织职工活动，应当在生产或者工作时间以外进行，需要占用生产或者工作时间的，应当事先征得企业、事业单位的同意。

基层工会的非专职委员占用生产或者工作时间参加会议或者从事工会工作，每月不超过三个工作日，其工资照发，其他待遇不受影响。

第四十一条　企业、事业单位、机关工会委员会的专职工作人员的工资、奖励、补贴，由所在单位支付。社会保险和其他福利待遇等，享受本单位职工同等待遇。

第五章　工会的经费和财产

第四十二条　工会经费的来源：

（一）工会会员缴纳的会费；

（二）建立工会组织的企业、事业单位、机关按每月全部职工工资总额的百分之二向工会拨缴的经费；

（三）工会所属的企业、事业单位上缴的收入；

（四）人民政府的补助；

（五）其他收入。

前款第二项规定的企业、事业单位拨缴的经费在税前列支。

工会经费主要用于为职工服务和工会活动。经费使用的具体办法由中华全国总工会制定。

第四十三条　企业、事业单位无正当理由拖延或者拒不拨缴工会经费，基层工会或者上级工会可以向当地人民法院申请支付令；拒不执行支付令的，工会可以依法申请人民法院强制执行。

第四十四条　工会应当根据经费独立原则，建立预算、决算和经费审查监督制度。

各级工会建立经费审查委员会。

各级工会经费收支情况应当由同级工会经费审查委员会审查，并且定期向会员大会或者会员代表大会报告，接受监督。工会会员大会或者会员代表大会有权对经费使用情况提出意见。

工会经费的使用应当依法接受国家的监督。

第四十五条 各级人民政府和企业、事业单位、机关应当为工会办公和开展活动，提供必要的设施和活动场所等物质条件。

第四十六条 工会的财产、经费和国家拨给工会使用的不动产，任何组织和个人不得侵占、挪用和任意调拨。

第四十七条 工会所属的为职工服务的企业、事业单位，其隶属关系不得随意改变。

第四十八条 县级以上各级工会的离休、退休人员的待遇，与国家机关工作人员同等对待。

第六章 法 律 责 任

第四十九条 工会对违反本法规定侵犯其合法权益的，有权提请人民政府或者有关部门予以处理，或者向人民法院提起诉讼。

第五十条 违反本法第三条、第十一条规定，阻挠职工依法参加和组织工会或者阻挠上级工会帮助、指导职工筹建工会的，由劳动行政部门责令其改正；拒不改正的，由劳动行政部门提请县级以上人民政府处理；以暴力、威胁等手段阻挠造成严重后果，构成犯罪的，依法追究刑事责任。

第五十一条 违反本法规定，对依法履行职责的工会工作人员无正当理由调动工作岗位，进行打击报复的，由劳动行政部门责令改正、恢复原工作；造成损失的，给予赔偿。

对依法履行职责的工会工作人员进行侮辱、诽谤或者进行人身伤害，构成犯罪的，依法追究刑事责任；尚未构成犯罪的，由公安机关依照治安管理处罚法的规定处罚。

第五十二条 违反本法规定，有下列情形之一的，由劳动行政部门责令恢复其工作，并补发被解除劳动合同期间应得的报酬，或者责令给予本人年收入二倍的赔偿：

（一）职工因参加工会活动而被解除劳动合同的；

（二）工会工作人员因履行本法规定的职责而被解除劳动合同的。

第五十三条　违反本法规定，有下列情形之一的，由县级以上人民政府责令改正，依法处理：

（一）妨碍工会组织职工通过职工代表大会和其他形式依法行使民主权利的；

（二）非法撤销、合并工会组织的；

（三）妨碍工会参加职工因工伤亡事故以及其他侵犯职工合法权益问题的调查处理的；

（四）无正当理由拒绝进行平等协商的。

第五十四条　违反本法第四十六条规定，侵占工会经费和财产拒不返还的，工会可以向人民法院提起诉讼，要求返还，并赔偿损失。

第五十五条　工会工作人员违反本法规定，损害职工或者工会权益的，由同级工会或者上级工会责令改正，或者予以处分；情节严重的，依照《中国工会章程》予以罢免；造成损失的，应当承担赔偿责任；构成犯罪的，依法追究刑事责任。

第七章　附　　则

第五十六条　中华全国总工会会同有关国家机关制定机关工会实施本法的具体办法。

第五十七条　本法自公布之日起施行。1950 年 6 月 29 日中央人民政府颁布的《中华人民共和国工会法》同时废止。

中华人民共和国尘肺病防治条例

（1987 年 12 月 3 日国务院发布）

第一章　总　　则

第一条　为保护职工健康，消除粉尘危害，防止发生尘肺病，促进生产发展，制定本条例。

第二条　本条例适用于所有有粉尘作业的企业、事业单位。

第三条　尘肺病系指在生产活动中吸入粉尘而发生的肺组织纤维化为主的疾病。

第四条　地方各级人民政府要加强对尘肺病防治工作的领导。在制定本地区国民经济和社会发展计划时，要统筹安排尘肺病防治工作。

第五条　企业、事业单位的主管部门应当根据国家卫生等有关标准，结合实际情况，制定所属企业的尘肺病防治规划，并督促其施行。

乡镇企业主管部门，必须指定专人负责乡镇企业尘肺病的防治工作，建立监督检查制度，并指导乡镇企业对尘肺病的防治工作。

第六条　企业、事业单位的负责人，对本单位的尘肺病防治工作负有直接责任，应采取有效措施使本单位的粉尘作业场所达到国家卫生标准。

第二章　防　　尘

第七条　凡有粉尘作业的企业、事业单位应采取综合防尘措施和无尘或低尘的新技术、新工艺、新设备，使作业场所粉尘浓度不超过国家卫生标准。

第八条　尘肺病诊断标准由卫生行政部门制定，粉尘浓度卫生标准由卫生行政部门会同劳动等有关部门联合制定。

第九条　防尘设施的鉴定和定型制度，由劳动部门会同卫生行政部门制定。

任何企业、事业单位除特殊情况外，未经上级主管部门批准，不得停止运行或者拆除防尘设施。

第十条　防尘经费应当纳入基本建设和技术改造经费计划，专款专用，不得挪用。

第十一条　严禁任何企业、事业单位将粉尘作业转嫁、外包或以联营的形式给没有防尘设施的乡镇、街道企业或个体工商户。

中、小学校各类校办的实习工厂或车间，禁止从事有粉尘的作业。

第十二条　职工使用的防止粉尘危害的防护用品，必须符合国家的有关标准。企业、事业单位应当建立严格的管理制度，并教育职工按规定和要求使用。

对初次从事粉尘作业的职工，由其所在单位进行防尘知识教育和考核，考试合格后方可从事粉尘作业。

不满十八周岁的未成年人，禁止从事粉尘作业。

第十三条　新建、改建、扩建、续建有粉尘作业的工程项目，防尘设施必须与主体工程同时设计、同时施工、同时投产。设计任务书，必须经当地卫生行政部门、劳动部门和工会组织审查同意后，方可施工，竣工验收，应由当地卫生行政部门、劳动部门和工会组织参加，凡不符合要求的，不得投产。

第十四条　作业场所的粉尘浓度超过国家卫生标准，又未积极治理，严重影响职工安全健康时，职工有权拒绝操作。

第三章　监督和监测

第十五条　卫生行政部门、劳动部门和工会组织分工协作，互相配合，对企业、事业单位的尘肺病防治工作进行监督。

第十六条　卫生行政部门负责卫生标准的监测；劳动部门负责劳动卫生工程技术标准的监测。

工会组织负责组织职工群众对本单位的尘肺病防治工作进行监督，并教育职工遵守操作规程与防尘制度。

第十七条　凡有粉尘作业的企业、事业单位，必须定期测定作业场所的粉尘浓度。测尘结果必须向主管部门和当地卫生行政部门、劳动部门和工会组织报告，并定期向职工公布。

从事粉尘作业的单位必须建立测尘资料档案。

第十八条 卫生行政部门和劳动部门，要对从事粉尘作业的企业、事业单位的测尘机构加强业务指导，并对测尘人员加强业务指导和技术培训。

第四章 健 康 管 理

第十九条 各企业、事业单位对新从事粉尘作业的职工，必须进行健康检查。对在职和离职的从事粉尘作业的职工，必须定期进行健康检查。检查的内容、期限和尘肺病诊断标准，按卫生行政部门有关职业病管理的规定执行。

第二十条 各企业、事业单位必须贯彻执行职业病报告制度，按期向当地卫生行政部门、劳动部门、工会组织和本单位的主管部门报告职工尘肺病发生和死亡情况。

第二十一条 各企业、事业单位对已确诊为尘肺病的职工，必须调离粉尘作业岗位，并给予治疗或疗养。尘肺病患者的社会保险待遇，按国家有关规定办理。

第五章 奖 励 和 处 罚

第二十二条 对在尘肺病防治工作中做出显著成绩的单位和个人，由其上级主管部门给予奖励。

第二十三条 凡违反本条例规定，有下列行为之一的，卫生行政部门和劳动部门，可视其情节轻重，给予警告、限期治理、罚款和停业整顿的处罚。但停业整顿的处罚，需经当地人民政府同意。

（一）作业场所粉尘浓度超过国家卫生标准，逾期不采取措施的；

（二）任意拆除防尘设施，致使粉尘危害严重的；

（三）挪用防尘措施经费的；

（四）工程设计和竣工验收未经卫生行政部门、劳动部门和工会组织审查同意，擅自施工、投产的；

（五）将粉尘作业转嫁、外包或以联营的形式给没有防尘设施的乡镇、街道企业或个体工商户的；

（六）不执行健康检查制度和测尘制度的；

（七）强令尘肺病患者继续从事粉尘作业的；

（八）假报测尘结果或尘肺病诊断结果的；

（九）安排未成年人从事粉尘作业的。

第二十四条 当事人对处罚不服的，可在接到处罚通知之日起十五日内，向作出处理的部门的上级机关申请复议。但是，对停业整顿的决定应当立即执行。上级机关应当在接到申请之日起三十日内作出答复。对答复不服的，可以在接到答复之日起十五日内，向人民法院起诉。

第二十五条 企业、事业单位负责人和监督、监测人员玩忽职守，致使公共财产、国家和人民利益遭受损失，情节轻微的，由其主管部门给予行政处分；造成重大损失，构成犯罪的，由司法机关依法追究直接责任人员的刑事责任。

第六章 附 则

第二十六条 本条例由国务院卫生行政部门和劳动部门联合进行解释。

第二十七条 各省、自治区、直辖市人民政府应当结合当地实际情况，制定本条例的实施办法。

第二十八条 本条例自发布之日起施行。

工伤保险条例

（2010 年 12 月 20 日《国务院关于修改〈工伤保险条例〉的决定》修订）

第一章　总　　则

第一条　为了保障因工作遭受事故伤害或者患职业病的职工获得医疗救治和经济补偿，促进工伤预防和职业康复，分散用人单位的工伤风险，制定本条例。

第二条　中华人民共和国境内的企业、事业单位、社会团体、民办非企业单位、基金会、律师事务所、会计师事务所等组织和有雇工的个体工商户（以下称用人单位）应当依照本条例规定参加工伤保险，为本单位全部职工或者雇工（以下称职工）缴纳工伤保险费。

中华人民共和国境内的企业、事业单位、社会团体、民办非企业单位、基金会、律师事务所、会计师事务所等组织的职工和个体工商户的雇工，均有依照本条例的规定享受工伤保险待遇的权利。

第三条　工伤保险费的征缴按照《社会保险费征缴暂行条例》关于基本养老保险费、基本医疗保险费、失业保险费的征缴规定执行。

第四条　用人单位应当将参加工伤保险的有关情况在本单位内公示。

用人单位和职工应当遵守有关安全生产和职业病防治的法律法规，执行安全卫生规程和标准，预防工伤事故发生，避免和减少职业病危害。

职工发生工伤时，用人单位应当采取措施使工伤职工得到及时救治。

第五条　国务院社会保险行政部门负责全国的工伤保险工作。

县级以上地方各级人民政府社会保险行政部门负责本行政区域内的工伤保险工作。

社会保险行政部门按照国务院有关规定设立的社会保险经办机构（以下称经办机构）具体承办工伤保险事务。

第六条　社会保险行政部门等部门制定工伤保险的政策、标准，应当征求工会组织、用人单位代表的意见。

第二章　工伤保险基金

第七条　工伤保险基金由用人单位缴纳的工伤保险费、工伤保险基金的利息和依法纳入工伤保险基金的其他资金构成。

第八条　工伤保险费根据以支定收、收支平衡的原则，确定费率。

国家根据不同行业的工伤风险程度确定行业的差别费率，并根据工伤保险费使用、工伤发生率等情况在每个行业内确定若干费率档次。行业差别费率及行业内费率档次由国务院社会保险行政部门制定，报国务院批准后公布施行。

统筹地区经办机构根据用人单位工伤保险费使用、工伤发生率等情况，适用所属行业内相应的费率档次确定单位缴费费率。

第九条　国务院社会保险行政部门应当定期了解全国各统筹地区工伤保险基金收支情况，及时提出调整行业差别费率及行业内费率档次的方案，报国务院批准后公布施行。

第十条　用人单位应当按时缴纳工伤保险费。职工个人不缴纳工伤保险费。

用人单位缴纳工伤保险费的数额为本单位职工工资总额乘以单位缴费费率之积。

对难以按照工资总额缴纳工伤保险费的行业，其缴纳工伤保险费的具体方式，由国务院社会保险行政部门规定。

第十一条　工伤保险基金逐步实行省级统筹。

跨地区、生产流动性较大的行业，可以采取相对集中的方式异地参加统筹地区的工伤保险。具体办法由国务院社会保险行政部门会同有关行业的主管部门制定。

第十二条　工伤保险基金存入社会保障基金财政专户，用于本条例规定的工伤保险待遇，劳动能力鉴定，工伤预防的宣传、培训等费用，以及法律、法规规定的用于工伤保险的其他费用的支付。

工伤预防费用的提取比例、使用和管理的具体办法，由国务院社会保险行政部门会同国务院财政、卫生行政、安全生产监督管理等部门规定。

任何单位或者个人不得将工伤保险基金用于投资运营、兴建或者改建办公场所、发放奖金，或者挪作其他用途。

第十三条 工伤保险基金应当留有一定比例的储备金，用于统筹地区重大事故的工伤保险待遇支付；储备金不足支付的，由统筹地区的人民政府垫付。储备金占基金总额的具体比例和储备金的使用办法，由省、自治区、直辖市人民政府规定。

第三章 工 伤 认 定

第十四条 职工有下列情形之一的，应当认定为工伤：

（一）在工作时间和工作场所内，因工作原因受到事故伤害的；

（二）工作时间前后在工作场所内，从事与工作有关的预备性或者收尾性工作受到事故伤害的；

（三）在工作时间和工作场所内，因履行工作职责受到暴力等意外伤害的；

（四）患职业病的；

（五）因工外出期间，由于工作原因受到伤害或者发生事故下落不明的；

（六）在上下班途中，受到非本人主要责任的交通事故或者城市轨道交通、客运轮渡、火车事故伤害的；

（七）法律、行政法规规定应当认定为工伤的其他情形。

第十五条 职工有下列情形之一的，视同工伤：

（一）在工作时间和工作岗位，突发疾病死亡或者在48小时之内经抢救无效死亡的；

（二）在抢险救灾等维护国家利益、公共利益活动中受到伤害的；

（三）职工原在军队服役，因战、因公负伤致残，已取得革命伤残军人证，到用人单位后旧伤复发的。

职工有前款第（一）项、第（二）项情形的，按照本条例的有关规定享受工伤保险待遇；职工有前款第（三）项情形的，按照本条例的有关规定享受除一次性伤残补助金以外的工伤保险待遇。

第十六条 职工符合本条例第十四条、第十五条的规定，但是有下列情形之一的，不得认定为工伤或者视同工伤：

（一）故意犯罪的；

（二）醉酒或者吸毒的；

（三）自残或者自杀的。

第十七条　职工发生事故伤害或者按照职业病防治法规定被诊断、鉴定为职业病，所在单位应当自事故伤害发生之日或者被诊断、鉴定为职业病之日起30日内，向统筹地区社会保险行政部门提出工伤认定申请。遇有特殊情况，经报社会保险行政部门同意，申请时限可以适当延长。

用人单位未按前款规定提出工伤认定申请的，工伤职工或者其近亲属、工会组织在事故伤害发生之日或者被诊断、鉴定为职业病之日起1年内，可以直接向用人单位所在地统筹地区社会保险行政部门提出工伤认定申请。

按照本条第一款规定应当由省级社会保险行政部门进行工伤认定的事项，根据属地原则由用人单位所在地的设区的市级社会保险行政部门办理。

用人单位未在本条第一款规定的时限内提交工伤认定申请，在此期间发生符合本条例规定的工伤待遇等有关费用由该用人单位负担。

第十八条　提出工伤认定申请应当提交下列材料：

（一）工伤认定申请表；

（二）与用人单位存在劳动关系（包括事实劳动关系）的证明材料；

（三）医疗诊断证明或者职业病诊断证明书（或者职业病诊断鉴定书）。

工伤认定申请表应当包括事故发生的时间、地点、原因以及职工伤害程度等基本情况。

工伤认定申请人提供材料不完整的，社会保险行政部门应当一次性书面告知工伤认定申请人需要补正的全部材料。申请人按照书面告知要求补正材料后，社会保险行政部门应当受理。

第十九条　社会保险行政部门受理工伤认定申请后，根据审核需要可以对事故伤害进行调查核实，用人单位、职工、工会组织、医疗机构以及有关部门应当予以协助。职业病诊断和诊断争议的鉴定，依照职业病防治法的有关规定执行。对依法取得职业病诊断证明书或者职业病诊断鉴定书的，社会保险行政部门不再进行调查核实。

职工或者其近亲属认为是工伤，用人单位不认为是工伤的，由用人单位承担举证责任。

第二十条 社会保险行政部门应当自受理工伤认定申请之日起60日内作出工伤认定的决定，并书面通知申请工伤认定的职工或者其近亲属和该职工所在单位。

社会保险行政部门对受理的事实清楚、权利义务明确的工伤认定申请，应当在15日内作出工伤认定的决定。

作出工伤认定决定需要以司法机关或者有关行政主管部门的结论为依据的，在司法机关或者有关行政主管部门尚未作出结论期间，作出工伤认定决定的时限中止。

社会保险行政部门工作人员与工伤认定申请人有利害关系的，应当回避。

第四章 劳动能力鉴定

第二十一条 职工发生工伤，经治疗伤情相对稳定后存在残疾、影响劳动能力的，应当进行劳动能力鉴定。

第二十二条 劳动能力鉴定是指劳动功能障碍程度和生活自理障碍程度的等级鉴定。

劳动功能障碍分为十个伤残等级，最重的为一级，最轻的为十级。

生活自理障碍分为三个等级：生活完全不能自理、生活大部分不能自理和生活部分不能自理。

劳动能力鉴定标准由国务院社会保险行政部门会同国务院卫生行政部门等部门制定。

第二十三条 劳动能力鉴定由用人单位、工伤职工或者其近亲属向设区的市级劳动能力鉴定委员会提出申请，并提供工伤认定决定和职工工伤医疗的有关资料。

第二十四条 省、自治区、直辖市劳动能力鉴定委员会和设区的市级劳动能力鉴定委员会分别由省、自治区、直辖市和设区的市级社会保险行政部门、卫生行政部门、工会组织、经办机构代表以及用人单位代表组成。

劳动能力鉴定委员会建立医疗卫生专家库。列入专家库的医疗卫生专业技术人员应当具备下列条件：

（一）具有医疗卫生高级专业技术职务任职资格；

（二）掌握劳动能力鉴定的相关知识；

（三）具有良好的职业品德。

第二十五条　设区的市级劳动能力鉴定委员会收到劳动能力鉴定申请后，应当从其建立的医疗卫生专家库中随机抽取3名或者5名相关专家组成专家组，由专家组提出鉴定意见。设区的市级劳动能力鉴定委员会根据专家组的鉴定意见作出工伤职工劳动能力鉴定结论；必要时，可以委托具备资格的医疗机构协助进行有关的诊断。

设区的市级劳动能力鉴定委员会应当自收到劳动能力鉴定申请之日起60日内作出劳动能力鉴定结论，必要时，作出劳动能力鉴定结论的期限可以延长30日。劳动能力鉴定结论应当及时送达申请鉴定的单位和个人。

第二十六条　申请鉴定的单位或者个人对设区的市级劳动能力鉴定委员会作出的鉴定结论不服的，可以在收到该鉴定结论之日起15日内向省、自治区、直辖市劳动能力鉴定委员会提出再次鉴定申请。省、自治区、直辖市劳动能力鉴定委员会作出的劳动能力鉴定结论为最终结论。

第二十七条　劳动能力鉴定工作应当客观、公正。劳动能力鉴定委员会组成人员或者参加鉴定的专家与当事人有利害关系的，应当回避。

第二十八条　自劳动能力鉴定结论作出之日起1年后，工伤职工或者其近亲属、所在单位或者经办机构认为伤残情况发生变化的，可以申请劳动能力复查鉴定。

第二十九条　劳动能力鉴定委员会依照本条例第二十六条和第二十八条的规定进行再次鉴定和复查鉴定的期限，依照本条例第二十五条第二款的规定执行。

第五章　工伤保险待遇

第三十条　职工因工作遭受事故伤害或者患职业病进行治疗，享受工伤医疗待遇。

职工治疗工伤应当在签订服务协议的医疗机构就医，情况紧急时可以先到就近的医疗机构急救。

治疗工伤所需费用符合工伤保险诊疗项目目录、工伤保险药品目录、工伤保险住院服务标准的，从工伤保险基金支付。工伤保险诊疗项目目录、工伤保险药品目录、工伤保险住院服务标准，由国务院社会保险行政部门会同国务院卫生行政部门、食品药品监督管理部门等部门规定。

职工住院治疗工伤的伙食补助费，以及经医疗机构出具证明，报经办机构同意，工伤职工到统筹地区以外就医所需的交通、食宿费用从工伤保险基金支付，基金支付的具体标准由统筹地区人民政府规定。

工伤职工治疗非工伤引发的疾病，不享受工伤医疗待遇，按照基本医疗保险办法处理。

工伤职工到签订服务协议的医疗机构进行工伤康复的费用，符合规定的，从工伤保险基金支付。

第三十一条 社会保险行政部门作出认定为工伤的决定后发生行政复议、行政诉讼的，行政复议和行政诉讼期间不停止支付工伤职工治疗工伤的医疗费用。

第三十二条 工伤职工因日常生活或者就业需要，经劳动能力鉴定委员会确认，可以安装假肢、矫形器、假眼、假牙和配置轮椅等辅助器具，所需费用按照国家规定的标准从工伤保险基金支付。

第三十三条 职工因工作遭受事故伤害或者患职业病需要暂停工作接受工伤医疗的，在停工留薪期内，原工资福利待遇不变，由所在单位按月支付。

停工留薪期一般不超过 12 个月。伤情严重或者情况特殊，经设区的市级劳动能力鉴定委员会确认，可以适当延长，但延长不得超过 12 个月。工伤职工评定伤残等级后，停发原待遇，按照本章的有关规定享受伤残待遇。工伤职工在停工留薪期满后仍需治疗的，继续享受工伤医疗待遇。

生活不能自理的工伤职工在停工留薪期需要护理的，由所在单位负责。

第三十四条 工伤职工已经评定伤残等级并经劳动能力鉴定委员会确认需要生活护理的，从工伤保险基金按月支付生活护理费。

生活护理费按照生活完全不能自理、生活大部分不能自理或者生活部分不能自理 3 个不同等级支付，其标准分别为统筹地区上年度职工月平均工资的 50%、40% 或者 30%。

第三十五条 职工因工致残被鉴定为一级至四级伤残的，保留劳动关系，退出工作岗位，享受以下待遇：

（一）从工伤保险基金按伤残等级支付一次性伤残补助金，标准为：一级伤残为 27 个月的本人工资，二级伤残为 25 个月的本人工资，三级伤残为 23 个月的本人工资，四级伤残为 21 个月的本人工资；

（二）从工伤保险基金按月支付伤残津贴，标准为：一级伤残为本人工资的90%，二级伤残为本人工资的85%，三级伤残为本人工资的80%，四级伤残为本人工资的75%。伤残津贴实际金额低于当地最低工资标准的，由工伤保险基金补足差额；

（三）工伤职工达到退休年龄并办理退休手续后，停发伤残津贴，按照国家有关规定享受基本养老保险待遇。基本养老保险待遇低于伤残津贴的，由工伤保险基金补足差额。

职工因工致残被鉴定为一级至四级伤残的，由用人单位和职工个人以伤残津贴为基数，缴纳基本医疗保险费。

第三十六条　职工因工致残被鉴定为五级、六级伤残的，享受以下待遇：

（一）从工伤保险基金按伤残等级支付一次性伤残补助金，标准为：五级伤残为18个月的本人工资，六级伤残为16个月的本人工资；

（二）保留与用人单位的劳动关系，由用人单位安排适当工作。难以安排工作的，由用人单位按月发给伤残津贴，标准为：五级伤残为本人工资的70%，六级伤残为本人工资的60%，并由用人单位按照规定为其缴纳应缴纳的各项社会保险费。伤残津贴实际金额低于当地最低工资标准的，由用人单位补足差额。

经工伤职工本人提出，该职工可以与用人单位解除或者终止劳动关系，由工伤保险基金支付一次性工伤医疗补助金，由用人单位支付一次性伤残就业补助金。一次性工伤医疗补助金和一次性伤残就业补助金的具体标准由省、自治区、直辖市人民政府规定。

第三十七条　职工因工致残被鉴定为七级至十级伤残的，享受以下待遇：

（一）从工伤保险基金按伤残等级支付一次性伤残补助金，标准为：七级伤残为13个月的本人工资，八级伤残为11个月的本人工资，九级伤残为9个月的本人工资，十级伤残为7个月的本人工资；

（二）劳动、聘用合同期满终止，或者职工本人提出解除劳动、聘用合同的，由工伤保险基金支付一次性工伤医疗补助金，由用人单位支付一次性伤残就业补助金。一次性工伤医疗补助金和一次性伤残就业补助金的具体标准由省、自治区、直辖市人民政府规定。

第三十八条　工伤职工工伤复发，确认需要治疗的，享受本条例第三十条、第三十二条和第三十三条规定的工伤待遇。

第三十九条 职工因工死亡，其近亲属按照下列规定从工伤保险基金领取丧葬补助金、供养亲属抚恤金和一次性工亡补助金：

（一）丧葬补助金为6个月的统筹地区上年度职工月平均工资；

（二）供养亲属抚恤金按照职工本人工资的一定比例发给由因工死亡职工生前提供主要生活来源、无劳动能力的亲属。标准为：配偶每月40%，其他亲属每人每月30%，孤寡老人或者孤儿每人每月在上述标准的基础上增加10%。核定的各供养亲属的抚恤金之和不应高于因工死亡职工生前的工资。供养亲属的具体范围由国务院社会保险行政部门规定；

（三）一次性工亡补助金标准为上一年度全国城镇居民人均可支配收入的20倍。

伤残职工在停工留薪期内因工伤导致死亡的，其近亲属享受本条第一款规定的待遇。

一级至四级伤残职工在停工留薪期满后死亡的，其近亲属可以享受本条第一款第（一）项、第（二）项规定的待遇。

第四十条 伤残津贴、供养亲属抚恤金、生活护理费由统筹地区社会保险行政部门根据职工平均工资和生活费用变化等情况适时调整。调整办法由省、自治区、直辖市人民政府规定。

第四十一条 职工因工外出期间发生事故或者在抢险救灾中下落不明的，从事故发生当月起3个月内照发工资，从第4个月起停发工资，由工伤保险基金向其供养亲属按月支付供养亲属抚恤金。生活有困难的，可以预支一次性工亡补助金的50%。职工被人民法院宣告死亡的，按照本条例第三十九条职工因工死亡的规定处理。

第四十二条 工伤职工有下列情形之一的，停止享受工伤保险待遇：

（一）丧失享受待遇条件的；

（二）拒不接受劳动能力鉴定的；

（三）拒绝治疗的。

第四十三条 用人单位分立、合并、转让的，承继单位应当承担原用人单位的工伤保险责任；原用人单位已经参加工伤保险的，承继单位应当到当地经办机构办理工伤保险变更登记。

用人单位实行承包经营的，工伤保险责任由职工劳动关系所在单位承担。

职工被借调期间受到工伤事故伤害的，由原用人单位承担工伤保险责任，但原用人单位与借调单位可以约定补偿办法。

企业破产的，在破产清算时依法拨付应当由单位支付的工伤保险待遇费用。

第四十四条　职工被派遣出境工作，依据前往国家或者地区的法律应当参加当地工伤保险的，参加当地工伤保险，其国内工伤保险关系中止；不能参加当地工伤保险的，其国内工伤保险关系不中止。

第四十五条　职工再次发生工伤，根据规定应当享受伤残津贴的，按照新认定的伤残等级享受伤残津贴待遇。

第六章　监　督　管　理

第四十六条　经办机构具体承办工伤保险事务，履行下列职责：

（一）根据省、自治区、直辖市人民政府规定，征收工伤保险费；

（二）核查用人单位的工资总额和职工人数，办理工伤保险登记，并负责保存用人单位缴费和职工享受工伤保险待遇情况的记录；

（三）进行工伤保险的调查、统计；

（四）按照规定管理工伤保险基金的支出；

（五）按照规定核定工伤保险待遇；

（六）为工伤职工或者其近亲属免费提供咨询服务。

第四十七条　经办机构与医疗机构、辅助器具配置机构在平等协商的基础上签订服务协议，并公布签订服务协议的医疗机构、辅助器具配置机构的名单。具体办法由国务院社会保险行政部门分别会同国务院卫生行政部门、民政部门等部门制定。

第四十八条　经办机构按照协议和国家有关目录、标准对工伤职工医疗费用、康复费用、辅助器具费用的使用情况进行核查，并按时足额结算费用。

第四十九条　经办机构应当定期公布工伤保险基金的收支情况，及时向社会保险行政部门提出调整费率的建议。

第五十条　社会保险行政部门、经办机构应当定期听取工伤职工、医疗机构、辅助器具配置机构以及社会各界对改进工伤保险工作的意见。

第五十一条　社会保险行政部门依法对工伤保险费的征缴和工伤保险基金的

支付情况进行监督检查。

财政部门和审计机关依法对工伤保险基金的收支、管理情况进行监督。

第五十二条 任何组织和个人对有关工伤保险的违法行为，有权举报。社会保险行政部门对举报应当及时调查，按照规定处理，并为举报人保密。

第五十三条 工会组织依法维护工伤职工的合法权益，对用人单位的工伤保险工作实行监督。

第五十四条 职工与用人单位发生工伤待遇方面的争议，按照处理劳动争议的有关规定处理。

第五十五条 有下列情形之一的，有关单位或者个人可以依法申请行政复议，也可以依法向人民法院提起行政诉讼：

（一）申请工伤认定的职工或者其近亲属、该职工所在单位对工伤认定申请不予受理的决定不服的；

（二）申请工伤认定的职工或者其近亲属、该职工所在单位对工伤认定结论不服的；

（三）用人单位对经办机构确定的单位缴费费率不服的；

（四）签订服务协议的医疗机构、辅助器具配置机构认为经办机构未履行有关协议或者规定的；

（五）工伤职工或者其近亲属对经办机构核定的工伤保险待遇有异议的。

第七章 法律责任

第五十六条 单位或者个人违反本条例第十二条规定挪用工伤保险基金，构成犯罪的，依法追究刑事责任；尚不构成犯罪的，依法给予处分或者纪律处分。被挪用的基金由社会保险行政部门追回，并入工伤保险基金；没收的违法所得依法上缴国库。

第五十七条 社会保险行政部门工作人员有下列情形之一的，依法给予处分；情节严重，构成犯罪的，依法追究刑事责任：

（一）无正当理由不受理工伤认定申请，或者弄虚作假将不符合工伤条件的人员认定为工伤职工的；

（二）未妥善保管申请工伤认定的证据材料，致使有关证据灭失的；

（三）收受当事人财物的。

第五十八条 经办机构有下列行为之一的，由社会保险行政部门责令改正，对直接负责的主管人员和其他责任人员依法给予纪律处分；情节严重，构成犯罪的，依法追究刑事责任；造成当事人经济损失的，由经办机构依法承担赔偿责任：

（一）未按规定保存用人单位缴费和职工享受工伤保险待遇情况记录的；

（二）不按规定核定工伤保险待遇的；

（三）收受当事人财物的。

第五十九条 医疗机构、辅助器具配置机构不按服务协议提供服务的，经办机构可以解除服务协议。

经办机构不按时足额结算费用的，由社会保险行政部门责令改正；医疗机构、辅助器具配置机构可以解除服务协议。

第六十条 用人单位、工伤职工或者其近亲属骗取工伤保险待遇，医疗机构、辅助器具配置机构骗取工伤保险基金支出的，由社会保险行政部门责令退还，处骗取金额2倍以上5倍以下的罚款；情节严重，构成犯罪的，依法追究刑事责任。

第六十一条 从事劳动能力鉴定的组织或者个人有下列情形之一的，由社会保险行政部门责令改正，处2000元以上1万元以下的罚款；情节严重，构成犯罪的，依法追究刑事责任：

（一）提供虚假鉴定意见的；

（二）提供虚假诊断证明的；

（三）收受当事人财物的。

第六十二条 用人单位依照本条例规定应当参加工伤保险而未参加的，由社会保险行政部门责令限期参加，补缴应当缴纳的工伤保险费，并自欠缴之日起，按日加收万分之五的滞纳金；逾期仍不缴纳的，处欠缴数额1倍以上3倍以下的罚款。

依照本条例规定应当参加工伤保险而未参加工伤保险的用人单位职工发生工伤的，由该用人单位按照本条例规定的工伤保险待遇项目和标准支付费用。

用人单位参加工伤保险并补缴应当缴纳的工伤保险费、滞纳金后，由工伤保险基金和用人单位依照本条例的规定支付新发生的费用。

第六十三条 用人单位违反本条例第十九条的规定，拒不协助社会保险行政部门对事故进行调查核实的，由社会保险行政部门责令改正，处2000元以上2万元以下的罚款。

第八章 附 则

第六十四条 本条例所称工资总额，是指用人单位直接支付给本单位全部职工的劳动报酬总额。

本条例所称本人工资，是指工伤职工因工作遭受事故伤害或者患职业病前12个月平均月缴费工资。本人工资高于统筹地区职工平均工资300%的，按照统筹地区职工平均工资的300%计算；本人工资低于统筹地区职工平均工资60%的，按照统筹地区职工平均工资的60%计算。

第六十五条 公务员和参照公务员法管理的事业单位、社会团体的工作人员因工作遭受事故伤害或者患职业病的，由所在单位支付费用。具体办法由国务院社会保险行政部门会同国务院财政部门规定。

第六十六条 无营业执照或者未经依法登记、备案的单位以及被依法吊销营业执照或者撤销登记、备案的单位的职工受到事故伤害或者患职业病的，由该单位向伤残职工或者死亡职工的近亲属给予一次性赔偿，赔偿标准不得低于本条例规定的工伤保险待遇；用人单位不得使用童工，用人单位使用童工造成童工伤残、死亡的，由该单位向童工或者童工的近亲属给予一次性赔偿，赔偿标准不得低于本条例规定的工伤保险待遇。具体办法由国务院社会保险行政部门规定。

前款规定的伤残职工或者死亡职工的近亲属就赔偿数额与单位发生争议的，以及前款规定的童工或者童工的近亲属就赔偿数额与单位发生争议的，按照处理劳动争议的有关规定处理。

第六十七条 本条例自2004年1月1日起施行。本条例施行前已受到事故伤害或者患职业病的职工尚未完成工伤认定的，按照本条例的规定执行。

第二部分　部门规章及重要规范性文件

职业病诊断与鉴定管理办法

（卫生部令第91号）

第一章 总 则

第一条 为了规范职业病诊断与鉴定工作，加强职业病诊断与鉴定管理，根据《中华人民共和国职业病防治法》(以下简称《职业病防治法》)，制定本办法。

第二条 职业病诊断与鉴定工作应当按照《职业病防治法》、本办法的有关规定及国家职业病诊断标准进行，遵循科学、公正、及时、便民的原则。

第三条 职业病诊断机构的设置必须适应职业病防治工作实际需要，充分利用现有医疗卫生资源，实现区域覆盖。

第四条 各地要加强职业病诊断机构能力建设，提供必要的保障条件，配备相关的人员、设备和工作经费，以满足职业病诊断工作的需要。

第二章 诊 断 机 构

第五条 省、自治区、直辖市人民政府卫生行政部门（以下简称省级卫生行政部门）应当结合本行政区域职业病防治工作制定职业病诊断机构设置规划，报省级人民政府批准后实施。

第六条 职业病诊断机构应当具备下列条件：

（一）持有《医疗机构执业许可证》；

（二）具有相应的诊疗科目及与开展职业病诊断相适应的职业病诊断医师等相关医疗卫生技术人员；

（三）具有与开展职业病诊断相适应的场所和仪器、设备；

（四）具有健全的职业病诊断质量管理制度。

第七条　医疗卫生机构申请开展职业病诊断，应当向省级卫生行政部门提交以下资料：

（一）职业病诊断机构申请表；

（二）《医疗机构执业许可证》及副本的复印件；

（三）与申请开展的职业病诊断项目相关的诊疗科目及相关资料；

（四）与申请项目相适应的职业病诊断医师等相关医疗卫生技术人员情况；

（五）与申请项目相适应的场所和仪器、设备清单；

（六）职业病诊断质量管理制度有关资料；

（七）省级卫生行政部门规定提交的其他资料。

第八条　省级卫生行政部门收到申请材料后，应当在五个工作日内作出是否受理的决定，不受理的应当说明理由并书面通知申请单位。

决定受理的，省级卫生行政部门应当及时组织专家组进行技术评审。专家组应当自卫生行政部门受理申请之日起六十日内完成和提交技术评审报告，并对提交的技术评审报告负责。

第九条　省级卫生行政部门应当自收到技术评审报告之日起二十个工作日内，作出是否批准的决定。

对批准的申请单位颁发职业病诊断机构批准证书；不批准的应当说明理由并书面通知申请单位。

职业病诊断机构批准证书有效期为五年。

第十条　职业病诊断机构需要延续依法取得的职业病诊断机构批准证书有效期的，应当在批准证书有效期届满三十日前，向原批准机关申请延续。经原批准机关审核合格的，延续批准证书。

第十一条　符合本办法第六条规定的公立医疗卫生机构可以申请开展职业病诊断工作。

设区的市没有医疗卫生机构申请开展职业病诊断的，省级卫生行政部门应当根据职业病诊断工作的需要，指定公立医疗卫生机构承担职业病诊断工作，并使其在规定时间内达到本办法第六条规定的条件。

第十二条　职业病诊断机构的职责是：

（一）在批准的职业病诊断项目范围内开展职业病诊断；

（二）报告职业病；

（三）报告职业病诊断工作情况；

（四）承担《职业病防治法》中规定的其他职责。

第十三条 职业病诊断机构依法独立行使诊断权，并对其作出的职业病诊断结论负责。

第十四条 职业病诊断机构应当建立和健全职业病诊断管理制度，加强职业病诊断医师等有关医疗卫生人员技术培训和政策、法律培训，并采取措施改善职业病诊断工作条件，提高职业病诊断服务质量和水平。

第十五条 职业病诊断机构应当公开职业病诊断程序，方便劳动者进行职业病诊断。

职业病诊断机构及其相关工作人员应当尊重、关心、爱护劳动者，保护劳动者的隐私。

第十六条 从事职业病诊断的医师应当具备下列条件，并取得省级卫生行政部门颁发的职业病诊断资格证书：

（一）具有医师执业证书；

（二）具有中级以上卫生专业技术职务任职资格；

（三）熟悉职业病防治法律法规和职业病诊断标准；

（四）从事职业病诊断、鉴定相关工作三年以上；

（五）按规定参加职业病诊断医师相应专业的培训，并考核合格。

第十七条 职业病诊断医师应当依法在其资质范围内从事职业病诊断工作，不得从事超出其资质范围的职业病诊断工作。

第十八条 省级卫生行政部门应当向社会公布本行政区域内职业病诊断机构名单、地址、诊断项目等相关信息。

第三章 诊 断

第十九条 劳动者可以选择用人单位所在地、本人户籍所在地或者经常居住地的职业病诊断机构进行职业病诊断。

第二十条 职业病诊断机构应当按照《职业病防治法》、本办法的有关规定和国家职业病诊断标准，依据劳动者的职业史、职业病危害接触史和工作场所职业病危害因素情况、临床表现以及辅助检查结果等，进行综合分析，作出诊断结论。

第二十一条 职业病诊断需要以下资料：

（一）劳动者职业史和职业病危害接触史（包括在岗时间、工种、岗位、接触的职业病危害因素名称等）；

（二）劳动者职业健康检查结果；

（三）工作场所职业病危害因素检测结果；

（四）职业性放射性疾病诊断还需要个人剂量监测档案等资料；

（五）与诊断有关的其他资料。

第二十二条 劳动者依法要求进行职业病诊断的，职业病诊断机构应当接诊，并告知劳动者职业病诊断的程序和所需材料。劳动者应当填写《职业病诊断就诊登记表》，并提交其掌握的本办法第二十一条规定的职业病诊断资料。

第二十三条 在确认劳动者职业史、职业病危害接触史时，当事人对劳动关系、工种、工作岗位或者在岗时间有争议的，职业病诊断机构应当告知当事人依法向用人单位所在地的劳动人事争议仲裁委员会申请仲裁。

第二十四条 职业病诊断机构进行职业病诊断时，应当书面通知劳动者所在的用人单位提供其掌握的本办法第二十一条规定的职业病诊断资料，用人单位应当在接到通知后的十日内如实提供。

第二十五条 用人单位未在规定时间内提供职业病诊断所需要资料的，职业病诊断机构可以依法提请安全生产监督管理部门督促用人单位提供。

第二十六条 劳动者对用人单位提供的工作场所职业病危害因素检测结果等资料有异议，或者因劳动者的用人单位解散、破产，无用人单位提供上述资料的，职业病诊断机构应当依法提请用人单位所在地安全生产监督管理部门进行调查。

职业病诊断机构在安全生产监督管理部门作出调查结论或者判定前应当中止职业病诊断。

第二十七条 职业病诊断机构需要了解工作场所职业病危害因素情况时，可以对工作场所进行现场调查，也可以依法提请安全生产监督管理部门组织现场调查。

第二十八条 经安全生产监督管理部门督促，用人单位仍不提供工作场所职业病危害因素检测结果、职业健康监护档案等资料或者提供资料不全的，职业病诊断机构应当结合劳动者的临床表现、辅助检查结果和劳动者的职业史、职业病危害接触史，并参考劳动者自述、安全生产监督管理部门提供的日常监督检查信息等，作出职业病诊断结论。仍不能作出职业病诊断的，应当提出相关医学意见或者建议。

第二十九条　职业病诊断机构在进行职业病诊断时，应当组织三名以上单数职业病诊断医师进行集体诊断。

职业病诊断医师应当独立分析、判断、提出诊断意见，任何单位和个人无权干预。

第三十条　职业病诊断机构在进行职业病诊断时，诊断医师对诊断结论有意见分歧的，应当根据半数以上诊断医师的一致意见形成诊断结论，对不同意见应当如实记录。参加诊断的职业病诊断医师不得弃权。

第三十一条　职业病诊断机构可以根据诊断需要，聘请其他单位职业病诊断医师参加诊断。必要时，可以邀请相关专业专家提供咨询意见。

第三十二条　职业病诊断机构作出职业病诊断结论后，应当出具职业病诊断证明书。

职业病诊断证明书应当包括以下内容：

（一）劳动者、用人单位基本信息；

（二）诊断结论。确诊为职业病的，应当载明职业病的名称、程度（期别）、处理意见；

（三）诊断时间。

职业病诊断证明书应当由参加诊断的医师共同签署，并经职业病诊断机构审核盖章。

职业病诊断证明书一式三份，劳动者、用人单位各一份，诊断机构存档一份。

职业病诊断证明书的格式由卫生部统一规定。

第三十三条　职业病诊断机构应当建立职业病诊断档案并永久保存，档案应当包括：

（一）职业病诊断证明书；

（二）职业病诊断过程记录，包括参加诊断的人员、时间、地点、讨论内容及诊断结论；

（三）用人单位、劳动者和相关部门、机构提交的有关资料；

（四）临床检查与实验室检验等资料；

（五）与诊断有关的其他资料。

第三十四条 职业病诊断机构发现职业病病人或者疑似职业病病人时，应当及时向所在地卫生行政部门和安全生产监督管理部门报告。

确诊为职业病的，职业病诊断机构可以根据需要，向相关监管部门、用人单位提出专业建议。

第三十五条 未取得职业病诊断资质的医疗卫生机构，在诊疗活动中怀疑劳动者健康损害可能与其所从事的职业有关时，应当及时告知劳动者到职业病诊断机构进行职业病诊断。

第四章 鉴　　定

第三十六条 当事人对职业病诊断机构作出的职业病诊断结论有异议的，可以在接到职业病诊断证明书之日起三十日内，向职业病诊断机构所在地设区的市级卫生行政部门申请鉴定。

设区的市级职业病诊断鉴定委员会负责职业病诊断争议的首次鉴定。

当事人对设区的市级职业病鉴定结论不服的，可以在接到鉴定书之日起十五日内，向原鉴定组织所在地省级卫生行政部门申请再鉴定。

职业病鉴定实行两级鉴定制，省级职业病鉴定结论为最终鉴定。

第三十七条 卫生行政部门可以指定办事机构，具体承担职业病鉴定的组织和日常性工作。职业病鉴定办事机构的职责是：

（一）接受当事人申请；

（二）组织当事人或者接受当事人委托抽取职业病鉴定专家；

（三）组织职业病鉴定会议，负责会议记录、职业病鉴定相关文书的收发及其他事务性工作；

（四）建立并管理职业病鉴定档案；

（五）承担卫生行政部门委托的有关职业病鉴定的其他工作。

职业病诊断机构不能作为职业病鉴定办事机构。

第三十八条 设区的市级以上地方卫生行政部门应当向社会公布本行政区域

内依法承担职业病鉴定工作的办事机构的名称、工作时间、地点和鉴定工作程序。

第三十九条　省级卫生行政部门应当设立职业病鉴定专家库（以下简称专家库），并根据实际工作需要及时调整其成员。专家库可以按照专业类别进行分组。

第四十条　专家库应当以取得各类职业病诊断资格的医师为主要成员，吸收临床相关学科、职业卫生、放射卫生等相关专业的专家组成。专家应当具备下列条件：

（一）具有良好的业务素质和职业道德；

（二）具有相关专业的高级专业技术职务任职资格；

（三）熟悉职业病防治法律法规和职业病诊断标准；

（四）身体健康，能够胜任职业病鉴定工作。

第四十一条　参加职业病鉴定的专家，应当由申请鉴定的当事人或者当事人委托的职业病鉴定办事机构从专家库中按照专业类别以随机抽取的方式确定。抽取的专家组成职业病鉴定专家组（以下简称专家组）。

经当事人同意，职业病鉴定办事机构可以根据鉴定需要聘请本省、自治区、直辖市以外的相关专业专家作为专家组成员，并有表决权。

第四十二条　专家组人数为五人以上单数，其中相关专业职业病诊断医师应当为本次专家人数的半数以上。疑难病例应当增加专家组人数，充分听取意见。专家组设组长一名，由专家组成员推举产生。

职业病鉴定会议由专家组组长主持。

第四十三条　参与职业病鉴定的专家有下列情形之一的，应当回避：

（一）是职业病鉴定当事人或者当事人近亲属的；

（二）已参加当事人职业病诊断或者首次鉴定的；

（三）与职业病鉴定当事人有利害关系的；

（四）与职业病鉴定当事人有其他关系，可能影响鉴定公正的。

第四十四条　当事人申请职业病鉴定时，应当提供以下资料：

（一）职业病鉴定申请书；

（二）职业病诊断证明书，申请省级鉴定的还应当提交市级职业病鉴定书；

（三）卫生行政部门要求提供的其他有关资料。

第四十五条 职业病鉴定办事机构应当自收到申请资料之日起五个工作日内完成资料审核，对资料齐全的发给受理通知书；资料不全的，应当书面通知当事人补充。资料补充齐全的，应当受理申请并组织鉴定。

职业病鉴定办事机构收到当事人鉴定申请之后，根据需要可以向原职业病诊断机构或者首次职业病鉴定的办事机构调阅有关的诊断、鉴定资料。原职业病诊断机构或者首次职业病鉴定办事机构应当在接到通知之日起十五日内提交。

职业病鉴定办事机构应当在受理鉴定申请之日起六十日内组织鉴定、形成鉴定结论，并在鉴定结论形成后十五日内出具职业病鉴定书。

第四十六条 根据职业病鉴定工作需要，职业病鉴定办事机构可以向有关单位调取与职业病诊断、鉴定有关的资料，有关单位应当如实、及时提供。

专家组应当听取当事人的陈述和申辩，必要时可以组织进行医学检查。

需要了解被鉴定人的工作场所职业病危害因素情况时，职业病鉴定办事机构根据专家组的意见可以对工作场所进行现场调查，或者依法提请安全生产监督管理部门组织现场调查。依法提请安全生产监督管理部门组织现场调查的，在现场调查结论或者判定作出前，职业病鉴定应当中止。

职业病鉴定应当遵循客观、公正的原则，专家组进行职业病鉴定时，可以邀请有关单位人员旁听职业病鉴定会。所有参与职业病鉴定的人员应当依法保护被鉴定人的个人隐私。

第四十七条 专家组应当认真审阅鉴定资料，依照有关规定和职业病诊断标准，经充分合议后，根据专业知识独立进行鉴定。在事实清楚的基础上，进行综合分析，作出鉴定结论，并制作鉴定书。

鉴定结论应当经专家组三分之二以上成员通过。

第四十八条 职业病鉴定书应当包括以下内容：

（一）劳动者、用人单位的基本信息及鉴定事由；

（二）鉴定结论及其依据，如果为职业病，应当注明职业病名称、程度（期别）；

（三）鉴定时间。

鉴定书加盖职业病诊断鉴定委员会印章。

首次鉴定的职业病鉴定书一式四份，劳动者、用人单位、原诊断机构各一份，职业病鉴定办事机构存档一份；再次鉴定的职业病鉴定书一式五份，劳动者、用人单位、原诊断机构、首次职业病鉴定办事机构各一份，再次职业病鉴定办事机构存档一份。

职业病鉴定书的格式由卫生部统一规定。

第四十九条　职业病鉴定书应当于鉴定结论作出之日起二十日内由职业病鉴定办事机构送达当事人。

第五十条　鉴定结论与诊断结论或者首次鉴定结论不一致的，职业病鉴定办事机构应当及时向相关卫生行政部门和安全生产监督管理部门报告。

第五十一条　职业病鉴定办事机构应当如实记录职业病鉴定过程，内容应当包括：

（一）专家组的组成；

（二）鉴定时间；

（三）鉴定所用资料；

（四）鉴定专家的发言及其鉴定意见；

（五）表决情况；

（六）经鉴定专家签字的鉴定结论；

（七）与鉴定有关的其他资料。

有当事人陈述和申辩的，应当如实记录。

鉴定结束后，鉴定记录应当随同职业病鉴定书一并由职业病鉴定办事机构存档，永久保存。

第五章　监　督　管　理

第五十二条　县级以上地方卫生行政部门应当制定职业病诊断机构年度监督检查计划，定期对职业病诊断机构进行监督检查，检查内容包括：

（一）法律法规、标准的执行情况；

（二）规章制度建立情况；

（三）人员、岗位职责落实和培训等情况；

（四）职业病报告情况等。

省级卫生行政部门每年应当至少组织一次监督检查；设区的市级卫生行政部门每年应当至少组织一次监督检查并不定期抽查；县级卫生行政部门负责日常监

督检查。

第五十三条 设区的市级以上地方卫生行政部门应当加强对职业病鉴定办事机构的监督管理，对职业病鉴定工作程序、制度落实情况及职业病报告等相关工作情况进行监督检查。

第五十四条 省级卫生行政部门负责对职业病诊断机构进行定期考核。

第六章 法律责任

第五十五条 医疗卫生机构未经批准擅自从事职业病诊断的，由县级以上地方卫生行政部门按照《职业病防治法》第八十条的规定进行处罚。

第五十六条 职业病诊断机构有下列行为之一的，由县级以上地方卫生行政部门按照《职业病防治法》第八十一条的规定进行处罚：

（一）超出批准范围从事职业病诊断的；

（二）不按照《职业病防治法》规定履行法定职责的；

（三）出具虚假证明文件的。

第五十七条 职业病诊断机构未按照规定报告职业病、疑似职业病的，由县级以上地方卫生行政部门按照《职业病防治法》第七十五条的规定进行处罚。

第五十八条 职业病诊断机构违反本办法规定，有下列情形之一的，由县级以上地方卫生行政部门责令限期改正；逾期不改正的，给予警告，并可以根据情节轻重处以二万元以下的罚款：

（一）未建立职业病诊断管理制度；

（二）不按照规定向劳动者公开职业病诊断程序；

（三）泄露劳动者涉及个人隐私的有关信息、资料；

（四）其他违反本办法的行为。

第五十九条 职业病诊断鉴定委员会组成人员收受职业病诊断争议当事人的财物或者其他好处的，由省级卫生行政部门按照《职业病防治法》第八十二条的规定进行处罚。

第六十条 县级以上地方卫生行政部门及其工作人员未依法履行职责，按照《职业病防治法》第八十五条第二款的规定进行处理。

第七章　附　　则

第六十一条　职业病诊断、鉴定的费用由用人单位承担。

第六十二条　本办法由卫生部解释。

第六十三条　本办法自2013年4月10日起施行。2002年3月28日卫生部公布的《职业病诊断与鉴定管理办法》同时废止。

职业病危害项目申报办法

（国家安全生产监督管理总局令第48号）

第一条 为了规范职业病危害项目的申报工作，加强对用人单位职业卫生工作的监督管理，根据《中华人民共和国职业病防治法》，制定本办法。

第二条 用人单位（煤矿除外）工作场所存在职业病目录所列职业病的危害因素的，应当及时、如实向所在地安全生产监督管理部门申报危害项目，并接受安全生产监督管理部门的监督管理。

煤矿职业病危害项目申报办法另行规定。

第三条 本办法所称职业病危害项目，是指存在职业病危害因素的项目。

职业病危害因素按照《职业病危害因素分类目录》确定。

第四条 职业病危害项目申报工作实行属地分级管理的原则。

中央企业、省属企业及其所属用人单位的职业病危害项目，向其所在地设区的市级人民政府安全生产监督管理部门申报。

前款规定以外的其他用人单位的职业病危害项目，向其所在地县级人民政府安全生产监督管理部门申报。

第五条 用人单位申报职业病危害项目时，应当提交《职业病危害项目申报表》和下列文件、资料：

（一）用人单位的基本情况；

（二）工作场所职业病危害因素种类、分布情况以及接触人数；

（三）法律、法规和规章规定的其他文件、资料。

第六条 职业病危害项目申报同时采取电子数据和纸质文本两种方式。

用人单位应当首先通过“职业病危害项目申报系统”进行电子数据申报，同时将《职业病危害项目申报表》加盖公章并由本单位主要负责人签字后，按照本办法第四条和第五条的规定，连同有关文件、资料一并上报所在地设区的市级、县级安全生产监督管理部门。

受理申报的安全生产监督管理部门应当自收到申报文件、资料之日起 5 个工作日内，出具《职业病危害项目申报回执》。

第七条　职业病危害项目申报不得收取任何费用。

第八条　用人单位有下列情形之一的，应当按照本条规定向原申报机关申报变更职业病危害项目内容：

（一）进行新建、改建、扩建、技术改造或者技术引进建设项目的，自建设项目竣工验收之日起 30 日内进行申报；

（二）因技术、工艺、设备或者材料等发生变化导致原申报的职业病危害因素及其相关内容发生重大变化的，自发生变化之日起 15 日内进行申报；

（三）用人单位工作场所、名称、法定代表人或者主要负责人发生变化的，自发生变化之日起 15 日内进行申报；

（四）经过职业病危害因素检测、评价，发现原申报内容发生变化的，自收到有关检测、评价结果之日起 15 日内进行申报。

第九条　用人单位终止生产经营活动的，应当自生产经营活动终止之日起 15 日内向原申报机关报告并办理注销手续。

第十条　受理申报的安全生产监督管理部门应当建立职业病危害项目管理档案。职业病危害项目管理档案应当包括辖区内存在职业病危害因素的用人单位数量、职业病危害因素种类、行业及地区分布、接触人数等内容。

第十一条　安全生产监督管理部门应当依法对用人单位职业病危害项目申报情况进行抽查，并对职业病危害项目实施监督检查。

第十二条　安全生产监督管理部门及其工作人员应当保守用人单位商业秘密和技术秘密。违反有关保密义务的，应当承担相应的法律责任。

第十三条　安全生产监督管理部门应当建立健全举报制度，依法受理和查处有关用人单位违反本办法行为的举报。

任何单位和个人均有权向安全生产监督管理部门举报用人单位违反本办法的行为。

第十四条　用人单位未按照本办法规定及时、如实地申报职业病危害项目的，责令限期改正，给予警告，可以并处 5 万元以上 10 万元以下的罚款。

第十五条　用人单位有关事项发生重大变化，未按照本办法的规定申报变更职业病危害项目内容的，责令限期改正，可以并处 5 千元以上 3 万元以下的罚款。

第十六条 《职业病危害项目申报表》、《职业病危害项目申报回执》的式样由国家安全生产监督管理总局规定。

第十七条 本办法自 2012 年 6 月 1 日起施行。国家安全生产监督管理总局 2009 年 9 月 8 日公布的《作业场所职业危害申报管理办法》同时废止。

煤矿作业场所职业病危害防治规定

（国家安全生产监督管理总局令第73号）

第一章 总 则

第一条 为加强煤矿作业场所职业病危害的防治工作，强化煤矿企业职业病危害防治主体责任，预防、控制职业病危害，保护煤矿劳动者健康，依据《中华人民共和国职业病防治法》、《中华人民共和国安全生产法》、《煤矿安全监察条例》等法律、行政法规，制定本规定。

第二条 本规定适用于中华人民共和国领域内各类煤矿及其所属为煤矿服务的矿井建设施工、洗煤厂、选煤厂等存在职业病危害的作业场所职业病危害预防和治理活动。

第三条 本规定所称煤矿作业场所职业病危害（以下简称职业病危害），是指由粉尘、噪声、热害、有毒有害物质等因素导致煤矿劳动者职业病的危害。

第四条 煤矿是本企业职业病危害防治的责任主体。

职业病危害防治坚持以人为本、预防为主、综合治理的方针，按照源头治理、科学防治、严格管理、依法监督的要求开展工作。

第二章 职业病危害防治管理

第五条 煤矿主要负责人（法定代表人、实际控制人，下同）是本单位职业病危害防治工作的第一责任人，对本单位职业病危害防治工作全面负责。

第六条 煤矿应当建立健全职业病危害防治领导机构，制定职业病危害防治规划，明确职责分工和落实工作经费，加强职业病危害防治工作。

第七条 煤矿应当设置或者指定职业病危害防治的管理机构，配备专职职业卫生管理人员，负责职业病危害防治日常管理工作。

第八条 煤矿应当制定职业病危害防治年度计划和实施方案，并建立健全下列制度：

（一）职业病危害防治责任制度；

（二）职业病危害警示与告知制度；

（三）职业病危害项目申报制度；

（四）职业病防治宣传、教育和培训制度；

（五）职业病防护设施管理制度；

（六）职业病个体防护用品管理制度；

（七）职业病危害日常监测及检测、评价管理制度；

（八）建设项目职业病防护设施与主体工程同时设计、同时施工、同时投入生产和使用（以下简称建设项目职业卫生“三同时”）的制度；

（九）劳动者职业健康监护及其档案管理制度；

（十）职业病诊断、鉴定及报告制度；

（十一）职业病危害防治经费保障及使用管理制度；

（十二）职业卫生档案管理制度；

（十三）职业病危害事故应急管理制度；

（十四）法律、法规、规章规定的其他职业病危害防治制度。

第九条 煤矿应当配备专职或者兼职的职业病危害因素监测人员，装备相应的监测仪器设备。监测人员应当经培训合格；未经培训合格的，不得上岗作业。

第十条 煤矿应当以矿井为单位开展职业病危害因素日常监测，并委托具有资质的职业卫生技术服务机构，每年进行一次作业场所职业病危害因素检测，每三年进行一次职业病危害现状评价。根据监测、检测、评价结果，落实整改措施，同时将日常监测、检测、评价、落实整改情况存入本单位职业卫生档案。检测、评价结果向所在地安全生产监督管理部门和驻地煤矿安全监察机构报告，并向劳动者公布。

第十一条 煤矿不得使用国家明令禁止使用的可能产生职业病危害的技术、工艺、设备和材料，限制使用或者淘汰职业病危害严重的技术、工艺、设备和材料。

第十二条 煤矿应当优化生产布局和工艺流程，使有害作业和无害作业分开，减少接触职业病危害的人数和接触时间。

第十三条　煤矿应当按照《煤矿职业安全卫生个体防护用品配备标准》（AQ 1051）规定，为接触职业病危害的劳动者提供符合标准的个体防护用品，并指导和督促其正确使用。

第十四条　煤矿应当履行职业病危害告知义务，与劳动者订立或者变更劳动合同时，应当将作业过程中可能产生的职业病危害及其后果、防护措施和相关待遇等如实告知劳动者，并在劳动合同中载明，不得隐瞒或者欺骗。

第十五条　煤矿应当在醒目位置设置公告栏，公布有关职业病危害防治的规章制度、操作规程和作业场所职业病危害因素检测结果；对产生严重职业病危害的作业岗位，应当在醒目位置设置警示标识和中文警示说明。

第十六条　煤矿主要负责人、职业卫生管理人员应当具备煤矿职业卫生知识和管理能力，接受职业病危害防治培训。培训内容应当包括职业卫生相关法律、法规、规章和标准，职业病危害预防和控制的基本知识，职业卫生管理相关知识等内容。

煤矿应当对劳动者进行上岗前、在岗期间的定期职业病危害防治知识培训，督促劳动者遵守职业病防治法律、法规、规章、标准和操作规程，指导劳动者正确使用职业病防护设备和个体防护用品。上岗前培训时间不少于4学时，在岗期间的定期培训时间每年不少于2学时。

第十七条　煤矿应当建立健全企业职业卫生档案。企业职业卫生档案应当包括下列内容：

（一）职业病防治责任制文件；

（二）职业卫生管理规章制度；

（三）作业场所职业病危害因素种类清单、岗位分布以及作业人员接触情况等资料；

（四）职业病防护设施、应急救援设施基本信息及其配置、使用、维护、检修与更换等记录；

（五）作业场所职业病危害因素检测、评价报告与记录；

（六）职业病个体防护用品配备、发放、维护与更换等记录；

（七）煤矿企业主要负责人、职业卫生管理人员和劳动者的职业卫生培训资料；

（八）职业病危害事故报告与应急处置记录；

（九）劳动者职业健康检查结果汇总资料，存在职业禁忌证、职业健康损害或者职业病的劳动者处理和安置情况记录；

（十）建设项目职业卫生“三同时”有关技术资料；

（十一）职业病危害项目申报情况记录；

（十二）其他有关职业卫生管理的资料或者文件。

第十八条 煤矿应当保障职业病危害防治专项经费，经费在财政部、国家安全监管总局《关于印发〈企业安全生产费用提取和使用管理办法〉的通知》（财企〔2012〕16号）第十七条“（十）其他与安全生产直接相关的支出”中列支。

第十九条 煤矿发生职业病危害事故，应当及时向所在地安全生产监督管理部门和驻地煤矿安全监察机构报告，同时积极采取有效措施，减少或者消除职业病危害因素，防止事故扩大。对遭受或者可能遭受急性职业病危害的劳动者，应当及时组织救治，并承担所需费用。

煤矿不得迟报、漏报、谎报或者瞒报煤矿职业病危害事故。

第三章 建设项目职业病防护设施“三同时”管理

第二十条 煤矿建设项目职业病防护设施必须与主体工程同时设计、同时施工、同时投入生产和使用。职业病防护设施所需费用应当纳入建设项目工程预算。

第二十一条 煤矿建设项目在可行性论证阶段，建设单位应当委托具有资质的职业卫生技术服务机构进行职业病危害预评价，编制预评价报告。

第二十二条 煤矿建设项目在初步设计阶段，应当委托具有资质的设计单位编制职业病防护设施设计专篇。

第二十三条 煤矿建设项目完工后，在试运行期内，应当委托具有资质的职业卫生技术服务机构进行职业病危害控制效果评价，编制控制效果评价报告。

第四章 职业病危害项目申报

第二十四条 煤矿在申领、换发煤矿安全生产许可证时，应当如实向驻地煤矿安全监察机构申报职业病危害项目，同时抄报所在地安全生产监督管理部门。

第二十五条　煤矿申报职业病危害项目时，应当提交下列文件、资料：

（一）煤矿的基本情况；

（二）煤矿职业病危害防治领导机构、管理机构情况；

（三）煤矿建立职业病危害防治制度情况；

（四）职业病危害因素名称、监测人员及仪器设备配备情况；

（五）职业病防护设施及个体防护用品配备情况；

（六）煤矿主要负责人、职业卫生管理人员及劳动者职业卫生培训情况证明材料；

（七）劳动者职业健康检查结果汇总资料，存在职业禁忌症、职业健康损害或者职业病的劳动者处理和安置情况记录；

（八）职业病危害警示标识设置与告知情况；

（九）煤矿职业卫生档案管理情况；

（十）法律、法规和规章规定的其他资料。

第二十六条　安全生产监督管理部门和煤矿安全监察机构及其工作人员应当对煤矿企业职业病危害项目申报材料中涉及的商业和技术等秘密保密。违反有关保密义务的，应当承担相应的法律责任。

第五章　职业健康监护

第二十七条　对接触职业病危害的劳动者，煤矿应当按照国家有关规定组织上岗前、在岗期间和离岗时的职业健康检查，并将检查结果书面告知劳动者。职业健康检查费用由煤矿承担。职业健康检查由省级以上人民政府卫生行政部门批准的医疗卫生机构承担。

第二十八条　煤矿不得安排未经上岗前职业健康检查的人员从事接触职业病危害的作业；不得安排有职业禁忌的人员从事其所禁忌的作业；不得安排未成年工从事接触职业病危害的作业；不得安排孕期、哺乳期的女职工从事对本人和胎儿、婴儿有危害的作业。

第二十九条　劳动者接受职业健康检查应当视同正常出勤，煤矿企业不得以常规健康检查代替职业健康检查。接触职业病危害作业的劳动者的职业健康检查周期按照表1执行。

表1 接触职业病危害作业的劳动者的职业健康检查周期

<table>
<tr><th>接触有害物质</th><th>体检对象</th><th>检查周期</th></tr>
<tr><td rowspan="2">煤尘（以煤尘为主）</td><td>在岗人员</td><td>2年1次</td></tr>
<tr><td>观察对象、Ⅰ期煤工尘肺患者</td><td rowspan="4">每年1次</td></tr>
<tr><td>岩尘（以岩尘为主）</td><td>在岗人员、观察对象、Ⅰ期矽肺患者</td></tr>
<tr><td>噪声</td><td>在岗人员</td></tr>
<tr><td>高温</td><td>在岗人员</td></tr>
<tr><td>化学毒物</td><td>在岗人员</td><td>根据所接触的化学毒物确定检查周期</td></tr>
<tr><td colspan="3">接触粉尘危害作业退休人员的职业健康检查周期按照有关规定执行</td></tr>
</table>

第三十条 煤矿不得以劳动者上岗前职业健康检查代替在岗期间定期的职业健康检查，也不得以劳动者在岗期间职业健康检查代替离岗时职业健康检查，但最后一次在岗期间的职业健康检查在离岗前的90日内的，可以视为离岗时检查。对未进行离岗前职业健康检查的劳动者，煤矿不得解除或者终止与其订立的劳动合同。

第三十一条 煤矿应当根据职业健康检查报告，采取下列措施：

（一）对有职业禁忌的劳动者，调离或者暂时脱离原工作岗位；

（二）对健康损害可能与所从事的职业相关的劳动者，进行妥善安置；

（三）对需要复查的劳动者，按照职业健康检查机构要求的时间安排复查和医学观察；

（四）对疑似职业病病人，按照职业健康检查机构的建议安排其进行医学观察或者职业病诊断；

（五）对存在职业病危害的岗位，改善劳动条件，完善职业病防护设施。

第三十二条 煤矿应当为劳动者个人建立职业健康监护档案，并按照有关规定的期限妥善保存。

职业健康监护档案应当包括劳动者个人基本情况、劳动者职业史和职业病危害接触史，历次职业健康检查结果及处理情况，职业病诊疗等资料。

劳动者离开煤矿时，有权索取本人职业健康监护档案复印件，煤矿必须如实、无偿提供，并在所提供的复印件上签章。

第三十三条 劳动者健康出现损害需要进行职业病诊断、鉴定的，煤矿企业应当如实提供职业病诊断、鉴定所需的劳动者职业史和职业病危害接触史、作业场所职业病危害因素检测结果等资料。

第六章 粉尘危害防治

第三十四条 煤矿应当在正常生产情况下对作业场所的粉尘浓度进行监测。粉尘浓度应当符合表2的要求；不符合要求的，应当采取有效措施。

表2 煤矿作业场所粉尘浓度要求

粉尘种类	游离 SiO_2 含量（%）	时间加权平均容许浓度（mg/m^3）	
		总粉尘	呼吸性粉尘
煤尘	＜10	4	2.5
矽尘	10≤～≤50	1	0.7
	50＜～≤80	0.7	0.3
	＞80	0.5	0.2
水泥尘	＜10	4	1.5

第三十五条 煤矿进行粉尘监测时，其监测点的选择和布置应当符合表3的要求。

表3 煤矿作业场所测尘点的选择和布置要求

类 别	生 产 工 艺	测尘点布置
采煤工作面	司机操作采煤机、打眼、人工落煤及攉煤	工人作业地点
	多工序同时作业	回风巷距工作面10～15 m处
掘进工作面	司机操作掘进机、打眼、装岩（煤）、锚喷支护	工人作业地点
	多工序同时作业（爆破作业除外）	距掘进头10～15 m回风侧

表3（续）

类　别	生　产　工　艺	测尘点布置
其他场所	翻罐笼作业、巷道维修、转载点	工人作业地点
露天煤矿	穿孔机作业、挖掘机作业	下风侧 3 ~5 m 处
	司机操作穿孔机、司机操作挖掘机、汽车运输	操作室内
地面作业场所	地面煤仓、储煤场、输送机运输等处生产作业	作业人员活动范围内

第三十六条　粉尘监测采用定点或者个体方法进行，推广实时在线监测系统。粉尘监测应当符合下列要求：

（一）总粉尘浓度，煤矿井下每月测定 2 次或者采用实时在线监测，地面及露天煤矿每月测定 1 次或者采用实时在线监测；

（二）呼吸性粉尘浓度每月测定 1 次；

（三）粉尘分散度每 6 个月监测 1 次；

（四）粉尘中游离 SiO_2 含量，每 6 个月测定 1 次，在变更工作面时也应当测定 1 次。

第三十七条　煤矿应当使用粉尘采样器、直读式粉尘浓度测定仪等仪器设备进行粉尘浓度的测定。井工煤矿的采煤工作面回风巷、掘进工作面回风侧应当设置粉尘浓度传感器，并接入安全监测监控系统。

第三十八条　井工煤矿必须建立防尘洒水系统。永久性防尘水池容量不得小于 200 m^3，且贮水量不得小于井下连续 2 h 的用水量，备用水池贮水量不得小于永久性防尘水池的 50%。

防尘管路应当敷设到所有能产生粉尘和沉积粉尘的地点，没有防尘供水管路的采掘工作面不得生产。静压供水管路管径应当满足矿井防尘用水量的要求，强度应当满足静压水压力的要求。

防尘用水水质悬浮物的含量不得超过 30 mg/L，粒径不大于 0. 3 mm，水的 pH 值应当在 6 ~9 范围内，水的碳酸盐硬度不超过 3 mmol/L。使用降尘剂时，降尘剂应当无毒、无腐蚀、不污染环境。

第三十九条　井工煤矿掘进井巷和硐室时，必须采用湿式钻眼，使用水炮泥，爆破前后冲洗井壁巷帮，爆破过程中采用高压喷雾（喷雾压力不低于 8 MPa）或者压气喷雾降尘、装岩（煤）洒水和净化风流等综合防尘措施。

第四十条　井工煤矿在煤、岩层中钻孔，应当采取湿式作业。煤（岩）与瓦斯突出煤层或者软煤层中难以采取湿式钻孔时，可以采取干式钻孔，但必须采取除尘器捕尘、除尘，除尘器的呼吸性粉尘除尘效率不得低于 90%。

第四十一条　井工煤矿炮采工作面应当采取湿式钻眼，使用水炮泥，爆破前后应当冲洗煤壁，爆破时应当采用高压喷雾（喷雾压力不低于 8 MPa）或者压气喷雾降尘，出煤时应当洒水降尘。

第四十二条　井工煤矿采煤机作业时，必须使用内、外喷雾装置。内喷雾压力不得低于 2 MPa，外喷雾压力不得低于 4 MPa。内喷雾装置不能正常使用时，外喷雾压力不得低于 8 MPa，否则采煤机必须停机。液压支架必须安装自动喷雾降尘装置，实现降柱、移架同步喷雾。破碎机必须安装防尘罩，并加装喷雾装置或者除尘器。放顶煤采煤工作面的放煤口，必须安装高压喷雾装置（喷雾压力不低于 8 MPa）或者采取压气喷雾降尘。

第四十三条　井工煤矿掘进机作业时，应当使用内、外喷雾装置和控尘装置、除尘器等构成的综合防尘系统。掘进机内喷雾压力不得低于 2 MPa，外喷雾压力不得低于 4 MPa。内喷雾装置不能正常使用时，外喷雾压力不得低于 8 MPa；除尘器的呼吸性粉尘除尘效率不得低于 90%。

第四十四条　井工煤矿的采煤工作面回风巷、掘进工作面回风侧应当分别安设至少 2 道自动控制风流净化水幕。

第四十五条　煤矿井下煤仓放煤口、溜煤眼放煤口以及地面带式输送机走廊必须安设喷雾装置或者除尘器，作业时进行喷雾降尘或者用除尘器除尘。煤仓放煤口、溜煤眼放煤口采用喷雾降尘时，喷雾压力不得低于 8 MPa。

第四十六条　井工煤矿的所有煤层必须进行煤层注水可注性测试。对于可注水煤层必须进行煤层注水。煤层注水过程中应当对注水流量、注水量及压力等参数进行监测和控制，单孔注水总量应当使该钻孔预湿煤体的平均水分含量增量不得低于 1.5%，封孔深度应当保证注水过程中煤壁及钻孔不漏水、不跑水。在厚煤层分层开采时，在确保安全前提下，应当采取在上一分层的采空区内灌水，对下一分层的煤体进行湿润。

第四十七条　井工煤矿打锚杆眼应当实施湿式钻孔，喷射混凝土时应当采用潮喷或者湿喷工艺，喷射机、喷浆点应当配备捕尘、除尘装置，距离锚喷作业点下风向 100 m 内，应当设置 2 道以上自动控制风流净化水幕。

第四十八条 井工煤矿转载点应当采用自动喷雾降尘（喷雾压力应当大于 0.7 MPa）或者密闭尘源除尘器抽尘净化等措施。转载点落差超过 0.5 m，必须安装溜槽或者导向板。装煤点下风侧 20 m 内，必须设置一道自动控制风流净化水幕。运输巷道内应当设置自动控制风流净化水幕。

第四十九条 露天煤矿粉尘防治应当符合下列要求：

（一）设置有专门稳定可靠供水水源的加水站（池），加水能力满足洒水降尘所需的最大供给量；

（二）采取湿式钻孔；不能实现湿式钻孔时，设置有效的孔口捕尘装置；

（三）破碎作业时，密闭作业区域并采用喷雾降尘或者除尘器除尘；

（四）加强对穿孔机、挖掘机、汽车等司机操作室的防护；

（五）挖掘机装车前，对煤（岩）洒水，卸煤（岩）时喷雾降尘；

（六）对运输路面经常清理浮尘、洒水，加强维护，保持路面平整。

第五十条 洗选煤厂原煤准备（给煤、破碎、筛分、转载）过程中宜密闭尘源，并采取喷雾降尘或者除尘器除尘。

第五十一条 储煤场厂区应当定期洒水抑尘，储煤场四周应当设抑尘网，装卸煤炭应当喷雾降尘或者洒水车降尘，煤炭外运时应当采取密闭措施。

第七章 噪声危害防治

第五十二条 煤矿作业场所噪声危害依照下列标准判定：

（一）劳动者每天连续接触噪声时间达到或者超过 8 h 的，噪声声级限值为 85 dB(A)；

（二）劳动者每天接触噪声时间不足 8 h 的，可以根据实际接触噪声的时间，按照接触噪声时间减半、噪声声级限值增加 3 dB(A) 的原则确定其声级限值。

第五十三条 煤矿应当配备 2 台以上噪声测定仪器，并对作业场所噪声每 6 个月监测 1 次。

第五十四条 煤矿作业场所噪声的监测地点主要包括：

（一）井工煤矿的主要通风机、提升机、空气压缩机、局部通风机、采煤机、掘进机、风动凿岩机、风钻、乳化液泵、水泵等地点；

（二）露天煤矿的挖掘机、穿孔机、矿用汽车、输送机、排土机和爆破作业等地点；

（三）选煤厂破碎机、筛分机、空压机等地点。

煤矿进行监测时，应当在每个监测地点选择3个测点，监测结果以3个监测点的平均值为准。

第五十五条　煤矿应当优先选用低噪声设备，通过隔声、消声、吸声、减振、减少接触时间、佩戴防护耳塞（罩）等措施降低噪声危害。

第八章　热害防治

第五十六条　井工煤矿采掘工作面的空气温度不得超过26℃，机电设备硐室的空气温度不得超过30℃。当空气温度超过上述要求时，煤矿必须缩短超温地点工作人员的工作时间，并给予劳动者高温保健待遇。采掘工作面的空气温度超过30℃、机电设备硐室的空气温度超过34℃时，必须停止作业。

第五十七条　井工煤矿采掘工作面和机电设备硐室应当设置温度传感器。

第五十八条　井工煤矿应当采取通风降温、采用分区式开拓方式缩短入风线路长度等措施，降低工作面的温度；当采用上述措施仍然无法达到作业环境标准温度的，应当采用制冷等降温措施。

第五十九条　井工煤矿地面辅助生产系统和露天煤矿应当合理安排劳动者工作时间，减少高温时段室外作业。

第九章　职业中毒防治

第六十条　煤矿作业场所主要化学毒物浓度不得超过表4的要求。

第六十一条　煤矿进行化学毒物监测时，应当选择有代表性的作业地点，其中包括空气中有害物质浓度最高、作业人员接触时间最长的作业地点。采样应当在正常生产状态下进行。

第六十二条　煤矿应当对NO（换算成NO_2）、CO、SO_2每3个月至少监测1次，对H_2S每月至少监测1次。煤层有自燃倾向的，应当根据需要随时监测。

表4 煤矿主要化学毒物最高允许浓度

化学毒物名称	最高允许浓度（%）
CO	0.0024
H_2S	0.00066
NO（换算成 NO_2）	0.00025
SO_2	0.0005

第六十三条 煤矿作业场所应当加强通风降低有害气体的浓度，在采用通风措施无法达到表4的规定时，应当采用净化、化学吸收等措施降低有害气体的浓度。

第十章 法 律 责 任

第六十四条 煤矿违反本规定，有下列行为之一的，给予警告，责令限期改正；逾期不改正的，处十万元以下的罚款：

（一）作业场所职业病危害因素检测、评价结果没有存档、上报、公布的；

（二）未设置职业病防治管理机构或者配备专职职业卫生管理人员的；

（三）未制定职业病防治计划或者实施方案的；

（四）未建立健全职业病危害防治制度的；

（五）未建立健全企业职业卫生档案或者劳动者职业健康监护档案的；

（六）未公布有关职业病防治的规章制度、操作规程、职业病危害事故应急救援措施的；

（七）未组织劳动者进行职业卫生培训，或者未对劳动者个人职业病防护采取指导、督促措施的。

第六十五条 煤矿违反本规定，有下列行为之一的，给予警告，可以并处五万元以上十万元以下的罚款：

（一）未如实申报产生职业病危害的项目的；

（二）未实施由专人负责的职业病危害因素日常监测，或者监测系统不能正常监测的；

（三）订立或者变更劳动合同时，未告知劳动者职业病危害真实情况的；

（四）未组织职业健康检查、建立职业健康监护档案，或者未将检查结果书面告知劳动者的；

（五）未在劳动者离开煤矿企业时提供职业健康监护档案复印件的。

第六十六条 煤矿违反本规定，有下列行为之一的，责令限期改正，逾期不改正的，处五万元以上二十万元以下的罚款；情节严重的，责令停止产生职业病危害的作业，或者提请有关人民政府按照国务院规定的权限责令关闭：

（一）作业场所职业病危害因素的强度或者浓度超过本规定要求的；

（二）未提供职业病防护设施和个人使用的职业病防护用品，或者提供的职业病防护设施和个人使用的职业病防护用品不符合本规定要求的；

（三）未对作业场所职业病危害因素进行检测、评价的；

（四）作业场所职业病危害因素经治理仍然达不到本规定要求时，未停止存在职业病危害因素的作业的；

（五）发生或者可能发生急性职业病危害事故时，未立即采取应急救援和控制措施，或者未按照规定及时报告的；

（六）未按照规定在产生严重职业病危害的作业岗位醒目位置设置警示标识和中文警示说明的。

第六十七条 煤矿违反本规定，有下列情形之一的，责令限期治理，并处五万元以上三十万元以下的罚款；情节严重的，责令停止产生职业病危害的作业，或者暂扣、吊销煤矿安全生产许可证：

（一）隐瞒本单位职业卫生真实情况的；

（二）使用国家明令禁止使用的可能产生职业病危害的设备或者材料的；

（三）安排未经职业健康检查的劳动者、有职业禁忌的劳动者、未成年工或者孕期、哺乳期女职工从事接触职业病危害的作业或者禁忌作业的。

第六十八条 煤矿违反本规定，有下列行为之一的，给予警告，责令限期改正，逾期不改正的，处三万元以下的罚款：

（一）未投入职业病防治经费的；

（二）未建立职业病防治领导机构的；

（三）煤矿企业主要负责人、职业卫生管理人员和职业病危害因素监测人员未接受职业卫生培训的。

第六十九条 煤矿违反本规定，造成重大职业病危害事故或者其他严重后果，构成犯罪的，对直接负责的主管人员和其他直接责任人员，依法追究刑事责任。

第七十条 煤矿违反本规定的其他违法行为，依照《中华人民共和国职业病防治法》和其他行政法规、规章的规定给予行政处罚。

第七十一条 本规定设定的行政处罚，由煤矿安全监察机构实施。

第十一章 附 则

第七十二条 本规定中未涉及的其他职业病危害因素，按照国家有关规定执行。

第七十三条 本规定自2015年4月1日起施行。

国家职业卫生标准管理办法

（卫生部令第20号）

第一条 为加强国家职业卫生标准的管理，根据《中华人民共和国职业病防治法》（以下简称《职业病防治法》），制定本办法。

第二条 对下列需要在全国范围内统一的技术要求，须制定国家职业卫生标准：

（一）职业卫生专业基础标准；

（二）工作场所作业条件卫生标准；

（三）工业毒物、生产性粉尘、物理因素职业接触限值；

（四）职业病诊断标准；

（五）职业照射放射防护标准；

（六）职业防护用品卫生标准；

（七）职业危害防护导则；

（八）劳动生理卫生、工效学标准；

（九）职业性危害因素检测、检验方法。

第三条 本办法适用于国家职业卫生标准的立项、起草、审查、公布、复审和解释。

第四条 卫生部主管国家职业卫生标准工作；卫生部委托办事机构，承担国家职业卫生标准的日常管理工作；由卫生部聘请有关技术专家组成全国卫生标准技术委员会，负责国家职业卫生标准的技术审查工作。

第五条 国家职业卫生标准制定的原则：

（一）符合国家有关法律、法规和方针、政策，满足职业卫生管理工作的需要；

（二）体现科学性和先进性，注重可操作性；

（三）在充分考虑我国国情的基础上，积极采用国际通用标准；

（四）逐步实现体系化，保持标准的完整性和有机联系。

第六条 国家职业卫生标准分为强制性标准和推荐性标准。强制性标准分为全文强制和条文强制两种形式。强制性标准包括：

（一）工作场所作业条件的卫生标准；

（二）工业毒物、生产性粉尘、物理因素职业接触限值；

（三）职业病诊断标准；

（四）职业照射放射防护标准；

（五）职业防护用品卫生标准；其他标准为推荐性标准。

第七条 任何单位和个人可向卫生部标准办事机构提出制定国家职业卫生标准立项的建议。建议内容包括：标准名称、制定标准的目的、主要技术内容和国内外主要情况说明等。

第八条 制定标准的立项建议经过卫生部标准办事机构审核，并拟定年度计划草案上报卫生部，由卫生部批准后下达执行。年度标准计划包括标准的名称、研制单位、完成时间等。

第九条 卫生部委托卫生部标准办事机构对年度标准制定计划的执行情况进行监督检查。承担年度标准制定计划项目的研制单位应按计划组织实施，并按时完成标准编制工作。

第十条 年度标准计划在执行过程中有下列情况之一的，可以进行调整。

（一）职业卫生管理工作急需的项目可以增补；对拟增加的标准项目应当进行补充论证；

（二）特殊情况下，可以对项目的内容进行调整；

（三）不宜制定标准的项目，可以撤销。计划的调整应经卫生部批准。

第十一条 确定标准的研制单位，应坚持公开、公正、择优原则，鼓励用人单位、行业协会或社会团体参与标准的研制工作。承担研制标准的单位应当熟悉国内外有关标准现状并有较强的技术水平、条件。

第十二条 研制国家职业卫生标准，应当深入调查研究，总结实践经验，广泛听取有关部门、组织和用人单位的意见。涉及国务院其他部门的职责或与国务院其他部门关系紧密的，研制单位应当充分听取国务院其他部门的意见。研制单位与其他部门有不同意见时，应当充分协商；经过充分协商不能取得一致意见的，研制单位应当在上报标准送审稿时说明情况和理由。

第十三条　研制单位应当将标准送审稿及其说明、对标准送审稿主要问题的不同意见和其他有关材料按规定报送审查。

第十四条　全国卫生标准技术委员会按照《全国卫生标准技术委员会章程》及有关规定，对国家职业卫生标准进行技术审查。

第十五条　对全国卫生标准技术委员会审查通过的标准，由卫生部批准，并以卫生部通告的形式公布。在批准前，根据需要，卫生部可征求有关部门和单位的意见。国家职业卫生标准的代号由大写汉语拼音字母构成。强制性标准的代号为“GBZ”，推荐性标准的代号为“GBZ/T”。国家职业卫生标准的编号由国家职业卫生标准的代号、发布的顺序号和发布的年号构成。示例：GBZ XXXX－XXXX、GBZ/T XXXX－XXXX。

第十六条　国家职业卫生标准实施后，卫生部应根据情况的变化对标准适时进行复审。复审的结论分为确认、修订、废止。复审的周期一般不超过五年。

第十七条　国家职业卫生标准由卫生部负责解释。国家职业卫生标准的解释同标准具有同等效力。

第十八条　卫生部标准办事机构应调查了解国家职业卫生标准的实施情况，收集和研究国内外有关标准、技术信息资料和实践经验，对标准的实施情况进行评估和分析，开展国家职业卫生标准的交流、宣传、培训、技术指导和技术咨询活动。

第十九条　国家鼓励任何单位和个人参与国家职业卫生标准研制。对水平高、效果好的标准进行奖励。

第二十条　国家职业卫生标准的出版、印刷由卫生部委托指定出版机构负责。

第二十一条　本办法自2002年5月1日起施行。

《国家职业卫生标准管理办法》起草说明

一、背景

我国是发展中国家，当前正处于快速工业化时期，职业卫生问题具有一定的复杂性、多样性、特殊性。既有老企业原有严重职业危害的治理，也有新建项目如何避免产生职业危害的问题。我国已加入WTO，又面临全球经济一体化引进外资、引进新技术带来的新毒物、新危害问题。在新形势下《中共中央、国务院关于卫生改革与发展的决定》指出：要加快卫生立法步伐，完善以公共卫生、与健康相关产品、卫生机构和专业人员的监督管理为主要内容的卫生法律、法规，建立健全配套的各类卫生标准。卫生部制定的《卫生事业第九个五年计划即2010年规划设想》也将“进一步完善卫生规章条例、标准制定”列为重要奋斗目标。

中华人民共和国第九届全国人民代表大会常务委员会第二十四次会议于2001年10月27日通过了《中华人民共和国职业病防治法》，江泽民主席于同日发布第60号主席令予以公布，并将于2002年5月1日起施行。该法第十一条明确规定“有关防治职业病的国家职业卫生标准，由国务院卫生行政部门制定并公布。”

职业卫生标准是一系列职业卫生制度的技术基础，也是职业卫生监督执法的重要技术依据。为更好地配合《中华人民共和国职业病防治法》的实施，预防、控制和消除职业危害，保护劳动者健康，完成《中华人民共和国职业病防治法》赋予卫生部门的职责，我们制定了国家职业卫生标准管理办法。

二、起草经过

本管理办法由法监司牵头，组成了由预科院标准处、劳卫所等单位的专家组成的起草小组，根据《中华人民共和国职业病防治法》的要求，进行了深入的立法调研论证，按照国务院令332号《规章制定程序条例》的规定，参考《中华人民共和国标准化法》及其实施细则、《国家标准管理办法》、《环境标准管理办法》和《工程建设国家标准管理办法》，借鉴其他部门的有关经验和管理模式，起草了《国家职业卫生标准管理办法（草案）》初稿。在此基础上，征求了有关标准委员会专家、法学专家、部分监督部门和管理部门的意见。起草小组对初稿进行了反复多次的修改，形成了送审稿。2002年2月又一轮听取全国人大法工委、全国人大教科文卫委、国务院法制办、最高人民法院、中华全国总工会、劳动和社会保障部、铁道部、中国法学会、中国石油集团等部门、单位的意见，并对送审稿进一步修改和补充，形成了现在的报批稿。

三、需要说明的几个主要问题

职业卫生标准管理办法共有二十一条。对职业卫生标准的适用范围、性质、立项、起草、审查、公布、复审、解释、出版等方面进行了规定。

（一）职业卫生标准的范围职业卫生标准包括原卫生标准体系中的劳动卫生标准、职业病诊断标准、放射性疾病诊断标准、放射卫生防护标准中的职业照射部分。

（二）管理机构本办法明确卫生部主管职业卫生标准工作，负责立项和计划的批准下达、标准的批准公布（卫生部通告）、标准的复审、标准的解释。并负责对其他部委之间的协调。由于职业卫生标准技术性极强，对标准的技术审查由卫生部聘请有关专家组成的全国卫生标准技术委员会负责。

（三）立项原卫生标准的立项一般由各单位向全国卫生标准技术委员会有关专业委员会进行申请，经审核后由中国预防医学科学院批准执行，后为加强管理改由卫生部批准。本办法规定任何单位和个人均可向卫生部标准办事机构提出制定国家职业卫生标准立项的建议。立项的建议由卫生部标准办机构审核后拟定年度标准研制计划，报卫生部批准并下达执行。标委会是技术咨询组织而没有常设机构，改由卫生部标准办事机构负责立项的申请和审查工作更便于管理，也便于操作。标准的研制申请也由单位扩大为任何单位和个人，体现了职业卫生标准的公开性、公正性。

（四）标准公布根据《中华人民共和国职业病防治法》第十一条规定“有关防治职业病的国家职业卫生标准，由国务院卫生行政部门制定并公布。”职业卫生标准将由卫生部批准，并以卫生部公告公布。我们已对现有的标准进行了清理和修订，将废止原有的国家标准及编号，统一由卫生部按本办法规定重新编号发布。

（五）科研成果本办法根据（84）卫科教字第 75 号文《中华人民共和国卫生部医药卫生科学技术管理办法（试行）》和其他部门的有关规定。明确了标准属科技成果。有利于鼓励标准研制者的积极性。

（六）复审本办法规定卫生部应根据经济和科学技术的发展，对标准适时进行复审。复审的结论分为确认、修订、废止。复审的周期一般不超过五年。复审工作由卫生部组织，卫生部标准办事机构具体负责执行。

职业健康检查管理办法

（国家卫生和计划生育委员会令第5号）

第一章　总　　则

第一条　为加强职业健康检查工作，规范职业健康检查机构管理，保护劳动者健康权益，根据《中华人民共和国职业病防治法》（以下简称《职业病防治法》），制定本办法。

第二条　本办法所称职业健康检查是指医疗卫生机构按照国家有关规定，对从事接触职业病危害作业的劳动者进行的上岗前、在岗期间、离岗时的健康检查。

第三条　国家卫生计生委负责全国范围内职业健康检查工作的监督管理。

县级以上地方卫生计生行政部门负责本辖区职业健康检查工作的监督管理；结合职业病防治工作实际需要，充分利用现有资源，统一规划、合理布局；加强职业健康检查机构能力建设，并提供必要的保障条件。

第二章　职业健康检查机构

第四条　医疗卫生机构开展职业健康检查，应当经省级卫生计生行政部门批准。

省级卫生计生行政部门应当及时向社会公布批准的职业健康检查机构名单、地址、检查类别和项目等相关信息。

第五条　承担职业健康检查的医疗卫生机构（以下简称职业健康检查机构）应当具备以下条件：

（一）持有《医疗机构执业许可证》，涉及放射检查项目的还应当持有《放射诊疗许可证》；

（二）具有相应的职业健康检查场所、候检场所和检验室，建筑总面积不少于400平方米，每个独立的检查室使用面积不少于6平方米；

（三）具有与批准开展的职业健康检查类别和项目相适应的执业医师、护士等医疗卫生技术人员；

（四）至少具有1名取得职业病诊断资格的执业医师；

（五）具有与批准开展的职业健康检查类别和项目相适应的仪器、设备；开展外出职业健康检查，应当具有相应的职业健康检查仪器、设备、专用车辆等条件；

（六）建立职业健康检查质量管理制度。

符合以上条件的医疗卫生机构，由省级卫生计生行政部门颁发《职业健康检查机构资质批准证书》，并注明相应的职业健康检查类别和项目。

第六条 职业健康检查机构具有以下职责：

（一）在批准的职业健康检查类别和项目范围内，依法开展职业健康检查工作，并出具职业健康检查报告；

（二）履行疑似职业病和职业禁忌的告知和报告义务；

（三）定期向卫生计生行政部门报告职业健康检查工作情况，包括外出职业健康检查工作情况；

（四）开展职业病防治知识宣传教育；

（五）承担卫生计生行政部门交办的其他工作。

第七条 职业健康检查机构应当指定主检医师。主检医师应当具备以下条件：

（一）具有执业医师证书；

（二）具有中级以上专业技术职务任职资格；

（三）具有职业病诊断资格；

（四）从事职业健康检查相关工作三年以上，熟悉职业卫生和职业病诊断相关标准。

主检医师负责确定职业健康检查项目和周期，对职业健康检查过程进行质量控制，审核职业健康检查报告。

第八条 职业健康检查机构及其工作人员应当关心、爱护劳动者，尊重和保护劳动者的知情权及个人隐私。

第三章　职业健康检查规范

第九条　按照劳动者接触的职业病危害因素，职业健康检查分为以下六类：

（一）接触粉尘类；

（二）接触化学因素类；

（三）接触物理因素类；

（四）接触生物因素类；

（五）接触放射因素类；

（六）其他类（特殊作业等）。

以上每类中包含不同检查项目。职业健康检查机构应当根据批准的检查类别和项目，开展相应的职业健康检查。

第十条　职业健康检查机构开展职业健康检查应当与用人单位签订委托协议书，由用人单位统一组织劳动者进行职业健康检查；也可以由劳动者持单位介绍信进行职业健康检查。

第十一条　职业健康检查机构应当依据相关技术规范，结合用人单位提交的资料，明确用人单位应当检查的项目和周期。

第十二条　在职业健康检查中，用人单位应当如实提供以下职业健康检查所需的相关资料，并承担检查费用：

（一）用人单位的基本情况；

（二）工作场所职业病危害因素种类及其接触人员名册、岗位（或工种）、接触时间；

（三）工作场所职业病危害因素定期检测等相关资料。

第十三条　职业健康检查的项目、周期按照《职业健康监护技术规范》（GBZ 188）执行，放射工作人员职业健康检查按照《放射工作人员职业健康监护技术规范》（GBZ 235）等规定执行。

第十四条　职业健康检查机构可以在执业登记机关管辖区域内开展外出职业健康检查。外出职业健康检查进行医学影像学检查和实验室检测，必须保证检查质量并满足放射防护和生物安全的管理要求。

第十五条　职业健康检查机构应当在职业健康检查结束之日起 30 个工作日

内将职业健康检查结果，包括劳动者个人职业健康检查报告和用人单位职业健康检查总结报告，书面告知用人单位，用人单位应当将劳动者个人职业健康检查结果及职业健康检查机构的建议等情况书面告知劳动者。

第十六条　职业健康检查机构发现疑似职业病病人时，应当告知劳动者本人并及时通知用人单位，同时向所在地卫生计生行政部门和安全生产监督管理部门报告。发现职业禁忌的，应当及时告知用人单位和劳动者。

第十七条　职业健康检查机构要依托现有的信息平台，加强职业健康检查的统计报告工作，逐步实现信息的互联互通和共享。

第十八条　职业健康检查机构应当建立职业健康检查档案。职业健康检查档案保存时间应当自劳动者最后一次职业健康检查结束之日起不少于15年。

职业健康检查档案应当包括下列材料：

（一）职业健康检查委托协议书；

（二）用人单位提供的相关资料；

（三）出具的职业健康检查结果总结报告和告知材料；

（四）其他有关材料。

第四章　监　督　管　理

第十九条　县级以上地方卫生计生行政部门应当加强对本辖区职业健康检查机构的监督管理。按照属地化管理原则，制定年度监督检查计划，做好职业健康检查机构的监督检查工作。监督检查主要内容包括：

（一）相关法律法规、标准的执行情况；

（二）按照批准的类别和项目开展职业健康检查工作的情况；

（三）外出职业健康检查工作情况；

（四）职业健康检查质量控制情况；

（五）职业健康检查结果、疑似职业病的报告与告知情况；

（六）职业健康检查档案管理情况等。

第二十条　省级卫生计生行政部门应当对本辖区内的职业健康检查机构进行定期或者不定期抽查；设区的市级卫生计生行政部门每年应当至少组织一次对本辖区内职业健康检查机构的监督检查；县级卫生计生行政部门负责日常监督检

查。

第二十一条 县级以上地方卫生计生行政部门监督检查时，有权查阅或者复制有关资料，职业健康检查机构应当予以配合。

第五章 法律责任

第二十二条 无《医疗机构执业许可证》擅自开展职业健康检查的，由县级以上地方卫生计生行政部门依据《医疗机构管理条例》第四十四条的规定进行处理。

第二十三条 对未经批准擅自从事职业健康检查的医疗卫生机构，由县级以上地方卫生计生行政部门依据《职业病防治法》第八十条的规定进行处理。

第二十四条 职业健康检查机构有下列行为之一的，由县级以上地方卫生计生行政部门依据《职业病防治法》第八十一条的规定进行处理：

（一）超出批准范围从事职业健康检查的；

（二）不按照《职业病防治法》规定履行法定职责的；

（三）出具虚假证明文件的。

第二十五条 职业健康检查机构未按照规定报告疑似职业病的，由县级以上地方卫生计生行政部门依据《职业病防治法》第七十五条的规定进行处理。

第二十六条 职业健康检查机构有下列行为之一的，由县级以上地方卫生计生行政部门责令限期改正，并给予警告；逾期不改的，处五千元以上三万元以下罚款：

（一）未指定主检医师或者指定的主检医师未取得职业病诊断资格的；

（二）未建立职业健康检查档案的；

（三）违反本办法其他有关规定的。

第二十七条 职业健康检查机构出租、出借《职业健康检查机构资质批准证书》的，由县级以上地方卫生计生行政部门予以警告，并处三万元以下罚款；伪造、变造或者买卖《职业健康检查机构资质批准证书》的，按照《中华人民共和国治安管理处罚法》的有关规定进行处理；情节严重的，依法对直接负责的主管人员和其他直接责任人员，给予降级、撤职或者开除的处分；构成犯罪的，依法追究刑事责任。

第六章　附　　则

第二十八条　本办法自 2015 年 5 月 1 日起施行。2002 年 3 月 28 日原卫生部公布的《职业健康监护管理办法》同时废止。

公共场所卫生管理条例实施细则

（卫生部令第80号）

第一章　总　　则

第一条　根据《公共场所卫生管理条例》的规定，制定本细则。

第二条　公共场所经营者在经营活动中，应当遵守有关卫生法律、行政法规和部门规章以及相关的卫生标准、规范，开展公共场所卫生知识宣传，预防传染病和保障公众健康，为顾客提供良好的卫生环境。

第三条　卫生部主管全国公共场所卫生监督管理工作。

县级以上地方各级人民政府卫生行政部门负责本行政区域的公共场所卫生监督管理工作。

国境口岸及出入境交通工具的卫生监督管理工作由出入境检验检疫机构按照有关法律法规的规定执行。

铁路部门所属的卫生主管部门负责对管辖范围内的车站、等候室、铁路客车以及主要为本系统职工服务的公共场所的卫生监督管理工作。

第四条　县级以上地方各级人民政府卫生行政部门应当根据公共场所卫生监督管理需要，建立健全公共场所卫生监督队伍和公共场所卫生监测体系，制定公共场所卫生监督计划并组织实施。

第五条　鼓励和支持公共场所行业组织开展行业自律教育，引导公共场所经营者依法经营，推动行业诚信建设，宣传、普及公共场所卫生知识。

第六条　任何单位或者个人对违反本细则的行为，有权举报。接到举报的卫生行政部门应当及时调查处理，并按照规定予以答复。

第二章　卫　生　管　理

第七条　公共场所的法定代表人或者负责人是其经营场所卫生安全的第一责任人。

公共场所经营者应当设立卫生管理部门或者配备专（兼）职卫生管理人员，具体负责本公共场所的卫生工作，建立健全卫生管理制度和卫生管理档案。

第八条　公共场所卫生管理档案应当主要包括下列内容：

（一）卫生管理部门、人员设置情况及卫生管理制度；

（二）空气、微小气候（湿度、温度、风速）、水质、采光、照明、噪声的检测情况；

（三）顾客用品用具的清洗、消毒、更换及检测情况；

（四）卫生设施的使用、维护、检查情况；

（五）集中空调通风系统的清洗、消毒情况；

（六）安排从业人员健康检查情况和培训考核情况；

（七）公共卫生用品进货索证管理情况；

（八）公共场所危害健康事故应急预案或者方案；

（九）省、自治区、直辖市卫生行政部门要求记录的其他情况。

公共场所卫生管理档案应当有专人管理，分类记录，至少保存两年。

第九条　公共场所经营者应当建立卫生培训制度，组织从业人员学习相关卫生法律知识和公共场所卫生知识，并进行考核。对考核不合格的，不得安排上岗。

第十条　公共场所经营者应当组织从业人员每年进行健康检查，从业人员在取得有效健康合格证明后方可上岗。

患有痢疾、伤寒、甲型病毒性肝炎、戊型病毒性肝炎等消化道传染病的人员，以及患有活动性肺结核、化脓性或者渗出性皮肤病等疾病的人员，治愈前不得从事直接为顾客服务的工作。

第十一条　公共场所经营者应当保持公共场所空气流通，室内空气质量应当符合国家卫生标准和要求。

公共场所采用集中空调通风系统的，应当符合公共场所集中空调通风系统相关卫生规范和规定的要求。

第十二条 公共场所经营者提供给顾客使用的生活饮用水应当符合国家生活饮用水卫生标准要求。游泳场（馆）和公共浴室水质应当符合国家卫生标准和要求。

第十三条 公共场所的采光照明、噪声应当符合国家卫生标准和要求。

公共场所应当尽量采用自然光。自然采光不足的，公共场所经营者应当配置与其经营场所规模相适应的照明设施。

公共场所经营者应当采取措施降低噪声。

第十四条 公共场所经营者提供给顾客使用的用品用具应当保证卫生安全，可以反复使用的用品用具应当一客一换，按照有关卫生标准和要求清洗、消毒、保洁。禁止重复使用一次性用品用具。

第十五条 公共场所经营者应当根据经营规模、项目设置清洗、消毒、保洁、盥洗等设施设备和公共卫生间。

公共场所经营者应当建立卫生设施设备维护制度，定期检查卫生设施设备，确保其正常运行，不得擅自拆除、改造或者挪作他用。公共场所设置的卫生间，应当有单独通风排气设施，保持清洁无异味。

第十六条 公共场所经营者应当配备安全、有效的预防控制蚊、蝇、蟑螂、鼠和其他病媒生物的设施设备及废弃物存放专用设施设备，并保证相关设施设备的正常使用，及时清运废弃物。

第十七条 公共场所的选址、设计、装修应当符合国家相关标准和规范的要求。

公共场所室内装饰装修期间不得营业。进行局部装饰装修的，经营者应当采取有效措施，保证营业的非装饰装修区域室内空气质量合格。

第十八条 室内公共场所禁止吸烟。公共场所经营者应当设置醒目的禁止吸烟警语和标志。

室外公共场所设置的吸烟区不得位于行人必经的通道上。

公共场所不得设置自动售烟机。

公共场所经营者应当开展吸烟危害健康的宣传，并配备专（兼）职人员对吸烟者进行劝阻。

第十九条 公共场所经营者应当按照卫生标准、规范的要求对公共场所的空气、微小气候、水质、采光、照明、噪声、顾客用品用具等进行卫生检测，检测每年不得少于一次；检测结果不符合卫生标准、规范要求的应当及时整改。

公共场所经营者不具备检测能力的，可以委托检测。

公共场所经营者应当在醒目位置如实公示检测结果。

第二十条 公共场所经营者应当制定公共场所危害健康事故应急预案或者方案，定期检查公共场所各项卫生制度、措施的落实情况，及时消除危害公众健康的隐患。

第二十一条 公共场所发生危害健康事故的，经营者应当立即处置，防止危害扩大，并及时向县级人民政府卫生行政部门报告。

任何单位或者个人对危害健康事故不得隐瞒、缓报、谎报或者授意他人隐瞒、缓报、谎报。

第三章 卫 生 监 督

第二十二条 国家对公共场所实行卫生许可证管理。

公共场所经营者应当按照规定向县级以上地方人民政府卫生行政部门申请卫生许可证。未取得卫生许可证的，不得营业。

公共场所卫生监督的具体范围由省、自治区、直辖市人民政府卫生行政部门公布。

第二十三条 公共场所经营者申请卫生许可证的，应当提交下列资料：

（一）卫生许可证申请表；

（二）法定代表人或者负责人身份证明；

（三）公共场所地址方位示意图、平面图和卫生设施平面布局图；

（四）公共场所卫生检测或者评价报告；

（五）公共场所卫生管理制度；

（六）省、自治区、直辖市卫生行政部门要求提供的其他材料。

使用集中空调通风系统的，还应当提供集中空调通风系统卫生检测或者评价报告。

第二十四条 县级以上地方人民政府卫生行政部门应当自受理公共场所卫生许可申请之日起20日内，对申报资料进行审查，对现场进行审核，符合规定条件的，作出准予公共场所卫生许可的决定；对不符合规定条件的，作出不予行政许可的决定并书面说明理由。

第二十五条 公共场所卫生许可证应当载明编号、单位名称、法定代表人或者负责人、经营项目、经营场所地址、发证机关、发证时间、有效期限。

公共场所卫生许可证有效期限为四年，每两年复核一次。

公共场所卫生许可证应当在经营场所醒目位置公示。

第二十六条 公共场所进行新建、改建、扩建的，应当符合有关卫生标准和要求，经营者应当按照有关规定办理预防性卫生审查手续。

预防性卫生审查程序和具体要求由省、自治区、直辖市人民政府卫生行政部门制定。

第二十七条 公共场所经营者变更单位名称、法定代表人或者负责人的，应当向原发证卫生行政部门办理变更手续。

公共场所经营者变更经营项目、经营场所地址的，应当向县级以上地方人民政府卫生行政部门重新申请卫生许可证。

公共场所经营者需要延续卫生许可证的，应当在卫生许可证有效期届满30日前，向原发证卫生行政部门提出申请。

第二十八条 县级以上人民政府卫生行政部门应当组织对公共场所的健康危害因素进行监测、分析，为制定法律法规、卫生标准和实施监督管理提供科学依据。

县级以上疾病预防控制机构应当承担卫生行政部门下达的公共场所健康危害因素监测任务。

第二十九条 县级以上地方人民政府卫生行政部门应当对公共场所卫生监督实施量化分级管理，促进公共场所自身卫生管理，增强卫生监督信息透明度。

第三十条 县级以上地方人民政府卫生行政部门应当根据卫生监督量化评价的结果确定公共场所的卫生信誉度等级和日常监督频次。

公共场所卫生信誉度等级应当在公共场所醒目位置公示。

第三十一条 县级以上地方人民政府卫生行政部门对公共场所进行监督检查，应当依据有关卫生标准和要求，采取现场卫生监测、采样、查阅和复制文件、询问等方法，有关单位和个人不得拒绝或者隐瞒。

第三十二条 县级以上人民政府卫生行政部门应当加强公共场所卫生监督抽

检，并将抽检结果向社会公布。

第三十三条 县级以上地方人民政府卫生行政部门对发生危害健康事故的公共场所，可以依法采取封闭场所、封存相关物品等临时控制措施。

经检验，属于被污染的场所、物品，应当进行消毒或者销毁；对未被污染的场所、物品或者经消毒后可以使用的物品，应当解除控制措施。

第三十四条 开展公共场所卫生检验、检测、评价等业务的技术服务机构，应当具有相应专业技术能力，按照有关卫生标准、规范的要求开展工作，不得出具虚假检验、检测、评价等报告。

技术服务机构的专业技术能力由省、自治区、直辖市人民政府卫生行政部门组织考核。

第四章 法 律 责 任

第三十五条 对未依法取得公共场所卫生许可证擅自营业的，由县级以上地方人民政府卫生行政部门责令限期改正，给予警告，并处以五百元以上五千元以下罚款；有下列情形之一的，处以五千元以上三万元以下罚款：

（一）擅自营业曾受过卫生行政部门处罚的；

（二）擅自营业时间在三个月以上的；

（三）以涂改、转让、倒卖、伪造的卫生许可证擅自营业的。

对涂改、转让、倒卖有效卫生许可证的，由原发证的卫生行政部门予以注销。

第三十六条 公共场所经营者有下列情形之一的，由县级以上地方人民政府卫生行政部门责令限期改正，给予警告，并可处以二千元以下罚款；逾期不改正，造成公共场所卫生质量不符合卫生标准和要求的，处以二千元以上二万元以下罚款；情节严重的，可以依法责令停业整顿，直至吊销卫生许可证：

（一）未按照规定对公共场所的空气、微小气候、水质、采光、照明、噪声、顾客用品用具等进行卫生检测的；

（二）未按照规定对顾客用品用具进行清洗、消毒、保洁，或者重复使用一次性用品用具的。

第三十七条 公共场所经营者有下列情形之一的，由县级以上地方人民政府卫生行政部门责令限期改正；逾期不改的，给予警告，并处以一千元以上一万元以下罚款；对拒绝监督的，处以一万元以上三万元以下罚款；情节严重的，可以依法责令停业整顿，直至吊销卫生许可证：

（一）未按照规定建立卫生管理制度、设立卫生管理部门或者配备专（兼）职卫生管理人员，或者未建立卫生管理档案的；

（二）未按照规定组织从业人员进行相关卫生法律知识和公共场所卫生知识培训，或者安排未经相关卫生法律知识和公共场所卫生知识培训考核的从业人员上岗的；

（三）未按照规定设置与其经营规模、项目相适应的清洗、消毒、保洁、盥洗等设施设备和公共卫生间，或者擅自停止使用、拆除上述设施设备，或者挪作他用的；

（四）未按照规定配备预防控制鼠、蚊、蝇、蟑螂和其他病媒生物的设施设备以及废弃物存放专用设施设备，或者擅自停止使用、拆除预防控制鼠、蚊、蝇、蟑螂和其他病媒生物的设施设备以及废弃物存放专用设施设备的；

（五）未按照规定索取公共卫生用品检验合格证明和其他相关资料的；

（六）未按照规定对公共场所新建、改建、扩建项目办理预防性卫生审查手续的；

（七）公共场所集中空调通风系统未经卫生检测或者评价不合格而投入使用的；

（八）未按照规定公示公共场所卫生许可证、卫生检测结果和卫生信誉度等级的；

（九）未按照规定办理公共场所卫生许可证复核手续的。

第三十八条 公共场所经营者安排未获得有效健康合格证明的从业人员从事直接为顾客服务工作的，由县级以上地方人民政府卫生行政部门责令限期改正，给予警告，并处以五百元以上五千元以下罚款；逾期不改正的，处以五千元以上一万五千元以下罚款。

第三十九条 公共场所经营者对发生的危害健康事故未立即采取处置措施，导致危害扩大，或者隐瞒、缓报、谎报的，由县级以上地方人民政府卫生行政部门处以五千元以上三万元以下罚款；情节严重的，可以依法责令停业整顿，直至吊销卫生许可证。构成犯罪的，依法追究刑事责任。

第四十条 公共场所经营者违反其他卫生法律、行政法规规定，应当给予行政处罚的，按照有关卫生法律、行政法规规定进行处罚。

第四十一条 县级以上人民政府卫生行政部门及其工作人员玩忽职守、滥用职权、收取贿赂的，由有关部门对单位负责人、直接负责的主管人员和其他责任人员依法给予行政处分。构成犯罪的，依法追究刑事责任。

第五章 附 则

第四十二条 本细则下列用语的含义：

集中空调通风系统，指为使房间或者封闭空间空气温度、湿度、洁净度和气流速度等参数达到设定的要求，而对空气进行集中处理、输送、分配的所有设备、管道及附件、仪器仪表的总和。

公共场所危害健康事故，指公共场所内发生的传染病疫情或者因空气质量、水质不符合卫生标准、用品用具或者设施受到污染导致的危害公众健康事故。

第四十三条 本细则自2011年5月1日起实施。卫生部1991年3月11日发布的《公共场所卫生管理条例实施细则》同时废止。

工伤认定办法

（人力资源和社会保障部令第 8 号）

第一条 为规范工伤认定程序，依法进行工伤认定，维护当事人的合法权益，根据《工伤保险条例》的有关规定，制定本办法。

第二条 社会保险行政部门进行工伤认定按照本办法执行。

第三条 工伤认定应当客观公正、简捷方便，认定程序应当向社会公开。

第四条 职工发生事故伤害或者按照职业病防治法规定被诊断、鉴定为职业病，所在单位应当自事故伤害发生之日或者被诊断、鉴定为职业病之日起 30 日内，向统筹地区社会保险行政部门提出工伤认定申请。遇有特殊情况，经报社会保险行政部门同意，申请时限可以适当延长。

按照前款规定应当向省级社会保险行政部门提出工伤认定申请的，根据属地原则应当向用人单位所在地设区的市级社会保险行政部门提出。

第五条 用人单位未在规定的时限内提出工伤认定申请的，受伤害职工或者其近亲属、工会组织在事故伤害发生之日或者被诊断、鉴定为职业病之日起 1 年内，可以直接按照本办法第四条规定提出工伤认定申请。

第六条 提出工伤认定申请应当填写《工伤认定申请表》，并提交下列材料：

（一）劳动、聘用合同文本复印件或者与用人单位存在劳动关系（包括事实劳动关系）、人事关系的其他证明材料；

（二）医疗机构出具的受伤后诊断证明书或者职业病诊断证明书（或者职业病诊断鉴定书）。

第七条 工伤认定申请人提交的申请材料符合要求，属于社会保险行政部门管辖范围且在受理时限内的，社会保险行政部门应当受理。

第八条 社会保险行政部门收到工伤认定申请后，应当在 15 日内对申请人提交的材料进行审核，材料完整的，作出受理或者不予受理的决定；材料不完整的，应当以书面形式一次性告知申请人需要补正的全部材料。社会保险行政部门收到申请人提交的全部补正材料后，应当在15日内作出受理或者不予受理的决定。

社会保险行政部门决定受理的，应当出具《工伤认定申请受理决定书》；决定不予受理的，应当出具《工伤认定申请不予受理决定书》。

第九条 社会保险行政部门受理工伤认定申请后，可以根据需要对申请人提供的证据进行调查核实。

第十条 社会保险行政部门进行调查核实，应当由两名以上工作人员共同进行，并出示执行公务的证件。

第十一条 社会保险行政部门工作人员在工伤认定中，可以进行以下调查核实工作：

（一）根据工作需要，进入有关单位和事故现场；

（二）依法查阅与工伤认定有关的资料，询问有关人员并作出调查笔录；

（三）记录、录音、录像和复制与工伤认定有关的资料。调查核实工作的证据收集参照行政诉讼证据收集的有关规定执行。

第十二条 社会保险行政部门工作人员进行调查核实时，有关单位和个人应当予以协助。用人单位、工会组织、医疗机构以及有关部门应当负责安排相关人员配合工作，据实提供情况和证明材料。

第十三条 社会保险行政部门在进行工伤认定时，对申请人提供的符合国家有关规定的职业病诊断证明书或者职业病诊断鉴定书，不再进行调查核实。职业病诊断证明书或者职业病诊断鉴定书不符合国家规定的要求和格式的，社会保险行政部门可以要求出具证据部门重新提供。

第十四条 社会保险行政部门受理工伤认定申请后，可以根据工作需要，委托其他统筹地区的社会保险行政部门或者相关部门进行调查核实。

第十五条 社会保险行政部门工作人员进行调查核实时，应当履行下列义务：

（一）保守有关单位商业秘密以及个人隐私；

（二）为提供情况的有关人员保密。

第十六条 社会保险行政部门工作人员与工伤认定申请人有利害关系的，应当回避。

第十七条 职工或者其近亲属认为是工伤，用人单位不认为是工伤的，由该用人单位承担举证责任。用人单位拒不举证的，社会保险行政部门可以根据受伤害职工提供的证据或者调查取得的证据，依法作出工伤认定决定。

第十八条 社会保险行政部门应当自受理工伤认定申请之日起60日内作出工伤认定决定，出具《认定工伤决定书》或者《不予认定工伤决定书》。

第十九条 《认定工伤决定书》应当载明下列事项：

（一）用人单位全称；

（二）职工的姓名、性别、年龄、职业、身份证号码；

（三）受伤害部位、事故时间和诊断时间或职业病名称、受伤害经过和核实情况、医疗救治的基本情况和诊断结论；

（四）认定工伤或者视同工伤的依据；

（五）不服认定决定申请行政复议或者提起行政诉讼的部门和时限；

（六）作出认定工伤或者视同工伤决定的时间。

《不予认定工伤决定书》应当载明下列事项：

（一）用人单位全称；

（二）职工的姓名、性别、年龄、职业、身份证号码；

（三）不予认定工伤或者不视同工伤的依据；

（四）不服认定决定申请行政复议或者提起行政诉讼的部门和时限；

（五）作出不予认定工伤或者不视同工伤决定的时间。

《认定工伤决定书》和《不予认定工伤决定书》应当加盖社会保险行政部门工伤认定专用印章。

第二十条 社会保险行政部门受理工伤认定申请后，作出工伤认定决定需要以司法机关或者有关行政主管部门的结论为依据的，在司法机关或者有关行政主管部门尚未作出结论期间，作出工伤认定决定的时限中止，并书面通知申请人。

第二十一条 社会保险行政部门对于事实清楚、权利义务明确的工伤认定申请，应当自受理工伤认定申请之日起15日内作出工伤认定决定。

第二十二条 社会保险行政部门应当自工伤认定决定作出之日起20日内，将《认定工伤决定书》或者《不予认定工伤决定书》送达受伤害职工（或者其近亲属）和用人单位，并抄送社会保险经办机构。

《认定工伤决定书》和《不予认定工伤决定书》的送达参照民事法律有关送

达的规定执行。

第二十三条　职工或者其近亲属、用人单位对不予受理决定不服或者对工伤认定决定不服的，可以依法申请行政复议或者提起行政诉讼。

第二十四条　工伤认定结束后，社会保险行政部门应当将工伤认定的有关资料保存50年。

第二十五条　用人单位拒不协助社会保险行政部门对事故伤害进行调查核实的，由社会保险行政部门责令改正，处2000元以上2万元以下的罚款。

第二十六条　本办法中的《工伤认定申请表》、《工伤认定申请受理决定书》、《工伤认定申请不予受理决定书》、《认定工伤决定书》、《不予认定工伤决定书》的样式由国务院社会保险行政部门统一制定。

第二十七条　本办法自2011年1月1日起施行。劳动和社会保障部2003年9月23日颁布的《工伤认定办法》同时废止。

工伤职工劳动能力鉴定管理办法

（人力资源和社会保障部　国家卫生和计划生育委员会令第21号）

第一章　总　　则

第一条　为了加强劳动能力鉴定管理，规范劳动能力鉴定程序，根据《中华人民共和国社会保险法》、《中华人民共和国职业病防治法》和《工伤保险条例》，制定本办法。

第二条　劳动能力鉴定委员会依据《劳动能力鉴定　职工工伤与职业病致残等级》国家标准，对工伤职工劳动功能障碍程度和生活自理障碍程度组织进行技术性等级鉴定，适用本办法。

第三条　省、自治区、直辖市劳动能力鉴定委员会和设区的市级（含直辖市的市辖区、县，下同）劳动能力鉴定委员会分别由省、自治区、直辖市和设区的市级人力资源社会保障行政部门、卫生计生行政部门、工会组织、用人单位代表以及社会保险经办机构代表组成。

承担劳动能力鉴定委员会日常工作的机构，其设置方式由各地根据实际情况决定。

第四条　劳动能力鉴定委员会履行下列职责：

（一）选聘医疗卫生专家，组建医疗卫生专家库，对专家进行培训和管理；

（二）组织劳动能力鉴定；

（三）根据专家组的鉴定意见作出劳动能力鉴定结论；

（四）建立完整的鉴定数据库，保管鉴定工作档案50年；

（五）法律、法规、规章规定的其他职责。

第五条　设区的市级劳动能力鉴定委员会负责本辖区内的劳动能力初次鉴定、复查鉴定。

省、自治区、直辖市劳动能力鉴定委员会负责对初次鉴定或者复查鉴定结论不服提出的再次鉴定。

第六条 劳动能力鉴定相关政策、工作制度和业务流程应当向社会公开。

第二章 鉴 定 程 序

第七条 职工发生工伤，经治疗伤情相对稳定后存在残疾、影响劳动能力的，或者停工留薪期满（含劳动能力鉴定委员会确认的延长期限），工伤职工或者其用人单位应当及时向设区的市级劳动能力鉴定委员会提出劳动能力鉴定申请。

第八条 申请劳动能力鉴定应当填写劳动能力鉴定申请表，并提交下列材料：

（一）《工伤认定决定书》原件和复印件；

（二）有效的诊断证明、按照医疗机构病历管理有关规定复印或者复制的检查、检验报告等完整病历材料；

（三）工伤职工的居民身份证或者社会保障卡等其他有效身份证明原件和复印件；

（四）劳动能力鉴定委员会规定的其他材料。

第九条 劳动能力鉴定委员会收到劳动能力鉴定申请后，应当及时对申请人提交的材料进行审核；申请人提供材料不完整的，劳动能力鉴定委员会应当自收到劳动能力鉴定申请之日起5个工作日内一次性书面告知申请人需要补正的全部材料。

申请人提供材料完整的，劳动能力鉴定委员会应当及时组织鉴定，并在收到劳动能力鉴定申请之日起60日内作出劳动能力鉴定结论。伤情复杂、涉及医疗卫生专业较多的，作出劳动能力鉴定结论的期限可以延长30日。

第十条 劳动能力鉴定委员会应当视伤情程度等从医疗卫生专家库中随机抽取3名或者5名与工伤职工伤情相关科别的专家组成专家组进行鉴定。

第十一条 劳动能力鉴定委员会应当提前通知工伤职工进行鉴定的时间、地点以及应当携带的材料。工伤职工应当按照通知的时间、地点参加现场鉴定。对行动不便的工伤职工，劳动能力鉴定委员会可以组织专家上门进行劳动能力鉴定。组织劳动能力鉴定的工作人员应当对工伤职工的身份进行核实。

工伤职工因故不能按时参加鉴定的，经劳动能力鉴定委员会同意，可以调整现场鉴定的时间，作出劳动能力鉴定结论的期限相应顺延。

第十二条 因鉴定工作需要，专家组提出应当进行有关检查和诊断的，劳动能力鉴定委员会可以委托具备资格的医疗机构协助进行有关的检查和诊断。

第十三条 专家组根据工伤职工伤情，结合医疗诊断情况，依据《劳动能力鉴定 职工工伤与职业病致残等级》国家标准提出鉴定意见。参加鉴定的专家都应当签署意见并签名。

专家意见不一致时，按照少数服从多数的原则确定专家组的鉴定意见。

第十四条 劳动能力鉴定委员会根据专家组的鉴定意见作出劳动能力鉴定结论。劳动能力鉴定结论书应当载明下列事项：

（一）工伤职工及其用人单位的基本信息；

（二）伤情介绍，包括伤残部位、器官功能障碍程度、诊断情况等；

（三）作出鉴定的依据；

（四）鉴定结论。

第十五条 劳动能力鉴定委员会应当自作出鉴定结论之日起20日内将劳动能力鉴定结论及时送达工伤职工及其用人单位，并抄送社会保险经办机构。

第十六条 工伤职工或者其用人单位对初次鉴定结论不服的，可以在收到该鉴定结论之日起15日内向省、自治区、直辖市劳动能力鉴定委员会申请再次鉴定。

申请再次鉴定，除提供本办法第八条规定的材料外，还需提交劳动能力初次鉴定结论原件和复印件。

省、自治区、直辖市劳动能力鉴定委员会作出的劳动能力鉴定结论为最终结论。

第十七条 自劳动能力鉴定结论作出之日起1年后，工伤职工、用人单位或者社会保险经办机构认为伤残情况发生变化的，可以向设区的市级劳动能力鉴定委员会申请劳动能力复查鉴定。

对复查鉴定结论不服的，可以按照本办法第十六条规定申请再次鉴定。

第十八条 工伤职工本人因身体等原因无法提出劳动能力初次鉴定、复查鉴定、再次鉴定申请的，可由其近亲属代为提出。

第十九条 再次鉴定和复查鉴定的程序、期限等按照本办法第九条至第十五条的规定执行。

第三章　监　督　管　理

第二十条　劳动能力鉴定委员会应当每 3 年对专家库进行一次调整和补充，实行动态管理。确有需要的，可以根据实际情况适时调整。

第二十一条　劳动能力鉴定委员会选聘医疗卫生专家，聘期一般为 3 年，可以连续聘任。

聘任的专家应当具备下列条件：

（一）具有医疗卫生高级专业技术职务任职资格；

（二）掌握劳动能力鉴定的相关知识；

（三）具有良好的职业品德。

第二十二条　参加劳动能力鉴定的专家应当按照规定的时间、地点进行现场鉴定，严格执行劳动能力鉴定政策和标准，客观、公正地提出鉴定意见。

第二十三条　用人单位、工伤职工或者其近亲属应当如实提供鉴定需要的材料，遵守劳动能力鉴定相关规定，按照要求配合劳动能力鉴定工作。

工伤职工有下列情形之一的，当次鉴定终止：

（一）无正当理由不参加现场鉴定的；

（二）拒不参加劳动能力鉴定委员会安排的检查和诊断的。

第二十四条　医疗机构及其医务人员应当如实出具与劳动能力鉴定有关的各项诊断证明和病历材料。

第二十五条　劳动能力鉴定委员会组成人员、劳动能力鉴定工作人员以及参加鉴定的专家与当事人有利害关系的，应当回避。

第二十六条　任何组织或者个人有权对劳动能力鉴定中的违法行为进行举报、投诉。

第四章　法　律　责　任

第二十七条　劳动能力鉴定委员会和承担劳动能力鉴定委员会日常工作的机构及其工作人员在从事或者组织劳动能力鉴定时，有下列行为之一的，由人力资源社会保障行政部门或者有关部门责令改正，对直接负责的主管人员和其他直接责任人员依法给予相应处分；构成犯罪的，依法追究刑事责任：

（一）未及时审核并书面告知申请人需要补正的全部材料的；

（二）未在规定期限内作出劳动能力鉴定结论的；

（三）未按照规定及时送达劳动能力鉴定结论的；

（四）未按照规定随机抽取相关科别专家进行鉴定的；

（五）擅自篡改劳动能力鉴定委员会作出的鉴定结论的；

（六）利用职务之便非法收受当事人财物的；

（七）有违反法律法规和本办法的其他行为的。

第二十八条 从事劳动能力鉴定的专家有下列行为之一的，劳动能力鉴定委员会应当予以解聘；情节严重的，由卫生计生行政部门依法处理：

（一）提供虚假鉴定意见的；

（二）利用职务之便非法收受当事人财物的；

（三）无正当理由不履行职责的；

（四）有违反法律法规和本办法的其他行为的。

第二十九条 参与工伤救治、检查、诊断等活动的医疗机构及其医务人员有下列情形之一的，由卫生计生行政部门依法处理：

（一）提供与病情不符的虚假诊断证明的；

（二）篡改、伪造、隐匿、销毁病历材料的；

（三）无正当理由不履行职责的。

第三十条 以欺诈、伪造证明材料或者其他手段骗取鉴定结论、领取工伤保险待遇的，按照《中华人民共和国社会保险法》第八十八条的规定，由人力资源社会保障行政部门责令退回骗取的社会保险金，处骗取金额2倍以上5倍以下的罚款。

第五章 附 则

第三十一条 未参加工伤保险的公务员和参照公务员法管理的事业单位、社会团体工作人员因工（公）致残的劳动能力鉴定，参照本办法执行。

第三十二条 本办法中的劳动能力鉴定申请表、初次（复查）鉴定结论书、再次鉴定结论书、劳动能力鉴定材料收讫补正告知书等文书基本样式由人力资源社会保障部制定。

第三十三条 本办法自 2014 年 4 月 1 日起施行。

失业保险金申领发放办法

（劳动和社会保障部令第 8 号）

第一章　总　　则

第一条　为保证失业人员及时获得失业保险金及其他失业保险待遇，根据《失业保险条例》（以下简称《条例》），制定本办法。

第二条　参加失业保险的城镇企业事业单位职工以及按照省级人民政府规定参加失业保险的其他单位人员失业后（以下统称失业人员），申请领取失业保险金、享受其他失业保险待遇适用本办法；按照规定应参加而尚未参加失业保险的不适用本办法。

第三条　劳动保障行政部门设立的经办失业保险业务的社会保险经办机构（以下简称经办机构）按照本办法规定受理失业人员领取失业保险金的申请，审核确认领取资格，核定领取失业保险金、享受其他失业保险待遇的期限及标准，负责发放失业保险金并提供其他失业保险待遇。

第二章　失业保险金申领

第四条　失业人员符合《条例》第十四条规定条件的，可以申请领取失业保险金，享受其他失业保险待遇。其中，非因本人意愿中断就业的是指下列人员：

（一）终止劳动合同的；

（二）被用人单位解除劳动合同的；

（三）被用人单位开除、除名和辞退的；

（四）根据《中华人民共和国劳动法》第三十二条第二、三项与用人单位解除劳动合同的；

（五）法律、行政法规另有规定的。

第五条　失业人员失业前所在单位，应将失业人员的名单自终止或者解除劳动合同之日起7日内报受理其失业保险业务的经办机构备案，并按要求提供终止或解除劳动合同证明、参加失业保险及缴费情况证明等有关材料。

第六条 失业人员应在终止或者解除劳动合同之日起60日内到受理其单位失业保险业务的经办机构申领失业保险金。

第七条 失业人员申领失业保险金应填写《失业保险金申领表》，并出示下列证明材料：

（一）本人身份证明；

（二）所在单位出具的终止或者解除劳动合同的证明；

（三）失业登记及求职证明；

（四）省级劳动保障行政部门规定的其他材料。

第八条 失业人员领取失业保险金，应由本人按月到经办机构领取，同时应向经办机构如实说明求职和接受职业指导、职业培训情况。

第九条 失业人员在领取失业保险金期间患病就医的，可以按照规定向经办机构申请领取医疗补助金。

第十条 失业人员在领取失业保险金期间死亡的，其家属可持失业人员死亡证明、领取人身份证明、与失业人员的关系证明，按规定向经办机构领取一次性丧葬补助金和其供养配偶、直系亲属的抚恤金。失业人员当月尚未领取的失业保险金可由其家属一并领取。

第十一条 失业人员在领取失业保险金期间，应积极求职，接受职业指导和职业培训。失业人员在领取失业保险金期间求职时，可以按规定享受就业服务减免费用等优惠政策。

第十二条 失业人员在领取失业保险金期间或期满后，符合享受当地城市居民最低生活保障条件的，可以按照规定申请享受城市居民最低生活保障待遇。

第十三条 失业人员在领取失业保险金期间，发生《条例》第十五条规定情形之一的，不得继续领取失业保险金和享受其他失业保险待遇。

第三章 失业保险金发放

第十四条 经办机构自受理失业人员领取失业保险金申请之日起10日内，对申领者的资格进行审核认定，并将结果及有关事项告知本人。经审核合格者，从其办理失业登记之日起计发失业保险金。

第十五条 经办机构根据失业人员累计缴费时间核定其领取失业保险金的期限。失业人员累计缴费时间按照下列原则确定：

（一）实行个人缴纳失业保险费前，按国家规定计算的工龄视同缴费时间，与《条例》发布后缴纳失业保险费的时间合并计算。

（二）失业人员在领取失业保险金期间重新就业后再次失业的，缴费时间重新计算，其领取失业保险金的期限可以与前次失业应领取而尚未领取的失业保险金的期限合并计算，但是最长不得超过24个月。失业人员在领取失业保险金期间重新就业后不满一年再次失业的，可以继续申领其前次失业应领取而尚未领取的失业保险金。

第十六条 失业保险金以及医疗补助金、丧葬补助金、抚恤金、职业培训和职业介绍补贴等失业保险待遇的标准按照各省、自治区、直辖市人民政府的有关规定执行。

第十七条 失业保险金应按月发放，由经办机构开具单证，失业人员凭单证到指定银行领取。

第十八条 对领取失业保险金期限即将届满的失业人员，经办机构应提前一个月告知本人。

失业人员在领取失业保险金期间，发生《条例》第十五条规定情形之一的，经办机构有权即行停止其失业保险金发放，并同时停止其享受其他失业保险待遇。

第十九条 经办机构应当通过准备书面资料、开设服务窗口、设立咨询电话等方式，为失业人员、用人单位和社会公众提供咨询服务。

第二十条 经办机构应按规定负责失业保险金申领、发放的统计工作。

第四章 失业保险关系转迁

第二十一条 对失业人员失业前所在单位与本人户籍不在同一统筹地区的，其失业保险金的发放和其他失业保险待遇的提供由两地劳动保障行政部门进行协商，明确具体办法。协商未能取得一致的，由上一级劳动保障行政部门确定。

第二十二条 失业人员失业保险关系跨省、自治区、直辖市转迁的，失业保险费用应随失业保险关系相应划转。需划转的失业保险费用包括失业保险金、医疗补助金和职业培训、职业介绍补贴。其中，医疗补助金和职业培训、职业介绍补贴按失业人员应享受的失业保险金总额的一半计算。

第二十三条　失业人员失业保险关系在省、自治区范围内跨统筹地区转迁，失业保险费用的处理由省级劳动保障行政部门规定。

第二十四条　失业人员跨统筹地区转移的，凭失业保险关系迁出地经办机构出具的证明材料到迁入地经办机构领取失业保险金。

第五章　附　　则

第二十五条　经办机构发现不符合条件，或以涂改、伪造有关材料等非法手段骗取失业保险金和其他失业保险待遇的，应责令其退还；对情节严重的，经办机构可以提请劳动保障行政部门对其进行处罚。

第二十六条　经办机构工作人员违反本办法规定的，由经办机构或主管该经办机构的劳动保障行政部门责令其改正；情节严重的，依法给予行政处分；给失业人员造成损失的，依法赔偿。

第二十七条　失业人员因享受失业保险待遇与经办机构发生争议的，可以向主管该经办机构的劳动保障行政部门申请行政复议。

第二十八条　符合《条例》规定的劳动合同期满未续订或者提前解除劳动合同的农民合同制工人申领一次性生活补助，按各省、自治区、直辖市办法执行。

第二十九条　《失业保险金申领表》的样式，由劳动和社会保障部统一制定。

第三十条　本办法自二○○一年一月一日起施行。

附件1　失业保险金申领登记表（略）

附件2

《中华人民共和国劳动法》第三十二条　有下列情形之一的，劳动者可以随时通知用人单位解除劳动合同：

（一）在试用期内的；

（二）用人单位以暴力、威胁或者非法限制人身自由的手段强迫劳动的；

（三）用人单位未按照劳动合同约定支付劳动报酬或者提供劳动条件的。

《失业保险条例》第十四条　具备下列条件的失业人员，可以领取失业保险金：

（一）按照规定参加失业保险，所在单位和本人已按照规定履行缴费义务满1年的；

（二）非因本人意愿中断就业的；

（三）已办理失业登记，并有求职要求的。

失业人员在领取失业保险金期间，按照规定同时享受其他失业保险待遇。

《失业保险条例》第十五条　失业人员在领取失业保险金期间有下列情形之一的，停止领取失业保险金，并同时停止享受其他失业保险待遇：

（一）重新就业的；

（二）应征服兵役的；

（三）移居境外的；

（四）享受基本养老保险待遇的；

（五）被判刑收监执行或者被劳动教养的；

（六）无正当理由，拒不接受当地人民政府指定的部门或者机构介绍的工作的；

（七）有法律、行政法规规定的其他情形的。

人力资源社会保障行政复议办法

（人力资源和社会保障部令第6号）

第一章　总　　则

第一条　为了规范人力资源社会保障行政复议工作，根据《中华人民共和国行政复议法》（以下简称行政复议法）和《中华人民共和国行政复议法实施条例》（以下简称行政复议法实施条例），制定本办法。

第二条　公民、法人或者其他组织认为人力资源社会保障部门作出的具体行政行为侵犯其合法权益，向人力资源社会保障行政部门申请行政复议，人力资源社会保障行政部门及其法制工作机构开展行政复议相关工作，适用本办法。

第三条　各级人力资源社会保障行政部门是人力资源社会保障行政复议机关（以下简称行政复议机关），应当认真履行行政复议职责，遵循合法、公正、公开、及时、便民的原则，坚持有错必纠，保障法律、法规和人力资源社会保障规章的正确实施。

行政复议机关应当依照有关规定配备专职行政复议人员，为行政复议工作提供财政保障。

第四条　行政复议机关负责法制工作的机构（以下简称行政复议机构）具体办理行政复议事项，履行下列职责：

（一）处理行政复议申请；

（二）向有关组织和人员调查取证，查阅文件和资料，组织行政复议听证；

（三）依照行政复议法实施条例第九条的规定，办理第三人参加行政复议事项；

（四）依照行政复议法实施条例第四十一条的规定，决定行政复议中止、恢复行政复议审理事项；

（五）依照行政复议法实施条例第四十二条的规定，拟订行政复议终止决定；

（六）审查申请行政复议的具体行政行为是否合法与适当，提出处理建议，拟订行政复议决定，主持行政复议调解，审查和准许行政复议和解协议；

（七）处理或者转送对行政复议法第七条所列有关规定的审查申请；

（八）依照行政复议法第二十九条的规定，办理行政赔偿等事项；

（九）依照行政复议法实施条例第三十七条的规定，办理鉴定事项；

（十）按照职责权限，督促行政复议申请的受理和行政复议决定的履行；

（十一）对人力资源社会保障部门及其工作人员违反行政复议法、行政复议法实施条例和本办法规定的行为依照规定的权限和程序提出处理建议；

（十二）研究行政复议过程中发现的问题，及时向有关机关和部门提出建议，重大问题及时向行政复议机关报告；

（十三）办理因不服行政复议决定提起行政诉讼的行政应诉事项；

（十四）办理或者组织办理未经行政复议直接提起行政诉讼的行政应诉事项；

（十五）办理行政复议、行政应诉案件统计和重大行政复议决定备案事项；

（十六）组织培训；

（十七）法律、法规规定的其他职责。

第五条　专职行政复议人员应当具备与履行行政复议职责相适应的品行、专业知识和业务能力，并取得相应资格。各级人力资源社会保障部门应当保障行政复议人员参加培训的权利，应当为行政复议人员参加法律类资格考试提供必要的帮助。

第六条　行政复议人员享有下列权利：

（一）依法履行行政复议职责的行为受法律保护；

（二）获得履行行政复议职责相应的物质条件；

（三）对行政复议工作提出建议；

（四）参加培训；

（五）法律、法规和规章规定的其他权利。

行政复议人员应当履行下列义务：

（一）严格遵守宪法和法律；

（二）以事实为根据，以法律为准绳审理行政复议案件；

（三）忠于职守，尽职尽责，清正廉洁，秉公执法；

（四）依法保障行政复议参加人的合法权益；

（五）保守国家秘密、商业秘密和个人隐私；

（六）维护国家利益、社会公共利益，维护公民、法人或者其他组织的合法权益；

（七）法律、法规和规章规定的其他义务。

第二章　行政复议范围

第七条　有下列情形之一的，公民、法人或者其他组织可以依法申请行政复议：

（一）对人力资源社会保障部门作出的警告、罚款、没收违法所得、依法予以关闭、吊销许可证等行政处罚决定不服的；

（二）对人力资源社会保障部门作出的行政处理决定不服的；

（三）对人力资源社会保障部门作出的行政许可、行政审批不服的；

（四）对人力资源社会保障部门作出的行政确认不服的；

（五）认为人力资源社会保障部门不履行法定职责的；

（六）认为人力资源社会保障部门违法收费或者违法要求履行义务的；

（七）认为人力资源社会保障部门作出的其他具体行政行为侵犯其合法权益的。

第八条　公民、法人或者其他组织对下列事项，不能申请行政复议：

（一）人力资源社会保障部门作出的行政处分或者其他人事处理决定；

（二）劳动者与用人单位之间发生的劳动人事争议；

（三）劳动能力鉴定委员会的行为；

（四）劳动人事争议仲裁委员会的仲裁、调解等行为；

（五）已就同一事项向其他有权受理的行政机关申请行政复议的；

（六）向人民法院提起行政诉讼，人民法院已经依法受理的；

（七）法律、行政法规规定的其他情形。

第三章 行政复议申请

第一节 申 请 人

第九条 依照本办法规定申请行政复议的公民、法人或者其他组织为人力资源社会保障行政复议申请人。

第十条 同一行政复议案件申请人超过5人的，推选1至5名代表参加行政复议，并提交全体行政复议申请人签字的授权委托书以及全体行政复议申请人的身份证复印件。

第十一条 依照行政复议法实施条例第九条的规定，公民、法人或者其他组织申请作为第三人参加行政复议，应当提交《第三人参加行政复议申请书》，该申请书应当列明其参加行政复议的事实和理由。

申请作为第三人参加行政复议的，应当对其与被审查的具体行政行为有利害关系负举证责任。

行政复议机构通知或者同意第三人参加行政复议的，应当制作《第三人参加行政复议通知书》，送达第三人，并注明第三人参加行政复议的日期。

第十二条 申请人、第三人可以委托1至2名代理人参加行政复议。

申请人、第三人委托代理人参加行政复议的，应当向行政复议机构提交授权委托书。授权委托书应当载明下列事项：

（一）委托人姓名或者名称，委托人为法人或者其他组织的，还应当载明法定代表人或者主要负责人的姓名、职务；

（二）代理人姓名、性别、职业、住所以及邮政编码；

（三）委托事项、权限和期限；

（四）委托日期以及委托人签字或者盖章。

申请人、第三人解除或者变更委托的，应当书面报告行政复议机构。

第二节 被 申 请 人

第十三条 公民、法人或者其他组织对人力资源社会保障部门作出的具体行政行为不服，依照本办法规定申请行政复议的，作出该具体行政行为的人力资源社会保障部门为被申请人。

第十四条 对县级以上人力资源社会保障行政部门的具体行政行为不服的，可以向上一级人力资源社会保障行政部门申请复议，也可以向该人力资源社会保障行政部门的本级人民政府申请行政复议。

对人力资源社会保障部作出的具体行政行为不服的，向人力资源社会保障部申请行政复议。

第十五条 对人力资源社会保障行政部门按照国务院规定设立的社会保险经办机构（以下简称社会保险经办机构）依照法律、法规规定作出的具体行政行为不服，可以向直接管理该社会保险经办机构的人力资源社会保障行政部门申请行政复议。

第十六条 对依法受委托的属于事业组织的公共就业服务机构、职业技能考核鉴定机构以及街道、乡镇人力资源社会保障工作机构等作出的具体行政行为不服的，可以向委托其行使行政管理职能的人力资源社会保障行政部门的上一级人力资源社会保障行政部门申请复议，也可以向该人力资源社会保障行政部门的本级人民政府申请行政复议。委托的人力资源社会保障行政部门为被申请人。

第十七条 对人力资源社会保障部门和政府其他部门以共同名义作出的具体行政行为不服的，可以向其共同的上一级行政部门申请复议。共同作出具体行政行为的人力资源社会保障部门为共同被申请人之一。

第十八条 人力资源社会保障部门设立的派出机构、内设机构或者其他组织，未经法律、法规授权，对外以自己名义作出具体行政行为的，该人力资源社会保障部门为被申请人。

第三节 行政复议申请期限

第十九条 公民、法人或者其他组织认为人力资源社会保障部门作出的具体行政行为侵犯其合法权益的，可以自知道该具体行政行为之日起60日内提出行政复议申请。

前款规定的行政复议申请期限依照下列规定计算：

（一）当场作出具体行政行为的，自具体行政行为作出之日起计算；

（二）载明具体行政行为的法律文书直接送达的，自受送达人签收之日起计算；

（三）载明具体行政行为的法律文书依法留置送达的，自送达人和见证人在送达回证上签注的留置送达之日起计算；

（四）载明具体行政行为的法律文书邮寄送达的，自受送达人在邮件签收单上签收之日起计算；没有邮件签收单的，自受送达人在送达回执上签名之日起计算；

（五）具体行政行为依法通过公告形式告知受送达人的，自公告规定的期限届满之日起计算；

（六）被申请人作出具体行政行为时未告知公民、法人或者其他组织，事后补充告知的，自该公民、法人或者其他组织收到补充告知的通知之日起计算；

（七）被申请人有证据材料能够证明公民、法人或者其他组织知道该具体行政行为的，自证据材料证明其知道具体行政行为之日起计算。

人力资源社会保障部门作出具体行政行为，依法应当向有关公民、法人或者其他组织送达法律文书而未送达的，视为该公民、法人或者其他组织不知道该具体行政行为。

申请人因不可抗力或者其他正当理由耽误法定申请期限的，申请期限自原因消除之日起继续计算。

第二十条 人力资源社会保障部门对公民、法人或者其他组织作出具体行政行为，应当告知其申请行政复议的权利、行政复议机关和行政复议申请期限。

第四节 行政复议申请的提出

第二十一条 申请人书面申请行政复议的，可以采取当面递交、邮寄或者传真等方式递交行政复议申请书。

有条件的行政复议机构可以接受以电子邮件形式提出的行政复议申请。

对采取传真、电子邮件方式提出的行政复议申请，行政复议机构应当告知申请人补充提交证明其身份以及确认申请书真实性的相关书面材料。

第二十二条 申请人书面申请行政复议的，应当在行政复议申请书中载明下列事项：

（一）申请人基本情况：申请人是公民的，包括姓名、性别、年龄、身份证号码、工作单位、住所、邮政编码；申请人是法人或者其他组织的，包括名称、住所、邮政编码和法定代表人或者主要负责人的姓名、职务；

（二）被申请人的名称；

（三）申请行政复议的具体行政行为、行政复议请求、申请行政复议的主要事实和理由；

（四）申请人签名或者盖章；

（五）日期。

申请人口头申请行政复议的，行政复议机构应当依照前款规定内容，当场制作行政复议申请笔录交申请人核对或者向申请人宣读，并由申请人签字确认。

第二十三条 有下列情形之一的，申请人应当提供相应的证明材料：

（一）认为被申请人不履行法定职责的，提供曾经申请被申请人履行法定职责的证明材料；

（二）申请行政复议时一并提出行政赔偿申请的，提供受具体行政行为侵害而造成损害的证明材料；

（三）属于本办法第十九条第四款情形的，提供发生不可抗力或者有其他正当理由的证明材料；

（四）需要申请人提供证据材料的其他情形。

第二十四条 申请人提出行政复议申请时错列被申请人的，行政复议机构应当告知申请人变更被申请人。

申请人变更被申请人的期间，不计入行政复议审理期限。

第二十五条 依照行政复议法第七条的规定，申请人认为具体行政行为所依据的规定不合法的，可以在对具体行政行为申请行政复议的同时一并提出对该规定的审查申请；申请人在对具体行政行为提出行政复议申请时尚不知道该具体行政行为所依据的规定的，可以在行政复议机关作出行政复议决定前向行政复议机关提出对该规定的审查申请。

第四章 行政复议受理

第二十六条 行政复议机构收到行政复议申请后，应当在 5 日内进行审查，按照下列情况分别作出处理：

（一）对符合行政复议法实施条例第二十八条规定条件的，依法予以受理，制作《行政复议受理通知书》和《行政复议提出答复通知书》，送达申请人和被申请人；

（二）对符合本办法第七条规定的行政复议范围，但不属于本机关受理范围的，应当书面告知申请人向有关行政复议机关提出；

（三）对不符合法定受理条件的，应当作出不予受理决定，制作《行政复议不予受理决定书》，送达申请人，该决定书中应当说明不予受理的理由和依据。

对不符合前款规定的行政复议申请，行政复议机构应当将有关处理情况告知申请人。

第二十七条 人力资源社会保障行政部门的其他工作机构收到复议申请的，应当及时转送行政复议机构。

除不符合行政复议法定条件或者不属于本机关受理的行政复议申请外，行政复议申请自行政复议机构收到之日起即为受理。

第二十八条 依照行政复议法实施条例第二十九条的规定，行政复议申请材料不齐全或者表述不清楚的，行政复议机构可以向申请人发出补正通知，一次性告知申请人需要补正的事项。

补正通知应当载明下列事项：

（一）行政复议申请书中需要修改、补充的具体内容；

（二）需要补正的证明材料；

（三）合理的补正期限；

（四）逾期未补正的法律后果。

补正期限从申请人收到补正通知之日起计算。

无正当理由逾期不补正的，视为申请人放弃行政复议申请。

申请人应当在补正期限内向行政复议机构提交需要补正的材料。补正申请材料所用时间不计入行政复议审理期限。

第二十九条　申请人依法提出行政复议申请，行政复议机关无正当理由不予受理的，上一级人力资源社会保障行政部门可以根据申请人的申请或者依职权先行督促其受理；经督促仍不受理的，应当责令其限期受理，并且制作《责令受理行政复议申请通知书》；必要时，上一级人力资源社会保障行政部门也可以直接受理。

上一级人力资源社会保障行政部门经审查认为行政复议申请不符合法定受理条件的，应当告知申请人。

第三十条　劳动者与用人单位因工伤保险待遇发生争议，向劳动人事争议仲裁委员会申请仲裁期间，又对人力资源社会保障行政部门作出的工伤认定结论不服向行政复议机关申请行政复议的，如果符合法定条件，应当予以受理。

第五章　行政复议审理和决定

第三十一条　行政复议原则上采取书面审查的办法，但是申请人提出要求或者行政复议机构认为有必要的，可以向有关组织和人员调查情况，听取申请人、被申请人和第三人的意见。

第三十二条　行政复议机构应当自行政复议申请受理之日起 7 日内，将行政复议申请书副本或者行政复议申请笔录复印件发送被申请人。被申请人应当自收到申请书副本或者申请笔录复印件之日起 10 日内，提交行政复议答复书，并提交当初作出具体行政行为的证据、依据和其他有关材料。

行政复议答复书应当载明下列事项，并加盖被申请人印章：

（一）被申请人的名称、地址、法定代表人的姓名、职务；

（二）作出具体行政行为的事实和有关证据材料；

（三）作出具体行政行为依据的法律、法规、规章和规范性文件的具体条款和内容；

（四）对申请人行政复议请求的意见和理由；

（五）日期。

被申请人应当对其提交的证据材料分类编号，对证据材料的来源、证明对象和内容作简要说明。

因不可抗力或者其他正当理由，被申请人不能在法定期限内提出书面答复、提交当初作出具体行政行为的证据、依据和其他有关材料的，可以向行政复议机关提出延期答复和举证的书面申请。

第三十三条 有下列情形之一的，行政复议机构可以实地调查核实证据：

（一）申请人或者被申请人对于案件事实的陈述有争议的；

（二）被申请人提供的证据材料之间相互矛盾的；

（三）第三人提出新的证据材料，足以推翻被申请人认定的事实的；

（四）行政复议机构认为确有必要的其他情形。

调查取证时，行政复议人员不得少于2人，并应当向当事人或者有关人员出示证件。

第三十四条 对重大、复杂的案件，申请人提出要求或者行政复议机构认为必要时，可以采取听证的方式审理。

有下列情形之一的，属于重大、复杂的案件：

（一）涉及人数众多或者群体利益的案件；

（二）具有涉外因素的案件；

（三）社会影响较大的案件；

（四）案件事实和法律关系复杂的案件；

（五）行政复议机构认为其他重大、复杂的案件。

第三十五条 公民、法人或者其他组织对人力资源社会保障部门行使法律、法规规定的自由裁量权作出的具体行政行为不服申请行政复议，在行政复议机关作出行政复议决定之前，申请人和被申请人可以在自愿、合法基础上达成和解。申请人和被申请人达成和解的，应当向行政复议机构提交书面和解协议。

书面和解协议应当载明行政复议请求、事实、理由和达成和解的结果，并且由申请人和被申请人签字或者盖章。

行政复议机构应当对申请人和被申请人提交的和解协议进行审查。和解确属申请人和被申请人的真实意思表示，和解内容不违反法律、法规的强制性规定，不损害国家利益、社会公共利益和他人合法权益的，行政复议机构应当准许和解，并终止行政复议案件的审理。

第三十六条 依照行政复议法实施条例第四十一条的规定，行政复议机构中止、恢复行政复议案件的审理，应当分别制发《行政复议中止通知书》和《行政复议恢复审理通知书》，并通知申请人、被申请人和第三人。

第三十七条　依照行政复议法实施条例第四十二条的规定，行政复议机关终止行政复议的，应当制发《行政复议终止通知书》，并通知申请人、被申请人和第三人。

第三十八条　依照行政复议法第二十八条第一款第一项规定，具体行政行为认定事实清楚，证据确凿，适用依据正确，程序合法，内容适当的，行政复议机关应当决定维持。

第三十九条　依照行政复议法第二十八条第一款第二项规定，被申请人不履行法定职责的，行政复议机关应当决定其在一定期限内履行法定职责。

第四十条　具体行政行为有行政复议法第二十八条第一款第三项规定情形之一的，行政复议机关应当决定撤销、变更该具体行政行为或者确认该具体行政行为违法；决定撤销该具体行政行为或者确认该具体行政行为违法的，可以责令被申请人在一定期限内重新作出具体行政行为。

第四十一条　被申请人未依照行政复议法第二十三条的规定提出书面答复、提交当初作出具体行政行为的证据、依据和其他有关材料的，视为该具体行政行为没有证据、依据，行政复议机关应当决定撤销该具体行政行为。

第四十二条　具体行政行为有行政复议法实施条例第四十七条规定情形之一的，行政复议机关可以作出变更决定。

第四十三条　依照行政复议法实施条例第四十八条第一款的规定，行政复议机关决定驳回行政复议申请的，应当制发《驳回行政复议申请决定书》，并通知申请人、被申请人和第三人。

第四十四条　行政复议机关依照行政复议法第二十八条的规定责令被申请人重新作出具体行政行为的，被申请人应当在法律、法规、规章规定的期限内重新作出具体行政行为；法律、法规、规章未规定期限的，重新作出具体行政行为的期限为60日。

公民、法人或者其他组织对被申请人重新作出的具体行政行为不服，可以依法申请行政复议或者提起行政诉讼。

第四十五条　有下列情形之一的，行政复议机关可以按照自愿、合法的原则进行调解：

（一）公民、法人或者其他组织对人力资源社会保障部门行使法律、法规规定的自由裁量权作出的具体行政行为不服申请行政复议的；

（二）当事人之间的行政赔偿或者行政补偿纠纷；

（三）其他适于调解的。

第四十六条 行政复议机关进行调解应当符合下列要求：

（一）在查明案件事实的基础上进行；

（二）充分尊重申请人和被申请人的意愿；

（三）遵循公正、合理原则；

（四）调解结果应当符合有关法律、法规的规定；

（五）调解结果不得损害国家利益、社会公共利益或者他人合法权益。

第四十七条 申请人和被申请人经调解达成协议的，行政复议机关应当制作《行政复议调解书》。《行政复议调解书》应当载明下列内容：

（一）申请人姓名、性别、年龄、住所（法人或者其他组织的名称、地址、法定代表人或者主要负责人的姓名、职务）；

（二）被申请人的名称；

（三）申请人申请行政复议的请求、事实和理由；

（四）被申请人答复的事实、理由、证据和依据；

（五）进行调解的基本情况；

（六）调解结果；

（七）日期。

《行政复议调解书》应当加盖行政复议机关印章。《行政复议调解书》经申请人、被申请人签字或者盖章，即具有法律效力。

调解未达成协议或者调解书生效前一方反悔的，行政复议机关应当及时作出行政复议决定。

第四十八条 行政复议机关在审查申请人一并提出的作出具体行政行为所依据的规定的合法性时，应当根据具体情况，分别作出下列处理：

（一）如果该规定是由本行政机关制定的，应当在30日内对该规定依法作出处理结论；

（二）如果该规定是由其他人力资源社会保障行政部门制定的，应当在7日内按照法定程序转送制定该规定的人力资源社会保障行政部门，请其在60日内依法处理；

（三）如果该规定是由人民政府制定的，应当在7日内按照法定程序转送有权处理的国家机关依法处理。

对该规定进行审查期间，中止对具体行政行为的审查；审查结束后，行政复议机关再继续对具体行政行为的审查。

第四十九条　行政复议机关对决定撤销、变更具体行政行为或者确认具体行政行为违法并且申请人提出行政赔偿请求的下列具体行政行为，应当在行政复议决定中同时作出被申请人依法给予赔偿的决定：

（一）被申请人违法实施罚款、没收违法所得、依法予以关闭、吊销许可证等行政处罚的；

（二）被申请人造成申请人财产损失的其他违法行为。

第五十条　行政复议机关作出行政复议决定，应当制作《行政复议决定书》，载明下列事项：

（一）申请人的姓名、性别、年龄、住所（法人或者其他组织的名称、地址、法定代表人或者主要负责人的姓名、职务）；

（二）被申请人的名称、住所；

（三）申请人的行政复议请求和理由；

（四）第三人的意见；

（五）被申请人答复意见；

（六）行政复议机关认定的事实、理由，适用的法律、法规、规章以及其他规范性文件；

（七）复议决定；

（八）申请人不服行政复议决定向人民法院起诉的期限；

（九）日期。

《行政复议决定书》应当加盖行政复议机关印章。

第五十一条　行政复议机关应当根据《中华人民共和国民事诉讼法》的规定，采用直接送达、邮寄送达或者委托送达等方式，将行政复议决定送达申请人、被申请人和第三人。

第五十二条　下级行政复议机关应当及时将重大行政复议决定报上级行政复议机关备案。

第五十三条　案件审查结束后，办案人员应当及时将案卷进行整理归档。案卷保存期不少于10年，国家另有规定的从其规定。保存期满后的案卷，应当按照国家有关档案管理的规定处理。

案卷归档材料应当包括：

（一）行政复议申请的处理

1. 行政复议申请书或者行政复议申请笔录、申请人提交的证据材料；

2. 授权委托书、申请人身份证复印件、法定代表人或者主要负责人身份证明书；

3. 行政复议补正通知书；

4. 行政复议受理通知书和行政复议提出答复通知书；

5. 行政复议不予受理决定书；

6. 行政复议告知书；

7. 行政复议答复书、被申请人提交的证据材料；

8. 第三人参加行政复议申请书、第三人参加行政复议通知书；

9. 责令限期受理行政复议申请通知书。

（二）案件审理

1. 行政复议调查笔录；

2. 行政复议听证记录；

3. 行政复议中止通知书、行政复议恢复审理通知书；

4. 行政复议和解协议；

5. 行政复议延期处理通知书；

6. 撤回行政复议申请书；

7. 规范性文件转送函。

（三）处理结果

1. 行政复议决定书；

2. 行政复议调解书；

3. 行政复议终止书；

4. 驳回行政复议申请决定书。

（四）其他

1. 行政复议文书送达回证；

2. 行政复议意见书；

3. 行政复议建议书；

4. 其他。

第五十四条　案卷装订、归档应当达到下列要求：

（一）案卷装订整齐；

（二）案卷目录用钢笔或者签字笔填写，字迹工整；

（三）案卷材料不得涂改；

（四）卷内材料每页下方应当居中标注页码。

第六章　附　　则

第五十五条　本办法所称人力资源社会保障部门包括人力资源社会保障行政部门、社会保险经办机构、公共就业服务机构等具有行政职能的机构。

第五十六条　人力资源社会保障行政复议活动所需经费、办公用房以及交通、通讯、摄像、录音等设备由各级人力资源社会保障部门予以保障。

第五十七条　行政复议机关可以使用行政复议专用章。在人力资源社会保障行政复议活动中，行政复议专用章和行政复议机关印章具有同等效力。

第五十八条　本办法未规定事项，依照行政复议法、行政复议法实施条例规定执行。

第五十九条　本办法自发布之日起施行。劳动和社会保障部1999年11月23日发布的《劳动和社会保障行政复议办法》（劳动和社会保障部令第5号）同时废止。

中共中央国务院关于推进安全生产领域改革发展的意见

安全生产是关系人民群众生命财产安全的大事，是经济社会协调健康发展的标志，是党和政府对人民利益高度负责的要求。党中央、国务院历来高度重视安全生产工作，党的十八大以来作出一系列重大决策部署，推动全国安全生产工作取得积极进展。同时也要看到，当前我国正处在工业化、城镇化持续推进过程中，生产经营规模不断扩大，传统和新型生产经营方式并存，各类事故隐患和安全风险交织叠加，安全生产基础薄弱、监管体制机制和法律制度不完善、企业主体责任落实不力等问题依然突出，生产安全事故易发多发，尤其是重特大安全事故频发势头尚未得到有效遏制，一些事故发生呈现由高危行业领域向其他行业领域蔓延趋势，直接危及生产安全和公共安全。为进一步加强安全生产工作，现就推进安全生产领域改革发展提出如下意见。

一、总体要求

（一）指导思想。全面贯彻党的十八大和十八届三中、四中、五中、六中全会精神，以邓小平理论、“三个代表”重要思想、科学发展观为指导，深入贯彻习近平总书记系列重要讲话精神和治国理政新理念新思想新战略，进一步增强“四个意识”，紧紧围绕统筹推进“五位一体”总体布局和协调推进“四个全面”战略布局，牢固树立新发展理念，坚持安全发展，坚守发展决不能以牺牲安全为代价这条不可逾越的红线，以防范遏制重特大生产安全事故为重点，坚持安全第一、预防为主、综合治理的方针，加强领导、改革创新，协调联动、齐抓共管，着力强化企业安全生产主体责任，着力堵塞监督管理漏洞，着力解决不遵守法律法规的问题，依靠严密的责任体系、严格的法治措施、有效的体制机制、有力的基础保障和完善的系统治理，切实增强安全防范治理能力，大力提升我国安全生产整体水平，确保人民群众安康幸福、共享改革发展和社会文明进步成果。

（二）基本原则

——坚持安全发展。贯彻以人民为中心的发展思想，始终把人的生命安全放在首位，正确处理安全与发展的关系，大力实施安全发展战略，为经济社会发展提供强有力的安全保障。

——坚持改革创新。不断推进安全生产理论创新、制度创新、体制机制创新、科技创新和文化创新，增强企业内生动力，激发全社会创新活力，破解安全生产难题，推动安全生产与经济社会协调发展。

——坚持依法监管。大力弘扬社会主义法治精神，运用法治思维和法治方式，深化安全生产监管执法体制改革，完善安全生产法律法规和标准体系，严格规范公正文明执法，增强监管执法效能，提高安全生产法治化水平。

——坚持源头防范。严格安全生产市场准入，经济社会发展要以安全为前提，把安全生产贯穿城乡规划布局、设计、建设、管理和企业生产经营活动全过程。构建风险分级管控和隐患排查治理双重预防工作机制，严防风险演变、隐患升级导致生产安全事故发生。

——坚持系统治理。严密层级治理和行业治理、政府治理、社会治理相结合的安全生产治理体系，组织动员各方面力量实施社会共治。综合运用法律、行政、经济、市场等手段，落实人防、技防、物防措施，提升全社会安全生产治理能力。

（三）目标任务。到2020年，安全生产监管体制机制基本成熟，法律制度基本完善，全国生产安全事故总量明显减少，职业病危害防治取得积极进展，重特大生产安全事故频发势头得到有效遏制，安全生产整体水平与全面建成小康社会目标相适应。到2030年，实现安全生产治理体系和治理能力现代化，全民安全文明素质全面提升，安全生产保障能力显著增强，为实现中华民族伟大复兴的中国梦奠定稳固可靠的安全生产基础。

二、健全落实安全生产责任制

（四）明确地方党委和政府领导责任。坚持党政同责、一岗双责、齐抓共管、失职追责，完善安全生产责任体系。地方各级党委和政府要始终把安全生产摆在重要位置，加强组织领导。党政主要负责人是本地区安全生产第一责任人，班子其他成员对分管范围内的安全生产工作负领导责任。地方各级安全生产委员会主任由政府主要负责人担任，成员由同级党委和政府及相关部门负责人组成。

地方各级党委要认真贯彻执行党的安全生产方针，在统揽本地区经济社会发展全局中同步推进安全生产工作，定期研究决定安全生产重大问题。加强安全生产监管机构领导班子、干部队伍建设。严格安全生产履职绩效考核和失职责任追究。强化安全生产宣传教育和舆论引导。发挥人大对安全生产工作的监督促进作用、政协对安全生产工作的民主监督作用。推动组织、宣传、政法、机构编制等单位支持保障安全生产工作。动员社会各界积极参与、支持、监督安全生产工作。

地方各级政府要把安全生产纳入经济社会发展总体规划，制定实施安全生产专项规划，健全安全投入保障制度。及时研究部署安全生产工作，严格落实属地监管责任。充分发挥安全生产委员会作用，实施安全生产责任目标管理。建立安全生产巡查制度，督促各部门和下级政府履职尽责。加强安全生产监管执法能力建设，推进安全科技创新，提升信息化管理水平。严格安全准入标准，指导管控安全风险，督促整治重大隐患，强化源头治理。加强应急管理，完善安全生产应急救援体系。依法依规开展事故调查处理，督促落实问题整改。

（五）明确部门监管责任。按照管行业必须管安全、管业务必须管安全、管生产经营必须管安全和谁主管谁负责的原则，厘清安全生产综合监管与行业监管的关系，明确各有关部门安全生产和职业健康工作职责，并落实到部门工作职责规定中。安全生产监督管理部门负责安全生产法规标准和政策规划制定修订、执法监督、事故调查处理、应急救援管理、统计分析、宣传教育培训等综合性工作，承担职责范围内行业领域安全生产和职业健康监管执法职责。负有安全生产监督管理职责的有关部门依法依规履行相关行业领域安全生产和职业健康监管职责，强化监管执法，严厉查处违法违规行为。其他行业领域主管部门负有安全生产管理责任，要将安全生产工作作为行业领域管理的重要内容，从行业规划、产业政策、法规标准、行政许可等方面加强行业安全生产工作，指导督促企事业单位加强安全管理。党委和政府其他有关部门要在职责范围内为安全生产工作提供支持保障，共同推进安全发展。

（六）严格落实企业主体责任。企业对本单位安全生产和职业健康工作负全面责任，要严格履行安全生产法定责任，建立健全自我约束、持续改进的内生机制。企业实行全员安全生产责任制度，法定代表人和实际控制人同为安全生产第一责任人，主要技术负责人负有安全生产技术决策和指挥权，强化部门安全生产职责，落实一岗双责。完善落实混合所有制企业以及跨地区、多层级和境外中资企业投资主体的安全生产责任。建立企业全过程安全生产和职业健康管理制度，做到安全责任、管理、投入、培训和应急救援“五到位”。国有企业要发挥安全生产工作示范带头作用，自觉接受属地监管。

（七）健全责任考核机制。建立与全面建成小康社会相适应和体现安全发展水平的考核评价体系。完善考核制度，统筹整合、科学设定安全生产考核指标，加大安全生产在社会治安综合治理、精神文明建设等考核中的权重。各级政府要对同级安全生产委员会成员单位和下级政府实施严格的安全生产工作责任考核，实行过程考核与结果考核相结合。各地区各单位要建立安全生产绩效与履职评定、职务晋升、奖励惩处挂钩制度，严格落实安全生产“一票否决”制度。

（八）严格责任追究制度。实行党政领导干部任期安全生产责任制，日常工作依责尽职、发生事故依责追究。依法依规制定各有关部门安全生产权力和责任清单，尽职照单免责、失职照单问责。建立企业生产经营全过程安全责任追溯制度。严肃查处安全生产领域项目审批、行政许可、监管执法中的失职渎职和权钱交易等腐败行为。严格事故直报制度，对瞒报、谎报、漏报、迟报事故的单位和个人依法依规追责。对被追究刑事责任的生产经营者依法实施相应的职业禁入，对事故发生负有重大责任的社会服务机构和人员依法严肃追究法律责任，并依法实施相应的行业禁入。

三、改革安全监管监察体制

（九）完善监督管理体制。加强各级安全生产委员会组织领导，充分发挥其统筹协调作用，切实解决突出矛盾和问题。各级安全生产监督管理部门承担本级安全生产委员会日常工作，负责指导协调、监督检查、巡查考核本级政府有关部门和下级政府安全生产工作，履行综合监管职责。负有安全生产监督管理职责的部门，依照有关法律法规和部门职责，健全安全生产监管体制，严格落实监管职责。相关部门按照各自职责建立完善安全生产工作机制，形成齐抓共管格局。坚持管安全生产必须管职业健康，建立安全生产和职业健康一体化监管执法体制。

（十）改革重点行业领域安全监管监察体制。依托国家煤矿安全监察体制，加强非煤矿山安全生产监管监察，优化安全监察机构布局，将国家煤矿安全监察机构负责的安全生产行政许可事项移交给地方政府承担。着重加强危险化学品安全监管体制改革和力量建设，明确和落实危险化学品建设项目立项、规划、设计、施工及生产、储存、使用、销售、运输、废弃处置等环节的法定安全监管责任，建立有力的协调联动机制，消除监管空白。完善海洋石油安全生产监督管理体制机制，实行政企分开。理顺民航、铁路、电力等行业跨区域监管体制，明确行业监管、区域监管与地方监管职责。

（十一）进一步完善地方监管执法体制。地方各级党委和政府要将安全生产监督管理部门作为政府工作部门和行政执法机构，加强安全生产执法队伍建设，强化行政执法职能。统筹加强安全监管力量，重点充实市、县两级安全生产监管执法人员，强化乡镇（街道）安全生产监管力量建设。完善各类开发区、工业园区、港区、风景区等功能区安全生产监管体制，明确负责安全生产监督管理的机构，以及港区安全生产地方监管和部门监管责任。

（十二）健全应急救援管理体制。按照政事分开原则，推进安全生产应急救援管理体制改革，强化行政管理职能，提高组织协调能力和现场救援时效。健全省、市、县三级安全生产应急救援管理工作机制，建设联动互通的应急救援指挥平台。依托公安消防、大型企业、工业园区等应急救援力量，加强矿山和危险化学品等应急救援基地和队伍建设，实行区域化应急救援资源共享。

四、大力推进依法治理

（十三）健全法律法规体系。建立健全安全生产法律法规立改废释工作协调机制。加强涉及安全生产相关法规一致性审查，增强安全生产法制建设的系统性、可操作性。制定安全生产中长期立法规划，加快制定修订安全生产法配套法规。加强安全生产和职业健康法律法规衔接融合。研究修改刑法有关条款，将生产经营过程中极易导致重大生产安全事故的违法行为列入刑法调整范围。制定完善高危行业领域安全规程。设区的市根据立法法的立法精神，加强安全生产地方性法规建设，解决区域性安全生产突出问题。

（十四）完善标准体系。加快安全生产标准制定修订和整合，建立以强制性国家标准为主体的安全生产标准体系。鼓励依法成立的社会团体和企业制定更加严格规范的安全生产标准，结合国情积极借鉴实施国际先进标准。国务院安全生产监督管理部门负责生产经营单位职业危害预防治理国家标准制定发布工作；统筹提出安全生产强制性国家标准立项计划，有关部门按照职责分工组织起草、审查、实施和监督执行，国务院标准化行政主管部门负责及时立项、编号、对外通报、批准并发布。

（十五）严格安全准入制度。严格高危行业领域安全准入条件。按照强化监管与便民服务相结合原则，科学设置安全生产行政许可事项和办理程序，优化工作流程，简化办事环节，实施网上公开办理，接受社会监督。对与人民群众生命财产安全直接相关的行政许可事项，依法严格管理。对取消、下放、移交的行政许可事项，要加强事中事后安全监管。

（十六）规范监管执法行为。完善安全生产监管执法制度，明确每个生产经营单位安全生产监督和管理主体，制定实施执法计划，完善执法程序规定，依法严格查处各类违法违规行为。建立行政执法和刑事司法衔接制度，负有安全生产监督管理职责的部门要加强与公安、检察院、法院等协调配合，完善安全生产违法线索通报、案件移送与协查机制。对违法行为当事人拒不执行安全生产行政执法决定的，负有安全生产监督管理职责的部门应依法申请司法机关强制执行。完善司法机关参与事故调查机制，严肃查处违法犯罪行为。研究建立安全生产民事和行政公益诉讼制度。

（十七）完善执法监督机制。各级人大常委会要定期检查安全生产法律法规实施情况，开展专题询问。各级政协要围绕安全生产突出问题开展民主监督和协商调研。建立执法行为审议制度和重大行政执法决策机制，评估执法效果，防止滥用职权。健全领导干部非法干预安全生产监管执法的记录、通报和责任追究制度。完善安全生产执法纠错和执法信息公开制度，加强社会监督和舆论监督，保证执法严明、有错必纠。

（十八）健全监管执法保障体系。制定安全生产监管监察能力建设规划，明确监管执法装备及现场执法和应急救援用车配备标准，加强监管执法技术支撑体系建设，保障监管执法需要。建立完善负有安全生产监督管理职责的部门监管执法经费保障机制，将监管执法经费纳入同级财政全额保障范围。加强监管执法制度化、标准化、信息化建设，确保规范高效监管执法。建立安全生产监管执法人员依法履行法定职责制度，激励保证监管执法人员忠于职守、履职尽责。严格监管执法人员资格管理，制定安全生产监管执法人员录用标准，提高专业监管执法人员比例。建立健全安全生产监管执法人员凡进必考、入职培训、持证上岗和定期轮训制度。统一安全生产执法标志标识和制式服装。

（十九）完善事故调查处理机制。坚持问责与整改并重，充分发挥事故查处对加强和改进安全生产工作的促进作用。完善生产安全事故调查组组长负责制。

健全典型事故提级调查、跨地区协同调查和工作督导机制。建立事故调查分析技术支撑体系，所有事故调查报告要设立技术和管理问题专篇，详细分析原因并全文发布，做好解读，回应公众关切。对事故调查发现有漏洞、缺陷的有关法律法规和标准制度，及时启动制定修订工作。建立事故暴露问题整改督办制度，事故结案后一年内，负责事故调查的地方政府和国务院有关部门要组织开展评估，及时向社会公开，对履职不力、整改措施不落实的，依法依规严肃追究有关单位和人员责任。

五、建立安全预防控制体系

（二十）加强安全风险管控。地方各级政府要建立完善安全风险评估与论证机制，科学合理确定企业选址和基础设施建设、居民生活区空间布局。高危项目审批必须把安全生产作为前置条件，城乡规划布局、设计、建设、管理等各项工作必须以安全为前提，实行重大安全风险“一票否决”。加强新材料、新工艺、新业态安全风险评估和管控。紧密结合供给侧结构性改革，推动高危产业转型升级。位置相邻、行业相近、业态相似的地区和行业要建立完善重大安全风险联防联控机制。构建国家、省、市、县四级重大危险源信息管理体系，对重点行业、重点区域、重点企业实行风险预警控制，有效防范重特大生产安全事故。

（二十一）强化企业预防措施。企业要定期开展风险评估和危害辨识。针对高危工艺、设备、物品、场所和岗位，建立分级管控制度，制定落实安全操作规程。树立隐患就是事故的观念，建立健全隐患排查治理制度、重大隐患治理情况向负有安全生产监督管理职责的部门和企业职代会“双报告”制度，实行自查自改自报闭环管理。严格执行安全生产和职业健康“三同时”制度。大力推进企业安全生产标准化建设，实现安全管理、操作行为、设备设施和作业环境的标准化。开展经常性的应急演练和人员避险自救培训，着力提升现场应急处置能力。

（二十二）建立隐患治理监督机制。制定生产安全事故隐患分级和排查治理标准。负有安全生产监督管理职责的部门要建立与企业隐患排查治理系统联网的信息平台，完善线上线下配套监管制度。强化隐患排查治理监督执法，对重大隐患整改不到位的企业依法采取停产停业、停止施工、停止供电和查封扣押等强制措施，按规定给予上限经济处罚，对构成犯罪的要移交司法机关依法追究刑事责任。严格重大隐患挂牌督办制度，对整改和督办不力的纳入政府核查问责范围，实行约谈告诫、公开曝光，情节严重的依法依规追究相关人员责任。

（二十三）强化城市运行安全保障。定期排查区域内安全风险点、危险源，落实管控措施，构建系统性、现代化的城市安全保障体系，推进安全发展示范城市建设。提高基础设施安全配置标准，重点加强对城市高层建筑、大型综合体、隧道桥梁、管线管廊、轨道交通、燃气、电力设施及电梯、游乐设施等的检测维护。完善大型群众性活动安全管理制度，加强人员密集场所安全监管。加强公安、民政、国土资源、住房城乡建设、交通运输、水利、农业、安全监管、气象、地震等相关部门的协调联动，严防自然灾害引发事故。

（二十四）加强重点领域工程治理。深入推进对煤矿瓦斯、水害等重大灾害以及矿山采空区、尾矿库的工程治理。加快实施人口密集区域的危险化学品和化工企业生产、仓储场所安全搬迁工程。深化油气开采、输送、炼化、码头接卸等领域安全整治。实施高速公路、乡村公路和急弯陡坡、临水临崖危险路段公路安全生命防护工程建设。加强高速铁路、跨海大桥、海底隧道、铁路浮桥、航运枢纽、港口等防灾监测、安全检测及防护系统建设。完善长途客运车辆、旅游客车、危险物品运输车辆和船舶生产制造标准，提高安全性能，强制安装智能视频监控报警、防碰撞和整车整船安全运行监管技术装备，对已运行的要加快安全技术装备改造升级。

（二十五）建立完善职业病防治体系。将职业病防治纳入各级政府民生工程及安全生产工作考核体系，制定职业病防治中长期规划，实施职业健康促进计划。加快职业病危害严重企业技术改造、转型升级和淘汰退出，加强高危粉尘、高毒物品等职业病危害源头治理。健全职业健康监管支撑保障体系，加强职业健康技术服务机构、职业病诊断鉴定机构和职业健康体检机构建设，强化职业病危害基础研究、预防控制、诊断鉴定、综合治疗能力。完善相关规定，扩大职业病患者救治范围，将职业病失能人员纳入社会保障范围，对符合条件的职业病患者落实医疗与生活救助措施。加强企业职业健康监管执法，督促落实职业病危害告知、日常监测、定期报告、防护保障和职业健康体检等制度措施，落实职业病防治主体责任。

六、加强安全基础保障能力建设

（二十六）完善安全投入长效机制。加强中央和地方财政安全生产预防及应急相关资金使用管理，加大安全生产与职业健康投入，强化审计监督。加强安全生产经济政策研究，完善安全生产专用设备企业所得税优惠目录。落实企业安全生产费用提取管理使用制度，建立企业增加安全投入的激励约束机制。健全投融资服务体系，引导企业集聚发展灾害防治、预测预警、检测监控、个体防护、应急处置、安全文化等技术、装备和服务产业。

（二十七）建立安全科技支撑体系。优化整合国家科技计划，统筹支持安全生产和职业健康领域科研项目，加强研发基地和博士后科研工作站建设。开展事故预防理论研究和关键技术装备研发，加快成果转化和推广应用。推动工业机器人、智能装备在危险工序和环节广泛应用。提升现代信息技术与安全生产融合度，统一标准规范，加快安全生产信息化建设，构建安全生产与职业健康信息化全国“一张网”。加强安全生产理论和政策研究，运用大数据技术开展安全生产规律性、关联性特征分析，提高安全生产决策科学化水平。

（二十八）健全社会化服务体系。将安全生产专业技术服务纳入现代服务业发展规划，培育多元化服务主体。建立政府购买安全生产服务制度。支持发展安全生产专业化行业组织，强化自治自律。完善注册安全工程师制度。改革完善安全生产和职业健康技术服务机构资质管理办法。支持相关机构开展安全生产和职业健康一体化评价等技术服务，严格实施评价公开制度，进一步激活和规范专业技术服务市场。鼓励中小微企业订单式、协作式购买运用安全生产管理和技术服务。建立安全生产和职业健康技术服务机构公示制度和由第三方实施的信用评定制度，严肃查处租借资质、违法挂靠、弄虚作假、垄断收费等各类违法违规行为。

（二十九）发挥市场机制推动作用。取消安全生产风险抵押金制度，建立健全安全生产责任保险制度，在矿山、危险化学品、烟花爆竹、交通运输、建筑施工、民用爆炸物品、金属冶炼、渔业生产等高危行业领域强制实施，切实发挥保险机构参与风险评估管控和事故预防功能。完善工伤保险制度，加快制定工伤预防费用的提取比例、使用和管理具体办法。积极推进安全生产诚信体系建设，完善企业安全生产不良记录“黑名单”制度，建立失信惩戒和守信激励机制。

（三十）健全安全宣传教育体系。将安全生产监督管理纳入各级党政领导干部培训内容。把安全知识普及纳入国民教育，建立完善中小学安全教育和高危行业职业安全教育体系。把安全生产纳入农民工技能培训内容。严格落实企业安全教育培训制度，切实做到先培训、后上岗。推进安全文化建设，加强警示教育，强化全民安全意识和法治意识。发挥工会、共青团、妇联等群团组织作用，依法维护职工群众的知情权、参与权与监督权。加强安全生产公益宣传和舆论监督。建立安全生产“12350”专线与社会公共管理平台统一接报、分类处置的举报投诉机制。鼓励开展安全生产志愿服务和慈善事业。加强安全生产国际交流合作，学习借鉴国外安全生产与职业健康先进经验。

各地区各部门要加强组织领导，严格实行领导干部安全生产工作责任制，根据本意见提出的任务和要求，结合实际认真研究制定实施办法，抓紧出台推进安全生产领域改革发展的具体政策措施，明确责任分工和时间进度要求，确保各项改革举措和工作要求落实到位。贯彻落实情况要及时向党中央、国务院报告，同时抄送国务院安全生产委员会办公室。中央全面深化改革领导小组办公室将适时牵头组织开展专项监督检查。

国务院办公厅关于印发国家职业病防治规划(2016—2020年)的通知

为加强职业病防治工作，切实保障劳动者职业健康权益，依据《中华人民共和国职业病防治法》，制定本规划。

一、职业病防治现状和问题

职业病防治事关劳动者身体健康和生命安全，事关经济发展和社会稳定大局。党中央、国务院高度重视职业病防治工作。《“健康中国2030”规划纲要》明确提出，要强化行业自律和监督管理职责，推动企业落实主体责任，推进职业病危害源头治理，预防和控制职业病发生。

《中华人民共和国职业病防治法》实施以来特别是《国家职业病防治规划(2009—2015年)》(国办发〔2009〕43号）印发以来，各地区、各有关部门依法履行职业病防治职责，强化行政监管，防治体系逐步健全，监督执法不断加强，源头治理和专项整治力度持续加大，用人单位危害劳动者健康的违法行为有所减少，工作场所职业卫生条件得到改善。职业病危害检测、评价与控制，职业健康检查以及职业病诊断、鉴定、救治水平不断提升，职业病防治机构、化学中毒和核辐射医疗救治基地建设得到加强，重大急性职业病危害事故明显减少。职业病防治宣传更加普及，全社会防治意识不断提高。

但是，当前我国职业病防治还面临着诸多问题和挑战。一是职业病危害依然严重。全国每年新报告职业病病例近3万例，分布在煤炭、化工、有色金属、轻工等不同行业，涉及企业数量多。二是用人单位主体责任落实不到位。部分用人单位主要负责人法治意识不强，对改善作业环境、提供防护用品、组织职业健康检查投入不足，农民工、劳务派遣人员等的职业病防护得不到有效保障。三是职业卫生监管和职业病防治服务能力不足。部分地区基层监管力量和防治工作基础薄弱，对危害信息掌握不全，对重点职业病及职业相关危害因素监测能力不足。四是新的职业病危害问题不容忽视。随着新技术、新工艺、新设备和新材料的广泛应用，新的职业病危害因素不断出现，对职业病防治工作提出新挑战。

二、总体要求

（一）指导思想。全面贯彻党的十八大和十八届三中、四中、五中、六中全会精神，深入学习贯彻习近平总书记系列重要讲话精神，认真落实党中央、国务院决策部署，紧紧围绕统筹推进“五位一体”总体布局和协调推进“四个全面”战略布局，牢固树立和贯彻落实创新、协调、绿色、开放、共享的发展理念，坚持正确的卫生与健康工作方针，强化政府监管职责，督促用人单位落实主体责任，提升职业病防治工作水平，鼓励全社会广泛参与，有效预防和控制职业病危害，切实保障劳动者职业健康权益，促进经济社会持续健康发展，为推进健康中国建设奠定重要基础。

（二）基本原则。坚持依法防治。推进职业病防治工作法治化建设，建立健全配套法律、法规和标准，依法依规开展工作。落实法定防治职责，坚持管行业、管业务、管生产经营的同时必须管好职业病防治工作，建立用人单位诚信体系。

坚持源头治理。把握职业卫生发展规律，坚持预防为主、防治结合，以重点行业、重点职业病危害和重点人群为切入点，引导用人单位开展技术改造和转型升级，改善工作场所条件，从源头预防控制职业病危害。

坚持综合施策。统筹协调职业病防治工作涉及的方方面面，更加注重部门协调和资源共享，切实落实用人单位主体责任，提升劳动者个体防护意识，推动政府、用人单位、劳动者各负其责、协同联动，形成防治工作合力。

（三）规划目标。到2020年，建立健全用人单位负责、行政机关监管、行业自律、职工参与和社会监督的职业病防治工作格局。职业病防治法律、法规和标准体系基本完善，职业卫生监管水平明显提升，职业病防治服务能力显著增强，救治救助和工伤保险保障水平不断提高；职业病源头治理力度进一步加大，用人单位主体责任不断落实，工作场所作业环境有效改善，职业健康监护工作有序开展，劳动者的职业健康权益得到切实保障；接尘工龄不足5年的劳动者新发尘肺病报告例数占年度报告总例数的比例得到下降，重大急性职业病危害事故、慢性职业性化学中毒、急性职业性放射性疾病得到有效控制。

——用人单位主体责任不断落实。重点行业的用人单位职业病危害项目申报率达到85%以上，工作场所职业病危害因素定期检测率达到80%以上，接触职业病危害的劳动者在岗期间职业健康检查率达到90%以上，主要负责人、职业卫生管理人员职业卫生培训率均达到95%以上，医疗卫生机构放射工作人员个人剂量监测率达到90%以上。

——职业病防治体系基本健全。建立健全省、市、县三级职业病防治工作联席会议制度。设区的市至少应确定1家医疗卫生机构承担本辖区内职业病诊断工作，县级行政区域原则上至少确定1家医疗卫生机构承担本辖区职业健康检查工作。职业病防治服务网络和监管网络不断健全，职业卫生监管人员培训实现全覆盖。

——职业病监测能力不断提高。健全监测网络，开展重点职业病监测工作的县（区）覆盖率达到90%。提升职业病报告质量，职业病诊断机构报告率达到90%。初步建立职业病防治信息系统，实现部门间信息共享。

——劳动者健康权益得到保障。劳动者依法应参加工伤保险覆盖率达到80%以上，逐步实现工伤保险与基本医疗保险、大病保险、医疗救助、社会慈善、商业保险等有效衔接，切实减轻职业病病人负担。

三、主要任务

（一）强化源头治理。开展全国职业病危害调查，掌握产生职业病危害的用人单位基本情况，以及危害地区、行业、岗位、人群分布等基本信息。建立职业病危害严重的落后工艺、材料和设备淘汰、限制名录管理制度，推广有利于保护劳动者健康的新技术、新工艺、新设备和新材料。以职业性尘肺病、化学中毒为重点，在矿山、有色金属、冶金、建材等行业领域开展专项治理。严格源头控制，引导职业病危害严重的用人单位进行技术改造和转型升级。开展职业病危害治理帮扶行动，探索设立中小微型用人单位职业病防治公益性指导援助平台。加强对新发职业病危害的研究识别、评价与控制。

（二）落实用人单位主体责任。督促职业病危害严重的用人单位建立防治管理责任制，健全岗位责任体系，做到责任到位、投入到位、监管到位、防护到位、应急救援到位。推动企业依法设立职业卫生管理机构，配备专（兼）职管理人员和技术人员。通过经验推广、示范创建等方式，引导用人单位发挥主体作用，自主履行法定义务。帮助用人单位有针对性地开展职业卫生培训，提高主要负责人、管理人员和劳动者的职业病危害防护意识。督促用人单位落实建设项目职业病防护设施“三同时”（同时设计、同时施工、同时投入生产和使用）制度，加强对危害预评价、防护设施控制效果评价和竣工验收等环节的管理。改善作业环境，做好工作场所危害因素申报、日常监测、定期检测和个体防护用品管理等工作，严格执行工作场所职业病危害因素检测结果和防护措施公告制度，在产生严重危害的作业岗位设置警示标志和说明。指导用人单位建立完善职业健康监护制度，组织劳动者开展职业健康检查，配合开展职业病诊断与鉴定等工作。

（三）加大职业卫生监管执法力度。加强职业卫生监管网络建设，逐步健全监管执法队伍。大力提升基层监管水平，重点加强县、乡级职业卫生监管执法能力和装备建设。依法履行监管职责，督促用人单位加强对农民工、劳务派遣人员等职业病危害高风险人群的职业健康管理。扩大监督检查覆盖范围，加大对重点行业、重点企业、存在职业病危害的建设项目以及职业卫生技术服务机构、职业病诊断机构和职业健康检查机构的监督检查力度，开展职业卫生服务监督检查行动，严肃查处违法违规行为。对职业病危害严重、改造后仍无法达标的用人单位，严格依法责令停止产生职业病危害的作业，或者依照法定程序责令停建、关闭。建立用人单位和职业卫生技术服务机构“黑名单”制度，定期向社会公布并通报有关部门。注重发挥行业组织在职业卫生监管中的作用。

（四）提升防治服务水平。完善职业病防治服务网络，按照区域覆盖、合理配置的原则，加强基础设施建设，明确职业病防治机构的布局、规模、功能和数量。根据职责定位，充分发挥好各类疾病预防控制机构、职业病防治院所、综合性医院和专科医院职业病科在职业健康检查及职业病诊断、监测、评价、风险评估等方面的作用，健全分工协作、上下联动的工作机制。推动职业卫生工作重心下沉，逐步引导基层医疗卫生机构参与职业健康管理和健康促进工作。以农民工尘肺病为切入点，简化职业病诊断程序，优化服务流程，提高服务质量。加大投入力度，提升职业中毒和核辐射应急救治水平。充分调动社会力量的积极性，增加职业健康检查等服务供给，创新服务模式，满足劳动者和用人单位多层次、多样化的职业卫生服务需求。

（五）落实救助保障措施。规范用人单位劳动用工管理，依法签订劳动合同，督促用人单位在合同中明确劳动保护、劳动条件和职业病危害防护等内容。在重点行业中推行平等协商和签订劳动安全卫生专项集体合同制度，以非公有制企业为重点，督促劳动关系双方认真履行防治责任。督促用人单位按时足额缴纳工伤保险费，推行工伤保险费率与职业病危害程度挂钩浮动制度。做好工伤保险与基本医疗保险、大病保险、医疗救助、社会慈善、商业保险等有效衔接，及时让符合条件的职业病病人按规定享受大病保险待遇和纳入医疗救助范围，减轻病人医疗费用负担。将符合条件的尘肺病等职业病病人家庭及时纳入最低生活保障范围；对遭遇突发性、紧迫性、临时性基本生活困难的，按规定及时给予救助。

（六）推进防治信息化建设。改进职业病危害项目申报工作，建立统一、高效的职业卫生监督执法信息管理机制，推动执法工作公开透明。建立完善重点职业病与职业病危害因素监测、报告和管理网络。开展重点职业病监测和专项调查，持续、系统收集相关信息。规范职业病报告信息管理工作，提高上报信息的及时性、完整性和准确性。开展职业健康风险评估，掌握重点人群和重点行业发病特点、危害程度和发病趋势。加强部门间信息共享利用，及时交流用人单位职业病危害、劳动者职业健康和工伤保障等信息数据。将职业病防治纳入全民健康保障信息化工程，充分利用互联网、大数据、云计算等技术做好防治工作。

（七）开展宣传教育和健康促进。动员全社会参与，充分发挥主流媒体的权威性和新媒体的便捷性，广泛宣传职业病防治法律法规和相关标准，普及职业病危害防治知识。积极利用“职业病防治法宣传周”开展各种形式的宣传活动，提高宣传教育的针对性和实效性。督促用人单位重视工作场所的职业健康宣传教育工作。创新方式方法，开展健康促进试点，推动“健康企业”建设，营造有益于职业健康的环境。巩固健康教育成果，更新健康促进手段，及时应对产业转型、技术进步可能产生的职业健康新问题。

（八）加强科研及成果转化应用。鼓励和支持职业病防治基础性科研工作，推进发病机理研究，在重点人群和重点行业开展流行病学调查，开展早期职业健康损害、新发职业病危害因素和疾病负担等研究，为制定防治政策提供依据。重点攻关职业性尘肺病、化学中毒、噪声聋、放射性疾病等防治技术，以及粉尘、化学因素等快速检测技术。加快科技成果转化应用工作，推广以无毒代替有毒、低毒代替高毒等新技术、新工艺、新设备和新材料。加强国际合作，吸收、借鉴和推广国际先进科学技术和成功经验。

四、保障措施

（一）加强组织领导。各地区要高度重视职业病防治工作，将其纳入本地区国民经济和社会发展总体规划，健全职业病防治工作联席会议制度，加强统筹协调，多措并举，进一步提升职业病防治合力。完善职业病防治工作责任制，建立防治目标和责任考核制度，制定年度工作计划和实施方案，定期研究解决职业病防治中的重大问题。建立健全政府部门、用人单位和劳动者三方代表参与的职业病防治工作长效机制。

（二）落实部门责任。各有关部门要严格贯彻《中华人民共和国职业病防治法》，履行法定职责，加强协同配合，切实做好职业病防治工作。国家卫生计生委负责对职业病报告、职业健康检查、职业病诊断与鉴定、化学品毒性鉴定等工作进行监督管理，组织开展重点职业病监测、职业健康风险评估和专项调查，开展医疗卫生机构放射性职业病危害控制的监督管理。安全监管总局负责用人单位职业卫生监督检查工作，加强源头治理，负责建设项目职业病危害评价和职业卫生技术服务机构监管，调查处置职业卫生事件和事故，拟订高危粉尘作业、高毒和放射性作业等方面的行政法规，组织指导并监督检查用人单位职业卫生培训工作。中央宣传部负责组织新闻媒体做好职业病防治宣传、舆论引导和监督工作。国家发展改革委负责会同有关行业管理部门积极调整产业政策，限制和减少职业病危害严重的落后技术、工艺、设备和材料的使用，支持职业病防治机构的基础设施建设。科技部负责将职业病防治关键技术等研究纳入国家重点研究计划。工业和信息化部发挥行业管理职能作用，在行业规划、标准规范、技术改造、推动过剩产能退出、产业转型升级等方面统筹考虑职业病防治工作，促进企业提高职业病防治水平。民政部负责将用人单位不存在或无法确定劳动关系，且符合条件的职业病病人纳入医疗救助范围，将符合条件的职业病病人及其家庭纳入最低生活保障范围。财政部负责落实职业病防治的财政补助政策，保障职业病防治工作所需经费。人力资源社会保障部负责职业病病人的工伤保险待遇有关工作。国务院国资委配合有关部门督促指导中央企业依法开展职业病防治工作。全国总工会依法对职业病防治工作进行监督，参与职业病危害事故调查处理，反映劳动者职业健康方面的诉求，提出意见和建议，维护劳动者合法权益。

（三）加大经费投入。各地区要根据职业病防治形势，加大财政投入力度，合理安排防治工作所需经费，加强对任务完成情况和财政资金使用考核，提高资金使用效率。用人单位要根据实际情况，保障生产工艺技术改造、职业病危害预防和控制、工作场所检测评价、职业健康监护和职业卫生培训等费用。各地区要探索工伤保险基金在职业病预防、诊疗和康复中的作用，建立多元化的防治资金筹措机制，鼓励和引导社会资本投入职业病防治领域。

（四）健全法律法规和标准。进一步完善职业病防治法律法规。健全高危粉尘、高毒和医用辐射防护等特殊作业管理，以及职业病危害评价、职业健康检查、职业病诊断与鉴定等法律制度。制定职业病报告、职业健康管理等工作规范。完善重点职业病、职业性放射性疾病等监测和职业健康风险评估技术方案。健全用人单位职业病危害因素工程控制、个体职业防护、职业健康监护、职业病诊断等国家职业卫生标准和指南。

（五）加强人才队伍建设。各地区要强化职业病防治和技术服务专业队伍建设，重点加强疾病预防控制机构、职业病防治院所、综合性医院和专科医院职业病科等梯队建设，提高县、乡级职业卫生服务能力。探索建立注册职业卫生工程师制度。接触职业病危害因素劳动者多、危害程度严重的用人单位，要强化专（兼）职职业卫生技术人员储备。加大培训力度，重点加强对临床和公共卫生复合型人才的培养。

五、督导与评估

安全监管总局、国家卫生计生委要适时组织开展规划实施的督查和评价工作，2020 年组织规划实施的终期评估，结果报国务院。各地区要结合工作实际研究制定本地区职业病防治规划，明确阶段性目标和工作分工，加大督导检查力度，确保目标任务圆满完成。

国家卫生计生委等部门关于印发《职业病危害因素分类目录》的通知

一、粉尘

序号	名　　称	CAS 号
1	矽尘（游离 SiO_2 含量≥10%）	14808—60—7
2	煤尘	
3	石墨粉尘	7782—42—5
4	炭黑粉尘	1333—86—4
5	石棉粉尘	1332—21—4
6	滑石粉尘	14807—96—6
7	水泥粉尘	
8	云母粉尘	12001—26—2
9	陶土粉尘	
10	铝尘	7429—90—5
11	电焊烟尘	
12	铸造粉尘	
13	白炭黑粉尘	112926—00—8
14	白云石粉尘	
15	玻璃钢粉尘	
16	玻璃棉粉尘	65997—17—3
17	茶尘	
18	大理石粉尘	1317—65—3
19	二氧化钛粉尘	13463—67—7
20	沸石粉尘	

（续）

序号	名　称	CAS 号
21	谷物粉尘（游离 SiO_2 含量<10%）	
22	硅灰石粉尘	13983—17—0
23	硅藻土粉尘（游离 SiO_2 含量<10%）	61790—53—2
24	活性炭粉尘	64365—11—3
25	聚丙烯粉尘	9003—07—0
26	聚丙烯腈纤维粉尘	
27	聚氯乙烯粉尘	9002—86—2
28	聚乙烯粉尘	9002—88—4
29	矿渣棉粉尘	
30	麻尘（亚麻、黄麻和苎麻）（游离 SiO_2 含量<10%）	
31	棉尘	
32	木粉尘	
33	膨润土粉尘	1302—78—9
34	皮毛粉尘	
35	桑蚕丝尘	
36	砂轮磨尘	
37	石膏粉尘（硫酸钙）	10101—41—4
38	石灰石粉尘	1317—65—3
39	碳化硅粉尘	409—21—2
40	碳纤维粉尘	
41	稀土粉尘（游离 SiO_2 含量<10%）	
42	烟草尘	
43	岩棉粉尘	
44	萤石混合性粉尘	
45	珍珠岩粉尘	93763—70—3
46	蛭石粉尘	

（续）

序号	名　　称	CAS 号
47	重晶石粉尘（硫酸钡）	7727—43—7
48	锡及其化合物粉尘	7440—31—5（锡）
49	铁及其化合物粉尘	7439—89—6（铁）
50	锑及其化合物粉尘	7440—36—0（锑）
51	硬质合金粉尘	
52	以上未提及的可导致职业病的其他粉尘	

二、化学因素

序号	名　　称	CAS 号
1	铅及其化合物（不包括四乙基铅）	7439—92—1（铅）
2	汞及其化合物	7439—97—6（汞）
3	锰及其化合物	7439—96—5（锰）
4	镉及其化合物	7440—43—9（镉）
5	铍及其化合物	7440—41—7（铍）
6	铊及其化合物	7440—28—0（铊）
7	钡及其化合物	7440—39—3（钡）
8	钒及其化合物	7440—62—6（钒）
9	磷及其化合物（磷化氢、磷化锌、磷化铝、有机磷单列）	7723—14—0（磷）
10	砷及其化合物（砷化氢单列）	7440—38—2（砷）
11	铀及其化合物	7440—61—1（铀）
12	砷化氢	7784—42—1
13	氯气	7782—50—5
14	二氧化硫	7446—9—5
15	光气（碳酰氯）	75—44—5
16	氨	7664—41—7
17	偏二甲基肼（1，1—二甲基肼）	57—14—7

（续）

序号	名　　称	CAS 号
18	氮氧化合物	
19	一氧化碳	630—08—0
20	二硫化碳	75—15—0
21	硫化氢	7783—6—4
22	磷化氢、磷化锌、磷化铝	7803—51—2、 1314—84—7、 20859—73—8
23	氟及其无机化合物	7782—41—4（氟）
24	氰及其腈类化合物	460—19—5（氰）
25	四乙基铅	78—00—2
26	有机锡	
27	羰基镍	13463—39—3
28	苯	71—43—2
29	甲苯	108—88—3
30	二甲苯	1330—20—7
31	正己烷	110—54—3
32	汽油	
33	一甲胺	74—89—5
34	有机氟聚合物单体及其热裂解物	
35	二氯乙烷	1300—21—6
36	四氯化碳	56—23—5
37	氯乙烯	1975—1—4
38	三氯乙烯	1979—1—6
39	氯丙烯	107—05—1
40	氯丁二烯	126—99—8
41	苯的氨基及硝基化合物 （不含三硝基甲苯）	
42	三硝基甲苯	118—96—7
43	甲醇	67—56—1

（续）

序号	名　称	CAS 号
44	酚	108—95—2
45	五氯酚及其钠盐	87—86—5（五氯酚）
46	甲醛	50—00—0
47	硫酸二甲酯	77—78—1
48	丙烯酰胺	1979—6—1
49	二甲基甲酰胺	1968—12—2
50	有机磷	
51	氨基甲酸酯类	
52	杀虫脒	19750—95—9
53	溴甲烷	74—83—9
54	拟除虫菊酯	
55	铟及其化合物	7440—74—6（铟）
56	溴丙烷（1—溴丙烷；2—溴丙烷）	106—94—5;75—26—3
57	碘甲烷	74—88—4
58	氯乙酸	1979—11—8
59	环氧乙烷	75—21—8
60	氨基磺酸铵	7773—06—0
61	氯化铵烟	12125—02—9（氯化铵）
62	氯磺酸	7790—94—5
63	氢氧化铵	1336—21—6
64	碳酸铵	506—87—6
65	α—氯乙酰苯	532—27—4
66	对特丁基甲苯	98—51—1
67	二乙烯基苯	1321—74—0
68	过氧化苯甲酰	94—36—0
69	乙苯	100—41—4
70	碲化铋	1304—82—1

（续）

序号	名　　称	CAS 号
71	铂化物	
72	1，3—丁二烯	106—99—0
73	苯乙烯	100—42—5
74	丁烯	25167—67—3
75	二聚环戊二烯	77—73—6
76	邻氯苯乙烯（氯乙烯苯）	2039—87—4
77	乙炔	74—86—2
78	1，1—二甲基—4，4′—联吡啶鎓盐二氯化物（百草枯）	1910—42—5
79	2—N—二丁氨基乙醇	102—81—8
80	2—二乙氨基乙醇	100—37—8
81	乙醇胺（氨基乙醇）	141—43—5
82	异丙醇胺（1—氨基—2—二丙醇）	78—96—6
83	1，3—二氯—2—丙醇	96—23—1
84	苯乙醇	60—12—18
85	丙醇	71—23—8
86	丙烯醇	107—18—6
87	丁醇	71—36—3
88	环已醇	108—93—0
89	已二醇	107—41—5
90	糠醇	98—00—0
91	氯乙醇	107—07—3
92	乙二醇	107—21—1
93	异丙醇	67—63—0
94	正戊醇	71—41—0
95	重氮甲烷	334—88—3
96	多氯萘	70776—03—3

（续）

序号	名　称	CAS 号
97	蒽	120—12—7
98	六氯萘	1335—87—1
99	氯萘	90—13—1
100	萘	91—20—3
101	萘烷	91—17—8
102	硝基萘	86—57—7
103	蒽醌及其染料	84—65—1（蒽醌）
104	二苯胍	102—06—7
105	对苯二胺	106—50—3
106	对溴苯胺	106—40—1
107	卤化水杨酰苯胺（N—水杨酰苯胺）	
108	硝基萘胺	776—34—1
109	对苯二甲酸二甲酯	120—61—6
110	邻苯二甲酸二丁酯	84—74—2
111	邻苯二甲酸二甲酯	131—11—3
112	磷酸二丁基苯酯	2528—36—1
113	磷酸三邻甲苯酯	78—30—8
114	三甲苯磷酸酯	1330—78—5
115	1，2，3—苯三酚（焦棓酚）	87—66—1
116	4，6—二硝基邻苯甲酚	534—52—1
117	N，N—二甲基—3—氨基苯酚	99—07—0
118	对氨基酚	123—30—8
119	多氯酚	
120	二甲苯酚	108—68—9
121	二氯酚	120—83—2
122	二硝基苯酚	51—28—5
123	甲酚	1319—77—3

（续）

序号	名　称	CAS 号
124	甲基氨基酚	55—55—0
125	间苯二酚	108—46—3
126	邻仲丁基苯酚	89—72—5
127	萘酚	1321—67—1
128	氢醌（对苯二酚）	123—31—9
129	三硝基酚（苦味酸）	88—89—1
130	氰氨化钙	156—62—7
131	碳酸钙	471—34—1
132	氧化钙	1305—78—8
133	锆及其化合物	7440—67—7（锆）
134	铬及其化合物	7440—47—3（铬）
135	钴及其氧化物	7440—48—4
136	二甲基二氯硅烷	75—78—5
137	三氯氢硅	10025—78—2
138	四氯化硅	10026—04—7
139	环氧丙烷	75—56—9
140	环氧氯丙烷	106—89—8
141	柴油	
142	焦炉逸散物	
143	煤焦油	8007—45—2
144	煤焦油沥青	65996—93—2
145	木馏油（焦油）	8001—58—9
146	石蜡烟	
147	石油沥青	8052—42—4
148	苯肼	100—63—0
149	甲基肼	60—34—4
150	肼	302—01—2

（续）

序号	名　称	CAS 号
151	聚氯乙烯热解物	7647—01—0
152	锂及其化合物	7439—93—2（锂）
153	联苯胺（4，4′—二氨基联苯）	92—87—5
154	3，3—二甲基联苯胺	119—93—7
155	多氯联苯	1336—36—3
156	多溴联苯	59536—65—1
157	联苯	92—52—4
158	氯联苯（54% 氯）	11097—69—1
159	甲硫醇	74—93—1
160	乙硫醇	75—08—1
161	正丁基硫醇	109—79—5
162	二甲基亚砜	67—68—5
163	二氯化砜（磺酰氯）	7791—25—5
164	过硫酸盐（过硫酸钾、过硫酸钠、过硫酸铵等）	
165	硫酸及三氧化硫	7664—93—9
166	六氟化硫	2551—62—4
167	亚硫酸钠	7757—83—7
168	2—溴乙氧基苯	589—10—6
169	苄基氯	100—44—7
170	苄基溴（溴甲苯）	100—39—0
171	多氯苯	
172	二氯苯	106—46—7
173	氯苯	108—90—7
174	溴苯	108—86—1
175	1，1—二氯乙烯	75—35—4
176	1，2—二氯乙烯（顺式）	540—59—0

（续）

序号	名　称	CAS 号
177	1，3—二氯丙烯	542—75—6
178	二氯乙炔	7572—29—4
179	六氯丁二烯	87—68—3
180	六氯环戊二烯	77—47—4
181	四氯乙烯	127—18—4
182	1，1，1—三氯乙烷	71—55—6
183	1，2，3—三氯丙烷	96—18—4
184	1，2—二氯丙烷	78—87—5
185	1，3—二氯丙烷	142—28—9
186	二氯二氟甲烷	75—71—8
187	二氯甲烷	75—09—2
188	二溴氯丙烷	35407
189	六氯乙烷	67—72—1
190	氯仿（三氯甲烷）	67—66—3
191	氯甲烷	74—87—3
192	氯乙烷	75—00—3
193	氯乙酰氯	79—40—9
194	三氯一氟甲烷	75—69—4
195	四氯乙烷	79—34—5
196	四溴化碳	558—13—4
197	五氟氯乙烷	76—15—3
198	溴乙烷	74—96—4
199	铝酸钠	1302—42—7
200	二氧化氯	10049—04—4
201	氯化氢及盐酸	7647—01—0
202	氯酸钾	3811—04—9
203	氯酸钠	7775—09—9

（续）

序号	名　称	CAS 号
204	三氟化氯	7790—91—2
205	氯甲醚	107—30—2
206	苯基醚（二苯醚）	101—84—8
207	二丙二醇甲醚	34590—94—8
208	二氯乙醚	111—44—4
209	二缩水甘油醚	
210	邻茴香胺	90—04—0
211	双氯甲醚	542—88—1
212	乙醚	60—29—7
213	正丁基缩水甘油醚	2426—08—6
214	钼酸	13462—95—8
215	钼酸铵	13106—76—8
216	钼酸钠	7631—95—0
217	三氧化钼	1313—27—5
218	氢氧化钠	1310—73—2
219	碳酸钠（纯碱）	3313—92—6
220	镍及其化合物（羰基镍单列）	
221	癸硼烷	17702—41—9
222	硼烷	
223	三氟化硼	7637—07—2
224	三氯化硼	10294—34—5
225	乙硼烷	19287—45—7
226	2—氯苯基羟胺	10468—16—3
227	3—氯苯基羟胺	10468—17—4
228	4—氯苯基羟胺	823—86—9
229	苯基羟胺（苯胲）	100—65—2
230	巴豆醛（丁烯醛）	4170—30—3

（续）

序号	名　　称	CAS 号
231	丙酮醛（甲基乙二醛）	78—98—8
232	丙烯醛	107—02—8
233	丁醛	123—72—8
234	糠醛	98—01—1
235	氯乙醛	107—20—0
236	羟基香茅醛	107—75—5
237	三氯乙醛	75—87—6
238	乙醛	75—07—0
239	氢氧化铯	21351—79—1
240	氯化苄烷胺（洁尔灭）	8001—54—5
241	双—(二甲基硫代氨基甲酰基)二硫化物（秋兰姆、福美双）	137—26—8
242	α—萘硫脲（安妥）	86—88—4
243	3—(1—丙酮基苄基)—4—羟基香豆素(杀鼠灵)	81—81—2
244	酚醛树脂	9003—35—4
245	环氧树脂	38891—59—7 〈http://www. ichemistry. cn/chemistry/38891—59—7. htm〉
246	脲醛树脂	25104—55—6
247	三聚氰胺甲醛树脂	9003—08—1
248	1，2，4—苯三酸酐	552—30—7
249	邻苯二甲酸酐	85—44—9
250	马来酸酐	108—31—6
251	乙酸酐	108—24—7
252	丙酸	79—09—4
253	对苯二甲酸	100—21—0
254	氟乙酸钠	62—74—8

（续）

序号	名　称	CAS 号
255	甲基丙烯酸	79—41—4
256	甲酸	64—18—6
257	羟基乙酸	79—14—1
258	巯基乙酸	68—11—1
259	三甲基己二酸	3937—59—5
260	三氯乙酸	76—03—9
261	乙酸	64—19—7
262	正香草酸（高香草酸）	306—08—1
263	四氯化钛	7550—45—0
264	钽及其化合物	7440—25—7（钽）
265	锑及其化合物	7440—36—0（锑）
266	五羰基铁	13463—40—6
267	2—己酮	591—78—6
268	3，5，5—三甲基—2—环己烯—1—酮（异佛尔酮）	78—59—1
269	丙酮	67—64—1
270	丁酮	78—93—3
271	二乙基甲酮	96—22—0
272	二异丁基甲酮	108—83—8
273	环己酮	108—94—1
274	环戊酮	120—92—3
275	六氟丙酮	684—16—2
276	氯丙酮	78—95—5
277	双丙酮醇	123—42—2
278	乙基另戊基甲酮(5—甲基—3—庚酮)	541—85—5
279	乙基戊基甲酮	106—68—3
280	乙烯酮	463—51—4

（续）

序号	名　　称	CAS 号
281	异亚丙基丙酮	141—79—7
282	铜及其化合物	
283	丙烷	74—98—6
284	环已烷	110—82—7
285	甲烷	74—82—8
286	壬烷	111—84—2
287	辛烷	111—65—9
288	正庚烷	142—82—5
289	正戊烷	109—66—0
290	2—乙氧基乙醇	110—80—5
291	甲氧基乙醇	109—86—4
292	围涎树碱	
293	二硫化硒	56093—45—9
294	硒化氢	7783—07—5
295	钨及其不溶性化合物	7740—33—7（钨）
296	硒及其化合物（六氟化硒、硒化氢单列）	7782—49—2（硒）
297	二氧化锡	1332—29—2
298	N，N—二甲基乙酰胺	127—19—5
299	N—3，4 二氯苯基丙酰胺（敌稗）	709—98—8
300	氟乙酰胺	640—19—7
301	己内酰胺	105—60—2
302	环四次甲基四硝胺（奥克托今）	2691—41—0
303	环三次甲基三硝铵（黑索今）	121—82—4
304	硝化甘油	55—63—0
305	氯化锌烟	7646—85—7（氯化锌）
306	氧化锌	1314—13—2
307	氢溴酸（溴化氢）	10035—10—6

（续）

序号	名　称	CAS 号
308	臭氧	10028—15—6
309	过氧化氢	7722—84—1
310	钾盐镁矾	
311	丙烯基芥子油	
312	多次甲基多苯基异氰酸酯	57029—46—6
313	二苯基甲烷二异氰酸酯	101—68—8
314	甲苯—2，4—二异氰酸酯（TDI）	584—84—9
315	六亚甲基二异氰酸酯（HDI）（1，6—己二异氰酸酯）	822—06—0
316	萘二异氰酸酯	3173—72—6
317	异佛尔酮二异氰酸酯	4098—71—9
318	异氰酸甲酯	624—83—9
319	氧化银	20667—12—3
320	甲氧氯	72—43—5
321	2—氨基吡啶	504—29—0
322	N—乙基吗啉	100—74—3
323	吖啶	260—94—6
324	苯绕蒽酮	82—05—3
325	吡啶	110—86—1
326	二噁烷	123—91—1
327	呋喃	110—00—9
328	吗啉	110—91—8
329	四氢呋喃	109—99—9
330	茚	95—13—6
331	四氢化锗	7782—65—2
332	二乙烯二胺（哌嗪）	110—85—0
333	1，6—己二胺	124—09—4

（续）

序号	名　　称	CAS 号
334	二甲胺	124—40—3
335	二乙烯三胺	111—40—0
336	二异丙胺基氯乙烷	96—79—7
337	环己胺	108—91—8
338	氯乙基胺	689—98—5
339	三乙烯四胺	112—24—3
340	烯丙胺	107—11—9
341	乙胺	75—04—7
342	乙二胺	107—15—3
343	异丙胺	75—31—0
344	正丁胺	109—73—9
345	1，1—二氯—1—硝基乙烷	594—72—9
346	硝基丙烷	25322—01—4
347	三氯硝基甲烷（氯化苦）	76—06—2
348	硝基甲烷	75—52—5
349	硝基乙烷	79—24—3
350	1，3—二甲基丁基乙酸酯（乙酸仲己酯）	108—84—9
351	2—甲氧基乙基乙酸酯	110—49—6
352	2—乙氧基乙基乙酸酯	111—15—9
353	n—乳酸正丁酯	138—22—7
354	丙烯酸甲酯	96—33—3
355	丙烯酸正丁酯	141—32—2
356	甲基丙烯酸甲酯（异丁烯酸甲酯）	80—62—6
357	甲基丙烯酸缩水甘油酯	106—91—2
358	甲酸丁酯	592—84—7
359	甲酸甲酯	107—31—3
360	甲酸乙酯	109—94—4

（续）

序号	名　称	CAS 号
361	氯甲酸甲酯	79—22—1
362	氯甲酸三氯甲酯（双光气）	503—38—8
363	三氟甲基次氟酸酯	
364	亚硝酸乙酯	109—95—5
365	乙二醇二硝酸酯	628—96—6
366	乙基硫代磺酸乙酯	682—91—7
367	乙酸苄酯	140—11—4
368	乙酸丙酯	109—60—4
369	乙酸丁酯	123—86—4
370	乙酸甲酯	79—20—9
371	乙酸戊酯	628—63—7
372	乙酸乙烯酯	108—05—4
373	乙酸乙酯	141—78—6
374	乙酸异丙酯	108—21—4
375	以上未提及的可导致职业病的其他化学因素	

三、物理因素

序号	名　称	序号	名　称
1	噪声	9	微波
2	高温	10	紫外线
3	低气压	11	红外线
4	高气压	12	工频电磁场
5	高原低氧	13	高频电磁场
6	振动	14	超高频电磁场
7	激光	15	以上未提及的可导致职业病的其他物理因素
8	低温		

四、放射性因素

序号	名　称	备　注
1	密封放射源产生的电离辐射	主要产生 γ、中子等射线
2	非密封放射性物质	可产生 α、β、γ 射线或中子
3	X 射线装置（含 CT 机）产生的电离辐射	X 射线
4	加速器产生的电离辐射	可产生电子射线、X 射线、质子、重离子、中子以及感生放射性等
5	中子发生器产生的电离辐射	主要是中子、γ 射线等
6	氡及其短寿命子体	限于矿工高氡暴露
7	铀及其化合物	
8	以上未提及的可导致职业病的其他放射性因素	

五、生物因素

序号	名　称	备　注
1	艾滋病病毒	限于医疗卫生人员及人民警察
2	布鲁氏菌	
3	伯氏疏螺旋体	
4	森林脑炎病毒	
5	炭疽芽孢杆菌	
6	以上未提及的可导致职业病的其他生物因素	

六、其他因素

序号	名　称	备　注
1	金属烟	
2	井下不良作业条件	限于井下工人
3	刮研作业	限于手工刮研作业人员

国家卫生计生委等部门关于印发加强农民工尘肺病防治工作的意见的通知

农民工已成为我国产业工人的主体，截至2014年底，我国农民工人数达2.74亿，是推动国家现代化建设的重要力量，为经济社会发展作出了巨大贡献。党中央、国务院高度重视农民工的职业健康。近年来，我国先后公布了《职业病防治法》等一系列法律法规、规划和职业卫生标准，监管力度逐步加大，职业病防治能力和服务体系持续加强，诊断服务的可及性和诊断水平不断提高。但是，由于一些用人单位不履行防治主体责任，健康监护不到位，加上部分农民工缺乏职业防护和维权意识，农民工罹患尘肺病的势头并没有得到有效控制，病后得不到及时诊断、救治和赔偿的问题也没有得到有效解决。为进一步深入贯彻党的十八大和十八届三中、四中、五中全会精神，落实《国务院关于进一步做好为农民工服务工作的意见》(国发〔2014〕40号）有关要求，预防、控制和消除尘肺病危害，切实保护农民工职业健康和相关权益，提出以下意见：

一、着力加强农民工尘肺病源头治理

用人单位要建立健全粉尘防治规章制度和责任制，落实粉尘防治主体责任。要建立健全粉尘防治管理机构，配备专职管理人员，负责粉尘防治日常管理工作。严格执行建设项目防尘设施“三同时”，确保新建设项目粉尘防护设施齐全有效。按照要求开展工作场所粉尘日常监测和定期检测，加强防尘设施设备维护管理，配备合格有效的个人粉尘防护用品。强化职业病危害告知和职业卫生宣教培训，提高农民工的粉尘防范能力和自我防护意识。各地要抓住国家经济转型和产业结构调整契机，强化新技术、新工艺、新设备和新材料的推广应用，淘汰粉尘危害严重的落后产能，主动关闭粉尘危害严重、不具备防治条件的小矿山、小水泥、小冶金、小陶瓷、小石材加工等企业。各级安全监管部门要会同能源等行业管理部门，深入开展矿山开采、建材生产等粉尘危害严重行业领域的专项治理。加大对用人单位粉尘防治工作的监督检查力度，依法查处违法违规行为，对工艺落后、粉尘危害严重且整改无望的企业，要提请地方政府依法予以关闭。要建立粉尘危害企业黑名单制度，对违法违规企业坚决予以曝光。加大尘肺病事件的查处力度，对出现群体性尘肺病的用人单位，依法从严从重查处并追究相关责任人的责任。

二、大力推进农民工职业健康检查工作

用人单位要为农民工建立个人职业健康监护档案，依法对农民工进行上岗前、在岗期间和离岗时职业健康检查，书面告知检查结果，并为离开本单位的农民工提供档案复印件。不得安排未经上岗前职业健康检查或有职业禁忌的农民工从事粉尘作业，在岗期间职业健康检查发现有职业健康禁忌的，应当调离有健康损害的工作岗位。对疑似尘肺病农民工应当及时安排进行诊断，离岗前未进行职业健康检查的农民工不得与其解除或终止劳动合同。地方各级卫生计生行政部门要根据工作需要，统一规划、科学布局、合理设置职业健康检查机构。职业健康检查机构要优化检查流程，加强质量控制，为用人单位和农民工提供方便高效的服务，并可根据需要，在登记机关管辖区域范围内开展外出职业健康检查。发现疑似尘肺病和职业禁忌的应当及时书面告知农民工和用人单位，并将疑似尘肺病报告用人单位所在地的卫生计生行政部门和安全监管部门。

三、认真做好尘肺病诊断鉴定和医疗救治工作

劳动者有粉尘接触史且临床表现以及辅助检查结果符合尘肺病特征的，医疗机构应当及时作出尘肺病相关临床诊断。符合职业性尘肺病相关诊断标准的，职业病诊断机构应当加强有关部门协调，提高效率，尽快作出职业性尘肺病诊断。没有证据否定职业病危害因素与病人临床表现之间的必然联系的，应当诊断为职业性尘肺病。各级卫生计生、人力资源社会保障、安全监管等部门和工会组织要针对当前农民工尘肺病诊断过程中存在的实际问题，研究制订具体办法，简化诊断程序，缩短诊断时间，切实解决农民工尘肺病诊断的实际困难。对诊断有争议的，按照有关规定进行鉴定。要按照“方便治疗、疗效可靠、价格合理、服务周到”的原则，优化尘肺病定点医疗机构设置。有关科技行政部门要将尘肺病防治技术和产品的研发列入有关科研计划，组织产学研医等方面的优势力量，加

大科研攻关力度。各级人力资源社会保障和卫生计生行政部门要及时按规定将疗效可靠的尘肺病治疗药品列入各类基本医疗保险药品目录。各级卫生计生行政部门要加强医务人员培训，规范尘肺病救治工作，提高尘肺病治疗技术水平。

四、有效保障符合条件的尘肺病农民工工伤保险待遇

要大力推进《劳动合同法》和《工伤保险条例》的贯彻落实，规范用人单位劳动用工管理，督促其依法与农民工签订劳动合同，按时足额为农民工缴纳工伤保险费。对于不依法签订劳动合同、不按规定缴纳工伤保险费的，各级人力资源社会保障行政部门要及时查处。各级人力资源社会保障行政部门要按规定及时进行工伤认定和劳动能力鉴定，依法落实其各项工伤保险待遇。对于未参保尘肺病农民工，由用人单位依法支付其各项工伤保险待遇。用人单位不支付的，工伤保险基金按规定先行支付，并由社会保险经办机构依法向用人单位追偿。

五、切实解决特困尘肺病农民工医疗和生活问题

未参加工伤保险，且用人单位已经不存在或无法确认劳动关系的尘肺病病人，参加基本医疗保险的，按规定享受基本医疗保险相应待遇，并可向地方人民政府民政部门申请医疗救助和生活等方面的救助。各地要落实大病保险和医疗救助制度，及时将符合条件的尘肺病农民工纳入大病保险和城乡医疗救助体系。上述保障制度仍不能解决医疗救治问题的，要采取多种措施，使其获得医疗救治。各级民政部门要将符合条件的尘肺病农民工纳入最低生活保障、临时救助等社会救助范围。对尘肺病农民工遭受突发性、紧迫性、临时性基本生活困难的，应当按规定给予临时救助。各地要出台优惠政策，鼓励企业、社会团体和个人弘扬中华民族“扶危济困”的传统美德，为尘肺病农民工献爱心、送温暖，逐步形成政府救助与社会关爱相结合的工作格局，共同解决尘肺病农民工的生活困难。

六、全力维护尘肺病农民工职业健康权益

各级工会组织要加强基层组织建设，努力把农民工组织到工会中，依法对农民工尘肺病防治工作进行监督。通过政府与工会联席会议、协调劳动关系三方机制、集体协商、职代会等途径，反映农民工尘肺病防治诉求，推动解决农民工尘肺病防治突出问题。加强平等协商和签订劳动安全卫生专项集体合同工作，督促用人单位保障农民工职业卫生保护权利，对用人单位尘肺病防治工作提出意见和建议。在农民工相对聚集的行业企业，深入开展群众性职业危害隐患排查活动。

七、全面强化政府落实责任

各地要高度重视农民工尘肺病防治工作，将其纳入本地国民经济和社会发展计划以及职业病防治规划，纳入本地健康城市的创建工作，加强领导协调，研究落实解决农民工尘肺病防治的重大问题，加强尘肺病防治能力建设，保证尘肺病防治工作的经费。各级卫生计生、安全监管、发展改革、科技、工业和信息化、民政、财政、人力资源社会保障、国资、能源等有关部门和工会组织按照职责分工，密切配合，落实防治监管、医疗服务、经费保障等责任，确保各项防治措施落实到位。

劳动部关于发布《企业职工患病或非因工负伤医疗期规定》的通知

第一条　为了保障企业职工在患病或非因工负伤期间的合法权益，根据《中华人民共和国劳动法》第二十六、二十九条规定，制定本规定。

第二条　医疗期是指企业职工因患病或非因工负伤停止工作治病休息不得解除劳动合同的时限。

第三条　企业职工因患病或非因工负伤，需要停止工作医疗时，根据本人实际参加工作年限和在本单位工作年限，给予三个月到二十四个月的医疗期：

（一）实际工作年限十年以下的，在本单位工作年限五年以下的为三个月；五年以上的为六个月。

（二）实际工作年限十年以上的，在本单位工作年限五年以下的为六个月；五年以上十年以下的为九个月；十年以上十五年以下的为十二个月；十五年以上二十年以下的为十八个月；二十年以上的为二十四个月。

第四条　医疗期三个月的按六个月内累计病休时间计算；六个月的按十二个月内累计病休时间计算；九个月的按十五个月内累计病休时间计算；十二个月的按十八个月内累计病休时间计算；十八个月的按二十四个月内累计病休时间计算；二十四个月的按三十个月内累计病休时间计算。

第五条　企业职工在医疗期内，其病假工资、疾病救济费和医疗待遇按照有关规定执行。

第六条　企业职工非因工致残和经医生或医疗机构认定患有难以治疗的疾病，在医疗期内医疗终结，不能从事原工作，也不能从事用人单位另行安排的工作的，应当由劳动鉴定委员会参照工伤与职业病致残程度鉴定标准进行劳动能力的鉴定。被鉴定为一至四级的，应当退出劳动岗位，终止劳动关系，办理退休、退职手续，享受退休、退职待遇；被鉴定为五至十级的，医疗期内不得解除劳动合同。

第七条 企业职工非因工致残和经医生或医疗机构认定患有难以治疗的疾病，医疗期满，应当由劳动鉴定委员会参照工伤与职业病致残程度鉴定标准进行劳动能力的鉴定。被鉴定为一至四级的，应当退出劳动岗位，解除劳动关系，并办理退休、退职手续，享受退休、退职待遇。

第八条 医疗期满尚未痊愈者，被解除劳动合同的经济补偿问题按照有关规定执行。

第九条 本规定自一九九五年一月一日起施行。

第三部分　司法解释

最高人民法院关于适用《中华人民共和国民事诉讼法》的解释

（2014 年 12 月 18 日最高人民法院审判委员会第 1636 次会议通过）

目　录

二十一、执行程序

二十二、涉外民事诉讼程序的特别规定

二十三、附则

2012 年 8 月 31 日，第十一届全国人民代表大会常务委员会第二十八次会议审议通过了《关于修改〈中华人民共和国民事诉讼法〉的决定》。根据修改后的民事诉讼法，结合人民法院民事审判和执行工作实际，制定本解释。

一、管辖

第一条 民事诉讼法第十八条第一项规定的重大涉外案件，包括争议标的额大的案件、案情复杂的案件，或者一方当事人人数众多等具有重大影响的案件。

第二条 专利纠纷案件由知识产权法院、最高人民法院确定的中级人民法院和基层人民法院管辖。

海事、海商案件由海事法院管辖。

第三条 公民的住所地是指公民的户籍所在地，法人或者其他组织的住所地是指法人或者其他组织的主要办事机构所在地。

法人或者其他组织的主要办事机构所在地不能确定的，法人或者其他组织的注册地或者登记地为住所地。

第四条 公民的经常居住地是指公民离开住所地至起诉时已连续居住一年以上的地方，但公民住院就医的地方除外。

第五条 对没有办事机构的个人合伙、合伙型联营体提起的诉讼，由被告注册登记地人民法院管辖。没有注册登记，几个被告又不在同一辖区的，被告住所地的人民法院都有管辖权。

第六条 被告被注销户籍的，依照民事诉讼法第二十二条规定确定管辖；原告、被告均被注销户籍的，由被告居住地人民法院管辖。

第七条 当事人的户籍迁出后尚未落户，有经常居住地的，由该地人民法院管辖；没有经常居住地的，由其原户籍所在地人民法院管辖。

第八条 双方当事人都被监禁或者被采取强制性教育措施的，由被告原住所地人民法院管辖。被告被监禁或者被采取强制性教育措施一年以上的，由被告被监禁地或者被采取强制性教育措施地人民法院管辖。

第九条 追索赡养费、抚育费、扶养费案件的几个被告住所地不在同一辖区的，可以由原告住所地人民法院管辖。

第十条 不服指定监护或者变更监护关系的案件，可以由被监护人住所地人民法院管辖。

第十一条 双方当事人均为军人或者军队单位的民事案件由军事法院管辖。

第十二条 夫妻一方离开住所地超过一年，另一方起诉离婚的案件，可以由原告住所地人民法院管辖。

夫妻双方离开住所地超过一年，一方起诉离婚的案件，由被告经常居住地人民法院管辖；没有经常居住地的，由原告起诉时被告居住地人民法院管辖。

第十三条 在国内结婚并定居国外的华侨，如定居国法院以离婚诉讼须由婚姻缔结地法院管辖为由不予受理，当事人向人民法院提出离婚诉讼的，由婚姻缔结地或者一方在国内的最后居住地人民法院管辖。

第十四条 在国外结婚并定居国外的华侨，如定居国法院以离婚诉讼须由国籍所属国法院管辖为由不予受理，当事人向人民法院提出离婚诉讼的，由一方原住所地或者在国内的最后居住地人民法院管辖。

第十五条 中国公民一方居住在国外，一方居住在国内，不论哪一方向人民法院提起离婚诉讼，国内一方住所地人民法院都有权管辖。国外一方在居住国法院起诉，国内一方向人民法院起诉的，受诉人民法院有权管辖。

第十六条 中国公民双方在国外但未定居，一方向人民法院起诉离婚的，应由原告或者被告原住所地人民法院管辖。

第十七条 已经离婚的中国公民，双方均定居国外，仅就国内财产分割提起诉讼的，由主要财产所在地人民法院管辖。

第十八条 合同约定履行地点的，以约定的履行地点为合同履行地。

合同对履行地点没有约定或者约定不明确，争议标的为给付货币的，接收货币一方所在地为合同履行地；交付不动产的，不动产所在地为合同履行地；其他标的，履行义务一方所在地为合同履行地。即时结清的合同，交易行为地为合同履行地。

合同没有实际履行，当事人双方住所地都不在合同约定的履行地的，由被告住所地人民法院管辖。

第十九条 财产租赁合同、融资租赁合同以租赁物使用地为合同履行地。合同对履行地有约定的，从其约定。

第二十条 以信息网络方式订立的买卖合同，通过信息网络交付标的的，以买受人住所地为合同履行地；通过其他方式交付标的的，收货地为合同履行地。合同对履行地有约定的，从其约定。

第二十一条 因财产保险合同纠纷提起的诉讼，如果保险标的物是运输工具或者运输中的货物，可以由运输工具登记注册地、运输目的地、保险事故发生地人民法院管辖。

因人身保险合同纠纷提起的诉讼，可以由被保险人住所地人民法院管辖。

第二十二条 因股东名册记载、请求变更公司登记、股东知情权、公司决议、公司合并、公司分立、公司减资、公司增资等纠纷提起的诉讼，依照民事诉讼法第二十六条规定确定管辖。

第二十三条 债权人申请支付令，适用民事诉讼法第二十一条规定，由债务人住所地基层人民法院管辖。

第二十四条 民事诉讼法第二十八条规定的侵权行为地，包括侵权行为实施地、侵权结果发生地。

第二十五条 信息网络侵权行为实施地包括实施被诉侵权行为的计算机等信息设备所在地，侵权结果发生地包括被侵权人住所地。

第二十六条 因产品、服务质量不合格造成他人财产、人身损害提起的诉讼，产品制造地、产品销售地、服务提供地、侵权行为地和被告住所地人民法院都有管辖权。

第二十七条 当事人申请诉前保全后没有在法定期间起诉或者申请仲裁，给被申请人、利害关系人造成损失引起的诉讼，由采取保全措施的人民法院管辖。

当事人申请诉前保全后在法定期间内起诉或者申请仲裁，被申请人、利害关系人因保全受到损失提起的诉讼，由受理起诉的人民法院或者采取保全措施的人民法院管辖。

第二十八条 民事诉讼法第三十三条第一项规定的不动产纠纷是指因不动产的权利确认、分割、相邻关系等引起的物权纠纷。

农村土地承包经营合同纠纷、房屋租赁合同纠纷、建设工程施工合同纠纷、政策性房屋买卖合同纠纷，按照不动产纠纷确定管辖。

不动产已登记的，以不动产登记簿记载的所在地为不动产所在地；不动产未登记的，以不动产实际所在地为不动产所在地。

第二十九条 民事诉讼法第三十四条规定的书面协议，包括书面合同中的协议管辖条款或者诉讼前以书面形式达成的选择管辖的协议。

第三十条 根据管辖协议，起诉时能够确定管辖法院的，从其约定；不能确定的，依照民事诉讼法的相关规定确定管辖。

管辖协议约定两个以上与争议有实际联系的地点的人民法院管辖，原告可以向其中一个人民法院起诉。

第三十一条 经营者使用格式条款与消费者订立管辖协议，未采取合理方式提请消费者注意，消费者主张管辖协议无效的，人民法院应予支持。

第三十二条 管辖协议约定由一方当事人住所地人民法院管辖，协议签订后当事人住所地变更的，由签订管辖协议时的住所地人民法院管辖，但当事人另有约定的除外。

第三十三条 合同转让的，合同的管辖协议对合同受让人有效，但转让时受让人不知道有管辖协议，或者转让协议另有约定且原合同相对人同意的除外。

第三十四条 当事人因同居或者在解除婚姻、收养关系后发生财产争议，约定管辖的，可以适用民事诉讼法第三十四条规定确定管辖。

第三十五条 当事人在答辩期间届满后未应诉答辩，人民法院在一审开庭前，发现案件不属于本院管辖的，应当裁定移送有管辖权的人民法院。

第三十六条 两个以上人民法院都有管辖权的诉讼，先立案的人民法院不得将案件移送给另一个有管辖权的人民法院。人民法院在立案前发现其他有管辖权的人民法院已先立案的，不得重复立案；立案后发现其他有管辖权的人民法院已先立案的，裁定将案件移送给先立案的人民法院。

第三十七条 案件受理后，受诉人民法院的管辖权不受当事人住所地、经常居住地变更的影响。

第三十八条 有管辖权的人民法院受理案件后，不得以行政区域变更为由，将案件移送给变更后有管辖权的人民法院。判决后的上诉案件和依审判监督程序提审的案件，由原审人民法院的上级人民法院进行审判；上级人民法院指令再审、发回重审的案件，由原审人民法院再审或者重审。

第三十九条 人民法院对管辖异议审查后确定有管辖权的，不因当事人提起反诉、增加或者变更诉讼请求等改变管辖，但违反级别管辖、专属管辖规定的除外。

人民法院发回重审或者按第一审程序再审的案件，当事人提出管辖异议的，人民法院不予审查。

第四十条 依照民事诉讼法第三十七条第二款规定，发生管辖权争议的两个人民法院因协商不成报请它们的共同上级人民法院指定管辖时，双方为同属一个地、市辖区的基层人民法院的，由该地、市的中级人民法院及时指定管辖；同属一个省、自治区、直辖市的两个人民法院的，由该省、自治区、直辖市的高级人民法院及时指定管辖；双方为跨省、自治区、直辖市的人民法院，高级人民法院协商不成的，由最高人民法院及时指定管辖。

依照前款规定报请上级人民法院指定管辖时，应当逐级进行。

第四十一条 人民法院依照民事诉讼法第三十七条第二款规定指定管辖的，应当作出裁定。

对报请上级人民法院指定管辖的案件，下级人民法院应当中止审理。指定管辖裁定作出前，下级人民法院对案件作出判决、裁定的，上级人民法院应当在裁定指定管辖的同时，一并撤销下级人民法院的判决、裁定。

第四十二条 下列第一审民事案件，人民法院依照民事诉讼法第三十八条第一款规定，可以在开庭前交下级人民法院审理：

（一）破产程序中有关债务人的诉讼案件；

（二）当事人人数众多且不方便诉讼的案件；

（三）最高人民法院确定的其他类型案件。

人民法院交下级人民法院审理前，应当报请其上级人民法院批准。上级人民法院批准后，人民法院应当裁定将案件交下级人民法院审理。

二、回避

第四十三条 审判人员有下列情形之一的，应当自行回避，当事人有权申请其回避：

（一）是本案当事人或者当事人近亲属的；

（二）本人或者其近亲属与本案有利害关系的；

（三）担任过本案的证人、鉴定人、辩护人、诉讼代理人、翻译人员的；

（四）是本案诉讼代理人近亲属的；

（五）本人或者其近亲属持有本案非上市公司当事人的股份或者股权的；

（六）与本案当事人或者诉讼代理人有其他利害关系，可能影响公正审理的。

第四十四条 审判人员有下列情形之一的，当事人有权申请其回避：

（一）接受本案当事人及其受托人宴请，或者参加由其支付费用的活动的；

（二）索取、接受本案当事人及其受托人财物或者其他利益的；

（三）违反规定会见本案当事人、诉讼代理人的；

（四）为本案当事人推荐、介绍诉讼代理人，或者为律师、其他人员介绍代理本案的；

（五）向本案当事人及其受托人借用款物的；

（六）有其他不正当行为，可能影响公正审理的。

第四十五条 在一个审判程序中参与过本案审判工作的审判人员，不得再参与该案其他程序的审判。

发回重审的案件，在一审法院作出裁判后又进入第二审程序的，原第二审程序中合议庭组成人员不受前款规定的限制。

第四十六条 审判人员有应当回避的情形，没有自行回避，当事人也没有申请其回避的，由院长或者审判委员会决定其回避。

第四十七条 人民法院应当依法告知当事人对合议庭组成人员、独任审判员和书记员等人员有申请回避的权利。

第四十八条 民事诉讼法第四十四条所称的审判人员，包括参与本案审理的人民法院院长、副院长、审判委员会委员、庭长、副庭长、审判员、助理审判员和人民陪审员。

第四十九条 书记员和执行员适用审判人员回避的有关规定。

三、诉讼参加人

第五十条 法人的法定代表人以依法登记的为准，但法律另有规定的除外。依法不需要办理登记的法人，以其正职负责人为法定代表人；没有正职负责人的，以其主持工作的副职负责人为法定代表人。

法定代表人已经变更，但未完成登记，变更后的法定代表人要求代表法人参加诉讼的，人民法院可以准许。

其他组织，以其主要负责人为代表人。

第五十一条 在诉讼中，法人的法定代表人变更的，由新的法定代表人继续进行诉讼，并应向人民法院提交新的法定代表人身份证明书。原法定代表人进行的诉讼行为有效。

前款规定，适用于其他组织参加的诉讼。

第五十二条 民事诉讼法第四十八条规定的其他组织是指合法成立、有一定的组织机构和财产，但又不具备法人资格的组织，包括：

（一）依法登记领取营业执照的个人独资企业；

（二）依法登记领取营业执照的合伙企业；

（三）依法登记领取我国营业执照的中外合作经营企业、外资企业；

（四）依法成立的社会团体的分支机构、代表机构；

（五）依法设立并领取营业执照的法人的分支机构；

（六）依法设立并领取营业执照的商业银行、政策性银行和非银行金融机构的分支机构；

（七）经依法登记领取营业执照的乡镇企业、街道企业；

（八）其他符合本条规定条件的组织。

第五十三条 法人非依法设立的分支机构，或者虽依法设立，但没有领取营业执照的分支机构，以设立该分支机构的法人为当事人。

第五十四条 以挂靠形式从事民事活动，当事人请求由挂靠人和被挂靠人依法承担民事责任的，该挂靠人和被挂靠人为共同诉讼人。

第五十五条 在诉讼中，一方当事人死亡，需要等待继承人表明是否参加诉讼的，裁定中止诉讼。人民法院应当及时通知继承人作为当事人承担诉讼，被继承人已经进行的诉讼行为对承担诉讼的继承人有效。

第五十六条 法人或者其他组织的工作人员执行工作任务造成他人损害的，该法人或者其他组织为当事人。

第五十七条 提供劳务一方因劳务造成他人损害，受害人提起诉讼的，以接受劳务一方为被告。

第五十八条 在劳务派遣期间，被派遣的工作人员因执行工作任务造成他人损害的，以接受劳务派遣的用工单位为当事人。当事人主张劳务派遣单位承担责任的，该劳务派遣单位为共同被告。

第五十九条 在诉讼中，个体工商户以营业执照上登记的经营者为当事人。有字号的，以营业执照上登记的字号为当事人，但应同时注明该字号经营者的基本信息。

营业执照上登记的经营者与实际经营者不一致的，以登记的经营者和实际经营者为共同诉讼人。

第六十条　在诉讼中，未依法登记领取营业执照的个人合伙的全体合伙人为共同诉讼人。个人合伙有依法核准登记的字号的，应在法律文书中注明登记的字号。全体合伙人可以推选代表人；被推选的代表人，应由全体合伙人出具推选书。

第六十一条　当事人之间的纠纷经人民调解委员会调解达成协议后，一方当事人不履行调解协议，另一方当事人向人民法院提起诉讼的，应以对方当事人为被告。

第六十二条　下列情形，以行为人为当事人：

（一）法人或者其他组织应登记而未登记，行为人即以该法人或者其他组织名义进行民事活动的；

（二）行为人没有代理权、超越代理权或者代理权终止后以被代理人名义进行民事活动的，但相对人有理由相信行为人有代理权的除外；

（三）法人或者其他组织依法终止后，行为人仍以其名义进行民事活动的。

第六十三条　企业法人合并的，因合并前的民事活动发生的纠纷，以合并后的企业为当事人；企业法人分立的，因分立前的民事活动发生的纠纷，以分立后的企业为共同诉讼人。

第六十四条　企业法人解散的，依法清算并注销前，以该企业法人为当事人；未依法清算即被注销的，以该企业法人的股东、发起人或者出资人为当事人。

第六十五条　借用业务介绍信、合同专用章、盖章的空白合同书或者银行账户的，出借单位和借用人为共同诉讼人。

第六十六条　因保证合同纠纷提起的诉讼，债权人向保证人和被保证人一并主张权利的，人民法院应当将保证人和被保证人列为共同被告。保证合同约定为一般保证，债权人仅起诉保证人的，人民法院应当通知被保证人作为共同被告参加诉讼；债权人仅起诉被保证人的，可以只列被保证人为被告。

第六十七条　无民事行为能力人、限制民事行为能力人造成他人损害的，无民事行为能力人、限制民事行为能力人和其监护人为共同被告。

第六十八条 村民委员会或者村民小组与他人发生民事纠纷的，村民委员会或者有独立财产的村民小组为当事人。

第六十九条 对侵害死者遗体、遗骨以及姓名、肖像、名誉、荣誉、隐私等行为提起诉讼的，死者的近亲属为当事人。

第七十条 在继承遗产的诉讼中，部分继承人起诉的，人民法院应通知其他继承人作为共同原告参加诉讼；被通知的继承人不愿意参加诉讼又未明确表示放弃实体权利的，人民法院仍应将其列为共同原告。

第七十一条 原告起诉被代理人和代理人，要求承担连带责任的，被代理人和代理人为共同被告。

第七十二条 共有财产权受到他人侵害，部分共有权人起诉的，其他共有权人为共同诉讼人。

第七十三条 必须共同进行诉讼的当事人没有参加诉讼的，人民法院应当依照民事诉讼法第一百三十二条的规定，通知其参加；当事人也可以向人民法院申请追加。人民法院对当事人提出的申请，应当进行审查，申请理由不成立的，裁定驳回；申请理由成立的，书面通知被追加的当事人参加诉讼。

第七十四条 人民法院追加共同诉讼的当事人时，应当通知其他当事人。应当追加的原告，已明确表示放弃实体权利的，可不予追加；既不愿意参加诉讼，又不放弃实体权利的，仍应追加为共同原告，其不参加诉讼，不影响人民法院对案件的审理和依法作出判决。

第七十五条 民事诉讼法第五十三条、第五十四条和第一百九十九条规定的人数众多，一般指十人以上。

第七十六条 依照民事诉讼法第五十三条规定，当事人一方人数众多在起诉时确定的，可以由全体当事人推选共同的代表人，也可以由部分当事人推选自己的代表人；推选不出代表人的当事人，在必要的共同诉讼中可以自己参加诉讼，在普通的共同诉讼中可以另行起诉。

第七十七条 根据民事诉讼法第五十四条规定，当事人一方人数众多在起诉时不确定的，由当事人推选代表人。当事人推选不出的，可以由人民法院提出人选与当事人协商；协商不成的，也可以由人民法院在起诉的当事人中指定代表人。

第七十八条 民事诉讼法第五十三条和第五十四条规定的代表人为二至五

人，每位代表人可以委托一至二人作为诉讼代理人。

第七十九条 依照民事诉讼法第五十四条规定受理的案件，人民法院可以发出公告，通知权利人向人民法院登记。公告期间根据案件的具体情况确定，但不得少于三十日。

第八十条 根据民事诉讼法第五十四条规定向人民法院登记的权利人，应当证明其与对方当事人的法律关系和所受到的损害。证明不了的，不予登记，权利人可以另行起诉。人民法院的裁判在登记的范围内执行。未参加登记的权利人提起诉讼，人民法院认定其请求成立的，裁定适用人民法院已作出的判决、裁定。

第八十一条 根据民事诉讼法第五十六条的规定，有独立请求权的第三人有权向人民法院提出诉讼请求和事实、理由，成为当事人；无独立请求权的第三人，可以申请或者由人民法院通知参加诉讼。

第一审程序中未参加诉讼的第三人，申请参加第二审程序的，人民法院可以准许。

第八十二条 在一审诉讼中，无独立请求权的第三人无权提出管辖异议，无权放弃、变更诉讼请求或者申请撤诉，被判决承担民事责任的，有权提起上诉。

第八十三条 在诉讼中，无民事行为能力人、限制民事行为能力人的监护人是他的法定代理人。事先没有确定监护人的，可以由有监护资格的人协商确定；协商不成的，由人民法院在他们之中指定诉讼中的法定代理人。当事人没有民法通则第十六条第一款、第二款或者第十七条第一款规定的监护人的，可以指定该法第十六条第四款或者第十七条第三款规定的有关组织担任诉讼中的法定代理人。

第八十四条 无民事行为能力人、限制民事行为能力人以及其他依法不能作为诉讼代理人的，当事人不得委托其作为诉讼代理人。

第八十五条 根据民事诉讼法第五十八条第二款第二项规定，与当事人有夫妻、直系血亲、三代以内旁系血亲、近姻亲关系以及其他有抚养、赡养关系的亲属，可以当事人近亲属的名义作为诉讼代理人。

第八十六条 根据民事诉讼法第五十八条第二款第二项规定，与当事人有合法劳动人事关系的职工，可以当事人工作人员的名义作为诉讼代理人。

第八十七条 根据民事诉讼法第五十八条第二款第三项规定，有关社会团体推荐公民担任诉讼代理人的，应当符合下列条件：

（一）社会团体属于依法登记设立或者依法免予登记设立的非营利性法人组织；

（二）被代理人属于该社会团体的成员，或者当事人一方住所地位于该社会团体的活动地域；

（三）代理事务属于该社会团体章程载明的业务范围；

（四）被推荐的公民是该社会团体的负责人或者与该社会团体有合法劳动人事关系的工作人员。

专利代理人经中华全国专利代理人协会推荐，可以在专利纠纷案件中担任诉讼代理人。

第八十八条 诉讼代理人除根据民事诉讼法第五十九条规定提交授权委托书外，还应当按照下列规定向人民法院提交相关材料：

（一）律师应当提交律师执业证、律师事务所证明材料；

（二）基层法律服务工作者应当提交法律服务工作者执业证、基层法律服务所出具的介绍信以及当事人一方位于本辖区内的证明材料；

（三）当事人的近亲属应当提交身份证件和与委托人有近亲属关系的证明材料；

（四）当事人的工作人员应当提交身份证件和与当事人有合法劳动人事关系的证明材料；

（五）当事人所在社区、单位推荐的公民应当提交身份证件、推荐材料和当事人属于该社区、单位的证明材料；

（六）有关社会团体推荐的公民应当提交身份证件和符合本解释第八十七条规定条件的证明材料。

第八十九条 当事人向人民法院提交的授权委托书，应当在开庭审理前送交人民法院。授权委托书仅写“全权代理”而无具体授权的，诉讼代理人无权代为承认、放弃、变更诉讼请求，进行和解，提出反诉或者提起上诉。

适用简易程序审理的案件，双方当事人同时到庭并径行开庭审理的，可以当场口头委托诉讼代理人，由人民法院记入笔录。

四、证据

第九十条 当事人对自己提出的诉讼请求所依据的事实或者反驳对方诉讼请求所依据的事实，应当提供证据加以证明，但法律另有规定的除外。

在作出判决前，当事人未能提供证据或者证据不足以证明其事实主张的，由负有举证证明责任的当事人承担不利的后果。

第九十一条　人民法院应当依照下列原则确定举证证明责任的承担，但法律另有规定的除外：

（一）主张法律关系存在的当事人，应当对产生该法律关系的基本事实承担举证证明责任；

（二）主张法律关系变更、消灭或者权利受到妨害的当事人，应当对该法律关系变更、消灭或者权利受到妨害的基本事实承担举证证明责任。

第九十二条　一方当事人在法庭审理中，或者在起诉状、答辩状、代理词等书面材料中，对于已不利的事实明确表示承认的，另一方当事人无需举证证明。

对于涉及身份关系、国家利益、社会公共利益等应当由人民法院依职权调查的事实，不适用前款自认的规定。

自认的事实与查明的事实不符的，人民法院不予确认。

第九十三条　下列事实，当事人无须举证证明：

（一）自然规律以及定理、定律；

（二）众所周知的事实；

（三）根据法律规定推定的事实；

（四）根据已知的事实和日常生活经验法则推定出的另一事实；

（五）已为人民法院发生法律效力的裁判所确认的事实；

（六）已为仲裁机构生效裁决所确认的事实；

（七）已为有效公证文书所证明的事实。

前款第二项至第四项规定的事实，当事人有相反证据足以反驳的除外；第五项至第七项规定的事实，当事人有相反证据足以推翻的除外。

第九十四条　民事诉讼法第六十四条第二款规定的当事人及其诉讼代理人因客观原因不能自行收集的证据包括：

（一）证据由国家有关部门保存，当事人及其诉讼代理人无权查阅调取的；

（二）涉及国家秘密、商业秘密或者个人隐私的；

（三）当事人及其诉讼代理人因客观原因不能自行收集的其他证据。

当事人及其诉讼代理人因客观原因不能自行收集的证据，可以在举证期限届满前书面申请人民法院调查收集。

第九十五条 当事人申请调查收集的证据，与待证事实无关联、对证明待证事实无意义或者其他无调查收集必要的，人民法院不予准许。

第九十六条 民事诉讼法第六十四条第二款规定的人民法院认为审理案件需要的证据包括：

（一）涉及可能损害国家利益、社会公共利益的；

（二）涉及身份关系的；

（三）涉及民事诉讼法第五十五条规定诉讼的；

（四）当事人有恶意串通损害他人合法权益可能的；

（五）涉及依职权追加当事人、中止诉讼、终结诉讼、回避等程序性事项的。

除前款规定外，人民法院调查收集证据，应当依照当事人的申请进行。

第九十七条 人民法院调查收集证据，应当由两人以上共同进行。调查材料要由调查人、被调查人、记录人签名、捺印或者盖章。

第九十八条 当事人根据民事诉讼法第八十一条第一款规定申请证据保全的，可以在举证期限届满前书面提出。

证据保全可能对他人造成损失的，人民法院应当责令申请人提供相应的担保。

第九十九条 人民法院应当在审理前的准备阶段确定当事人的举证期限。举证期限可以由当事人协商，并经人民法院准许。

人民法院确定举证期限，第一审普通程序案件不得少于十五日，当事人提供新的证据的第二审案件不得少于十日。

举证期限届满后，当事人对已经提供的证据，申请提供反驳证据或者对证据来源、形式等方面的瑕疵进行补正的，人民法院可以酌情再次确定举证期限，该期限不受前款规定的限制。

第一百条 当事人申请延长举证期限的，应当在举证期限届满前向人民法院提出书面申请。

申请理由成立的，人民法院应当准许，适当延长举证期限，并通知其他当事人。延长的举证期限适用于其他当事人。

申请理由不成立的，人民法院不予准许，并通知申请人。

第一百零一条 当事人逾期提供证据的，人民法院应当责令其说明理由，必要时可以要求其提供相应的证据。

当事人因客观原因逾期提供证据，或者对方当事人对逾期提供证据未提出异议的，视为未逾期。

第一百零二条 当事人因故意或者重大过失逾期提供的证据，人民法院不予采纳。但该证据与案件基本事实有关的，人民法院应当采纳，并依照民事诉讼法第六十五条、第一百一十五条第一款的规定予以训诫、罚款。

当事人非因故意或者重大过失逾期提供的证据，人民法院应当采纳，并对当事人予以训诫。

当事人一方要求另一方赔偿因逾期提供证据致使其增加的交通、住宿、就餐、误工、证人出庭作证等必要费用的，人民法院可予支持。

第一百零三条 证据应当在法庭上出示，由当事人互相质证。未经当事人质证的证据，不得作为认定案件事实的根据。

当事人在审理前的准备阶段认可的证据，经审判人员在庭审中说明后，视为质证过的证据。

涉及国家秘密、商业秘密、个人隐私或者法律规定应当保密的证据，不得公开质证。

第一百零四条 人民法院应当组织当事人围绕证据的真实性、合法性以及与待证事实的关联性进行质证，并针对证据有无证明力和证明力大小进行说明和辩论。

能够反映案件真实情况、与待证事实相关联、来源和形式符合法律规定的证据，应当作为认定案件事实的根据。

第一百零五条 人民法院应当按照法定程序，全面、客观地审核证据，依照法律规定，运用逻辑推理和日常生活经验法则，对证据有无证明力和证明力大小进行判断，并公开判断的理由和结果。

第一百零六条 对以严重侵害他人合法权益、违反法律禁止性规定或者严重违背公序良俗的方法形成或者获取的证据，不得作为认定案件事实的根据。

第一百零七条 在诉讼中，当事人为达成调解协议或者和解协议作出妥协而认可的事实，不得在后续的诉讼中作为对其不利的根据，但法律另有规定或者当事人均同意的除外。

第一百零八条 对负有举证证明责任的当事人提供的证据，人民法院经审查并结合相关事实，确信待证事实的存在具有高度可能性的，应当认定该事实存在。

对一方当事人为反驳负有举证证明责任的当事人所主张事实而提供的证据，人民法院经审查并结合相关事实，认为待证事实真伪不明的，应当认定该事实不存在。

法律对于待证事实所应达到的证明标准另有规定的，从其规定。

第一百零九条 当事人对欺诈、胁迫、恶意串通事实的证明，以及对口头遗嘱或者赠与事实的证明，人民法院确信该待证事实存在的可能性能够排除合理怀疑的，应当认定该事实存在。

第一百一十条 人民法院认为有必要的，可以要求当事人本人到庭，就案件有关事实接受询问。在询问当事人之前，可以要求其签署保证书。

保证书应当载明据实陈述、如有虚假陈述愿意接受处罚等内容。当事人应当在保证书上签名或者捺印。

负有举证证明责任的当事人拒绝到庭、拒绝接受询问或者拒绝签署保证书，待证事实又欠缺其他证据证明的，人民法院对其主张的事实不予认定。

第一百一十一条 民事诉讼法第七十条规定的提交书证原件确有困难，包括下列情形：

（一）书证原件遗失、灭失或者毁损的；

（二）原件在对方当事人控制之下，经合法通知提交而拒不提交的；

（三）原件在他人控制之下，而其有权不提交的；

（四）原件因篇幅或者体积过大而不便提交的；

（五）承担举证证明责任的当事人通过申请人民法院调查收集或者其他方式无法获得书证原件的。

前款规定情形，人民法院应当结合其他证据和案件具体情况，审查判断书证复制品等能否作为认定案件事实的根据。

第一百一十二条 书证在对方当事人控制之下的，承担举证证明责任的当事人可以在举证期限届满前书面申请人民法院责令对方当事人提交。

申请理由成立的，人民法院应当责令对方当事人提交，因提交书证所产生的费用，由申请人负担。对方当事人无正当理由拒不提交的，人民法院可以认定申请人所主张的书证内容为真实。

第一百一十三条 持有书证的当事人以妨碍对方当事人使用为目的，毁灭有关书证或者实施其他致使书证不能使用行为的，人民法院可以依照民事诉讼法第一百一十一条规定，对其处以罚款、拘留。

第一百一十四条 国家机关或者其他依法具有社会管理职能的组织，在其职权范围内制作的文书所记载的事项推定为真实，但有相反证据足以推翻的除外。必要时，人民法院可以要求制作文书的机关或者组织对文书的真实性予以说明。

第一百一十五条 单位向人民法院提出的证明材料，应当由单位负责人及制作证明材料的人员签名或者盖章，并加盖单位印章。人民法院就单位出具的证明材料，可以向单位及制作证明材料的人员进行调查核实。必要时，可以要求制作证明材料的人员出庭作证。

单位及制作证明材料的人员拒绝人民法院调查核实，或者制作证明材料的人员无正当理由拒绝出庭作证的，该证明材料不得作为认定案件事实的根据。

第一百一十六条 视听资料包括录音资料和影像资料。

电子数据是指通过电子邮件、电子数据交换、网上聊天记录、博客、微博客、手机短信、电子签名、域名等形成或者存储在电子介质中的信息。

存储在电子介质中的录音资料和影像资料，适用电子数据的规定。

第一百一十七条 当事人申请证人出庭作证的，应当在举证期限届满前提出。

符合本解释第九十六条第一款规定情形的，人民法院可以依职权通知证人出庭作证。

未经人民法院通知，证人不得出庭作证，但双方当事人同意并经人民法院准许的除外。

第一百一十八条 民事诉讼法第七十四条规定的证人因履行出庭作证义务而支出的交通、住宿、就餐等必要费用，按照机关事业单位工作人员差旅费用和补贴标准计算；误工损失按照国家上年度职工日平均工资标准计算。

人民法院准许证人出庭作证申请的，应当通知申请人预缴证人出庭作证费用。

第一百一十九条 人民法院在证人出庭作证前应当告知其如实作证的义务以及作伪证的法律后果，并责令其签署保证书，但无民事行为能力人和限制民事行为能力人除外。

证人签署保证书适用本解释关于当事人签署保证书的规定。

第一百二十条 证人拒绝签署保证书的，不得作证，并自行承担相关费用。

第一百二十一条 当事人申请鉴定，可以在举证期限届满前提出。申请鉴定的事项与待证事实无关联，或者对证明待证事实无意义的，人民法院不予准许。

人民法院准许当事人鉴定申请的，应当组织双方当事人协商确定具备相应资格的鉴定人。当事人协商不成的，由人民法院指定。

符合依职权调查收集证据条件的，人民法院应当依职权委托鉴定，在询问当事人的意见后，指定具备相应资格的鉴定人。

第一百二十二条 当事人可以依照民事诉讼法第七十九条的规定，在举证期限届满前申请一至二名具有专门知识的人出庭，代表当事人对鉴定意见进行质证，或者对案件事实所涉及的专业问题提出意见。

具有专门知识的人在法庭上就专业问题提出的意见，视为当事人的陈述。

人民法院准许当事人申请的，相关费用由提出申请的当事人负担。

第一百二十三条 人民法院可以对出庭的具有专门知识的人进行询问。经法庭准许，当事人可以对出庭的具有专门知识的人进行询问，当事人各自申请的具有专门知识的人可以就案件中的有关问题进行对质。

具有专门知识的人不得参与专业问题之外的法庭审理活动。

第一百二十四条 人民法院认为有必要的，可以根据当事人的申请或者依职权对物证或者现场进行勘验。勘验时应当保护他人的隐私和尊严。

人民法院可以要求鉴定人参与勘验。必要时，可以要求鉴定人在勘验中进行鉴定。

五、期间和送达

第一百二十五条 依照民事诉讼法第八十二条第二款规定，民事诉讼中以时起算的期间从次时起算；以日、月、年计算的期间从次日起算。

第一百二十六条 民事诉讼法第一百二十三条规定的立案期限，因起诉状内容欠缺通知原告补正的，从补正后交人民法院的次日起算。由上级人民法院转交下级人民法院立案的案件，从受诉人民法院收到起诉状的次日起算。

第一百二十七条 民事诉讼法第五十六条第三款、第二百零五条以及本解释第三百七十四条、第三百八十四条、第四百零一条、第四百二十二条、第四百二十三条规定的六个月，民事诉讼法第二百二十三条规定的一年，为不变期间，不适用诉讼时效中止、中断、延长的规定。

第一百二十八条　再审案件按照第一审程序或者第二审程序审理的，适用民事诉讼法第一百四十九条、第一百七十六条规定的审限。审限自再审立案的次日起算。

第一百二十九条　对申请再审案件，人民法院应当自受理之日起三个月内审查完毕，但公告期间、当事人和解期间等不计入审查期限。有特殊情况需要延长的，由本院院长批准。

第一百三十条　向法人或者其他组织送达诉讼文书，应当由法人的法定代表人、该组织的主要负责人或者办公室、收发室、值班室等负责收件的人签收或者盖章，拒绝签收或者盖章的，适用留置送达。

民事诉讼法第八十六条规定的有关基层组织和所在单位的代表，可以是受送达人住所地的居民委员会、村民委员会的工作人员以及受送达人所在单位的工作人员。

第一百三十一条　人民法院直接送达诉讼文书的，可以通知当事人到人民法院领取。当事人到达人民法院，拒绝签署送达回证的，视为送达。审判人员、书记员应当在送达回证上注明送达情况并签名。

人民法院可以在当事人住所地以外向当事人直接送达诉讼文书。当事人拒绝签署送达回证的，采用拍照、录像等方式记录送达过程即视为送达。审判人员、书记员应当在送达回证上注明送达情况并签名。

第一百三十二条　受送达人有诉讼代理人的，人民法院既可以向受送达人送达，也可以向其诉讼代理人送达。受送达人指定诉讼代理人为代收人的，向诉讼代理人送达时，适用留置送达。

第一百三十三条　调解书应当直接送达当事人本人，不适用留置送达。当事人本人因故不能签收的，可由其指定的代收人签收。

第一百三十四条　依照民事诉讼法第八十八条规定，委托其他人民法院代为送达的，委托法院应当出具委托函，并附需要送达的诉讼文书和送达回证，以受送达人在送达回证上签收的日期为送达日期。

委托送达的，受委托人民法院应当自收到委托函及相关诉讼文书之日起十日内代为送达。

第一百三十五条　电子送达可以采用传真、电子邮件、移动通信等即时收悉的特定系统作为送达媒介。

民事诉讼法第八十七条第二款规定的到达受送达人特定系统的日期，为人民法院对应系统显示发送成功的日期，但受送达人证明到达其特定系统的日期与人民法院对应系统显示发送成功的日期不一致的，以受送达人证明到达其特定系统的日期为准。

第一百三十六条 受送达人同意采用电子方式送达的，应当在送达地址确认书中予以确认。

第一百三十七条 当事人在提起上诉、申请再审、申请执行时未书面变更送达地址的，其在第一审程序中确认的送达地址可以作为第二审程序、审判监督程序、执行程序的送达地址。

第一百三十八条 公告送达可以在法院的公告栏和受送达人住所地张贴公告，也可以在报纸、信息网络等媒体上刊登公告，发出公告日期以最后张贴或者刊登的日期为准。对公告送达方式有特殊要求的，应当按要求的方式进行。公告期满，即视为送达。

人民法院在受送达人住所地张贴公告的，应当采取拍照、录像等方式记录张贴过程。

第一百三十九条 公告送达应当说明公告送达的原因；公告送达起诉状或者上诉状副本的，应当说明起诉或者上诉要点，受送达人答辩期限及逾期不答辩的法律后果；公告送达传票，应当说明出庭的时间和地点及逾期不出庭的法律后果；公告送达判决书、裁定书的，应当说明裁判主要内容，当事人有权上诉的，还应当说明上诉权利、上诉期限和上诉的人民法院。

第一百四十条 适用简易程序的案件，不适用公告送达。

第一百四十一条 人民法院在定期宣判时，当事人拒不签收判决书、裁定书的，应视为送达，并在宣判笔录中记明。

六、调解

第一百四十二条 人民法院受理案件后，经审查，认为法律关系明确、事实清楚，在征得当事人双方同意后，可以径行调解。

第一百四十三条 适用特别程序、督促程序、公示催告程序的案件，婚姻等身份关系确认案件以及其他根据案件性质不能进行调解的案件，不得调解。

第一百四十四条 人民法院审理民事案件，发现当事人之间恶意串通，企图通过和解、调解方式侵害他人合法权益的，应当依照民事诉讼法第一百一十二条的规定处理。

第一百四十五条　人民法院审理民事案件，应当根据自愿、合法的原则进行调解。当事人一方或者双方坚持不愿调解的，应当及时裁判。

人民法院审理离婚案件，应当进行调解，但不应久调不决。

第一百四十六条　人民法院审理民事案件，调解过程不公开，但当事人同意公开的除外。

调解协议内容不公开，但为保护国家利益、社会公共利益、他人合法权益，人民法院认为确有必要公开的除外。

主持调解以及参与调解的人员，对调解过程以及调解过程中获悉的国家秘密、商业秘密、个人隐私和其他不宜公开的信息，应当保守秘密，但为保护国家利益、社会公共利益、他人合法权益的除外。

第一百四十七条　人民法院调解案件时，当事人不能出庭的，经其特别授权，可由其委托代理人参加调解，达成的调解协议，可由委托代理人签名。

离婚案件当事人确因特殊情况无法出庭参加调解的，除本人不能表达意志的以外，应当出具书面意见。

第一百四十八条　当事人自行和解或者调解达成协议后，请求人民法院按照和解协议或者调解协议的内容制作判决书的，人民法院不予准许。

无民事行为能力人的离婚案件，由其法定代理人进行诉讼。法定代理人与对方达成协议要求发给判决书的，可根据协议内容制作判决书。

第一百四十九条　调解书需经当事人签收后才发生法律效力的，应当以最后收到调解书的当事人签收的日期为调解书生效日期。

第一百五十条　人民法院调解民事案件，需由无独立请求权的第三人承担责任的，应当经其同意。该第三人在调解书送达前反悔的，人民法院应当及时裁判。

第一百五十一条　根据民事诉讼法第九十八条第一款第四项规定，当事人各方同意在调解协议上签名或者盖章后即发生法律效力的，经人民法院审查确认后，应当记入笔录或者将调解协议附卷，并由当事人、审判人员、书记员签名或者盖章后即具有法律效力。

前款规定情形，当事人请求制作调解书的，人民法院审查确认后可以制作调解书送交当事人。当事人拒收调解书的，不影响调解协议的效力。

七、保全和先予执行

第一百五十二条 人民法院依照民事诉讼法第一百条、第一百零一条规定，在采取诉前保全、诉讼保全措施时，责令利害关系人或者当事人提供担保的，应当书面通知。

利害关系人申请诉前保全的，应当提供担保。申请诉前财产保全的，应当提供相当于请求保全数额的担保；情况特殊的，人民法院可以酌情处理。申请诉前行为保全的，担保的数额由人民法院根据案件的具体情况决定。

在诉讼中，人民法院依申请或者依职权采取保全措施的，应当根据案件的具体情况，决定当事人是否应当提供担保以及担保的数额。

第一百五十三条 人民法院对季节性商品、鲜活、易腐烂变质以及其他不宜长期保存的物品采取保全措施时，可以责令当事人及时处理，由人民法院保存价款；必要时，人民法院可予以变卖，保存价款。

第一百五十四条 人民法院在财产保全中采取查封、扣押、冻结财产措施时，应当妥善保管被查封、扣押、冻结的财产。不宜由人民法院保管的，人民法院可以指定被保全人负责保管；不宜由被保全人保管的，可以委托他人或者申请保全人保管。

查封、扣押、冻结担保物权人占有的担保财产，一般由担保物权人保管；由人民法院保管的，质权、留置权不因采取保全措施而消灭。

第一百五十五条 由人民法院指定被保全人保管的财产，如果继续使用对该财产的价值无重大影响，可以允许被保全人继续使用；由人民法院保管或者委托他人、申请保全人保管的财产，人民法院和其他保管人不得使用。

第一百五十六条 人民法院采取财产保全的方法和措施，依照执行程序相关规定办理。

第一百五十七条 人民法院对抵押物、质押物、留置物可以采取财产保全措施，但不影响抵押权人、质权人、留置权人的优先受偿权。

第一百五十八条 人民法院对债务人到期应得的收益，可以采取财产保全措施，限制其支取，通知有关单位协助执行。

第一百五十九条 债务人的财产不能满足保全请求，但对他人有到期债权的，人民法院可以依债权人的申请裁定该他人不得对本案债务人清偿。该他人要求偿付的，由人民法院提存财物或者价款。

第一百六十条 当事人向采取诉前保全措施以外的其他有管辖权的人民法院起诉的，采取诉前保全措施的人民法院应当将保全手续移送受理案件的人民法院。诉前保全的裁定视为受移送人民法院作出的裁定。

第一百六十一条 对当事人不服一审判决提起上诉的案件，在第二审人民法院接到报送的案件之前，当事人有转移、隐匿、出卖或者毁损财产等行为，必须采取保全措施的，由第一审人民法院依当事人申请或者依职权采取。第一审人民法院的保全裁定，应当及时报送第二审人民法院。

第一百六十二条 第二审人民法院裁定对第一审人民法院采取的保全措施予以续保或者采取新的保全措施的，可以自行实施，也可以委托第一审人民法院实施。

再审人民法院裁定对原保全措施予以续保或者采取新的保全措施的，可以自行实施，也可以委托原审人民法院或者执行法院实施。

第一百六十三条 法律文书生效后，进入执行程序前，债权人因对方当事人转移财产等紧急情况，不申请保全将可能导致生效法律文书不能执行或者难以执行的，可以向执行法院申请采取保全措施。债权人在法律文书指定的履行期间届满后五日内不申请执行的，人民法院应当解除保全。

第一百六十四条 对申请保全人或者他人提供的担保财产，人民法院应当依法办理查封、扣押、冻结等手续。

第一百六十五条 人民法院裁定采取保全措施后，除作出保全裁定的人民法院自行解除或者其上级人民法院决定解除外，在保全期限内，任何单位不得解除保全措施。

第一百六十六条 裁定采取保全措施后，有下列情形之一的，人民法院应当作出解除保全裁定：

（一）保全错误的；

（二）申请人撤回保全申请的；

（三）申请人的起诉或者诉讼请求被生效裁判驳回的；

（四）人民法院认为应当解除保全的其他情形。

解除以登记方式实施的保全措施的，应当向登记机关发出协助执行通知书。

第一百六十七条 财产保全的被保全人提供其他等值担保财产且有利于执行

的，人民法院可以裁定变更保全标的物为被保全人提供的担保财产。

第一百六十八条 保全裁定未经人民法院依法撤销或者解除，进入执行程序后，自动转为执行中的查封、扣押、冻结措施，期限连续计算，执行法院无需重新制作裁定书，但查封、扣押、冻结期限届满的除外。

第一百六十九条 民事诉讼法规定的先予执行，人民法院应当在受理案件后终审判决作出前采取。先予执行应当限于当事人诉讼请求的范围，并以当事人的生活、生产经营的急需为限。

第一百七十条 民事诉讼法第一百零六条第三项规定的情况紧急，包括：

（一）需要立即停止侵害、排除妨碍的；

（二）需要立即制止某项行为的；

（三）追索恢复生产、经营急需的保险理赔费的；

（四）需要立即返还社会保险金、社会救助资金的；

（五）不立即返还款项，将严重影响权利人生活和生产经营的。

第一百七十一条 当事人对保全或者先予执行裁定不服的，可以自收到裁定书之日起五日内向作出裁定的人民法院申请复议。人民法院应当在收到复议申请后十日内审查。裁定正确的，驳回当事人的申请；裁定不当的，变更或者撤销原裁定。

第一百七十二条 利害关系人对保全或者先予执行的裁定不服申请复议的，由作出裁定的人民法院依照民事诉讼法第一百零八条规定处理。

第一百七十三条 人民法院先予执行后，根据发生法律效力的判决，申请人应当返还因先予执行所取得的利益的，适用民事诉讼法第二百三十三条的规定。

八、对妨害民事诉讼的强制措施

第一百七十四条 民事诉讼法第一百零九条规定的必须到庭的被告，是指负有赡养、抚育、扶养义务和不到庭就无法查清案情的被告。

人民法院对必须到庭才能查清案件基本事实的原告，经两次传票传唤，无正当理由拒不到庭的，可以拘传。

第一百七十五条 拘传必须用拘传票，并直接送达被拘传人；在拘传前，应当向被拘传人说明拒不到庭的后果，经批评教育仍拒不到庭的，可以拘传其到庭。

第一百七十六条 诉讼参与人或者其他人有下列行为之一的，人民法院可以适用民事诉讼法第一百一十条规定处理：

（一）未经准许进行录音、录像、摄影的；

（二）未经准许以移动通信等方式现场传播审判活动的；

（三）其他扰乱法庭秩序，妨害审判活动进行的。

有前款规定情形的，人民法院可以暂扣诉讼参与人或者其他人进行录音、录像、摄影、传播审判活动的器材，并责令其删除有关内容；拒不删除的，人民法院可以采取必要手段强制删除。

第一百七十七条 训诫、责令退出法庭由合议庭或者独任审判员决定。训诫的内容、被责令退出法庭者的违法事实应当记入庭审笔录。

第一百七十八条 人民法院依照民事诉讼法第一百一十条至第一百一十四条的规定采取拘留措施的，应经院长批准，作出拘留决定书，由司法警察将被拘留人送交当地公安机关看管。

第一百七十九条 被拘留人不在本辖区的，作出拘留决定的人民法院应当派员到被拘留人所在地的人民法院，请该院协助执行，受委托的人民法院应当及时派员协助执行。被拘留人申请复议或者在拘留期间承认并改正错误，需要提前解除拘留的，受委托人民法院应当向委托人民法院转达或者提出建议，由委托人民法院审查决定。

第一百八十条 人民法院对被拘留人采取拘留措施后，应当在二十四小时内通知其家属；确实无法按时通知或者通知不到的，应当记录在案。

第一百八十一条 因哄闹、冲击法庭，用暴力、威胁等方法抗拒执行公务等紧急情况，必须立即采取拘留措施的，可在拘留后，立即报告院长补办批准手续。院长认为拘留不当的，应当解除拘留。

第一百八十二条 被拘留人在拘留期间认错悔改的，可以责令其具结悔过，提前解除拘留。提前解除拘留，应报经院长批准，并作出提前解除拘留决定书，交负责看管的公安机关执行。

第一百八十三条 民事诉讼法第一百一十条至第一百一十三条规定的罚款、拘留可以单独适用，也可以合并适用。

第一百八十四条 对同一妨害民事诉讼行为的罚款、拘留不得连续适用。发生新的妨害民事诉讼行为的，人民法院可以重新予以罚款、拘留。

第一百八十五条 被罚款、拘留的人不服罚款、拘留决定申请复议的，应当自收到决定书之日起三日内提出。上级人民法院应当在收到复议申请后五日内作出决定，并将复议结果通知下级人民法院和当事人。

第一百八十六条 上级人民法院复议时认为强制措施不当的，应当制作决定书，撤销或者变更下级人民法院作出的拘留、罚款决定。情况紧急的，可以在口头通知后三日内发出决定书。

第一百八十七条 民事诉讼法第一百一十一条第一款第五项规定的以暴力、威胁或者其他方法阻碍司法工作人员执行职务的行为，包括：

（一）在人民法院哄闹、滞留，不听从司法工作人员劝阻的；

（二）故意毁损、抢夺人民法院法律文书、查封标志的；

（三）哄闹、冲击执行公务现场，围困、扣押执行或者协助执行公务人员的；

（四）毁损、抢夺、扣留案件材料、执行公务车辆、其他执行公务器械、执行公务人员服装和执行公务证件的；

（五）以暴力、威胁或者其他方法阻碍司法工作人员查询、查封、扣押、冻结、划拨、拍卖、变卖财产的；

（六）以暴力、威胁或者其他方法阻碍司法工作人员执行职务的其他行为。

第一百八十八条 民事诉讼法第一百一十一条第一款第六项规定的拒不履行人民法院已经发生法律效力的判决、裁定的行为，包括：

（一）在法律文书发生法律效力后隐藏、转移、变卖、毁损财产或者无偿转让财产、以明显不合理的价格交易财产、放弃到期债权、无偿为他人提供担保等，致使人民法院无法执行的；

（二）隐藏、转移、毁损或者未经人民法院允许处分已向人民法院提供担保的财产的；

（三）违反人民法院限制高消费令进行消费的；

（四）有履行能力而拒不按照人民法院执行通知履行生效法律文书确定的义务的；

（五）有义务协助执行的个人接到人民法院协助执行通知书后，拒不协助执行的。

第一百八十九条 诉讼参与人或者其他人有下列行为之一的，人民法院可以适用民事诉讼法第一百一十一条的规定处理：

（一）冒充他人提起诉讼或者参加诉讼的；

（二）证人签署保证书后作虚假证言，妨碍人民法院审理案件的；

（三）伪造、隐藏、毁灭或者拒绝交出有关被执行人履行能力的重要证据，妨碍人民法院查明被执行人财产状况的；

（四）擅自解冻已被人民法院冻结的财产的；

（五）接到人民法院协助执行通知书后，给当事人通风报信，协助其转移、隐匿财产的。

第一百九十条 民事诉讼法第一百一十二条规定的他人合法权益，包括案外人的合法权益、国家利益、社会公共利益。

第三人根据民事诉讼法第五十六条第三款规定提起撤销之诉，经审查，原案当事人之间恶意串通进行虚假诉讼的，适用民事诉讼法第一百一十二条规定处理。

第一百九十一条 单位有民事诉讼法第一百一十二条或者第一百一十三条规定行为的，人民法院应当对该单位进行罚款，并可以对其主要负责人或者直接责任人员予以罚款、拘留；构成犯罪的，依法追究刑事责任。

第一百九十二条 有关单位接到人民法院协助执行通知书后，有下列行为之一的，人民法院可以适用民事诉讼法第一百一十四条规定处理：

（一）允许被执行人高消费的；

（二）允许被执行人出境的；

（三）拒不停止办理有关财产权证照转移手续、权属变更登记、规划审批等手续的；

（四）以需要内部请示、内部审批，有内部规定等为由拖延办理的。

第一百九十三条 人民法院对个人或者单位采取罚款措施时，应当根据其实施妨害民事诉讼行为的性质、情节、后果，当地的经济发展水平，以及诉讼标的额等因素，在民事诉讼法第一百一十五条第一款规定的限额内确定相应的罚款金额。

九、诉讼费用

第一百九十四条 依照民事诉讼法第五十四条审理的案件不预交案件受理费，结案后按照诉讼标的额由败诉方交纳。

第一百九十五条 支付令失效后转入诉讼程序的，债权人应当按照《诉讼费用交纳办法》补交案件受理费。

支付令被撤销后，债权人另行起诉的，按照《诉讼费用交纳办法》交纳诉讼费用。

第一百九十六条 人民法院改变原判决、裁定、调解结果的，应当在裁判文书中对原审诉讼费用的负担一并作出处理。

第一百九十七条 诉讼标的物是证券的，按照证券交易规则并根据当事人起诉之日前最后一个交易日的收盘价、当日的市场价或者其载明的金额计算诉讼标的金额。

第一百九十八条 诉讼标的物是房屋、土地、林木、车辆、船舶、文物等特定物或者知识产权，起诉时价值难以确定的，人民法院应当向原告释明主张过高或者过低的诉讼风险，以原告主张的价值确定诉讼标的金额。

第一百九十九条 适用简易程序审理的案件转为普通程序的，原告自接到人民法院交纳诉讼费用通知之日起七日内补交案件受理费。

原告无正当理由未按期足额补交的，按撤诉处理，已经收取的诉讼费用退还一半。

第二百条 破产程序中有关债务人的民事诉讼案件，按照财产案件标准交纳诉讼费，但劳动争议案件除外。

第二百零一条 既有财产性诉讼请求，又有非财产性诉讼请求的，按照财产性诉讼请求的标准交纳诉讼费。

有多个财产性诉讼请求的，合并计算交纳诉讼费；诉讼请求中有多个非财产性诉讼请求的，按一件交纳诉讼费。

第二百零二条 原告、被告、第三人分别上诉的，按照上诉请求分别预交二审案件受理费。

同一方多人共同上诉的，只预交一份二审案件受理费；分别上诉的，按照上诉请求分别预交二审案件受理费。

第二百零三条 承担连带责任的当事人败诉的，应当共同负担诉讼费用。

第二百零四条 实现担保物权案件，人民法院裁定拍卖、变卖担保财产的，申请费由债务人、担保人负担；人民法院裁定驳回申请的，申请费由申请人负担。

申请人另行起诉的，其已经交纳的申请费可以从案件受理费中扣除。

第二百零五条 拍卖、变卖担保财产的裁定作出后，人民法院强制执行的，按照执行金额收取执行申请费。

第二百零六条 人民法院决定减半收取案件受理费的，只能减半一次。

第二百零七条 判决生效后，胜诉方预交但不应负担的诉讼费用，人民法院应当退还，由败诉方向人民法院交纳，但胜诉方自愿承担或者同意败诉方直接向其支付的除外。

当事人拒不交纳诉讼费用的，人民法院可以强制执行。

十、第一审普通程序

第二百零八条 人民法院接到当事人提交的民事起诉状时，对符合民事诉讼法第一百一十九条的规定，且不属于第一百二十四条规定情形的，应当登记立案；对当场不能判定是否符合起诉条件的，应当接收起诉材料，并出具注明收到日期的书面凭证。

需要补充必要相关材料的，人民法院应当及时告知当事人。在补齐相关材料后，应当在七日内决定是否立案。

立案后发现不符合起诉条件或者属于民事诉讼法第一百二十四条规定情形的，裁定驳回起诉。

第二百零九条 原告提供被告的姓名或者名称、住所等信息具体明确，足以使被告与他人相区别的，可以认定为有明确的被告。

起诉状列写被告信息不足以认定明确的被告的，人民法院可以告知原告补正。原告补正后仍不能确定明确的被告的，人民法院裁定不予受理。

第二百一十条 原告在起诉状中有谩骂和人身攻击之辞的，人民法院应当告知其修改后提起诉讼。

第二百一十一条 对本院没有管辖权的案件，告知原告向有管辖权的人民法院起诉；原告坚持起诉的，裁定不予受理；立案后发现本院没有管辖权的，应当将案件移送有管辖权的人民法院。

第二百一十二条 裁定不予受理、驳回起诉的案件，原告再次起诉，符合起诉条件且不属于民事诉讼法第一百二十四条规定情形的，人民法院应予受理。

第二百一十三条 原告应当预交而未预交案件受理费，人民法院应当通知其预交，通知后仍不预交或者申请减、缓、免未获批准而仍不预交的，裁定按撤诉处理。

第二百一十四条 原告撤诉或者人民法院按撤诉处理后，原告以同一诉讼请求再次起诉的，人民法院应予受理。

原告撤诉或者按撤诉处理的离婚案件，没有新情况、新理由，六个月内又起诉的，比照民事诉讼法第一百二十四条第七项的规定不予受理。

第二百一十五条 依照民事诉讼法第一百二十四条第二项的规定，当事人在书面合同中订有仲裁条款，或者在发生纠纷后达成书面仲裁协议，一方向人民法院起诉的，人民法院应当告知原告向仲裁机构申请仲裁，其坚持起诉的，裁定不予受理，但仲裁条款或者仲裁协议不成立、无效、失效、内容不明确无法执行的除外。

第二百一十六条 在人民法院首次开庭前，被告以有书面仲裁协议为由对受理民事案件提出异议的，人民法院应当进行审查。

经审查符合下列情形之一的，人民法院应当裁定驳回起诉：

（一）仲裁机构或者人民法院已经确认仲裁协议有效的；

（二）当事人没有在仲裁庭首次开庭前对仲裁协议的效力提出异议的；

（三）仲裁协议符合仲裁法第十六条规定且不具有仲裁法第十七条规定情形的。

第二百一十七条 夫妻一方下落不明，另一方诉至人民法院，只要求离婚，不申请宣告下落不明人失踪或者死亡的案件，人民法院应当受理，对下落不明人公告送达诉讼文书。

第二百一十八条 赡养费、扶养费、抚育费案件，裁判发生法律效力后，因新情况、新理由，一方当事人再行起诉要求增加或者减少费用的，人民法院应作为新案受理。

第二百一十九条 当事人超过诉讼时效期间起诉的，人民法院应予受理。受理后对方当事人提出诉讼时效抗辩，人民法院经审理认为抗辩事由成立的，判决驳回原告的诉讼请求。

第二百二十条 民事诉讼法第六十八条、第一百三十四条、第一百五十六条规定的商业秘密，是指生产工艺、配方、贸易联系、购销渠道等当事人不愿公开的技术秘密、商业情报及信息。

第二百二十一条 基于同一事实发生的纠纷，当事人分别向同一人民法院起诉的，人民法院可以合并审理。

第二百二十二条 原告在起诉状中直接列写第三人的，视为其申请人民法院追加该第三人参加诉讼。是否通知第三人参加诉讼，由人民法院审查决定。

第二百二十三条 当事人在提交答辩状期间提出管辖异议，又针对起诉状的内容进行答辩的，人民法院应当依照民事诉讼法第一百二十七条第一款的规定，对管辖异议进行审查。

当事人未提出管辖异议，就案件实体内容进行答辩、陈述或者反诉的，可以认定为民事诉讼法第一百二十七条第二款规定的应诉答辩。

第二百二十四条 依照民事诉讼法第一百三十三条第四项规定，人民法院可以在答辩期届满后，通过组织证据交换、召集庭前会议等方式，作好审理前的准备。

第二百二十五条 根据案件具体情况，庭前会议可以包括下列内容：

（一）明确原告的诉讼请求和被告的答辩意见；

（二）审查处理当事人增加、变更诉讼请求的申请和提出的反诉，以及第三人提出的与本案有关的诉讼请求；

（三）根据当事人的申请决定调查收集证据，委托鉴定，要求当事人提供证据，进行勘验，进行证据保全；

（四）组织交换证据；

（五）归纳争议焦点；

（六）进行调解。

第二百二十六条 人民法院应当根据当事人的诉讼请求、答辩意见以及证据交换的情况，归纳争议焦点，并就归纳的争议焦点征求当事人的意见。

第二百二十七条 人民法院适用普通程序审理案件，应当在开庭三日前用传票传唤当事人。对诉讼代理人、证人、鉴定人、勘验人、翻译人员应当用通知书通知其到庭。当事人或者其他诉讼参与人在外地的，应当留有必要的在途时间。

第二百二十八条 法庭审理应当围绕当事人争议的事实、证据和法律适用等焦点问题进行。

第二百二十九条 当事人在庭审中对其在审理前的准备阶段认可的事实和证据提出不同意见的，人民法院应当责令其说明理由。必要时，可以责令其提供相应证据。人民法院应当结合当事人的诉讼能力、证据和案件的具体情况进行审查。理由成立的，可以列入争议焦点进行审理。

第二百三十条 人民法院根据案件具体情况并征得当事人同意，可以将法庭调查和法庭辩论合并进行。

第二百三十一条 当事人在法庭上提出新的证据的，人民法院应当依照民事诉讼法第六十五条第二款规定和本解释相关规定处理。

第二百三十二条 在案件受理后，法庭辩论结束前，原告增加诉讼请求，被告提出反诉，第三人提出与本案有关的诉讼请求，可以合并审理的，人民法院应当合并审理。

第二百三十三条 反诉的当事人应当限于本诉的当事人的范围。

反诉与本诉的诉讼请求基于相同法律关系、诉讼请求之间具有因果关系，或者反诉与本诉的诉讼请求基于相同事实的，人民法院应当合并审理。

反诉应由其他人民法院专属管辖，或者与本诉的诉讼标的及诉讼请求所依据的事实、理由无关联的，裁定不予受理，告知另行起诉。

第二百三十四条 无民事行为能力人的离婚诉讼，当事人的法定代理人应当到庭；法定代理人不能到庭的，人民法院应当在查清事实的基础上，依法作出判决。

第二百三十五条 无民事行为能力的当事人的法定代理人，经传票传唤无正当理由拒不到庭，属于原告方的，比照民事诉讼法第一百四十三条的规定，按撤诉处理；属于被告方的，比照民事诉讼法第一百四十四条的规定，缺席判决。必要时，人民法院可以拘传其到庭。

第二百三十六条 有独立请求权的第三人经人民法院传票传唤，无正当理由拒不到庭的，或者未经法庭许可中途退庭的，比照民事诉讼法第一百四十三条的规定，按撤诉处理。

第二百三十七条 有独立请求权的第三人参加诉讼后，原告申请撤诉，人民法院在准许原告撤诉后，有独立请求权的第三人作为另案原告，原案原告、被告作为另案被告，诉讼继续进行。

第二百三十八条 当事人申请撤诉或者依法可以按撤诉处理的案件，如果当事人有违反法律的行为需要依法处理的，人民法院可以不准许撤诉或者不按撤诉处理。

法庭辩论终结后原告申请撤诉，被告不同意的，人民法院可以不予准许。

第二百三十九条 人民法院准许本诉原告撤诉的，应当对反诉继续审理；被告申请撤回反诉的，人民法院应予准许。

第二百四十条 无独立请求权的第三人经人民法院传票传唤，无正当理由拒不到庭，或者未经法庭许可中途退庭的，不影响案件的审理。

第二百四十一条 被告经传票传唤无正当理由拒不到庭，或者未经法庭许可中途退庭的，人民法院应当按期开庭或者继续开庭审理，对到庭的当事人诉讼请求、双方的诉辩理由以及已经提交的证据及其他诉讼材料进行审理后，可以依法缺席判决。

第二百四十二条 一审宣判后，原审人民法院发现判决有错误，当事人在上诉期内提出上诉的，原审人民法院可以提出原判决有错误的意见，报送第二审人民法院，由第二审人民法院按照第二审程序进行审理；当事人不上诉的，按照审判监督程序处理。

第二百四十三条 民事诉讼法第一百四十九条规定的审限，是指从立案之日起至裁判宣告、调解书送达之日止的期间，但公告期间、鉴定期间、双方当事人和解期间、审理当事人提出的管辖异议以及处理人民法院之间的管辖争议期间不应计算在内。

第二百四十四条 可以上诉的判决书、裁定书不能同时送达双方当事人的，上诉期从各自收到判决书、裁定书之日计算。

第二百四十五条 民事诉讼法第一百五十四条第一款第七项规定的笔误是指法律文书误写、误算，诉讼费用漏写、误算和其他笔误。

第二百四十六条 裁定中止诉讼的原因消除，恢复诉讼程序时，不必撤销原裁定，从人民法院通知或者准许当事人双方继续进行诉讼时起，中止诉讼的裁定即失去效力。

第二百四十七条 当事人就已经提起诉讼的事项在诉讼过程中或者裁判生效后再次起诉，同时符合下列条件的，构成重复起诉：

（一）后诉与前诉的当事人相同；

（二）后诉与前诉的诉讼标的相同；

（三）后诉与前诉的诉讼请求相同，或者后诉的诉讼请求实质上否定前诉裁判结果。

当事人重复起诉的，裁定不予受理；已经受理的，裁定驳回起诉，但法律、司法解释另有规定的除外。

第二百四十八条 裁判发生法律效力后，发生新的事实，当事人再次提起诉讼的，人民法院应当依法受理。

第二百四十九条 在诉讼中，争议的民事权利义务转移的，不影响当事人的诉讼主体资格和诉讼地位。人民法院作出的发生法律效力的判决、裁定对受让人具有拘束力。

受让人申请以无独立请求权的第三人身份参加诉讼的，人民法院可予准许。受让人申请替代当事人承担诉讼的，人民法院可以根据案件的具体情况决定是否准许；不予准许的，可以追加其为无独立请求权的第三人。

第二百五十条 依照本解释第二百四十九条规定，人民法院准许受让人替代当事人承担诉讼的，裁定变更当事人。

变更当事人后，诉讼程序以受让人为当事人继续进行，原当事人应当退出诉讼。原当事人已经完成的诉讼行为对受让人具有拘束力。

第二百五十一条 二审裁定撤销一审判决发回重审的案件，当事人申请变更、增加诉讼请求或者提出反诉，第三人提出与本案有关的诉讼请求的，依照民事诉讼法第一百四十条规定处理。

第二百五十二条 再审裁定撤销原判决、裁定发回重审的案件，当事人申请变更、增加诉讼请求或者提出反诉，符合下列情形之一的，人民法院应当准许：

（一）原审未合法传唤缺席判决，影响当事人行使诉讼权利的；

（二）追加新的诉讼当事人的；

（三）诉讼标的物灭失或者发生变化致使原诉讼请求无法实现的；

（四）当事人申请变更、增加的诉讼请求或者提出的反诉，无法通过另诉解决的。

第二百五十三条 当庭宣判的案件，除当事人当庭要求邮寄发送裁判文书的外，人民法院应当告知当事人或者诉讼代理人领取裁判文书的时间和地点以及逾期不领取的法律后果。上述情况，应当记入笔录。

第二百五十四条 公民、法人或者其他组织申请查阅发生法律效力的判决书、裁定书的，应当向作出该生效裁判的人民法院提出。申请应当以书面形式提出，并提供具体的案号或者当事人姓名、名称。

第二百五十五条 对于查阅判决书、裁定书的申请，人民法院根据下列情形分别处理：

（一）判决书、裁定书已经通过信息网络向社会公开的，应当引导申请人自行查阅；

（二）判决书、裁定书未通过信息网络向社会公开，且申请符合要求的，应当及时提供便捷的查阅服务；

（三）判决书、裁定书尚未发生法律效力，或者已失去法律效力的，不提供查阅并告知申请人；

（四）发生法律效力的判决书、裁定书不是本院作出的，应当告知申请人向作出生效裁判的人民法院申请查阅；

（五）申请查阅的内容涉及国家秘密、商业秘密、个人隐私的，不予准许并告知申请人。

十一、简易程序

第二百五十六条 民事诉讼法第一百五十七条规定的简单民事案件中的事实清楚，是指当事人对争议的事实陈述基本一致，并能提供相应的证据，无须人民法院调查收集证据即可查明事实；权利义务关系明确是指能明确区分谁是责任的承担者，谁是权利的享有者；争议不大是指当事人对案件的是非、责任承担以及诉讼标的争执无原则分歧。

第二百五十七条 下列案件，不适用简易程序：

（一）起诉时被告下落不明的；

（二）发回重审的；

（三）当事人一方人数众多的；

（四）适用审判监督程序的；

（五）涉及国家利益、社会公共利益的；

（六）第三人起诉请求改变或者撤销生效判决、裁定、调解书的；

（七）其他不宜适用简易程序的案件。

第二百五十八条 适用简易程序审理的案件，审理期限到期后，双方当事人同意继续适用简易程序的，由本院院长批准，可以延长审理期限。延长后的审理期限累计不得超过六个月。

人民法院发现案情复杂，需要转为普通程序审理的，应当在审理期限届满前作出裁定并将合议庭组成人员及相关事项书面通知双方当事人。

案件转为普通程序审理的，审理期限自人民法院立案之日计算。

第二百五十九条 当事人双方可就开庭方式向人民法院提出申请，由人民法院决定是否准许。经当事人双方同意，可以采用视听传输技术等方式开庭。

第二百六十条 已经按照普通程序审理的案件，在开庭后不得转为简易程序审理。

第二百六十一条 适用简易程序审理案件，人民法院可以采取捎口信、电话、短信、传真、电子邮件等简便方式传唤双方当事人、通知证人和送达裁判文书以外的诉讼文书。

以简便方式送达的开庭通知，未经当事人确认或者没有其他证据证明当事人已经收到的，人民法院不得缺席判决。

适用简易程序审理案件，由审判员独任审判，书记员担任记录。

第二百六十二条 人民法庭制作的判决书、裁定书、调解书，必须加盖基层人民法院印章，不得用人民法庭的印章代替基层人民法院的印章。

第二百六十三条 适用简易程序审理案件，卷宗中应当具备以下材料：

（一）起诉状或者口头起诉笔录；

（二）答辩状或者口头答辩笔录；

（三）当事人身份证明材料；

（四）委托他人代理诉讼的授权委托书或者口头委托笔录；

（五）证据；

（六）询问当事人笔录；

（七）审理（包括调解）笔录；

（八）判决书、裁定书、调解书或者调解协议；

（九）送达和宣判笔录；

（十）执行情况；

（十一）诉讼费收据；

（十二）适用民事诉讼法第一百六十二条规定审理的，有关程序适用的书面告知。

第二百六十四条 当事人双方根据民事诉讼法第一百五十七条第二款规定约定适用简易程序的，应当在开庭前提出。口头提出的，记入笔录，由双方当事人签名或者捺印确认。

本解释第二百五十七条规定的案件，当事人约定适用简易程序的，人民法院不予准许。

第二百六十五条　原告口头起诉的，人民法院应当将当事人的姓名、性别、工作单位、住所、联系方式等基本信息，诉讼请求，事实及理由等准确记入笔录，由原告核对无误后签名或者捺印。对当事人提交的证据材料，应当出具收据。

第二百六十六条　适用简易程序案件的举证期限由人民法院确定，也可以由当事人协商一致并经人民法院准许，但不得超过十五日。被告要求书面答辩的，人民法院可在征得其同意的基础上，合理确定答辩期间。

人民法院应当将举证期限和开庭日期告知双方当事人，并向当事人说明逾期举证以及拒不到庭的法律后果，由双方当事人在笔录和开庭传票的送达回证上签名或者捺印。

当事人双方均表示不需要举证期限、答辩期间的，人民法院可以立即开庭审理或者确定开庭日期。

第二百六十七条　适用简易程序审理案件，可以简便方式进行审理前的准备。

第二百六十八条　对没有委托律师、基层法律服务工作者代理诉讼的当事人，人民法院在庭审过程中可以对回避、自认、举证证明责任等相关内容向其作必要的解释或者说明，并在庭审过程中适当提示当事人正确行使诉讼权利、履行诉讼义务。

第二百六十九条　当事人就案件适用简易程序提出异议，人民法院经审查，异议成立的，裁定转为普通程序；异议不成立的，口头告知当事人，并记入笔录。

转为普通程序的，人民法院应当将合议庭组成人员及相关事项以书面形式通知双方当事人。

转为普通程序前，双方当事人已确认的事实，可以不再进行举证、质证。

第二百七十条　适用简易程序审理的案件，有下列情形之一的，人民法院在制作判决书、裁定书、调解书时，对认定事实或者裁判理由部分可以适当简化：

（一）当事人达成调解协议并需要制作民事调解书的；

（二）一方当事人明确表示承认对方全部或者部分诉讼请求的；

（三）涉及商业秘密、个人隐私的案件，当事人一方要求简化裁判文书中的相关内容，人民法院认为理由正当的；

（四）当事人双方同意简化的。

十二、简易程序中的小额诉讼

第二百七十一条 人民法院审理小额诉讼案件，适用民事诉讼法第一百六十二条的规定，实行一审终审。

第二百七十二条 民事诉讼法第一百六十二条规定的各省、自治区、直辖市上年度就业人员年平均工资，是指已经公布的各省、自治区、直辖市上一年度就业人员年平均工资。在上一年度就业人员年平均工资公布前，以已经公布的最近年度就业人员年平均工资为准。

第二百七十三条 海事法院可以审理海事、海商小额诉讼案件。案件标的额应当以实际受理案件的海事法院或者其派出法庭所在的省、自治区、直辖市上年度就业人员年平均工资百分之三十为限。

第二百七十四条 下列金钱给付的案件，适用小额诉讼程序审理：

（一）买卖合同、借款合同、租赁合同纠纷；

（二）身份关系清楚，仅在给付的数额、时间、方式上存在争议的赡养费、抚育费、扶养费纠纷；

（三）责任明确，仅在给付的数额、时间、方式上存在争议的交通事故损害赔偿和其他人身损害赔偿纠纷；

（四）供用水、电、气、热力合同纠纷；

（五）银行卡纠纷；

（六）劳动关系清楚，仅在劳动报酬、工伤医疗费、经济补偿金或者赔偿金给付数额、时间、方式上存在争议的劳动合同纠纷；

（七）劳务关系清楚，仅在劳务报酬给付数额、时间、方式上存在争议的劳务合同纠纷；

（八）物业、电信等服务合同纠纷；

（九）其他金钱给付纠纷。

第二百七十五条 下列案件，不适用小额诉讼程序审理：

（一）人身关系、财产确权纠纷；

（二）涉外民事纠纷；

（三）知识产权纠纷；

（四）需要评估、鉴定或者对诉前评估、鉴定结果有异议的纠纷；

（五）其他不宜适用一审终审的纠纷。

第二百七十六条 人民法院受理小额诉讼案件，应当向当事人告知该类案件的审判组织、一审终审、审理期限、诉讼费用交纳标准等相关事项。

第二百七十七条 小额诉讼案件的举证期限由人民法院确定，也可以由当事人协商一致并经人民法院准许，但一般不超过七日。

被告要求书面答辩的，人民法院可以在征得其同意的基础上合理确定答辩期间，但最长不得超过十五日。

当事人到庭后表示不需要举证期限和答辩期间的，人民法院可立即开庭审理。

第二百七十八条 当事人对小额诉讼案件提出管辖异议的，人民法院应当作出裁定。裁定一经作出即生效。

第二百七十九条 人民法院受理小额诉讼案件后，发现起诉不符合民事诉讼法第一百一十九条规定的起诉条件的，裁定驳回起诉。裁定一经作出即生效。

第二百八十条 因当事人申请增加或者变更诉讼请求、提出反诉、追加当事人等，致使案件不符合小额诉讼案件条件的，应当适用简易程序的其他规定审理。

前款规定案件，应当适用普通程序审理的，裁定转为普通程序。

适用简易程序的其他规定或者普通程序审理前，双方当事人已确认的事实，可以不再进行举证、质证。

第二百八十一条 当事人对按照小额诉讼案件审理有异议的，应当在开庭前提出。人民法院经审查，异议成立的，适用简易程序的其他规定审理；异议不成立的，告知当事人，并记入笔录。

第二百八十二条 小额诉讼案件的裁判文书可以简化，主要记载当事人基本信息、诉讼请求、裁判主文等内容。

第二百八十三条 人民法院审理小额诉讼案件，本解释没有规定的，适用简易程序的其他规定。

十三、公益诉讼

第二百八十四条 环境保护法、消费者权益保护法等法律规定的机关和有关组织对污染环境、侵害众多消费者合法权益等损害社会公共利益的行为，根据民事诉讼法第五十五条规定提起公益诉讼，符合下列条件的，人民法院应当受理：

（一）有明确的被告；

（二）有具体的诉讼请求；

（三）有社会公共利益受到损害的初步证据；

（四）属于人民法院受理民事诉讼的范围和受诉人民法院管辖。

第二百八十五条 公益诉讼案件由侵权行为地或者被告住所地中级人民法院管辖，但法律、司法解释另有规定的除外。

因污染海洋环境提起的公益诉讼，由污染发生地、损害结果地或者采取预防污染措施地海事法院管辖。

对同一侵权行为分别向两个以上人民法院提起公益诉讼的，由最先立案的人民法院管辖，必要时由它们的共同上级人民法院指定管辖。

第二百八十六条 人民法院受理公益诉讼案件后，应当在十日内书面告知相关行政主管部门。

第二百八十七条 人民法院受理公益诉讼案件后，依法可以提起诉讼的其他机关和有关组织，可以在开庭前向人民法院申请参加诉讼。人民法院准许参加诉讼的，列为共同原告。

第二百八十八条 人民法院受理公益诉讼案件，不影响同一侵权行为的受害人根据民事诉讼法第一百一十九条规定提起诉讼。

第二百八十九条 对公益诉讼案件，当事人可以和解，人民法院可以调解。

当事人达成和解或者调解协议后，人民法院应当将和解或者调解协议进行公告。公告期间不得少于三十日。

公告期满后，人民法院经审查，和解或者调解协议不违反社会公共利益的，应当出具调解书；和解或者调解协议违反社会公共利益的，不予出具调解书，继续对案件进行审理并依法作出裁判。

第二百九十条 公益诉讼案件的原告在法庭辩论终结后申请撤诉的，人民法院不予准许。

第二百九十一条 公益诉讼案件的裁判发生法律效力后，其他依法具有原告资格的机关和有关组织就同一侵权行为另行提起公益诉讼的，人民法院裁定不予受理，但法律、司法解释另有规定的除外。

十四、第三人撤销之诉

第二百九十二条 第三人对已经发生法律效力的判决、裁定、调解书提起撤销之诉的，应当自知道或者应当知道其民事权益受到损害之日起六个月内，向作出生效判决、裁定、调解书的人民法院提出，并应当提供存在下列情形的证据材料：

（一）因不能归责于本人的事由未参加诉讼；

（二）发生法律效力的判决、裁定、调解书的全部或者部分内容错误；

（三）发生法律效力的判决、裁定、调解书内容错误损害其民事权益。

第二百九十三条 人民法院应当在收到起诉状和证据材料之日起五日内送交对方当事人，对方当事人可以自收到起诉状之日起十日内提出书面意见。

人民法院应当对第三人提交的起诉状、证据材料以及对方当事人的书面意见进行审查。必要时，可以询问双方当事人。

经审查，符合起诉条件的，人民法院应当在收到起诉状之日起三十日内立案。不符合起诉条件的，应当在收到起诉状之日起三十日内裁定不予受理。

第二百九十四条 人民法院对第三人撤销之诉案件，应当组成合议庭开庭审理。

第二百九十五条 民事诉讼法第五十六条第三款规定的因不能归责于本人的事由未参加诉讼，是指没有被列为生效判决、裁定、调解书当事人，且无过错或者无明显过错的情形。包括：

（一）不知道诉讼而未参加的；

（二）申请参加未获准许的；

（三）知道诉讼，但因客观原因无法参加的；

（四）因其他不能归责于本人的事由未参加诉讼的。

第二百九十六条 民事诉讼法第五十六条第三款规定的判决、裁定、调解书的部分或者全部内容，是指判决、裁定的主文，调解书中处理当事人民事权利义务的结果。

第二百九十七条 对下列情形提起第三人撤销之诉的，人民法院不予受理：

（一）适用特别程序、督促程序、公示催告程序、破产程序等非讼程序处理的案件；

（二）婚姻无效、撤销或者解除婚姻关系等判决、裁定、调解书中涉及身份关系的内容；

（三）民事诉讼法第五十四条规定的未参加登记的权利人对代表人诉讼案件的生效裁判；

（四）民事诉讼法第五十五条规定的损害社会公共利益行为的受害人对公益诉讼案件的生效裁判。

第二百九十八条 第三人提起撤销之诉，人民法院应当将该第三人列为原告，生效判决、裁定、调解书的当事人列为被告，但生效判决、裁定、调解书中没有承担责任的无独立请求权的第三人列为第三人。

第二百九十九条 受理第三人撤销之诉案件后，原告提供相应担保，请求中止执行的，人民法院可以准许。

第三百条 对第三人撤销或者部分撤销发生法律效力的判决、裁定、调解书内容的请求，人民法院经审理，按下列情形分别处理：

（一）请求成立且确认其民事权利的主张全部或部分成立的，改变原判决、裁定、调解书内容的错误部分；

（二）请求成立，但确认其全部或部分民事权利的主张不成立，或者未提出确认其民事权利请求的，撤销原判决、裁定、调解书内容的错误部分；

（三）请求不成立的，驳回诉讼请求。

对前款规定裁判不服的，当事人可以上诉。

原判决、裁定、调解书的内容未改变或者未撤销的部分继续有效。

第三百零一条 第三人撤销之诉案件审理期间，人民法院对生效判决、裁定、调解书裁定再审的，受理第三人撤销之诉的人民法院应当裁定将第三人的诉讼请求并入再审程序。但有证据证明原审当事人之间恶意串通损害第三人合法权益的，人民法院应当先行审理第三人撤销之诉案件，裁定中止再审诉讼。

第三百零二条 第三人诉讼请求并入再审程序审理的，按照下列情形分别处理：

（一）按照第一审程序审理的，人民法院应当对第三人的诉讼请求一并审理，所作的判决可以上诉；

（二）按照第二审程序审理的，人民法院可以调解，调解达不成协议的，应当裁定撤销原判决、裁定、调解书，发回一审法院重审，重审时应当列明第三人。

第三百零三条 第三人提起撤销之诉后，未中止生效判决、裁定、调解书执行的，执行法院对第三人依照民事诉讼法第二百二十七条规定提出的执行异议，应予审查。第三人不服驳回执行异议裁定，申请对原判决、裁定、调解书再审的，人民法院不予受理。

案外人对人民法院驳回其执行异议裁定不服，认为原判决、裁定、调解书内容错误损害其合法权益的，应当根据民事诉讼法第二百二十七条规定申请再审，提起第三人撤销之诉的，人民法院不予受理。

十五、执行异议之诉

第三百零四条　根据民事诉讼法第二百二十七条规定，案外人、当事人对执行异议裁定不服，自裁定送达之日起十五日内向人民法院提起执行异议之诉的，由执行法院管辖。

第三百零五条　案外人提起执行异议之诉，除符合民事诉讼法第一百一十九条规定外，还应当具备下列条件：

（一）案外人的执行异议申请已经被人民法院裁定驳回；

（二）有明确的排除对执行标的执行的诉讼请求，且诉讼请求与原判决、裁定无关；

（三）自执行异议裁定送达之日起十五日内提起。

人民法院应当在收到起诉状之日起十五日内决定是否立案。

第三百零六条　申请执行人提起执行异议之诉，除符合民事诉讼法第一百一十九条规定外，还应当具备下列条件：

（一）依案外人执行异议申请，人民法院裁定中止执行；

（二）有明确的对执行标的继续执行的诉讼请求，且诉讼请求与原判决、裁定无关；

（三）自执行异议裁定送达之日起十五日内提起。

人民法院应当在收到起诉状之日起十五日内决定是否立案。

第三百零七条　案外人提起执行异议之诉的，以申请执行人为被告。被执行人反对案外人异议的，被执行人为共同被告；被执行人不反对案外人异议的，可以列被执行人为第三人。

第三百零八条　申请执行人提起执行异议之诉的，以案外人为被告。被执行人反对申请执行人主张的，以案外人和被执行人为共同被告；被执行人不反对申请执行人主张的，可以列被执行人为第三人。

第三百零九条 申请执行人对中止执行裁定未提起执行异议之诉，被执行人提起执行异议之诉的，人民法院告知其另行起诉。

第三百一十条 人民法院审理执行异议之诉案件，适用普通程序。

第三百一十一条 案外人或者申请执行人提起执行异议之诉的，案外人应当就其对执行标的享有足以排除强制执行的民事权益承担举证证明责任。

第三百一十二条 对案外人提起的执行异议之诉，人民法院经审理，按照下列情形分别处理：

（一）案外人就执行标的享有足以排除强制执行的民事权益的，判决不得执行该执行标的；

（二）案外人就执行标的不享有足以排除强制执行的民事权益的，判决驳回诉讼请求。

案外人同时提出确认其权利的诉讼请求的，人民法院可以在判决中一并作出裁判。

第三百一十三条 对申请执行人提起的执行异议之诉，人民法院经审理，按照下列情形分别处理：

（一）案外人就执行标的不享有足以排除强制执行的民事权益的，判决准许执行该执行标的；

（二）案外人就执行标的享有足以排除强制执行的民事权益的，判决驳回诉讼请求。

第三百一十四条 对案外人执行异议之诉，人民法院判决不得对执行标的执行的，执行异议裁定失效。

对申请执行人执行异议之诉，人民法院判决准许对该执行标的执行的，执行异议裁定失效，执行法院可以根据申请执行人的申请或者依职权恢复执行。

第三百一十五条 案外人执行异议之诉审理期间，人民法院不得对执行标的进行处分。申请执行人请求人民法院继续执行并提供相应担保的，人民法院可以准许。

被执行人与案外人恶意串通，通过执行异议、执行异议之诉妨害执行的，人民法院应当依照民事诉讼法第一百一十三条规定处理。申请执行人因此受到损害的，可以提起诉讼要求被执行人、案外人赔偿。

第三百一十六条 人民法院对执行标的裁定中止执行后，申请执行人在法律规定的期间内未提起执行异议之诉的，人民法院应当自起诉期限届满之日起七日内解除对该执行标的采取的执行措施。

十六、第二审程序

第三百一十七条　双方当事人和第三人都提起上诉的，均列为上诉人。人民法院可以依职权确定第二审程序中当事人的诉讼地位。

第三百一十八条　民事诉讼法第一百六十六条、第一百六十七条规定的对方当事人包括被上诉人和原审其他当事人。

第三百一十九条　必要共同诉讼人的一人或者部分人提起上诉的，按下列情形分别处理：

（一）上诉仅对与对方当事人之间权利义务分担有意见，不涉及其他共同诉讼人利益的，对方当事人为被上诉人，未上诉的同一方当事人依原审诉讼地位列明；

（二）上诉仅对共同诉讼人之间权利义务分担有意见，不涉及对方当事人利益的，未上诉的同一方当事人为被上诉人，对方当事人依原审诉讼地位列明；

（三）上诉对双方当事人之间以及共同诉讼人之间权利义务承担有意见的，未提起上诉的其他当事人均为被上诉人。

第三百二十条　一审宣判时或者判决书、裁定书送达时，当事人口头表示上诉的，人民法院应告知其必须在法定上诉期间内递交上诉状。未在法定上诉期间内递交上诉状的，视为未提起上诉。虽递交上诉状，但未在指定的期限内交纳上诉费的，按自动撤回上诉处理。

第三百二十一条　无民事行为能力人、限制民事行为能力人的法定代理人，可以代理当事人提起上诉。

第三百二十二条　上诉案件的当事人死亡或者终止的，人民法院依法通知其权利义务承继者参加诉讼。

需要终结诉讼的，适用民事诉讼法第一百五十一条规定。

第三百二十三条　第二审人民法院应当围绕当事人的上诉请求进行审理。

当事人没有提出请求的，不予审理，但一审判决违反法律禁止性规定，或者损害国家利益、社会公共利益、他人合法权益的除外。

第三百二十四条　开庭审理的上诉案件，第二审人民法院可以依照民事诉讼法第一百三十三条第四项规定进行审理前的准备。

第三百二十五条 下列情形，可以认定为民事诉讼法第一百七十条第一款第四项规定的严重违反法定程序：

（一）审判组织的组成不合法的；

（二）应当回避的审判人员未回避的；

（三）无诉讼行为能力人未经法定代理人代为诉讼的；

（四）违法剥夺当事人辩论权利的。

第三百二十六条 对当事人在第一审程序中已经提出的诉讼请求，原审人民法院未作审理、判决的，第二审人民法院可以根据当事人自愿的原则进行调解；调解不成的，发回重审。

第三百二十七条 必须参加诉讼的当事人或者有独立请求权的第三人，在第一审程序中未参加诉讼，第二审人民法院可以根据当事人自愿的原则予以调解；调解不成的，发回重审。

第三百二十八条 在第二审程序中，原审原告增加独立的诉讼请求或者原审被告提出反诉的，第二审人民法院可以根据当事人自愿的原则就新增加的诉讼请求或者反诉进行调解；调解不成的，告知当事人另行起诉。

双方当事人同意由第二审人民法院一并审理的，第二审人民法院可以一并裁判。

第三百二十九条 一审判决不准离婚的案件，上诉后，第二审人民法院认为应当判决离婚的，可以根据当事人自愿的原则，与子女抚养、财产问题一并调解；调解不成的，发回重审。

双方当事人同意由第二审人民法院一并审理的，第二审人民法院可以一并裁判。

第三百三十条 人民法院依照第二审程序审理案件，认为依法不应由人民法院受理的，可以由第二审人民法院直接裁定撤销原裁判，驳回起诉。

第三百三十一条 人民法院依照第二审程序审理案件，认为第一审人民法院受理案件违反专属管辖规定的，应当裁定撤销原裁判并移送有管辖权的人民法院。

第三百三十二条 第二审人民法院查明第一审人民法院作出的不予受理裁定有错误的，应当在撤销原裁定的同时，指令第一审人民法院立案受理；查明第一审人民法院作出的驳回起诉裁定有错误的，应当在撤销原裁定的同时，指令第一审人民法院审理。

第三百三十三条　第二审人民法院对下列上诉案件，依照民事诉讼法第一百六十九条规定可以不开庭审理：

（一）不服不予受理、管辖权异议和驳回起诉裁定的；

（二）当事人提出的上诉请求明显不能成立的；

（三）原判决、裁定认定事实清楚，但适用法律错误的；

（四）原判决严重违反法定程序，需要发回重审的。

第三百三十四条　原判决、裁定认定事实或者适用法律虽有瑕疵，但裁判结果正确的，第二审人民法院可以在判决、裁定中纠正瑕疵后，依照民事诉讼法第一百七十条第一款第一项规定予以维持。

第三百三十五条　民事诉讼法第一百七十条第一款第三项规定的基本事实，是指用以确定当事人主体资格、案件性质、民事权利义务等对原判决、裁定的结果有实质性影响的事实。

第三百三十六条　在第二审程序中，作为当事人的法人或者其他组织分立的，人民法院可以直接将分立后的法人或者其他组织列为共同诉讼人；合并的，将合并后的法人或者其他组织列为当事人。

第三百三十七条　在第二审程序中，当事人申请撤回上诉，人民法院经审查认为一审判决确有错误，或者当事人之间恶意串通损害国家利益、社会公共利益、他人合法权益的，不应准许。

第三百三十八条　在第二审程序中，原审原告申请撤回起诉，经其他当事人同意，且不损害国家利益、社会公共利益、他人合法权益的，人民法院可以准许。准许撤诉的，应当一并裁定撤销一审裁判。

原审原告在第二审程序中撤回起诉后重复起诉的，人民法院不予受理。

第三百三十九条　当事人在第二审程序中达成和解协议的，人民法院可以根据当事人的请求，对双方达成的和解协议进行审查并制作调解书送达当事人；因和解而申请撤诉，经审查符合撤诉条件的，人民法院应予准许。

第三百四十条　第二审人民法院宣告判决可以自行宣判，也可以委托原审人民法院或者当事人所在地人民法院代行宣判。

第三百四十一条　人民法院审理对裁定的上诉案件，应当在第二审立案之日起三十日内作出终审裁定。有特殊情况需要延长审限的，由本院院长批准。

第三百四十二条 当事人在第一审程序中实施的诉讼行为，在第二审程序中对该当事人仍具有拘束力。

当事人推翻其在第一审程序中实施的诉讼行为时，人民法院应当责令其说明理由。理由不成立的，不予支持。

十七、特别程序

第三百四十三条 宣告失踪或者宣告死亡案件，人民法院可以根据申请人的请求，清理下落不明人的财产，并指定案件审理期间的财产管理人。公告期满后，人民法院判决宣告失踪的，应当同时依照民法通则第二十一条第一款的规定指定失踪人的财产代管人。

第三百四十四条 失踪人的财产代管人经人民法院指定后，代管人申请变更代管的，比照民事诉讼法特别程序的有关规定进行审理。申请理由成立的，裁定撤销申请人的代管人身份，同时另行指定财产代管人；申请理由不成立的，裁定驳回申请。

失踪人的其他利害关系人申请变更代管的，人民法院应当告知其以原指定的代管人为被告起诉，并按普通程序进行审理。

第三百四十五条 人民法院判决宣告公民失踪后，利害关系人向人民法院申请宣告失踪人死亡，自失踪之日起满四年的，人民法院应当受理，宣告失踪的判决即是该公民失踪的证明，审理中仍应依照民事诉讼法第一百八十五条规定进行公告。

第三百四十六条 符合法律规定的多个利害关系人提出宣告失踪、宣告死亡申请的，列为共同申请人。

第三百四十七条 寻找下落不明人的公告应当记载下列内容：

（一）被申请人应当在规定期间内向受理法院申报其具体地址及其联系方式。否则，被申请人将被宣告失踪、宣告死亡；

（二）凡知悉被申请人生存现状的人，应当在公告期间内将其所知道情况向受理法院报告。

第三百四十八条 人民法院受理宣告失踪、宣告死亡案件后，作出判决前，申请人撤回申请的，人民法院应当裁定终结案件，但其他符合法律规定的利害关系人加入程序要求继续审理的除外。

第三百四十九条 在诉讼中，当事人的利害关系人提出该当事人患有精神病，要求宣告该当事人无民事行为能力或者限制民事行为能力的，应由利害关系人向人民法院提出申请，由受诉人民法院按照特别程序立案审理，原诉讼中止。

第三百五十条 认定财产无主案件，公告期间有人对财产提出请求的，人民法院应当裁定终结特别程序，告知申请人另行起诉，适用普通程序审理。

第三百五十一条 被指定的监护人不服指定，应当自接到通知之日起三十日内向人民法院提出异议。经审理，认为指定并无不当的，裁定驳回异议；指定不当的，判决撤销指定，同时另行指定监护人。判决书应当送达异议人、原指定单位及判决指定的监护人。

第三百五十二条 申请认定公民无民事行为能力或者限制民事行为能力的案件，被申请人没有近亲属的，人民法院可以指定其他亲属为代理人。被申请人没有亲属的，人民法院可以指定经被申请人所在单位或者住所地的居民委员会、村民委员会同意，且愿意担任代理人的关系密切的朋友为代理人。

没有前款规定的代理人的，由被申请人所在单位或者住所地的居民委员会、村民委员会或者民政部门担任代理人。

代理人可以是一人，也可以是同一顺序中的两人。

第三百五十三条 申请司法确认调解协议的，双方当事人应当本人或者由符合民事诉讼法第五十八条规定的代理人向调解组织所在地基层人民法院或者人民法庭提出申请。

第三百五十四条 两个以上调解组织参与调解的，各调解组织所在地基层人民法院均有管辖权。

双方当事人可以共同向其中一个调解组织所在地基层人民法院提出申请；双方当事人共同向两个以上调解组织所在地基层人民法院提出申请的，由最先立案的人民法院管辖。

第三百五十五条 当事人申请司法确认调解协议，可以采用书面形式或者口头形式。当事人口头申请的，人民法院应当记入笔录，并由当事人签名、捺印或者盖章。

第三百五十六条 当事人申请司法确认调解协议，应当向人民法院提交调解协议、调解组织主持调解的证明，以及与调解协议相关的财产权利证明等材料，并提供双方当事人的身份、住所、联系方式等基本信息。

当事人未提交上述材料的，人民法院应当要求当事人限期补交。

第三百五十七条 当事人申请司法确认调解协议，有下列情形之一的，人民法院裁定不予受理：

（一）不属于人民法院受理范围的；

（二）不属于收到申请的人民法院管辖的；

（三）申请确认婚姻关系、亲子关系、收养关系等身份关系无效、有效或者解除的；

（四）涉及适用其他特别程序、公示催告程序、破产程序审理的；

（五）调解协议内容涉及物权、知识产权确权的。

人民法院受理申请后，发现有上述不予受理情形的，应当裁定驳回当事人的申请。

第三百五十八条 人民法院审查相关情况时，应当通知双方当事人共同到场对案件进行核实。

人民法院经审查，认为当事人的陈述或者提供的证明材料不充分、不完备或者有疑义的，可以要求当事人限期补充陈述或者补充证明材料。必要时，人民法院可以向调解组织核实有关情况。

第三百五十九条 确认调解协议的裁定作出前，当事人撤回申请的，人民法院可以裁定准许。

当事人无正当理由未在限期内补充陈述、补充证明材料或者拒不接受询问的，人民法院可以按撤回申请处理。

第三百六十条 经审查，调解协议有下列情形之一的，人民法院应当裁定驳回申请：

（一）违反法律强制性规定的；

（二）损害国家利益、社会公共利益、他人合法权益的；

（三）违背公序良俗的；

（四）违反自愿原则的；

（五）内容不明确的；

（六）其他不能进行司法确认的情形。

第三百六十一条 民事诉讼法第一百九十六条规定的担保物权人，包括抵押权人、质权人、留置权人；其他有权请求实现担保物权的人，包括抵押人、出质人、财产被留置的债务人或者所有权人等。

第三百六十二条 实现票据、仓单、提单等有权利凭证的权利质权案件，可以由权利凭证持有人住所地人民法院管辖；无权利凭证的权利质权，由出质登记地人民法院管辖。

第三百六十三条 实现担保物权案件属于海事法院等专门人民法院管辖的，由专门人民法院管辖。

第三百六十四条 同一债权的担保物有多个且所在地不同，申请人分别向有管辖权的人民法院申请实现担保物权的，人民法院应当依法受理。

第三百六十五条 依照物权法第一百七十六条的规定，被担保的债权既有物的担保又有人的担保，当事人对实现担保物权的顺序有约定，实现担保物权的申请违反该约定的，人民法院裁定不予受理；没有约定或者约定不明的，人民法院应当受理。

第三百六十六条 同一财产上设立多个担保物权，登记在先的担保物权尚未实现的，不影响后顺位的担保物权人向人民法院申请实现担保物权。

第三百六十七条 申请实现担保物权，应当提交下列材料：

（一）申请书。申请书应当记明申请人、被申请人的姓名或者名称、联系方式等基本信息，具体的请求和事实、理由；

（二）证明担保物权存在的材料，包括主合同、担保合同、抵押登记证明或者他项权利证书，权利质权的权利凭证或者质权出质登记证明等；

（三）证明实现担保物权条件成就的材料；

（四）担保财产现状的说明；

（五）人民法院认为需要提交的其他材料。

第三百六十八条 人民法院受理申请后，应当在五日内向被申请人送达申请书副本、异议权利告知书等文书。

被申请人有异议的，应当在收到人民法院通知后的五日内向人民法院提出，同时说明理由并提供相应的证据材料。

第三百六十九条 实现担保物权案件可以由审判员一人独任审查。担保财产标的额超过基层人民法院管辖范围的，应当组成合议庭进行审查。

第三百七十条 人民法院审查实现担保物权案件，可以询问申请人、被申请人、利害关系人，必要时可以依职权调查相关事实。

第三百七十一条 人民法院应当就主合同的效力、期限、履行情况，担保物权是否有效设立、担保财产的范围、被担保的债权范围、被担保的债权是否已届清偿期等担保物权实现的条件，以及是否损害他人合法权益等内容进行审查。

被申请人或者利害关系人提出异议的，人民法院应当一并审查。

第三百七十二条 人民法院审查后，按下列情形分别处理：

（一）当事人对实现担保物权无实质性争议且实现担保物权条件成就的，裁定准许拍卖、变卖担保财产；

（二）当事人对实现担保物权有部分实质性争议的，可以就无争议部分裁定准许拍卖、变卖担保财产；

（三）当事人对实现担保物权有实质性争议的，裁定驳回申请，并告知申请人向人民法院提起诉讼。

第三百七十三条 人民法院受理申请后，申请人对担保财产提出保全申请的，可以按照民事诉讼法关于诉讼保全的规定办理。

第三百七十四条 适用特别程序作出的判决、裁定，当事人、利害关系人认为有错误的，可以向作出该判决、裁定的人民法院提出异议。人民法院经审查，异议成立或者部分成立的，作出新的判决、裁定撤销或者改变原判决、裁定；异议不成立的，裁定驳回。

对人民法院作出的确认调解协议、准许实现担保物权的裁定，当事人有异议的，应当自收到裁定之日起十五日内提出；利害关系人有异议的，自知道或者应当知道其民事权益受到侵害之日起六个月内提出。

十八、审判监督程序

第三百七十五条 当事人死亡或者终止的，其权利义务承继者可以根据民事诉讼法第一百九十九条、第二百零一条的规定申请再审。

判决、调解书生效后，当事人将判决、调解书确认的债权转让，债权受让人对该判决、调解书不服申请再审的，人民法院不予受理。

第三百七十六条 民事诉讼法第一百九十九条规定的人数众多的一方当事人，包括公民、法人和其他组织。

民事诉讼法第一百九十九条规定的当事人双方为公民的案件，是指原告和被告均为公民的案件。

第三百七十七条 当事人申请再审，应当提交下列材料：

（一）再审申请书，并按照被申请人和原审其他当事人的人数提交副本；

（二）再审申请人是自然人的，应当提交身份证明；再审申请人是法人或者其他组织的，应当提交营业执照、组织机构代码证书、法定代表人或者主要负责人身份证明书。委托他人代为申请的，应当提交授权委托书和代理人身份证明；

（三）原审判决书、裁定书、调解书；

（四）反映案件基本事实的主要证据及其他材料。

前款第二项、第三项、第四项规定的材料可以是与原件核对无异的复印件。

第三百七十八条 再审申请书应当记明下列事项：

（一）再审申请人与被申请人及原审其他当事人的基本信息；

（二）原审人民法院的名称，原审裁判文书案号；

（三）具体的再审请求；

（四）申请再审的法定情形及具体事实、理由。

再审申请书应当明确申请再审的人民法院，并由再审申请人签名、捺印或者盖章。

第三百七十九条 当事人一方人数众多或者当事人双方为公民的案件，当事人分别向原审人民法院和上一级人民法院申请再审且不能协商一致的，由原审人民法院受理。

第三百八十条 适用特别程序、督促程序、公示催告程序、破产程序等非讼程序审理的案件，当事人不得申请再审。

第三百八十一条 当事人认为发生法律效力的不予受理、驳回起诉的裁定错误的，可以申请再审。

第三百八十二条 当事人就离婚案件中的财产分割问题申请再审，如涉及判决中已分割的财产，人民法院应当依照民事诉讼法第二百条的规定进行审查，符合再审条件的，应当裁定再审；如涉及判决中未作处理的夫妻共同财产，应当告知当事人另行起诉。

第三百八十三条 当事人申请再审，有下列情形之一的，人民法院不予受理：

（一）再审申请被驳回后再次提出申请的；

（二）对再审判决、裁定提出申请的；

（三）在人民检察院对当事人的申请作出不予提出再审检察建议或者抗诉决定后又提出申请的。

前款第一项、第二项规定情形，人民法院应当告知当事人可以向人民检察院申请再审检察建议或者抗诉，但因人民检察院提出再审检察建议或者抗诉而再审作出的判决、裁定除外。

第三百八十四条 当事人对已经发生法律效力的调解书申请再审，应当在调解书发生法律效力后六个月内提出。

第三百八十五条 人民法院应当自收到符合条件的再审申请书等材料之日起五日内向再审申请人发送受理通知书，并向被申请人及原审其他当事人发送应诉通知书、再审申请书副本等材料。

第三百八十六条 人民法院受理申请再审案件后，应当依照民事诉讼法第二百条、第二百零一条、第二百零四条等规定，对当事人主张的再审事由进行审查。

第三百八十七条 再审申请人提供的新的证据，能够证明原判决、裁定认定基本事实或者裁判结果错误的，应当认定为民事诉讼法第二百条第一项规定的情形。

对于符合前款规定的证据，人民法院应当责令再审申请人说明其逾期提供该证据的理由；拒不说明理由或者理由不成立的，依照民事诉讼法第六十五条第二款和本解释第一百零二条的规定处理。

第三百八十八条 再审申请人证明其提交的新的证据符合下列情形之一的，可以认定逾期提供证据的理由成立：

（一）在原审庭审结束前已经存在，因客观原因于庭审结束后才发现的；

（二）在原审庭审结束前已经发现，但因客观原因无法取得或者在规定的期限内不能提供的；

（三）在原审庭审结束后形成，无法据此另行提起诉讼的。

再审申请人提交的证据在原审中已经提供，原审人民法院未组织质证且未作为裁判根据的，视为逾期提供证据的理由成立，但原审人民法院依照民事诉讼法第六十五条规定不予采纳的除外。

第三百八十九条 当事人对原判决、裁定认定事实的主要证据在原审中拒绝发表质证意见或者质证中未对证据发表质证意见的，不属于民事诉讼法第二百条第四项规定的未经质证的情形。

第三百九十条 有下列情形之一，导致判决、裁定结果错误的，应当认定为民事诉讼法第二百条第六项规定的原判决、裁定适用法律确有错误：

（一）适用的法律与案件性质明显不符的；

（二）确定民事责任明显违背当事人约定或者法律规定的；

（三）适用已经失效或者尚未施行的法律的；

（四）违反法律溯及力规定的；

（五）违反法律适用规则的；

（六）明显违背立法原意的。

第三百九十一条　原审开庭过程中有下列情形之一的，应当认定为民事诉讼法第二百条第九项规定的剥夺当事人辩论权利：

（一）不允许当事人发表辩论意见的；

（二）应当开庭审理而未开庭审理的；

（三）违反法律规定送达起诉状副本或者上诉状副本，致使当事人无法行使辩论权利的；

（四）违法剥夺当事人辩论权利的其他情形。

第三百九十二条　民事诉讼法第二百条第十一项规定的诉讼请求，包括一审诉讼请求、二审上诉请求，但当事人未对一审判决、裁定遗漏或者超出诉讼请求提起上诉的除外。

第三百九十三条　民事诉讼法第二百条第十二项规定的法律文书包括：

（一）发生法律效力的判决书、裁定书、调解书；

（二）发生法律效力的仲裁裁决书；

（三）具有强制执行效力的公证债权文书。

第三百九十四条　民事诉讼法第二百条第十三项规定的审判人员审理该案件时有贪污受贿、徇私舞弊、枉法裁判行为，是指已经由生效刑事法律文书或者纪律处分决定所确认的行为。

第三百九十五条　当事人主张的再审事由成立，且符合民事诉讼法和本解释规定的申请再审条件的，人民法院应当裁定再审。

当事人主张的再审事由不成立，或者当事人申请再审超过法定申请再审期限、超出法定再审事由范围等不符合民事诉讼法和本解释规定的申请再审条件的，人民法院应当裁定驳回再审申请。

第三百九十六条　人民法院对已经发生法律效力的判决、裁定、调解书依法决定再审，依照民事诉讼法第二百零六条规定，需要中止执行的，应当在再审裁定中同时写明中止原判决、裁定、调解书的执行；情况紧急的，可以将中止执行裁定口头通知负责执行的人民法院，并在通知后十日内发出裁定书。

第三百九十七条 人民法院根据审查案件的需要决定是否询问当事人。新的证据可能推翻原判决、裁定的，人民法院应当询问当事人。

第三百九十八条 审查再审申请期间，被申请人及原审其他当事人依法提出再审申请的，人民法院应当将其列为再审申请人，对其再审事由一并审查，审查期限重新计算。经审查，其中一方再审申请人主张的再审事由成立的，应当裁定再审。各方再审申请人主张的再审事由均不成立的，一并裁定驳回再审申请。

第三百九十九条 审查再审申请期间，再审申请人申请人民法院委托鉴定、勘验的，人民法院不予准许。

第四百条 审查再审申请期间，再审申请人撤回再审申请的，是否准许，由人民法院裁定。

再审申请人经传票传唤，无正当理由拒不接受询问的，可以按撤回再审申请处理。

第四百零一条 人民法院准许撤回再审申请或者按撤回再审申请处理后，再审申请人再次申请再审的，不予受理，但有民事诉讼法第二百条第一项、第三项、第十二项、第十三项规定情形，自知道或者应当知道之日起六个月内提出的除外。

第四百零二条 再审申请审查期间，有下列情形之一的，裁定终结审查：

（一）再审申请人死亡或者终止，无权利义务承继者或者权利义务承继者声明放弃再审申请的；

（二）在给付之诉中，负有给付义务的被申请人死亡或者终止，无可供执行的财产，也没有应当承担义务的人的；

（三）当事人达成和解协议且已履行完毕的，但当事人在和解协议中声明不放弃申请再审权利的除外；

（四）他人未经授权以当事人名义申请再审的；

（五）原审或者上一级人民法院已经裁定再审的；

（六）有本解释第三百八十三条第一款规定情形的。

第四百零三条 人民法院审理再审案件应当组成合议庭开庭审理，但按照第二审程序审理，有特殊情况或者双方当事人已经通过其他方式充分表达意见，且书面同意不开庭审理的除外。

符合缺席判决条件的，可以缺席判决。

第四百零四条　人民法院开庭审理再审案件，应当按照下列情形分别进行：

（一）因当事人申请再审的，先由再审申请人陈述再审请求及理由，后由被申请人答辩、其他原审当事人发表意见；

（二）因抗诉再审的，先由抗诉机关宣读抗诉书，再由申请抗诉的当事人陈述，后由被申请人答辩、其他原审当事人发表意见；

（三）人民法院依职权再审，有申诉人的，先由申诉人陈述再审请求及理由，后由被申诉人答辩、其他原审当事人发表意见；

（四）人民法院依职权再审，没有申诉人的，先由原审原告或者原审上诉人陈述，后由原审其他当事人发表意见。

对前款第一项至第三项规定的情形，人民法院应当要求当事人明确其再审请求。

第四百零五条　人民法院审理再审案件应当围绕再审请求进行。当事人的再审请求超出原审诉讼请求的，不予审理；符合另案诉讼条件的，告知当事人可以另行起诉。

被申请人及原审其他当事人在庭审辩论结束前提出的再审请求，符合民事诉讼法第二百零五条规定的，人民法院应当一并审理。

人民法院经再审，发现已经发生法律效力的判决、裁定损害国家利益、社会公共利益、他人合法权益的，应当一并审理。

第四百零六条　再审审理期间，有下列情形之一的，可以裁定终结再审程序：

（一）再审申请人在再审期间撤回再审请求，人民法院准许的；

（二）再审申请人经传票传唤，无正当理由拒不到庭的，或者未经法庭许可中途退庭，按撤回再审请求处理的；

（三）人民检察院撤回抗诉的；

（四）有本解释第四百零二条第一项至第四项规定情形的。

因人民检察院提出抗诉裁定再审的案件，申请抗诉的当事人有前款规定的情形，且不损害国家利益、社会公共利益或者他人合法权益的，人民法院应当裁定终结再审程序。

再审程序终结后，人民法院裁定中止执行的原生效判决自动恢复执行。

第四百零七条 人民法院经再审审理认为，原判决、裁定认定事实清楚、适用法律正确的，应予维持；原判决、裁定认定事实、适用法律虽有瑕疵，但裁判结果正确的，应当在再审判决、裁定中纠正瑕疵后予以维持。

原判决、裁定认定事实、适用法律错误，导致裁判结果错误的，应当依法改判、撤销或者变更。

第四百零八条 按照第二审程序再审的案件，人民法院经审理认为不符合民事诉讼法规定的起诉条件或者符合民事诉讼法第一百二十四条规定不予受理情形的，应当裁定撤销一、二审判决，驳回起诉。

第四百零九条 人民法院对调解书裁定再审后，按照下列情形分别处理：

（一）当事人提出的调解违反自愿原则的事由不成立，且调解书的内容不违反法律强制性规定的，裁定驳回再审申请；

（二）人民检察院抗诉或者再审检察建议所主张的损害国家利益、社会公共利益的理由不成立的，裁定终结再审程序。

前款规定情形，人民法院裁定中止执行的调解书需要继续执行的，自动恢复执行。

第四百一十条 一审原告在再审审理程序中申请撤回起诉，经其他当事人同意，且不损害国家利益、社会公共利益、他人合法权益的，人民法院可以准许。裁定准许撤诉的，应当一并撤销原判决。

一审原告在再审审理程序中撤回起诉后重复起诉的，人民法院不予受理。

第四百一十一条 当事人提交新的证据致使再审改判，因再审申请人或者申请检察监督当事人的过错未能在原审程序中及时举证，被申请人等当事人请求补偿其增加的交通、住宿、就餐、误工等必要费用的，人民法院应予支持。

第四百一十二条 部分当事人到庭并达成调解协议，其他当事人未作出书面表示的，人民法院应当在判决中对该事实作出表述；调解协议内容不违反法律规定，且不损害其他当事人合法权益的，可以在判决主文中予以确认。

第四百一十三条 人民检察院依法对损害国家利益、社会公共利益的发生法律效力的判决、裁定、调解书提出抗诉，或者经人民检察院检察委员会讨论决定提出再审检察建议的，人民法院应予受理。

第四百一十四条 人民检察院对已经发生法律效力的判决以及不予受理、驳回起诉的裁定依法提出抗诉的，人民法院应予受理，但适用特别程序、督促程序、公示催告程序、破产程序以及解除婚姻关系的判决、裁定等不适用审判监督程序的判决、裁定除外。

第四百一十五条 人民检察院依照民事诉讼法第二百零九条第一款第三项规定对有明显错误的再审判决、裁定提出抗诉或者再审检察建议的，人民法院应予受理。

第四百一十六条 地方各级人民检察院依当事人的申请对生效判决、裁定向同级人民法院提出再审检察建议，符合下列条件的，应予受理：

（一）再审检察建议书和原审当事人申请书及相关证据材料已经提交；

（二）建议再审的对象为依照民事诉讼法和本解释规定可以进行再审的判决、裁定；

（三）再审检察建议书列明该判决、裁定有民事诉讼法第二百零八条第二款规定情形；

（四）符合民事诉讼法第二百零九条第一款第一项、第二项规定情形；

（五）再审检察建议经该人民检察院检察委员会讨论决定。

不符合前款规定的，人民法院可以建议人民检察院予以补正或者撤回；不予补正或者撤回的，应当函告人民检察院不予受理。

第四百一十七条 人民检察院依当事人的申请对生效判决、裁定提出抗诉，符合下列条件的，人民法院应当在三十日内裁定再审：

（一）抗诉书和原审当事人申请书及相关证据材料已经提交；

（二）抗诉对象为依照民事诉讼法和本解释规定可以进行再审的判决、裁定；

（三）抗诉书列明该判决、裁定有民事诉讼法第二百零八条第一款规定情形；

（四）符合民事诉讼法第二百零九条第一款第一项、第二项规定情形。

不符合前款规定的，人民法院可以建议人民检察院予以补正或者撤回；不予补正或者撤回的，人民法院可以裁定不予受理。

第四百一十八条 当事人的再审申请被上级人民法院裁定驳回后，人民检察院对原判决、裁定、调解书提出抗诉，抗诉事由符合民事诉讼法第二百条第一项至第五项规定情形之一的，受理抗诉的人民法院可以交由下一级人民法院再审。

第四百一十九条 人民法院收到再审检察建议后，应当组成合议庭，在三个月内进行审查，发现原判决、裁定、调解书确有错误，需要再审的，依照民事诉讼法第一百九十八条规定裁定再审，并通知当事人；经审查，决定不予再审的，应当书面回复人民检察院。

第四百二十条 人民法院审理因人民检察院抗诉或者检察建议裁定再审的案件，不受此前已经作出的驳回当事人再审申请裁定的影响。

第四百二十一条 人民法院开庭审理抗诉案件，应当在开庭三日前通知人民检察院、当事人和其他诉讼参与人。同级人民检察院或者提出抗诉的人民检察院应当派员出庭。

人民检察院因履行法律监督职责向当事人或者案外人调查核实的情况，应当向法庭提交并予以说明，由双方当事人进行质证。

第四百二十二条 必须共同进行诉讼的当事人因不能归责于本人或者其诉讼代理人的事由未参加诉讼的，可以根据民事诉讼法第二百条第八项规定，自知道或者应当知道之日起六个月内申请再审，但符合本解释第四百二十三条规定情形的除外。

人民法院因前款规定的当事人申请而裁定再审，按照第一审程序再审的，应当追加其为当事人，作出新的判决、裁定；按照第二审程序再审，经调解不能达成协议的，应当撤销原判决、裁定，发回重审，重审时应追加其为当事人。

第四百二十三条 根据民事诉讼法第二百二十七条规定，案外人对驳回其执行异议的裁定不服，认为原判决、裁定、调解书内容错误损害其民事权益的，可以自执行异议裁定送达之日起六个月内，向作出原判决、裁定、调解书的人民法院申请再审。

第四百二十四条 根据民事诉讼法第二百二十七条规定，人民法院裁定再审后，案外人属于必要的共同诉讼当事人的，依照本解释第四百二十二条第二款规定处理。

案外人不是必要的共同诉讼当事人的，人民法院仅审理原判决、裁定、调解书对其民事权益造成损害的内容。经审理，再审请求成立的，撤销或者改变原判决、裁定、调解书；再审请求不成立的，维持原判决、裁定、调解书。

第四百二十五条 本解释第三百四十条规定适用于审判监督程序。

第四百二十六条　对小额诉讼案件的判决、裁定，当事人以民事诉讼法第二百条规定的事由向原审人民法院申请再审的，人民法院应当受理。申请再审事由成立的，应当裁定再审，组成合议庭进行审理。作出的再审判决、裁定，当事人不得上诉。

当事人以不应按小额诉讼案件审理为由向原审人民法院申请再审的，人民法院应当受理。理由成立的，应当裁定再审，组成合议庭审理。作出的再审判决、裁定，当事人可以上诉。

十九、督促程序

第四百二十七条　两个以上人民法院都有管辖权的，债权人可以向其中一个基层人民法院申请支付令。

债权人向两个以上有管辖权的基层人民法院申请支付令的，由最先立案的人民法院管辖。

第四百二十八条　人民法院收到债权人的支付令申请书后，认为申请书不符合要求的，可以通知债权人限期补正。人民法院应当自收到补正材料之日起五日内通知债权人是否受理。

第四百二十九条　债权人申请支付令，符合下列条件的，基层人民法院应当受理，并在收到支付令申请书后五日内通知债权人：

（一）请求给付金钱或者汇票、本票、支票、股票、债券、国库券、可转让的存款单等有价证券；

（二）请求给付的金钱或者有价证券已到期且数额确定，并写明了请求所根据的事实、证据；

（三）债权人没有对待给付义务；

（四）债务人在我国境内且未下落不明；

（五）支付令能够送达债务人；

（六）收到申请书的人民法院有管辖权；

（七）债权人未向人民法院申请诉前保全。

不符合前款规定的，人民法院应当在收到支付令申请书后五日内通知债权人不予受理。

基层人民法院受理申请支付令案件，不受债权金额的限制。

第四百三十条　人民法院受理申请后，由审判员一人进行审查。经审查，有下列情形之一的，裁定驳回申请：

（一）申请人不具备当事人资格的；

（二）给付金钱或者有价证券的证明文件没有约定逾期给付利息或者违约金、赔偿金，债权人坚持要求给付利息或者违约金、赔偿金的；

（三）要求给付的金钱或者有价证券属于违法所得的；

（四）要求给付的金钱或者有价证券尚未到期或者数额不确定的。

人民法院受理支付令申请后，发现不符合本解释规定的受理条件的，应当在受理之日起十五日内裁定驳回申请。

第四百三十一条 向债务人本人送达支付令，债务人拒绝接收的，人民法院可以留置送达。

第四百三十二条 有下列情形之一的，人民法院应当裁定终结督促程序，已发出支付令的，支付令自行失效：

（一）人民法院受理支付令申请后，债权人就同一债权债务关系又提起诉讼的；

（二）人民法院发出支付令之日起三十日内无法送达债务人的；

（三）债务人收到支付令前，债权人撤回申请的。

第四百三十三条 债务人在收到支付令后，未在法定期间提出书面异议，而向其他人民法院起诉的，不影响支付令的效力。

债务人超过法定期间提出异议的，视为未提出异议。

第四百三十四条 债权人基于同一债权债务关系，在同一支付令申请中向债务人提出多项支付请求，债务人仅就其中一项或者几项请求提出异议的，不影响其他各项请求的效力。

第四百三十五条 债权人基于同一债权债务关系，就可分之债向多个债务人提出支付请求，多个债务人中的一人或者几人提出异议的，不影响其他请求的效力。

第四百三十六条 对设有担保的债务的主债务人发出的支付令，对担保人没有拘束力。

债权人就担保关系单独提起诉讼的，支付令自人民法院受理案件之日起失效。

第四百三十七条 经形式审查，债务人提出的书面异议有下列情形之一的，应当认定异议成立，裁定终结督促程序，支付令自行失效：

（一）本解释规定的不予受理申请情形的；

（二）本解释规定的裁定驳回申请情形的；

（三）本解释规定的应当裁定终结督促程序情形的；

（四）人民法院对是否符合发出支付令条件产生合理怀疑的。

第四百三十八条　债务人对债务本身没有异议，只是提出缺乏清偿能力、延缓债务清偿期限、变更债务清偿方式等异议的，不影响支付令的效力。

人民法院经审查认为异议不成立的，裁定驳回。

债务人的口头异议无效。

第四百三十九条　人民法院作出终结督促程序或者驳回异议裁定前，债务人请求撤回异议的，应当裁定准许。

债务人对撤回异议反悔的，人民法院不予支持。

第四百四十条　支付令失效后，申请支付令的一方当事人不同意提起诉讼的，应当自收到终结督促程序裁定之日起七日内向受理申请的人民法院提出。

申请支付令的一方当事人不同意提起诉讼的，不影响其向其他有管辖权的人民法院提起诉讼。

第四百四十一条　支付令失效后，申请支付令的一方当事人自收到终结督促程序裁定之日起七日内未向受理申请的人民法院表明不同意提起诉讼的，视为向受理申请的人民法院起诉。

债权人提出支付令申请的时间，即为向人民法院起诉的时间。

第四百四十二条　债权人向人民法院申请执行支付令的期间，适用民事诉讼法第二百三十九条的规定。

第四百四十三条　人民法院院长发现本院已经发生法律效力的支付令确有错误，认为需要撤销的，应当提交本院审判委员会讨论决定后，裁定撤销支付令，驳回债权人的申请。

二十、公示催告程序

第四百四十四条　民事诉讼法第二百一十八条规定的票据持有人，是指票据被盗、遗失或者灭失前的最后持有人。

第四百四十五条　人民法院收到公示催告的申请后，应当立即审查，并决定是否受理。经审查认为符合受理条件的，通知予以受理，并同时通知支付人停止支付；认为不符合受理条件的，七日内裁定驳回申请。

第四百四十六条 因票据丧失，申请公示催告的，人民法院应结合票据存根、丧失票据的复印件、出票人关于签发票据的证明、申请人合法取得票据的证明、银行挂失止付通知书、报案证明等证据，决定是否受理。

第四百四十七条 人民法院依照民事诉讼法第二百一十九条规定发出的受理申请的公告，应当写明下列内容：

（一）公示催告申请人的姓名或者名称；

（二）票据的种类、号码、票面金额、出票人、背书人、持票人、付款期限等事项以及其他可以申请公示催告的权利凭证的种类、号码、权利范围、权利人、义务人、行权日期等事项；

（三）申报权利的期间；

（四）在公示催告期间转让票据等权利凭证，利害关系人不申报的法律后果。

第四百四十八条 公告应当在有关报纸或者其他媒体上刊登，并于同日公布于人民法院公告栏内。人民法院所在地有证券交易所的，还应当同日在该交易所公布。

第四百四十九条 公告期间不得少于六十日，且公示催告期间届满日不得早于票据付款日后十五日。

第四百五十条 在申报期届满后、判决作出之前，利害关系人申报权利的，应当适用民事诉讼法第二百二十一条第二款、第三款规定处理。

第四百五十一条 利害关系人申报权利，人民法院应当通知其向法院出示票据，并通知公示催告申请人在指定的期间查看该票据。公示催告申请人申请公示催告的票据与利害关系人出示的票据不一致的，应当裁定驳回利害关系人的申报。

第四百五十二条 在申报权利的期间无人申报权利，或者申报被驳回的，申请人应当自公示催告期间届满之日起一个月内申请作出判决。逾期不申请判决的，终结公示催告程序。

裁定终结公示催告程序的，应当通知申请人和支付人。

第四百五十三条 判决公告之日起，公示催告申请人有权依据判决向付款人请求付款。

付款人拒绝付款，申请人向人民法院起诉，符合民事诉讼法第一百一十九条规定的起诉条件的，人民法院应予受理。

第四百五十四条　适用公示催告程序审理案件，可由审判员一人独任审理；判决宣告票据无效的，应当组成合议庭审理。

第四百五十五条　公示催告申请人撤回申请，应在公示催告前提出；公示催告期间申请撤回的，人民法院可以径行裁定终结公示催告程序。

第四百五十六条　人民法院依照民事诉讼法第二百二十条规定通知支付人停止支付，应当符合有关财产保全的规定。支付人收到停止支付通知后拒不止付的，除可依照民事诉讼法第一百一十一条、第一百一十四条规定采取强制措施外，在判决后，支付人仍应承担付款义务。

第四百五十七条　人民法院依照民事诉讼法第二百二十一条规定终结公示催告程序后，公示催告申请人或者申报人向人民法院提起诉讼，因票据权利纠纷提起的，由票据支付地或者被告住所地人民法院管辖；因非票据权利纠纷提起的，由被告住所地人民法院管辖。

第四百五十八条　依照民事诉讼法第二百二十一条规定制作的终结公示催告程序的裁定书，由审判员、书记员署名，加盖人民法院印章。

第四百五十九条　依照民事诉讼法第二百二十三条的规定，利害关系人向人民法院起诉的，人民法院可按票据纠纷适用普通程序审理。

第四百六十条　民事诉讼法第二百二十三条规定的正当理由，包括：

（一）因发生意外事件或者不可抗力致使利害关系人无法知道公告事实的；

（二）利害关系人因被限制人身自由而无法知道公告事实，或者虽然知道公告事实，但无法自己或者委托他人代为申报权利的；

（三）不属于法定申请公示催告情形的；

（四）未予公告或者未按法定方式公告的；

（五）其他导致利害关系人在判决作出前未能向人民法院申报权利的客观事由。

第四百六十一条　根据民事诉讼法第二百二十三条的规定，利害关系人请求人民法院撤销除权判决的，应当将申请人列为被告。

利害关系人仅诉请确认其为合法持票人的，人民法院应当在裁判文书中写明，确认利害关系人为票据权利人的判决作出后，除权判决即被撤销。

二十一、执行程序

第四百六十二条 发生法律效力的实现担保物权裁定、确认调解协议裁定、支付令，由作出裁定、支付令的人民法院或者与其同级的被执行财产所在地的人民法院执行。

认定财产无主的判决，由作出判决的人民法院将无主财产收归国家或者集体所有。

第四百六十三条 当事人申请人民法院执行的生效法律文书应当具备下列条件：

（一）权利义务主体明确；

（二）给付内容明确。

法律文书确定继续履行合同的，应当明确继续履行的具体内容。

第四百六十四条 根据民事诉讼法第二百二十七条规定，案外人对执行标的提出异议的，应当在该执行标的执行程序终结前提出。

第四百六十五条 案外人对执行标的提出的异议，经审查，按照下列情形分别处理：

（一）案外人对执行标的不享有足以排除强制执行的权益的，裁定驳回其异议；

（二）案外人对执行标的享有足以排除强制执行的权益的，裁定中止执行。

驳回案外人执行异议裁定送达案外人之日起十五日内，人民法院不得对执行标的进行处分。

第四百六十六条 申请执行人与被执行人达成和解协议后请求中止执行或者撤回执行申请的，人民法院可以裁定中止执行或者终结执行。

第四百六十七条 一方当事人不履行或者不完全履行在执行中双方自愿达成的和解协议，对方当事人申请执行原生效法律文书的，人民法院应当恢复执行，但和解协议已履行的部分应当扣除。和解协议已经履行完毕的，人民法院不予恢复执行。

第四百六十八条 申请恢复执行原生效法律文书，适用民事诉讼法第二百三十九条申请执行期间的规定。申请执行期间因达成执行中的和解协议而中断，其期间自和解协议约定履行期限的最后一日起重新计算。

第四百六十九条 人民法院依照民事诉讼法第二百三十一条规定决定暂缓执

行的，如果担保是有期限的，暂缓执行的期限应当与担保期限一致，但最长不得超过一年。被执行人或者担保人对担保的财产在暂缓执行期间有转移、隐藏、变卖、毁损等行为的，人民法院可以恢复强制执行。

第四百七十条 根据民事诉讼法第二百三十一条规定向人民法院提供执行担保的，可以由被执行人或者他人提供财产担保，也可以由他人提供保证。担保人应当具有代为履行或者代为承担赔偿责任的能力。

他人提供执行保证的，应当向执行法院出具保证书，并将保证书副本送交申请执行人。被执行人或者他人提供财产担保的，应当参照物权法、担保法的有关规定办理相应手续。

第四百七十一条 被执行人在人民法院决定暂缓执行的期限届满后仍不履行义务的，人民法院可以直接执行担保财产，或者裁定执行担保人的财产，但执行担保人的财产以担保人应当履行义务部分的财产为限。

第四百七十二条 依照民事诉讼法第二百三十二条规定，执行中作为被执行人的法人或者其他组织分立、合并的，人民法院可以裁定变更后的法人或者其他组织为被执行人；被注销的，如果依照有关实体法的规定有权利义务承受人的，可以裁定该权利义务承受人为被执行人。

第四百七十三条 其他组织在执行中不能履行法律文书确定的义务的，人民法院可以裁定执行对该其他组织依法承担义务的法人或者公民个人的财产。

第四百七十四条 在执行中，作为被执行人的法人或者其他组织名称变更的，人民法院可以裁定变更后的法人或者其他组织为被执行人。

第四百七十五条 作为被执行人的公民死亡，其遗产继承人没有放弃继承的，人民法院可以裁定变更被执行人，由该继承人在遗产的范围内偿还债务。继承人放弃继承的，人民法院可以直接执行被执行人的遗产。

第四百七十六条 法律规定由人民法院执行的其他法律文书执行完毕后，该法律文书被有关机关或者组织依法撤销的，经当事人申请，适用民事诉讼法第二百三十三条规定。

第四百七十七条 仲裁机构裁决的事项，部分有民事诉讼法第二百三十七条第二款、第三款规定情形的，人民法院应当裁定对该部分不予执行。

应当不予执行部分与其他部分不可分的，人民法院应当裁定不予执行仲裁裁决。

第四百七十八条 依照民事诉讼法第二百三十七条第二款、第三款规定，人民法院裁定不予执行仲裁裁决后，当事人对该裁定提出执行异议或者复议的，人民法院不予受理。当事人可以就该民事纠纷重新达成书面仲裁协议申请仲裁，也可以向人民法院起诉。

第四百七十九条 在执行中，被执行人通过仲裁程序将人民法院查封、扣押、冻结的财产确权或者分割给案外人的，不影响人民法院执行程序的进行。

案外人不服的，可以根据民事诉讼法第二百二十七条规定提出异议。

第四百八十条 有下列情形之一的，可以认定为民事诉讼法第二百三十八条第二款规定的公证债权文书确有错误：

（一）公证债权文书属于不得赋予强制执行效力的债权文书的；

（二）被执行人一方未亲自或者未委托代理人到场公证等严重违反法律规定的公证程序的；

（三）公证债权文书的内容与事实不符或者违反法律强制性规定的；

（四）公证债权文书未载明被执行人不履行义务或者不完全履行义务时同意接受强制执行的。

人民法院认定执行该公证债权文书违背社会公共利益的，裁定不予执行。

公证债权文书被裁定不予执行后，当事人、公证事项的利害关系人可以就债权争议提起诉讼。

第四百八十一条 当事人请求不予执行仲裁裁决或者公证债权文书的，应当在执行终结前向执行法院提出。

第四百八十二条 人民法院应当在收到申请执行书或者移交执行书后十日内发出执行通知。

执行通知中除应责令被执行人履行法律文书确定的义务外，还应通知其承担民事诉讼法第二百五十三条规定的迟延履行利息或者迟延履行金。

第四百八十三条 申请执行人超过申请执行时效期间向人民法院申请强制执行的，人民法院应予受理。被执行人对申请执行时效期间提出异议，人民法院经审查异议成立的，裁定不予执行。

被执行人履行全部或者部分义务后，又以不知道申请执行时效期间届满为由请求执行回转的，人民法院不予支持。

第四百八十四条 对必须接受调查询问的被执行人、被执行人的法定代表人、负责人或者实际控制人，经依法传唤无正当理由拒不到场的，人民法院可以拘传其到场。

人民法院应当及时对被拘传人进行调查询问，调查询问的时间不得超过八小时；情况复杂，依法可能采取拘留措施的，调查询问的时间不得超过二十四小时。

人民法院在本辖区以外采取拘传措施时，可以将被拘传人拘传到当地人民法院，当地人民法院应予协助。

第四百八十五条 人民法院有权查询被执行人的身份信息与财产信息，掌握相关信息的单位和个人必须按照协助执行通知书办理。

第四百八十六条 对被执行的财产，人民法院非经查封、扣押、冻结不得处分。对银行存款等各类可以直接扣划的财产，人民法院的扣划裁定同时具有冻结的法律效力。

第四百八十七条 人民法院冻结被执行人的银行存款的期限不得超过一年，查封、扣押动产的期限不得超过两年，查封不动产、冻结其他财产权的期限不得超过三年。

申请执行人申请延长期限的，人民法院应当在查封、扣押、冻结期限届满前办理续行查封、扣押、冻结手续，续行期限不得超过前款规定的期限。

人民法院也可以依职权办理续行查封、扣押、冻结手续。

第四百八十八条 依照民事诉讼法第二百四十七条规定，人民法院在执行中需要拍卖被执行人财产的，可以由人民法院自行组织拍卖，也可以交由具备相应资质的拍卖机构拍卖。

交拍卖机构拍卖的，人民法院应当对拍卖活动进行监督。

第四百八十九条 拍卖评估需要对现场进行检查、勘验的，人民法院应当责令被执行人、协助义务人予以配合。被执行人、协助义务人不予配合的，人民法院可以强制进行。

第四百九十条 人民法院在执行中需要变卖被执行人财产的，可以交有关单位变卖，也可以由人民法院直接变卖。

对变卖的财产，人民法院或者其工作人员不得买受。

第四百九十一条 经申请执行人和被执行人同意，且不损害其他债权人合法权益和社会公共利益的，人民法院可以不经拍卖、变卖，直接将被执行人的财产作价交申请执行人抵偿债务。对剩余债务，被执行人应当继续清偿。

第四百九十二条 被执行人的财产无法拍卖或者变卖的，经申请执行人同意，且不损害其他债权人合法权益和社会公共利益的，人民法院可以将该项财产作价后交付申请执行人抵偿债务，或者交付申请执行人管理；申请执行人拒绝接收或者管理的，退回被执行人。

第四百九十三条 拍卖成交或者依法定程序裁定以物抵债的，标的物所有权自拍卖成交裁定或者抵债裁定送达买受人或者接受抵债物的债权人时转移。

第四百九十四条 执行标的物为特定物的，应当执行原物。原物确已毁损或者灭失的，经双方当事人同意，可以折价赔偿。

双方当事人对折价赔偿不能协商一致的，人民法院应当终结执行程序。申请执行人可以另行起诉。

第四百九十五条 他人持有法律文书指定交付的财物或者票证，人民法院依照民事诉讼法第二百四十九条第二款、第三款规定发出协助执行通知后，拒不转交的，可以强制执行，并可依照民事诉讼法第一百一十四条、第一百一十五条规定处理。

他人持有期间财物或者票证毁损、灭失的，参照本解释第四百九十四条规定处理。

他人主张合法持有财物或者票证的，可以根据民事诉讼法第二百二十七条规定提出执行异议。

第四百九十六条 在执行中，被执行人隐匿财产、会计账簿等资料的，人民法院除可依照民事诉讼法第一百一十一条第一款第六项规定对其处理外，还应责令被执行人交出隐匿的财产、会计账簿等资料。被执行人拒不交出的，人民法院可以采取搜查措施。

第四百九十七条 搜查人员应当按规定着装并出示搜查令和工作证件。

第四百九十八条 人民法院搜查时禁止无关人员进入搜查现场；搜查对象是公民的，应当通知被执行人或者他的成年家属以及基层组织派员到场；搜查对象是法人或者其他组织的，应当通知法定代表人或者主要负责人到场。拒不到场的，不影响搜查。

搜查妇女身体，应当由女执行人员进行。

第四百九十九条 搜查中发现应当依法采取查封、扣押措施的财产，依照民事诉讼法第二百四十五条第二款和第二百四十七条规定办理。

第五百条　搜查应当制作搜查笔录，由搜查人员、被搜查人及其他在场人签名、捺印或者盖章。拒绝签名、捺印或者盖章的，应当记入搜查笔录。

第五百零一条　人民法院执行被执行人对他人的到期债权，可以作出冻结债权的裁定，并通知该他人向申请执行人履行。

该他人对到期债权有异议，申请执行人请求对异议部分强制执行的，人民法院不予支持。利害关系人对到期债权有异议的，人民法院应当按照民事诉讼法第二百二十七条规定处理。

对生效法律文书确定的到期债权，该他人予以否认的，人民法院不予支持。

第五百零二条　人民法院在执行中需要办理房产证、土地证、林权证、专利证书、商标证书、车船执照等有关财产权证照转移手续的，可以依照民事诉讼法第二百五十一条规定办理。

第五百零三条　被执行人不履行生效法律文书确定的行为义务，该义务可由他人完成的，人民法院可以选定代履行人；法律、行政法规对履行该行为义务有资格限制的，应当从有资格的人中选定。必要时，可以通过招标的方式确定代履行人。

申请执行人可以在符合条件的人中推荐代履行人，也可以申请自己代为履行，是否准许，由人民法院决定。

第五百零四条　代履行费用的数额由人民法院根据案件具体情况确定，并由被执行人在指定期限内预先支付。被执行人未预付的，人民法院可以对该费用强制执行。

代履行结束后，被执行人可以查阅、复制费用清单以及主要凭证。

第五百零五条　被执行人不履行法律文书指定的行为，且该项行为只能由被执行人完成的，人民法院可以依照民事诉讼法第一百一十一条第一款第六项规定处理。

被执行人在人民法院确定的履行期间内仍不履行的，人民法院可以依照民事诉讼法第一百一十一条第一款第六项规定再次处理。

第五百零六条　被执行人迟延履行的，迟延履行期间的利息或者迟延履行金自判决、裁定和其他法律文书指定的履行期间届满之日起计算。

第五百零七条　被执行人未按判决、裁定和其他法律文书指定的期间履行非金钱给付义务的，无论是否已给申请执行人造成损失，都应当支付迟延履行金。已经造成损失的，双倍补偿申请执行人已经受到的损失；没有造成损失的，迟延履行金可以由人民法院根据具体案件情况决定。

第五百零八条 被执行人为公民或者其他组织，在执行程序开始后，被执行人的其他已经取得执行依据的债权人发现被执行人的财产不能清偿所有债权的，可以向人民法院申请参与分配。

对人民法院查封、扣押、冻结的财产有优先权、担保物权的债权人，可以直接申请参与分配，主张优先受偿权。

第五百零九条 申请参与分配，申请人应当提交申请书。申请书应当写明参与分配和被执行人不能清偿所有债权的事实、理由，并附有执行依据。

参与分配申请应当在执行程序开始后，被执行人的财产执行终结前提出。

第五百一十条 参与分配执行中，执行所得价款扣除执行费用，并清偿应当优先受偿的债权后，对于普通债权，原则上按照其占全部申请参与分配债权数额的比例受偿。清偿后的剩余债务，被执行人应当继续清偿。债权人发现被执行人有其他财产的，可以随时请求人民法院执行。

第五百一十一条 多个债权人对执行财产申请参与分配的，执行法院应当制作财产分配方案，并送达各债权人和被执行人。债权人或者被执行人对分配方案有异议的，应当自收到分配方案之日起十五日内向执行法院提出书面异议。

第五百一十二条 债权人或者被执行人对分配方案提出书面异议的，执行法院应当通知未提出异议的债权人、被执行人。

未提出异议的债权人、被执行人自收到通知之日起十五日内未提出反对意见的，执行法院依异议人的意见对分配方案审查修正后进行分配；提出反对意见的，应当通知异议人。异议人可以自收到通知之日起十五日内，以提出反对意见的债权人、被执行人为被告，向执行法院提起诉讼；异议人逾期未提起诉讼的，执行法院按照原分配方案进行分配。

诉讼期间进行分配的，执行法院应当提存与争议债权数额相应的款项。

第五百一十三条 在执行中，作为被执行人的企业法人符合企业破产法第二条第一款规定情形的，执行法院经申请执行人之一或者被执行人同意，应当裁定中止对该被执行人的执行，将执行案件相关材料移送被执行人住所地人民法院。

第五百一十四条 被执行人住所地人民法院应当自收到执行案件相关材料之

日起三十日内，将是否受理破产案件的裁定告知执行法院。不予受理的，应当将相关案件材料退回执行法院。

第五百一十五条 被执行人住所地人民法院裁定受理破产案件的，执行法院应当解除对被执行人财产的保全措施。被执行人住所地人民法院裁定宣告被执行人破产的，执行法院应当裁定终结对该被执行人的执行。

被执行人住所地人民法院不受理破产案件的，执行法院应当恢复执行。

第五百一十六条 当事人不同意移送破产或者被执行人住所地人民法院不受理破产案件的，执行法院就执行变价所得财产，在扣除执行费用及清偿优先受偿的债权后，对于普通债权，按照财产保全和执行中查封、扣押、冻结财产的先后顺序清偿。

第五百一十七条 债权人根据民事诉讼法第二百五十四条规定请求人民法院继续执行的，不受民事诉讼法第二百三十九条规定申请执行时效期间的限制。

第五百一十八条 被执行人不履行法律文书确定的义务的，人民法院除对被执行人予以处罚外，还可以根据情节将其纳入失信被执行人名单，将被执行人不履行或者不完全履行义务的信息向其所在单位、征信机构以及其他相关机构通报。

第五百一十九条 经过财产调查未发现可供执行的财产，在申请执行人签字确认或者执行法院组成合议庭审查核实并经院长批准后，可以裁定终结本次执行程序。

依照前款规定终结执行后，申请执行人发现被执行人有可供执行财产的，可以再次申请执行。再次申请不受申请执行时效期间的限制。

第五百二十条 因撤销申请而终结执行后，当事人在民事诉讼法第二百三十九条规定的申请执行时效期间内再次申请执行的，人民法院应当受理。

第五百二十一条 在执行终结六个月内，被执行人或者其他人对已执行的标的有妨害行为的，人民法院可以依申请排除妨害，并可以依照民事诉讼法第一百一十一条规定进行处罚。因妨害行为给执行债权人或者其他人造成损失的，受害人可以另行起诉。

二十二、涉外民事诉讼程序的特别规定

第五百二十二条 有下列情形之一，人民法院可以认定为涉外民事案件：

（一）当事人一方或者双方是外国人、无国籍人、外国企业或者组织的；

（二）当事人一方或者双方的经常居所地在中华人民共和国领域外的；

（三）标的物在中华人民共和国领域外的；

（四）产生、变更或者消灭民事关系的法律事实发生在中华人民共和国领域外的；

（五）可以认定为涉外民事案件的其他情形。

第五百二十三条 外国人参加诉讼，应当向人民法院提交护照等用以证明自己身份的证件。

外国企业或者组织参加诉讼，向人民法院提交的身份证明文件，应当经所在国公证机关公证，并经中华人民共和国驻该国使领馆认证，或者履行中华人民共和国与该所在国订立的有关条约中规定的证明手续。

代表外国企业或者组织参加诉讼的人，应当向人民法院提交其有权作为代表人参加诉讼的证明，该证明应当经所在国公证机关公证，并经中华人民共和国驻该国使领馆认证，或者履行中华人民共和国与该所在国订立的有关条约中规定的证明手续。

本条所称的“所在国”，是指外国企业或者组织的设立登记地国，也可以是办理了营业登记手续的第三国。

第五百二十四条 依照民事诉讼法第二百六十四条以及本解释第五百二十三条规定，需要办理公证、认证手续，而外国当事人所在国与中华人民共和国没有建立外交关系的，可以经该国公证机关公证，经与中华人民共和国有外交关系的第三国驻该国使领馆认证，再转由中华人民共和国驻该第三国使领馆认证。

第五百二十五条 外国人、外国企业或者组织的代表人在人民法院法官的见证下签署授权委托书，委托代理人进行民事诉讼的，人民法院应予认可。

第五百二十六条 外国人、外国企业或者组织的代表人在中华人民共和国境内签署授权委托书，委托代理人进行民事诉讼，经中华人民共和国公证机构公证的，人民法院应予认可。

第五百二十七条 当事人向人民法院提交的书面材料是外文的，应当同时向人民法院提交中文翻译件。

当事人对中文翻译件有异议的，应当共同委托翻译机构提供翻译文本；当事人对翻译机构的选择不能达成一致的，由人民法院确定。

第五百二十八条 涉外民事诉讼中的外籍当事人，可以委托本国人为诉讼代理人，也可以委托本国律师以非律师身份担任诉讼代理人；外国驻华使领馆官员，受本国公民的委托，可以以个人名义担任诉讼代理人，但在诉讼中不享有外交或者领事特权和豁免。

第五百二十九条　涉外民事诉讼中，外国驻华使领馆授权其本馆官员，在作为当事人的本国国民不在中华人民共和国领域内的情况下，可以以外交代表身份为其本国国民在中华人民共和国聘请中华人民共和国律师或者中华人民共和国公民代理民事诉讼。

第五百三十条　涉外民事诉讼中，经调解双方达成协议，应当制发调解书。当事人要求发给判决书的，可以依协议的内容制作判决书送达当事人。

第五百三十一条　涉外合同或者其他财产权益纠纷的当事人，可以书面协议选择被告住所地、合同履行地、合同签订地、原告住所地、标的物所在地、侵权行为地等与争议有实际联系地点的外国法院管辖。

根据民事诉讼法第三十三条和第二百六十六条规定，属于中华人民共和国法院专属管辖的案件，当事人不得协议选择外国法院管辖，但协议选择仲裁的除外。

第五百三十二条　涉外民事案件同时符合下列情形的，人民法院可以裁定驳回原告的起诉，告知其向更方便的外国法院提起诉讼：

（一）被告提出案件应由更方便外国法院管辖的请求，或者提出管辖异议；

（二）当事人之间不存在选择中华人民共和国法院管辖的协议；

（三）案件不属于中华人民共和国法院专属管辖；

（四）案件不涉及中华人民共和国国家、公民、法人或者其他组织的利益；

（五）案件争议的主要事实不是发生在中华人民共和国境内，且案件不适用中华人民共和国法律，人民法院审理案件在认定事实和适用法律方面存在重大困难；

（六）外国法院对案件享有管辖权，且审理该案件更加方便。

第五百三十三条　中华人民共和国法院和外国法院都有管辖权的案件，一方当事人向外国法院起诉，而另一方当事人向中华人民共和国法院起诉的，人民法院可予受理。判决后，外国法院申请或者当事人请求人民法院承认和执行外国法院对本案作出的判决、裁定的，不予准许；但双方共同缔结或者参加的国际条约另有规定的除外。

外国法院判决、裁定已经被人民法院承认，当事人就同一争议向人民法院起诉的，人民法院不予受理。

第五百三十四条 对在中华人民共和国领域内没有住所的当事人，经用公告方式送达诉讼文书，公告期满不应诉，人民法院缺席判决后，仍应当将裁判文书依照民事诉讼法第二百六十七条第八项规定公告送达。自公告送达裁判文书满三个月之日起，经过三十日的上诉期当事人没有上诉的，一审判决即发生法律效力。

第五百三十五条 外国人或者外国企业、组织的代表人、主要负责人在中华人民共和国领域内的，人民法院可以向该自然人或者外国企业、组织的代表人、主要负责人送达。

外国企业、组织的主要负责人包括该企业、组织的董事、监事、高级管理人员等。

第五百三十六条 受送达人所在国允许邮寄送达的，人民法院可以邮寄送达。

邮寄送达时应当附有送达回证。受送达人未在送达回证上签收但在邮件回执上签收的，视为送达，签收日期为送达日期。

自邮寄之日起满三个月，如果未收到送达的证明文件，且根据各种情况不足以认定已经送达的，视为不能用邮寄方式送达。

第五百三十七条 人民法院一审时采取公告方式向当事人送达诉讼文书的，二审时可径行采取公告方式向其送达诉讼文书，但人民法院能够采取公告方式之外的其他方式送达的除外。

第五百三十八条 不服第一审人民法院判决、裁定的上诉期，对在中华人民共和国领域内有住所的当事人，适用民事诉讼法第一百六十四条规定的期限；对在中华人民共和国领域内没有住所的当事人，适用民事诉讼法第二百六十九条规定的期限。当事人的上诉期均已届满没有上诉的，第一审人民法院的判决、裁定即发生法律效力。

第五百三十九条 人民法院对涉外民事案件的当事人申请再审进行审查的期间，不受民事诉讼法第二百零四条规定的限制。

第五百四十条 申请人向人民法院申请执行中华人民共和国涉外仲裁机构的裁决，应当提出书面申请，并附裁决书正本。如申请人为外国当事人，其申请书应当用中文文本提出。

第五百四十一条 人民法院强制执行涉外仲裁机构的仲裁裁决时，被执行人以有民事诉讼法第二百七十四条第一款规定的情形为由提出抗辩的，人民法院应当对被执行人的抗辩进行审查，并根据审查结果裁定执行或者不予执行。

第五百四十二条 依照民事诉讼法第二百七十二条规定，中华人民共和国涉外仲裁机构将当事人的保全申请提交人民法院裁定的，人民法院可以进行审查，裁定是否进行保全。裁定保全的，应当责令申请人提供担保，申请人不提供担保的，裁定驳回申请。

当事人申请证据保全，人民法院经审查认为无需提供担保的，申请人可以不提供担保。

第五百四十三条 申请人向人民法院申请承认和执行外国法院作出的发生法律效力的判决、裁定，应当提交申请书，并附外国法院作出的发生法律效力的判决、裁定正本或者经证明无误的副本以及中文译本。外国法院判决、裁定为缺席判决、裁定的，申请人应当同时提交该外国法院已经合法传唤的证明文件，但判决、裁定已经对此予以明确说明的除外。

中华人民共和国缔结或者参加的国际条约对提交文件有规定的，按照规定办理。

第五百四十四条 当事人向中华人民共和国有管辖权的中级人民法院申请承认和执行外国法院作出的发生法律效力的判决、裁定的，如果该法院所在国与中华人民共和国没有缔结或者共同参加国际条约，也没有互惠关系的，裁定驳回申请，但当事人向人民法院申请承认外国法院作出的发生法律效力的离婚判决的除外。

承认和执行申请被裁定驳回的，当事人可以向人民法院起诉。

第五百四十五条 对临时仲裁庭在中华人民共和国领域外作出的仲裁裁决，一方当事人向人民法院申请承认和执行的，人民法院应当依照民事诉讼法第二百八十三条规定处理。

第五百四十六条 对外国法院作出的发生法律效力的判决、裁定或者外国仲裁裁决，需要中华人民共和国法院执行的，当事人应当先向人民法院申请承认。人民法院经审查，裁定承认后，再根据民事诉讼法第三编的规定予以执行。

当事人仅申请承认而未同时申请执行的，人民法院仅对应否承认进行审查并作出裁定。

第五百四十七条 当事人申请承认和执行外国法院作出的发生法律效力的判决、裁定或者外国仲裁裁决的期间，适用民事诉讼法第二百三十九条的规定。

当事人仅申请承认而未同时申请执行的，申请执行的期间自人民法院对承认申请作出的裁定生效之日起重新计算。

第五百四十八条 承认和执行外国法院作出的发生法律效力的判决、裁定或者外国仲裁裁决的案件，人民法院应当组成合议庭进行审查。

人民法院应当将申请书送达被申请人。被申请人可以陈述意见。

人民法院经审查作出的裁定，一经送达即发生法律效力。

第五百四十九条 与中华人民共和国没有司法协助条约又无互惠关系的国家的法院，未通过外交途径，直接请求人民法院提供司法协助的，人民法院应予退回，并说明理由。

第五百五十条 当事人在中华人民共和国领域外使用中华人民共和国法院的判决书、裁定书，要求中华人民共和国法院证明其法律效力的，或者外国法院要求中华人民共和国法院证明判决书、裁定书的法律效力的，作出判决、裁定的中华人民共和国法院，可以本法院的名义出具证明。

第五百五十一条 人民法院审理涉及香港、澳门特别行政区和台湾地区的民事诉讼案件，可以参照适用涉外民事诉讼程序的特别规定。

二十三、附则

第五百五十二条 本解释公布施行后，最高人民法院于1992年7月14日发布的《关于适用〈中华人民共和国民事诉讼法〉若干问题的意见》同时废止；最高人民法院以前发布的司法解释与本解释不一致的，不再适用。

最高人民法院关于审理劳动争议案件适用法律若干问题的解释(一)

(2001年3月22日最高人民法院审判委员会第1165次会议通过)

为正确审理劳动争议案件，根据《中华人民共和国劳动法》(以下简称《劳动法》)和《中华人民共和国民事诉讼法》(以下简称《民事诉讼法》)等相关法律之规定，就适用法律的若干问题，作如下解释。

第一条 劳动者与用人单位之间发生的下列纠纷，属于《劳动法》第二条规定的劳动争议，当事人不服劳动争议仲裁委员会作出的裁决，依法向人民法院起诉的，人民法院应当受理：

(一) 劳动者与用人单位在履行劳动合同过程中发生的纠纷；

(二) 劳动者与用人单位之间没有订立书面劳动合同，但已形成劳动关系后发生的纠纷；

(三) 劳动者退休后，与尚未参加社会保险统筹的原用人单位因追索养老金、医疗费、工伤保险待遇和其他社会保险费而发生的纠纷。

第二条 劳动争议仲裁委员会以当事人申请仲裁的事项不属于劳动争议为由，作出不予受理的书面裁决、决定或者通知，当事人不服，依法向人民法院起诉的，人民法院应当分别情况予以处理：

(一) 属于劳动争议案件的，应当受理；

(二) 虽不属于劳动争议案件，但属于人民法院主管的其他案件，应当依法受理。

第三条 劳动争议仲裁委员会根据《劳动法》第八十二条之规定，以当事人的仲裁申请超过六十日期限为由，作出不予受理的书面裁决、决定或者通知，当事人不服，依法向人民法院起诉的，人民法院应当受理；对确已超过仲裁申请期限，又无不可抗力或者其他正当理由的，依法驳回其诉讼请求。

第四条 劳动争议仲裁委员会以申请仲裁的主体不适格为由，作出不予受理的书面裁决、决定或者通知，当事人不服，依法向人民法院起诉的，经审查，确属主体不适格的，裁定不予受理或者驳回起诉。

第五条 劳动争议仲裁委员会为纠正原仲裁裁决错误重新作出裁决，当事人不服，依法向人民法院起诉的，人民法院应当受理。

第六条 人民法院受理劳动争议案件后，当事人增加诉讼请求的，如该诉讼请求与讼争的劳动争议具有不可分性，应当合并审理；如属独立的劳动争议，应当告知当事人向劳动争议仲裁委员会申请仲裁。

第七条 劳动争议仲裁委员会仲裁的事项不属于人民法院受理的案件范围，当事人不服，依法向人民法院起诉的，裁定不予受理或者驳回起诉。

第八条 劳动争议案件由用人单位所在地或者劳动合同履行地的基层人民法院管辖。

劳动合同履行地不明确的，由用人单位所在地的基层人民法院管辖。

第九条 当事人双方不服劳动争议仲裁委员会作出的同一仲裁裁决，均向同一人民法院起诉的，先起诉的一方当事人为原告，但对双方的诉讼请求，人民法院应当一并作出裁决。

当事人双方就同一仲裁裁决分别向有管辖权的人民法院起诉的，后受理的人民法院应当将案件移送给先受理的人民法院。

第十条 用人单位与其他单位合并的，合并前发生的劳动争议，由合并后的单位为当事人；用人单位分立为若干单位的，其分立前发生的劳动争议，由分立后的实际用人单位为当事人。

用人单位分立为若干单位后，对承受劳动权利义务的单位不明确的，分立后的单位均为当事人。

第十一条 用人单位招用尚未解除劳动合同的劳动者，原用人单位与劳动者发生的劳动争议，可以列新的用人单位为第三人。

原用人单位以新的用人单位侵权为由向人民法院起诉的，可以列劳动者为第三人。

原用人单位以新的用人单位和劳动者共同侵权为由向人民法院起诉的，新的用人单位和劳动者列为共同被告。

第十二条 劳动者在用人单位与其他平等主体之间的承包经营期间，与发包方和承包方双方或者一方发生劳动争议，依法向人民法院起诉的，应当将承包方和发包方作为当事人。

第十三条　因用人单位作出的开除、除名、辞退、解除劳动合同、减少劳动报酬、计算劳动者工作年限等决定而发生的劳动争议，用人单位负举证责任。

第十四条　劳动合同被确认为无效后，用人单位对劳动者付出的劳动，一般可参照本单位同期、同工种、同岗位的工资标准支付劳动报酬。

根据《劳动法》第九十七条之规定，由于用人单位的原因订立的无效合同，给劳动者造成损害的，应当比照违反和解除劳动合同经济补偿金的支付标准，赔偿劳动者因合同无效所造成的经济损失。

第十五条　用人单位有下列情形之一，迫使劳动者提出解除劳动合同的，用人单位应当支付劳动者的劳动报酬和经济补偿，并可支付赔偿金：

（一）以暴力、威胁或者非法限制人身自由的手段强迫劳动的；

（二）未按照劳动合同约定支付劳动报酬或者提供劳动条件的；

（三）克扣或者无故拖欠劳动者工资的；

（四）拒不支付劳动者延长工作时间工资报酬的；

（五）低于当地最低工资标准支付劳动者工资的。

第十六条　劳动合同期满后，劳动者仍在原用人单位工作，原用人单位未表示异议的，视为双方同意以原条件继续履行劳动合同。一方提出终止劳动关系的，人民法院应当支持。

根据《劳动法》第二十条之规定，用人单位应当与劳动者签订无固定期限劳动合同而未签订的，人民法院可以视为双方之间存在无固定期限劳动合同关系，并以原劳动合同确定双方的权利义务关系。

第十七条　劳动争议仲裁委员会作出仲裁裁决后，当事人对裁决中的部分事项不服，依法向人民法院起诉的，劳动争议仲裁裁决不发生法律效力。

第十八条　劳动争议仲裁委员会对多个劳动者的劳动争议作出仲裁裁决后，部分劳动者对仲裁裁决不服，依法向人民法院起诉的，仲裁裁决对提出起诉的劳动者不发生法律效力；对未提出起诉的部分劳动者，发生法律效力，如其申请执行的，人民法院应当受理。

第十九条　用人单位根据《劳动法》第四条之规定，通过民主程序制定的规章制度，不违反国家法律、行政法规及政策规定，并已向劳动者公示的，可以作为人民法院审理劳动争议案件的依据。

第二十条 用人单位对劳动者作出的开除、除名、辞退等处理，或者因其他原因解除劳动合同确有错误的，人民法院可以依法判决予以撤销。

对于追索劳动报酬、养老金、医疗费以及工伤保险待遇、经济补偿金、培训费及其他相关费用等案件，给付数额不当的，人民法院可以予以变更。

第二十一条 当事人申请人民法院执行劳动争议仲裁机构作出的发生法律效力的裁决书、调解书，被申请人提出证据证明劳动争议仲裁裁决书、调解书有下列情形之一，并经审查核实的，人民法院可以根据《民事诉讼法》第二百一十七条之规定，裁定不予执行：

（一）裁决的事项不属于劳动争议仲裁范围，或者劳动争议仲裁机构无权仲裁的；

（二）适用法律确有错误的；

（三）仲裁员仲裁该案时，有徇私舞弊、枉法裁决行为的；

（四）人民法院认定执行该劳动争议仲裁裁决违背社会公共利益的。

人民法院在不予执行的裁定书中，应当告知当事人在收到裁定书之次日起三十日内，可以就该劳动争议事项向人民法院起诉。

最高人民法院关于审理劳动争议案件适用法律若干问题的解释(二)

（2006 年 7 月 10 日最高人民法院审判委员会第 1393 次会议通过）

（法释〔2006〕6 号）

为正确审理劳动争议案件，根据《中华人民共和国劳动法》、《中华人民共和国民事诉讼法》等相关法律规定，结合民事审判实践，对人民法院审理劳动争议案件适用法律的若干问题补充解释如下：

第一条　人民法院审理劳动争议案件，对下列情形，视为劳动法第八十二条规定的“劳动争议发生之日”：

（一）在劳动关系存续期间产生的支付工资争议，用人单位能够证明已经书面通知劳动者拒付工资的，书面通知送达之日为劳动争议发生之日。用人单位不能证明的，劳动者主张权利之日为劳动争议发生之日。

（二）因解除或者终止劳动关系产生的争议，用人单位不能证明劳动者收到解除或者终止劳动关系书面通知时间的，劳动者主张权利之日为劳动争议发生之日。

（三）劳动关系解除或者终止后产生的支付工资、经济补偿金、福利待遇等争议，劳动者能够证明用人单位承诺支付的时间为解除或者终止劳动关系后的具体日期的，用人单位承诺支付之日为劳动争议发生之日。劳动者不能证明的，解除或者终止劳动关系之日为劳动争议发生之日。

第二条　拖欠工资争议，劳动者申请仲裁时劳动关系仍然存续，用人单位以劳动者申请仲裁超过六十日为由主张不再支付的，人民法院不予支持。但用人单位能够证明劳动者已经收到拒付工资的书面通知的除外。

第三条　劳动者以用人单位的工资欠条为证据直接向人民法院起诉，诉讼请求不涉及劳动关系其他争议的，视为拖欠劳动报酬争议，按照普通民事纠纷受理。

第四条 用人单位和劳动者因劳动关系是否已经解除或者终止，以及应否支付解除或终止劳动关系经济补偿金产生的争议，经劳动争议仲裁委员会仲裁后，当事人依法起诉的，人民法院应予受理。

第五条 劳动者与用人单位解除或者终止劳动关系后，请求用人单位返还其收取的劳动合同定金、保证金、抵押金、抵押物产生的争议，或者办理劳动者的人事档案、社会保险关系等移转手续产生的争议，经劳动争议仲裁委员会仲裁后，当事人依法起诉的，人民法院应予受理。

第六条 劳动者因为工伤、职业病，请求用人单位依法承担给予工伤保险待遇的争议，经劳动争议仲裁委员会仲裁后，当事人依法起诉的，人民法院应予受理。

第七条 下列纠纷不属于劳动争议：

（一）劳动者请求社会保险经办机构发放社会保险金的纠纷；

（二）劳动者与用人单位因住房制度改革产生的公有住房转让纠纷；

（三）劳动者对劳动能力鉴定委员会的伤残等级鉴定结论或者对职业病诊断鉴定委员会的职业病诊断鉴定结论的异议纠纷；

（四）家庭或者个人与家政服务人员之间的纠纷；

（五）个体工匠与帮工、学徒之间的纠纷；

（六）农村承包经营户与受雇人之间的纠纷。

第八条 当事人不服劳动争议仲裁委员会作出的预先支付劳动者部分工资或者医疗费用的裁决，向人民法院起诉的，人民法院不予受理。

用人单位不履行上述裁决中的给付义务，劳动者依法向人民法院申请强制执行的，人民法院应予受理。

第九条 劳动者与起有字号的个体工商户产生的劳动争议诉讼，人民法院应当以营业执照上登记的字号为当事人，但应同时注明该字号业主的自然情况。

第十条 劳动者因履行劳动力派遣合同产生劳动争议而起诉，以派遣单位为被告；争议内容涉及接受单位的，以派遣单位和接受单位为共同被告。

第十一条 劳动者和用人单位均不服劳动争议仲裁委员会的同一裁决，向同一人民法院起诉的，人民法院应当并案审理，双方当事人互为原告和被告。在诉讼过程中，一方当事人撤诉的，人民法院应当根据另一方当事人的诉讼请求继续审理。

第十二条　当事人能够证明在申请仲裁期间内因不可抗力或者其他客观原因无法申请仲裁的，人民法院应当认定申请仲裁期间中止，从中止的原因消灭之次日起，申请仲裁期间连续计算。

第十三条　当事人能够证明在申请仲裁期间内具有下列情形之一的，人民法院应当认定申请仲裁期间中断：

（一）向对方当事人主张权利；

（二）向有关部门请求权利救济；

（三）对方当事人同意履行义务。

申请仲裁期间中断的，从对方当事人明确拒绝履行义务，或者有关部门作出处理决定或明确表示不予处理时起，申请仲裁期间重新计算。

第十四条　在诉讼过程中，劳动者向人民法院申请采取财产保全措施，人民法院经审查认为申请人经济确有困难，或有证据证明用人单位存在欠薪逃匿可能的，应当减轻或者免除劳动者提供担保的义务，及时采取保全措施。

第十五条　人民法院作出的财产保全裁定中，应当告知当事人在劳动仲裁机构的裁决书或者在人民法院的裁判文书生效后三个月内申请强制执行。逾期不申请的，人民法院应当裁定解除保全措施。

第十六条　用人单位制定的内部规章制度与集体合同或者劳动合同约定的内容不一致，劳动者请求优先适用合同约定的，人民法院应予支持。

第十七条　当事人在劳动争议调解委员会主持下达成的具有劳动权利义务内容的调解协议，具有劳动合同的约束力，可以作为人民法院裁判的根据。

当事人在劳动争议调解委员会主持下仅就劳动报酬争议达成调解协议，用人单位不履行调解协议确定的给付义务，劳动者直接向人民法院起诉的，人民法院可以按照普通民事纠纷受理。

第十八条　本解释自二○○六年十月一日起施行。本解释施行前本院颁布的有关司法解释与本解释规定不一致的，以本解释的规定为准。

本解释施行后，人民法院尚未审结的一审、二审案件适用本解释。本解释施行前已经审结的案件，不得适用本解释的规定进行再审。

最高人民法院关于审理劳动争议案件适用法律若干问题的解释(三)

(2010 年 7 月 12 日最高人民法院审判委员会第 1489 次会议通过)

为正确审理劳动争议案件，根据《中华人民共和国劳动法》、《中华人民共和国劳动合同法》、《中华人民共和国劳动争议调解仲裁法》、《中华人民共和国民事诉讼法》等相关法律规定，结合民事审判实践，特作如下解释。

第一条 劳动者以用人单位未为其办理社会保险手续，且社会保险经办机构不能补办导致其无法享受社会保险待遇为由，要求用人单位赔偿损失而发生争议的，人民法院应予受理。

第二条 因企业自主进行改制引发的争议，人民法院应予受理。

第三条 劳动者依据劳动合同法第八十五条规定，向人民法院提起诉讼，要求用人单位支付加付赔偿金的，人民法院应予受理。

第四条 劳动者与未办理营业执照、营业执照被吊销或者营业期限届满仍继续经营的用人单位发生争议的，应当将用人单位或者其出资人列为当事人。

第五条 未办理营业执照、营业执照被吊销或者营业期限届满仍继续经营的用人单位，以挂靠等方式借用他人营业执照经营的，应当将用人单位和营业执照出借方列为当事人。

第六条 当事人不服劳动人事争议仲裁委员会作出的仲裁裁决，依法向人民法院提起诉讼，人民法院审查认为仲裁裁决遗漏了必须共同参加仲裁的当事人的，应当依法追加遗漏的人为诉讼当事人。

被追加的当事人应当承担责任的，人民法院应当一并处理。

第七条 用人单位与其招用的已经依法享受养老保险待遇或领取退休金的人员发生用工争议，向人民法院提起诉讼的，人民法院应当按劳务关系处理。

第八条 企业停薪留职人员、未达到法定退休年龄的内退人员、下岗待岗人员以及企业经营性停产放长假人员，因与新的用人单位发生用工争议，依法向人民法院提起诉讼的，人民法院应当按劳动关系处理。

第九条 劳动者主张加班费的，应当就加班事实的存在承担举证责任。但劳动者有证据证明用人单位掌握加班事实存在的证据，用人单位不提供的，由用人单位承担不利后果。

第十条 劳动者与用人单位就解除或者终止劳动合同办理相关手续、支付工资报酬、加班费、经济补偿或者赔偿金等达成的协议，不违反法律、行政法规的强制性规定，且不存在欺诈、胁迫或者乘人之危情形的，应当认定有效。

前款协议存在重大误解或者显失公平情形，当事人请求撤销的，人民法院应予支持。

第十一条 劳动人事争议仲裁委员会作出的调解书已经发生法律效力，一方当事人反悔提起诉讼的，人民法院不予受理；已经受理的，裁定驳回起诉。

第十二条 劳动人事争议仲裁委员会逾期未作出受理决定或仲裁裁决，当事人直接提起诉讼的，人民法院应予受理，但申请仲裁的案件存在下列事由的除外：

（一）移送管辖的；

（二）正在送达或送达延误的；

（三）等待另案诉讼结果、评残结论的；

（四）正在等待劳动人事争议仲裁委员会开庭的；

（五）启动鉴定程序或者委托其他部门调查取证的；

（六）其他正当事由。

当事人以劳动人事争议仲裁委员会逾期未作出仲裁裁决为由提起诉讼的，应当提交劳动人事争议仲裁委员会出具的受理通知书或者其他已接受仲裁申请的凭证或证明。

第十三条 劳动者依据调解仲裁法第四十七条第（一）项规定，追索劳动报酬、工伤医疗费、经济补偿或者赔偿金，如果仲裁裁决涉及数项，每项确定的数额均不超过当地月最低工资标准十二个月金额的，应当按照终局裁决处理。

第十四条 劳动人事争议仲裁委员会作出的同一仲裁裁决同时包含终局裁决事项和非终局裁决事项，当事人不服该仲裁裁决向人民法院提起诉讼的，应当按照非终局裁决处理。

第十五条 劳动者依据调解仲裁法第四十八条规定向基层人民法院提起诉

讼，用人单位依据调解仲裁法第四十九条规定向劳动人事争议仲裁委员会所在地的中级人民法院申请撤销仲裁裁决的，中级人民法院应不予受理；已经受理的，应当裁定驳回申请。

被人民法院驳回起诉或者劳动者撤诉的，用人单位可以自收到裁定书之日起三十日内，向劳动人事争议仲裁委员会所在地的中级人民法院申请撤销仲裁裁决。

第十六条 用人单位依照调解仲裁法第四十九条规定向中级人民法院申请撤销仲裁裁决，中级人民法院作出的驳回申请或者撤销仲裁裁决的裁定为终审裁定。

第十七条 劳动者依据劳动合同法第三十条第二款和调解仲裁法第十六条规定向人民法院申请支付令，符合民事诉讼法第十七章督促程序规定的，人民法院应予受理。

依据劳动合同法第三十条第二款规定申请支付令被人民法院裁定终结督促程序后，劳动者就劳动争议事项直接向人民法院起诉的，人民法院应当告知其先向劳动人事争议仲裁委员会申请仲裁。

依据调解仲裁法第十六条规定申请支付令被人民法院裁定终结督促程序后，劳动者依据调解协议直接向人民法院提起诉讼的，人民法院应予受理。

第十八条 劳动人事争议仲裁委员会作出终局裁决，劳动者向人民法院申请执行，用人单位向劳动人事争议仲裁委员会所在地的中级人民法院申请撤销的，人民法院应当裁定中止执行。

用人单位撤回撤销终局裁决申请或者其申请被驳回的，人民法院应当裁定恢复执行。仲裁裁决被撤销的，人民法院应当裁定终结执行。

用人单位向人民法院申请撤销仲裁裁决被驳回后，又在执行程序中以相同理由提出不予执行抗辩的，人民法院不予支持。

最高人民法院关于审理劳动争议案件适用法律若干问题的解释(四)

（2012年12月31日最高人民法院审判委员会第1566次会议通过）

为正确审理劳动争议案件，根据《中华人民共和国劳动法》《中华人民共和国劳动合同法》《中华人民共和国劳动争议调解仲裁法》《中华人民共和国民事诉讼法》等相关法律规定，结合民事审判实践，就适用法律的若干问题，作如下解释：

第一条　劳动人事争议仲裁委员会以无管辖权为由对劳动争议案件不予受理，当事人提起诉讼的，人民法院按照以下情形分别处理：

（一）经审查认为该劳动人事争议仲裁委员会对案件确无管辖权的，应当告知当事人向有管辖权的劳动人事争议仲裁委员会申请仲裁；

（二）经审查认为该劳动人事争议仲裁委员会有管辖权的，应当告知当事人申请仲裁，并将审查意见书面通知该劳动人事争议仲裁委员会，劳动人事争议仲裁委员会仍不受理，当事人就该劳动争议事项提起诉讼的，应予受理。

第二条　仲裁裁决的类型以仲裁裁决书确定为准。

仲裁裁决书未载明该裁决为终局裁决或非终局裁决，用人单位不服该仲裁裁决向基层人民法院提起诉讼的，应当按照以下情形分别处理：

（一）经审查认为该仲裁裁决为非终局裁决的，基层人民法院应予受理；

（二）经审查认为该仲裁裁决为终局裁决的，基层人民法院不予受理，但应告知用人单位可以自收到不予受理裁定书之日起三十日内向劳动人事争议仲裁委员会所在地的中级人民法院申请撤销该仲裁裁决；已经受理的，裁定驳回起诉。

第三条　中级人民法院审理用人单位申请撤销终局裁决的案件，应当组成合议庭开庭审理。经过阅卷、调查和询问当事人，对没有新的事实、证据或者理由，合议庭认为不需要开庭审理的，可以不开庭审理。

中级人民法院可以组织双方当事人调解。达成调解协议的，可以制作调解书。一方当事人逾期不履行调解协议的，另一方可以申请人民法院强制执行。

第四条 当事人在人民调解委员会主持下仅就给付义务达成的调解协议，双方认为有必要的，可以共同向人民调解委员会所在地的基层人民法院申请司法确认。

第五条 劳动者非因本人原因从原用人单位被安排到新用人单位工作，原用人单位未支付经济补偿，劳动者依照劳动合同法第三十八条规定与新用人单位解除劳动合同，或者新用人单位向劳动者提出解除、终止劳动合同，在计算支付经济补偿或赔偿金的工作年限时，劳动者请求把在原用人单位的工作年限合并计算为新用人单位工作年限的，人民法院应予支持。

用人单位符合下列情形之一的，应当认定属于“劳动者非因本人原因从原用人单位被安排到新用人单位工作”：

（一）劳动者仍在原工作场所、工作岗位工作，劳动合同主体由原用人单位变更为新用人单位；

（二）用人单位以组织委派或任命形式对劳动者进行工作调动；

（三）因用人单位合并、分立等原因导致劳动者工作调动；

（四）用人单位及其关联企业与劳动者轮流订立劳动合同；

（五）其他合理情形。

第六条 当事人在劳动合同或者保密协议中约定了竞业限制，但未约定解除或者终止劳动合同后给予劳动者经济补偿，劳动者履行了竞业限制义务，要求用人单位按照劳动者在劳动合同解除或者终止前十二个月平均工资的30%按月支付经济补偿的，人民法院应予支持。

前款规定的月平均工资的30%低于劳动合同履行地最低工资标准的，按照劳动合同履行地最低工资标准支付。

第七条 当事人在劳动合同或者保密协议中约定了竞业限制和经济补偿，当事人解除劳动合同时，除另有约定外，用人单位要求劳动者履行竞业限制义务，或者劳动者履行了竞业限制义务后要求用人单位支付经济补偿的，人民法院应予支持。

第八条 当事人在劳动合同或者保密协议中约定了竞业限制和经济补偿，劳动合同解除或者终止后，因用人单位的原因导致三个月未支付经济补偿，劳动者请求解除竞业限制约定的，人民法院应予支持。

第九条　在竞业限制期限内，用人单位请求解除竞业限制协议时，人民法院应予支持。

在解除竞业限制协议时，劳动者请求用人单位额外支付劳动者三个月的竞业限制经济补偿的，人民法院应予支持。

第十条　劳动者违反竞业限制约定，向用人单位支付违约金后，用人单位要求劳动者按照约定继续履行竞业限制义务的，人民法院应予支持。

第十一条　变更劳动合同未采用书面形式，但已经实际履行了口头变更的劳动合同超过一个月，且变更后的劳动合同内容不违反法律、行政法规、国家政策以及公序良俗，当事人以未采用书面形式为由主张劳动合同变更无效的，人民法院不予支持。

第十二条　建立了工会组织的用人单位解除劳动合同符合劳动合同法第三十九条、第四十条规定，但未按照劳动合同法第四十三条规定事先通知工会，劳动者以用人单位违法解除劳动合同为由请求用人单位支付赔偿金的，人民法院应予支持，但起诉前用人单位已经补正有关程序的除外。

第十三条　劳动合同法施行后，因用人单位经营期限届满不再继续经营导致劳动合同不能继续履行，劳动者请求用人单位支付经济补偿的，人民法院应予支持。

第十四条　外国人、无国籍人未依法取得就业证件即与中国境内的用人单位签订劳动合同，以及香港特别行政区、澳门特别行政区和台湾地区居民未依法取得就业证件即与内地用人单位签订劳动合同，当事人请求确认与用人单位存在劳动关系的，人民法院不予支持。

持有《外国专家证》并取得《外国专家来华工作许可证》的外国人，与中国境内的用人单位建立用工关系的，可以认定为劳动关系。

第十五条　本解释施行前本院颁布的有关司法解释与本解释抵触的，自本解释施行之日起不再适用。

中编

尘肺病防治知识

尘肺病防治知识

尘肺病是危害我国工人健康最严重的职业病，不仅患病人数多，而且危害大，是造成劳动者劳动能力降低、致残和影响寿命的疾病，也是国家规定的赔偿性职业病。

一、定义

根据国家 2016 年 05 月 01 日起实施的最新标准《职业性尘肺病的诊断》（GBZ 70—2015）规定，尘肺病的定义是："尘肺病 pneumoconiosi 是在职业活动中长期吸入生产性矿物性粉尘并在肺内潴留而引起的以肺组织弥漫性纤维化为主的疾病。"

引起尘肺病的生产性矿物性粉尘主要有石英粉尘、煤尘、石棉、水泥、电焊烟尘、滑石、云母、铸造粉尘等。肺纤维化就是肺间质的纤维组织过度增生，进而破坏正常肺组织，使肺的弹性降低，损害肺的正常通气和弥散等呼吸功能。但从尘肺病发病机制及其病理演变过程来看，肺组织纤维化只是吸入致病性粉尘后肺组织一系列病理反应的结果。这一系列病理反应包括巨噬细胞性肺泡炎、尘细胞性肉芽肿和粉尘所致肺组织纤维化。这三种病理反应有先后发生的过程，由于尘肺病发生发展是一个缓慢过程，所以三种病理反应也会同时存在。

二、尘肺病的分类

根据引起尘肺病的矿物粉尘的性质，尘肺病可分为：

由含游离二氧化硅为主的粉尘引起的矽肺；

由含硅酸盐为主的粉尘引起的硅酸盐尘肺，包括石棉肺、水泥尘肺、滑石尘肺、云母尘肺和陶工尘肺等；

由煤尘及含碳为主的粉尘引起的尘肺，如煤工尘肺、石墨尘肺和碳黑尘肺；

由金属粉尘引起的金属尘肺，如铝尘肺。

而锡、铁、锑、钡及其化合物等粉尘引起的职业性金属及其化合物粉尘肺沉着病为另一类法定职业病（2013 年国家《职业病分类和目录》新增）。某些有机粉尘例如棉尘，虽然也能引起肺部及呼吸道的改变（棉尘病），且属于职业病的范围，但其病变性质与一般尘肺不同，故不属于尘肺病。

三、我国法定的尘肺病

尘肺病是对生产性粉尘引起的肺纤维化疾病的统称，国家颁布的《职业病分类和目录》中包括矽肺、煤工尘肺、石墨尘肺、炭黑尘肺、石棉肺、滑石尘肺、水泥尘肺、云母尘肺、陶工尘佛、铝尘肺、电焊工尘肺、铸工尘肺以及根据《尘肺病诊断标准》和《尘肺病理诊断标准》可以诊断的其他尘肺等十三种。

四、产生尘肺病的主要作业领域

许多工业生产过程都可以产生粉尘而引起尘肺病，因此是当前我国危害最广泛二严重的职业病。在我国产生粉尘引起尘肺病的主要作业领域是：

(1) 矿山开采业：各种金属矿山的开采，煤矿的掘井、采煤以及其他非金属矿山的开采，是产生尘肺病的主要来源。其中主要作业工种：凿岩、爆破、支柱、采矿、运输；

(2) 机械加工业：铸造的配砂、造型，铸件的清砂、喷砂以及电焊作业；

(3) 金属冶炼业：矿石的粉碎、筛分和运输；

(4) 建筑材料：耐火材料、玻璃、水泥、石料的开采、破碎、碾磨、筛选、拌料等；石棉的开采、运输和纺织；

(5) 筑路业：开凿隧道、爆破等。

五、尘肺病临床表现

尘肺病的病理基础是肺组织弥漫性、进行性的纤维化，其病程与临床表现决定于吸入粉尘的性质、浓度、时间及累计的剂量，以及有无合并症和个体差异。一般尘肺病属于慢性疾病，病程较长；但短期暴露于高浓度或游离二氧化硅含量很高的粉尘，肺组织纤维化进展很快，易发生并发症，病人可在较短时间内病情恶化。

1. 症状

尘肺病早期没有明显或者只有很轻微的自觉症状，往往是通过职业健康检查时才会发现。随着疾病的进展就会出现或轻或重以呼吸系统为主的咳嗽、咳痰、胸痛、呼吸困难四大症状，此外还有喘息、咯血以及某些全身症状。

1）咳嗽

咳嗽是一种突发、暴发性呼吸运动，有助于清除呼吸道分泌物，咳嗽是一种保护性反射。咳嗽是尘肺病人最常见的主诉，主要与合并症有关。尘肺病人易合并慢性支气管炎，晚期病人常易合并肺部感染，均可使咳嗽明显加重。咳嗽与季节、气候等有关。

2）咳痰

尘肺病人咳痰是常见症状，即使在咳嗽很少的情况下病人也会有咳痰，这主要是呼吸系统对粉尘的清除导致分泌物增加所致。在没有呼吸道感染时，一般咳痰量不多，多为黏液痰。煤工尘肺病人痰多为黑色，晚期煤工尘肺病人可咳出大量黑色痰，其中可明显地看到煤尘颗粒，多是大块纤维化病灶缺血坏死溶解咳出所致。石棉肺病人痰液中可检测到石棉小体。如合并慢性支气管炎及肺内感染，痰量则明显增多，痰呈黄色黏稠状或块状。常不易咳出。

3）胸痛

胸痛是尘肺病人最常见的主诉症状，胸痛和尘肺期别及其他临床表现多无相关或平行关系。早期、晚期病人均有胸痛，矽肺、石棉肺患者更为多见。部位不一，且常有变化，多为局限性。一般为隐痛，也可胀痛、针刺样痛等。胸痛的部分原因可能是纤维化病变的牵扯作用，特别是胸膜纤维化和胸膜增厚，脏层胸膜下的肺大泡的牵拉及张力作用等。

4）呼吸困难

呼吸困难是尘肺病人最常见和最早发生的症状，且与病情的严重程度相关。病人常见的首发症状是气短，轻者在从事重体力劳动或爬山时感到气短。进而在做一些轻体力劳动，走上坡路或上楼梯时有明显气短和呼吸困难。随肺组织纤维化程度的加重，有效呼吸面积减少，通气/血流比例失调，呼吸困难也逐渐加重。合并症的发生可明显加重呼吸困难的程度和发展速度。

5）咯血

较为少见，可由于呼吸道长期慢性炎症引起黏膜血管损伤，痰中带少量血丝；也可能由于大块纤维化病灶的溶解破裂损及血管而使血量增多。咯血常见于合并肺结核。

6）其他

除上述呼吸系统症状外，可有程度不同的全身症状，常见有无力、消瘦、失眠、食欲减退等。

2. 体征

早期尘肺病人一般无体征，随着病变的进展及合并症的出现，则可有不同的体征。听诊发现有呼吸音改变是最常见的，合并慢性支气管炎时可有呼吸音增粗、干性啰音或湿性啰音，有喘息性支气管炎时可听到喘鸣音。大块状纤维化多发生在两肺上后部位，叩诊时在胸部相应的病变部位呈浊音甚至实变音，听诊则语音变低，局部语颤可增强。晚期病人由于长期咳嗽可致肺气肿，检查可见桶状胸，肋间隙变宽，叩诊胸部呈鼓音，呼吸音变低，语音减弱。广泛的胸膜增厚也是呼吸音减低的常见原因。合并肺心病心衰者可见心衰的各种临床表现：缺氧、黏膜发绀、颈静脉充盈怒张、下肢水肿、肝脏肿大等。

六、尘肺病临床检查

1. 实验室检查

尘肺病人的临床实验室检查主要根据病情的需要选择，包括基础性检查血常规、尿常规、血肝功、血液生化等，顽固性呼吸道感染进行的痰捡菌、细菌培养及菌株耐药性试验，疑似合并肺结核时痰分枝杆菌培养等。随着尘肺病发病机制研究的深入，某些生化、免疫学指标，以及细胞因子、基因等实验室检查项目不断开展，但缺乏特异性或/和病变程度密切相关的检查项目可做为尘肺病诊断、鉴别诊断和病情判定的指标而应用于临床实践。

2. 肺功能检查

（1）肺功能检查是一项重要的呼吸系统疾病诊治技术，尘肺病人肺功能测定的意义：一是为诊断、鉴别诊断和病情判断提供参考，不同类型尘肺病的肺功能损伤有着不同临床意义，如单纯的尘肺病的肺功能损伤可能是限制性通气障碍或混合性通气障碍，而以严重的阻塞性通气障碍为主提示合并慢性支气管炎或喘息性支气管炎。石棉肺多为限制性通气障碍。残气量增加是肺气肿的指标之一。血气分析则是肺功能代偿能力的最重要的指标。二是为尘肺病的治疗方法选择和护理措施应用提供依据，如氧疗的应用，大容量全肺灌洗术的适应症确定等。三是为掌握尘肺病人的肺功能代偿状况、评价劳动能力和致残程度的鉴定，工伤赔偿提供重要依据。

（2）肺功能检测内容：一是检测呼吸道的通畅程度、肺容量的大小，了解通气功能损害程度，鉴别肺通气功能障碍的类型如：阻塞性、限制性、混合性通气功能障碍。二是弥散功能测定是诊断肺换气功能不全的“金指标”，特别适用于肺间质性疾病及肺实质病变的诊断。三是支气管激发试验：用于确诊支气管哮喘。四是支气管扩张试验：用于有阻塞性通气功能障碍的病人，了解阻塞可逆程度。

(3) 禁忌证：一周内有大咯血者；气胸、巨大肺大泡；肺结核活动期。心功能不稳定者慎做最大通气量测定；高血压患者血压未得到控制的慎做。

3. X 线检查

尘肺病 X 射线胸片影像学改变，是尘肺病诊断的重要基础。传统检查方法是后前位高千伏 X 线摄影，新版《职业性尘肺病的诊断》（GBZ 70—2015）增加了数字 X 射线胸片摄影（Digital Radiography，DR）作为尘肺诊断的方法之一，并增加了附录 F（规范性附录）“数字 X 射线胸片摄影的技术要求” 来规范 DR 摄影技术。

胸部 CT（Computed Tomography）检查即电子计算机断层扫描在临床检查诊断中已经普及，特别是高分辨率 CT（HRCT）的出现，其在尘肺病诊断中发挥了重要的补充作用。CT 检查尘肺病中大阴影、胸膜改变及合并肺气肿的检出率明显高于胸片。同时，对大阴影的定性、定位，大阴影内的空洞、钙化，以及尘肺病的其他并发症的发现均有较大帮助。

4. 其他影像检查

核磁共振检查技术（MRI）采用的是磁能转换成像原理，是非 X 射线检查方法。MRI 成像对有流动体液的组织器官检查效果较好，如含有脑脊液的神经系统和有血液的心血管系统的。MRI 在尘肺病检查和诊断中应用比较有限，主要应用于对大阴影和肿瘤的鉴别和对与心血管相邻的肺部病变的分析。MRI 影像深度分辨率较低，对分辨尘肺病小阴影有困难。扫描成像时间较长，呼吸运动产生的伪影会影响影像效果。

超声检查技术也是非 X 射线检查方法。由于胸部主要是由含气的肺脏和肋骨构成，超声波在胸部病变的诊断中应用是有限的，但是在有些方面很有意义。超声检查对胸腔积液发现的敏感性高于 X 射线检查，可发现 3 ~ 5 mL 的胸腔积液。当胸膜腔有粘连形成单个或多个包裹性积液时，鉴别肺实变、肺叶或肺段不张。还可以了解膈肌本身及其上下病变情况等。

七、尘肺病诊断

依据 GBZ 70—2015 职业性尘肺病的诊断。

1. 基本原则

根据可靠的生产性矿物性粉尘接触史，以技术质量合格的 X 射线高千伏或数字化摄影（DR）后前位胸片表现为主要依据，结合工作场所职业卫生学、尘肺流行病学调查资料和职业健康监护资料，参考临床表现和实验室检查，排除其他类似肺部疾病后，对照尘肺病诊断标准片，方可诊断。

劳动者临床表现和实验室检查符合尘肺病的特征，没有证据否定其与接触粉尘之间必然联系的，应当诊断为尘肺病。

2. 基本术语

（1）小阴影（small opacity）在 X 射线胸片上，肺野内直径或宽度不超过 10 mm 的阴影。小阴影按其形态分为网形和不规则形两类。

（2）密集度（profusio）一定范围内小阴影的数量。密集度划分为 4 大级，每大级再划分为 3 小级，即 4 大级 12 小级分类法。

（3）大阴影（large opacity）在 X 射线胸片上,肺野内直径或宽度大于 10 mm 的阴影。

（4）小阴影聚集（small opacity aggregatio）在 X 射线胸片上，肺野内出现局部小阴影明显增多聚集成簇的状态，但尚未形成大阴影。

（5）胸膜斑（pleural plague）在 X 射线胸片上，肺野内除肺尖部和肋膈角区以外出现的厚度大于 5 mm 的局限性胸膜增厚，或局限性钙化胸膜斑块。一般由于长期接触石棉粉尘而引起。

（6）肺区（zone of lung）在 X 射线胸片上，将肺尖至膈顶的垂直距离等分为三，用等分点的水平线将左右肺野各分为上、中、下三个肺区，左右共 6 个肺区。

3. 诊断分期

1）尘肺壹期

有下列表现之一者：

（1）有总体密集度 1 级的小阴影，分布范围至少达到 2 个肺区；

（2）接触石棉粉尘，有总体密集度 1 级的小阴影，分布范围只有 1 个肺区，同时出现胸膜斑；

（3）接触石棉粉尘，小阴影总体密集度为 0，但至少有两个肺区小阴影密集度为 0/1，同时出现胸膜斑。

2）尘肺贰期

有下列表现之一者：

（1）有总体密集度 2 级的小阴影，分布范围超过 4 个肺区；

（2）有总体密集度 3 级的小阴影，分布范围达到 4 个肺区；

（3）接触石棉粉尘，有总体密集度 1 级的小阴影，分布范围超过 4 个肺区，同时出现胸膜斑并已累及部分心缘或膈面；

（4）接触石棉粉尘，有总体密集度 2 级的小阴影，分布范围达到 4 个肺区，同时出现胸膜斑并已累及部分心缘或膈面。

3）尘肺叁期

有下列表现之一者：

（1）有大阴影出现，其长径不小于 20 mm，短径大于 10 mm；

（2）有总体密集度 3 级的小阴影，分布范围超过 4 个肺区并有小阴影聚集；

（3）有总体密集度 3 级的小阴影，分布范围超过 4 个肺区并有大阴影；

（4）接触石棉粉尘，有总体密集度 3 级的小阴影，分布范围超过 4 个肺区，同时单个或两侧多个胸膜斑长度之和超过单侧胸壁长度的二分之一或累及心缘使其部分显示蓬乱。

八、职业性尘肺病诊断程序

职业性尘肺病诊断程序一般要经过四个阶段：

1. 申请。劳动者可以选择到用人单位所在地、本人户籍所在地或者经常居住地的职业病诊断机构提出诊断申请，并提供以下资料：

（1）劳动者职业史和职业病危害接触史（包括在岗时间、工种、岗位、接触的职业病危害因素名称等）；

（2）职业健康检查结果；

（3）工作场所职业病危害因素检测结果；

（4）与诊断有关的其他资料。

2. 接诊。劳动者依法要求进行职业病诊断的，职业病诊断机构应当接诊，并告知劳动者职业病诊断的程序和所需材料，劳动者应当填写《职业病诊断就诊登记表》。

3. 调查。在确认劳动者职业史、职业病危害接触史时，当事人对劳动关系、工种、工作岗位或者在岗时间有争议的，可依法申请仲裁。用人单位未在规定时间内提供职业病诊断所需要资料的，可提请安全生产监督管理部门督促。劳动者对用人单位提供的工作场所职业病危害因素检测结果等资料有异议，或者因劳动者的用人单位解散、破产，无用人单位提供上述资料的，可提请安全生产监督管理部门进行调查。职业病诊断机构需要了解工作场所职业病危害因素情况时，可以对工作场所进行现场调查，也可提请安全生产监督管理部门组织现场调查。经安全生产监督管理部门督促，用人单位仍不提供工作场所职业病危害因素检测结果、职业健康监护档案等资料或者提供资料不全的，职业病诊断机构应当结合劳动者的临床表现、辅助检查结果和劳动者的职业史、职业病危害接触史，并参考劳动者自述、安全生产监督管理部门提供的日常监督检查信息等，作出职业病诊断结论。仍不能作出职业病诊断的，应当提出相关医学意见或者建议。

4. 诊断。进行职业性尘肺病诊断时要有三名或三名以上取得尘肺病诊断资格的执业医师共同诊断。参加诊断的医师应当根据临床检查结果，对照受理或现场取证的所有资料，进行综合分析，按照国家职业性尘肺病诊断标准，提出诊断意见。职业病诊断机构对劳动者作出职业性尘肺病诊断，必须出具职业性尘肺病诊断证明书。职业性尘肺病诊断证明书是具有法律效力的文书，劳动者依据其诊断证明可依法享受职业病待遇。

九、尘肺病治疗

1. 治疗原则和目的

尘肺病患者应及时脱离粉尘作业，并根据病情需要进行综合治疗，积极预防和治疗并发症，减轻临床症状、延缓病情进展、延长患者寿命、提高生活质量。

2. 尘肺的综合治疗

1）科学健康的生活方式

尘肺病人要戒烟限酒，吸烟可加重病情；合理膳食，加强营养；要预防感冒，注意气候变化及时调整穿衣及户外活动；要适度的锻炼，如漫步、打太极、深呼吸等，做一点力所能及的体力活动，可增加免疫力。

2）综合治疗措施

服用抗纤维化药物如汉防己甲素、矽肺宁等，具有一定临床效果。在病人存在低氧血症时采用氧气疗法可减轻乏氧对机体的危害，改善全身状态，家庭氧疗可方便病人，降低医疗成本，提高重症病人的生活质量，值得推广。药物或蒸汽雾化吸入疗法对于保护呼吸道、湿化痰液、扩张支气管、改善肺通气功能具有很好的效果。岩盐气溶胶疗法可以促进排痰，改善病人咳嗽、促进咳痰、解除气道痉挛等方面有一定意义。呼吸操锻炼、做腹式呼吸、缩唇缓慢呼吸增加膈肌活动度等呼吸康复治疗措施，也值得在尘肺病人治疗康复中应用。

3. 大容量全肺灌洗

大容量全肺灌洗（Whole－Lung Lavage，WLL）是近30年逐步成熟的一种治疗尘肺病的新技术。它可清除肺泡腔和细支气管内的粉尘、吞尘肺泡巨噬细胞及其产生的致炎症、致纤维化因子，起到去除病因、改善呼吸功能、缓解症状、遏制和延缓病变发展的作用，正在广泛推广应用到尘肺职业病的治疗领域。

方法　病人在静脉复合麻醉下，用双腔导管置于病人气管与支气管内，一侧肺纯氧通气，一侧肺灌洗液反复灌洗。一般每次1000～2000 mL，共灌洗10～14次，每侧肺需1.5～2.0 L不等，历时约1 h，直到灌洗回收业由黑色混浊变为无色澄清为止。

适应证　全肺灌洗术主要适用于煤工尘肺、矽肺与其他各种无机粉尘所致的尘肺及肺内粉尘沉着症。肺泡蛋白沉积症。黏液黏稠症。慢性非局限性化脓性支气管扩张症。吸入性肺炎（含吸入粉末或液体状异物的清除）。放射性粉尘吸入。年龄65岁以下。肺功能检查：肺活量（VC）、最大通气量（MVV）等指标达到预计值70%。

禁忌证　严重气管及支气管畸形；合并有活动性肺结核；胸膜下有直径大于2 cm的肺大泡；重度肺气肿；重度肺功能低下；合并心、脑、肝、肾等主要脏器严重疾病或功能障碍及凝血机能障碍者。

十、尘肺病并发症防治

尘肺病患者常见的并发症有肺结核、支气管炎、肺炎、肺气肿、肺源性心脏、自发性气胸等。比较少见的有：支气管扩张、肺脓肿等。并发症是加快尘肺病病情的主要原因，也是引起尘肺病死亡的主要原因。因此，积极预防和治疗并发症具有重要的意义。

1. 肺结核

尘肺病易患肺结核，肺结核可加速尘肺病进展，尘肺结核抗结核治疗效果差。故预防感染结核很重要，不要密切接触结核病人，人群密集场所戴口罩，增强体质和免疫力。尘肺病人合并结核除气急、胸痛外，常有全身无力、疲劳、盗汗、潮热及咳嗽、吐痰、咯血等。血沉加快。痰化验可能查到结核杆菌。肺部可以听到局限性的湿性啰音等。胸部X线片上除看到尘肺病变外，还可看到结核病变。一般转诊到传染病医院进行专科治疗，按照早期、联合、规律、全程、适量原则，根据初始治疗、复治治疗制定不同方案进行系统性化学药物治疗。

2. 支气管炎与肺炎

预防感冒，特别是冬春季节，在感冒流行期不要到人员过于集中的地方，可有效地减少并发支气管炎和肺炎（统称肺部感染）的机会。尘肺病人并发支气管炎时，其表现有咳嗽、吐痰、发热等症状。并发支气管肺炎时，则咳嗽更加厉害，发热、气急较明显。当并发了大叶性肺炎时，则发病比较突然，高热、吐铁锈色痰、胸痛与气急更显著，还可能有口唇及口角发生疱疹等。血常规发现白细胞增高，特别是大叶性肺炎，显著增高。X 线检查可以确定病变性质和范围。治疗，轻者可以门诊观察治疗，重症要住院以敏感性抗菌素、抗病毒药物为主的综合治疗。

3. 肺气肿

肺气肿是尘肺病较常见的不可逆并发症，随着尘肺进展二逐渐加重，肺气肺也是造成尘肺病患者劳动能力丧失的主要原因之一。肺气肿的主要表现是慢性进行性的呼吸困难和缺氧。检查时，典型肺气肿病人可以看到有呼吸短促、两肩高耸，桶状胸，心脏浊音界缩小，肺肝界下降，听诊可有干湿啰音等。肺功能检查可有阻塞性通气障碍、残气量增加等不同程度的损害。X 线照片和透视检查可见肺透过度增强，肋骨高举、膈肌下降等的变化。以控制呼吸道感染、扩张支气管治疗为主，开展家庭氧疗和呼吸康复措施等。

4. 肺源性心脏病

在尘肺肺气肿时，肺组织结构破坏和功能异常，导致肺血管阻力增强加，肺动脉高压，使有心扩张或（和）肥厚，伴有或不伴有右心衰竭，即肺源性心脏病。当发生急性呼吸道感染时，导致心力衰竭，缺氧、二氧化碳潴留加剧。尘肺病人发生肺源性心脏病的主要表现有：除尘肺的症状外，气急加重，呼吸很困难，口唇及指甲发绀。当发生心力衰竭时，端坐呼吸，出现嗜睡。检查时，可见肺气肿的各种表现，颈静脉怒张，肝脏淤血肿大，下肢轻度浮肿。时有心律不齐。X 线检查可以发现心脏的阴影有改变，如肺动脉段突出，右心室扩大等。治疗以控制呼吸道感染、保持呼吸道通畅、扩张支气管、排痰、吸氧、利尿以及控制心衰等为原则。

5. 自发性气胸

尘肺并发气胸，一般是尘肺并发严重肺气肿或肺大泡患者。保持大便通畅，不要突然过分用力排便；咳嗽时要及时治疗，避免用力咳嗽，减轻肺泡内压增高可预防和减少气胸的发生。气胸发生时，突然感到胸痛和呼吸困难，胸痛可放射至发生气胸的这一侧的肩部、手臂和腹部；同时还可能有脸色苍白、发绀、出汗等。当检查病人时，可发现脉搏比较细微，血压下降，肋间隙增宽，心脏及气管移向，叩诊时，声音比平时响亮，呈鼓音，呼吸音减弱或者消失等；X线检查时，可以很清楚地看到气胸的表现。尘肺并发气胸是急症，特别是张力性气胸如诊断不及时或误诊，可造成严重后果。胸腔穿刺排气可以确诊并立即缓解症状，胸腔闭式引流可促进气胸治愈。

十一、尘肺病预防

尘肺病预防目的和关键在于最大限度防止有害粉尘的吸入，只要措施得当，尘肺病是完全可以预防的。我国针对防尘降尘制定了“革、水、密、风、护、管、教、查”八字方针，大致内容可分为两个方面：

1. 工程预防

用工程技术措施消除或降低粉尘危害，是预防尘肺病最根本的措施。

（1）改革工艺过程、革新生产设备：是消除粉尘危害的主要途径，如遥控操纵、计算机控制、隔室监控等避免接触粉尘。

（2）湿式作业：如采用湿式碾磨石英或耐火材料、矿山湿式凿岩、井下运输喷雾洒水、煤层高压注水等，可在很大程度上防止粉尘飞扬，降低环境粉尘浓度。

（3）密闭、抽风、除尘：对不能采取湿式作业的场所，应采用密闭抽风除尘办法。如采用密闭尘源与局部抽风相结合，防止粉尘外逸。

2. 医学预防

（1）接尘工人健康监护：包括上岗前体检、岗中的定期健康检查和离岗时体检，对于接尘工龄较长的工人还要按规定做离岗后的随访检查。

（2）个人防护和个人卫生：佩戴防尘护具，如防尘安全帽、防尘口罩、送风头盔、送风口罩等，讲究个人卫生，勤换工作服，勤洗澡。

防尘口罩的选用要注意三点：第一是口罩要能有效地阻止5微米以下的呼吸性粉尘进入呼吸道，也就是必须是国家认可的“防尘口罩”，必须指出的是一般的纱布口罩是没有防尘作用的。第二是适合性，就是口罩要和脸型相适应，最大限度地保证空气不会从口罩和面部的缝隙不经过口罩的过滤进入呼吸道，要按使用说明正确佩戴。第三是佩戴舒适，主要是又要能有效地阻止粉尘，又要使戴上口罩后呼吸不费力，重量要轻，佩戴卫生，保养方便。

防尘口罩戴得时间长了就会降低或失去防尘效果，因此必须定期按照口罩使用说明更换。使用中要防止挤压变形、污染进水，仔细保养。

（3）患有下列疾病者不宜从事接触粉尘工作活动性肺结核病；慢性阻塞性肺病；慢性间质性肺病；

（4）伴肺功能损害的疾病。

十二、尘肺病人劳动能力与致残等级鉴定

尘肺病对劳动者劳动能力的影响程度和伤残等级需根据其X线诊断尘肺期别、肺功能损伤程度和是否合并肺结核进行鉴定。根据新颁布的《劳动能力鉴定职工工伤与职业病致残等级分级》（GB/T 16180—2016），尘肺病致残程度共分为6级，由重到轻依次为：

一级

（1）尘肺叁期伴肺功能重度损伤及（或）重度低氧血症［PO_2 < 5.3 kPa (40 mmHg)］；

（2）职业性肺癌伴肺功能重度损伤。

二级

（1）尘肺叁期伴肺功能中度损伤及（或）中度低氧血症；

（2）尘肺贰期伴肺功能重度损伤及或重度低氧血症［PO_2 < 5.3 kPa(40 mmHg)］；

（3）尘肺叁期伴活动性肺结核；

（4）职业性肺癌或胸膜间皮瘤。

三级

（1）尘肺叁期；

（2）尘肺贰期伴肺功能中度损伤及（或）中度低氧血症；

（3）尘肺贰期合并活动性肺结核。

四级

（1）尘肺贰期；

（2）尘肺壹期伴肺功能中度损伤及/或中度低氧血症；

（3）尘肺壹期合并活动性肺结核。

六级

尘肺壹期伴肺功能轻度损伤及/或轻度低氧血症。

七级

尘肺Ⅰ期，肺功能正常。

参考文献

［1］GBZ 70—2015 职业性尘肺病的诊断中华人民共和国国家卫生和计划生育委员会于 2015 年 12 月 15 日发布，自 2016 年 5 月 1 日起实施.

［2］卫生部令第 91 号职业病诊断与鉴定管理办法 2013 年 1 月 9 日发布，自 2013 年 4 月 10 日起施行.

［3］李德鸿. 职业病医师培训教材第一篇尘肺病. 北京：北京人民日报出版社，2004：3.

［4］中国煤矿尘肺病防治基金会、职业安全卫生研究中心. 尘肺病综合治疗指南. 北京：煤炭工业出版社，2013：12.

［5］陈志远，张志浩，车审言. 大容量全肺灌洗术医疗护理常规及操作规程. 北京：北京科技出版社，2004：1－12.

下编

案例评析

一、高某某与A社会保险局社会保险待遇行政给付纠纷案

【案情】

原告高某某系彭水县某煤矿的采煤工，2005年1月至2014年7月在某煤矿从事采煤工作。某煤矿为其办理了工伤保险，自2014年7月起没有支付工伤保险费。2014年9月30日，高某某被重庆市职业病防治院诊断为煤工尘肺一期。2015年1月13日，彭水苗族土家族自治县人力资源和社会保障局作出彭水人社伤险认决字〔2015〕24号认定工伤决定书，认定高某某所患职业病为工伤。2015年3月11日，彭水苗族土家族自治县劳动能力鉴定委员会作出彭水劳鉴（初）字〔2015〕030号劳动能力鉴定（确认）结论通知书，鉴定结论为七级伤残，无护理依赖。2015年10月30日，高某某向A社保局提出申请，请求A社保局支付一次性伤残补助金61594元，一次性医疗补助金37904元，鉴定费1500元。A社保局于2015年11月9日作出彭水社险〔2015〕15号《关于高某某申请行政给付工伤待遇的批复》，载明高某某的一次性伤残补助金和一次性医疗补助金应由某煤矿补缴2014年7月以来的工伤保险费用后发放。高某某不服，向一审法院提起行政诉讼。

【原审审理与判决】

原审法院认为：A社保局是依法设立的工伤保险经办机构，根据《工伤保险条例》第四十六条的规定，具有管理工伤保险基金的支出、核定工伤保险待遇的法定职责。本案争议的焦点为A社保局是否应当支付高某某应享受的工伤保险待遇。《中华人民共和国社会保险法》第四十一条规定："职工所在用人单位未依法缴纳工伤保险费，发生工伤事故的，由用人单位支付工伤保险待遇。用人单位不支付的，从工伤保险基金中先行支付。"第六十条规定："用人单位应当自行申报、按时足额缴纳社会保险费，非因不可抗力等法定事由不得缓缴、减

免。”《重庆市工伤保险实施办法》第五十一条规定：“用人单位应当参加工伤保险而未参加，或少报、漏报参保职工以及未按时足额缴纳工伤保险费的，按以下办法办理：（二）2011 年 1 月 1 日后受伤的工伤人员及工亡职工的供养亲属，按《条例》第六十二条规定，用人单位补缴工伤保险费和滞纳金后的次月起，新发生的除一次性工亡补助金、一次性丧葬补助金和一次性伤残补助金外的应由工伤保险基金支付的工伤保险待遇由工伤保险基金支付。”本案中，高某某于 2014 年 9 月 30 日被诊断为职业病，一审第三人于 2014 年 7 月开始欠缴工伤保险费，高某某在被诊断为职业病时，一审第三人就未依法缴纳工伤保险费，之后亦未补缴。故，高某某的工伤保险待遇应由用人单位支付，对高某某的诉讼请求不予支持。

【二审审理与判决】

上诉人高某某上诉称：

（1）一审判决适用法律错误。一审判决适用《重庆市工伤保险实施办法》第五十一条及《工伤保险条例》的相关规定，明显错误，本案应适用《中华人民共和国社会保险法》第四十一条的规定。

（2）一审判决认定事实错误。本案中，上诉人的职业病是在一审第三人处工作时就已开始发生，上诉人对一审第三人是否按时、足额缴纳工伤保险完全不知情，被上诉人应当依职权责令一审第三人缴纳工伤保险费用及滞纳金，而不应不作为，被上诉人应当为自己的不作为负相应的法律责任。综上，请求二审法院依法撤销一审判决，发回重审或改判撤销 A 社保局作出的彭水社险〔2015〕15 号批复，并确认 A 社保局不予支付高某某社会保险待遇违法，判令由 A 社保局向高某某一次性支付伤残补助金 61594 元、一次性医疗补助金 37904 元、鉴定检查费 1500 元；一审、二审诉讼费用由被上诉人负担。

被上诉人 A 社保局答辩称：

（1）一审判决查明事实清楚，不构成发回重审条件；

（2）上诉人被诊断为煤工尘肺一期属实；

（3）上诉人要求被上诉人支付工伤保险待遇的前提条件是用人单位缴纳工伤保险费用，根据《重庆市工伤保险实施办法》第五十一条的规定，上诉人请求的待遇应由一审第三人缴纳 2014 年 7 月以来的工伤保险费用后再行支付。

一审第三人某煤矿述称：

（1）某煤矿于2014年7月20日因生存不下而自行关闭，上诉人在煤矿关闭之前在某煤矿上班属实；

（2）上诉人主张以重庆市上年度平均工资作为上诉人本人工资的计算标准不当；

（3）上诉人被诊断为尘肺一期属实，某煤矿欠缴工伤保险费也是事实，某煤矿没有能力缴纳，一次性伤残补助金、一次性医疗补助金应由A社保局支付。

一审中，A社保局在法定举证期限内向一审法院提交了以下证据：

（1）某煤矿的欠费明细。证明一审第三人于2014年7月停止缴纳工伤保险费。

（2）《工伤保险条例》第十条、第六十二条第三项；《重庆市工伤保险实施办法》第五十一条第（二）项。

（3）高某某个人工伤保险缴费明细。

经一审庭审质证，高某某质证认为：对证据（1）的真实性有异议；对证据（3）的真实性、合法性无异议，但该证据过了举证期。一审第三人对A社保局提交的证据无异议。

一审中，高某某向一审法院提交了以下证据：

（1）高某某身份证复印件。证明高某某的主体资格。

（2）彭水社险〔2015〕15号批复及申请书。证明A社保局不予支付高某某工伤保险待遇违法。

（3）渝职防诊字第〔2014〕1993号职业病诊断证明书。证明高某某在一审第三人处上班，后被诊断为煤工尘肺一期。

（4）彭水人社伤险认决字〔2015〕24号认定工伤决定书。证明高某某受伤被认定为工伤。

（5）彭水劳鉴（初）字〔2015〕030号劳动能力鉴定（确认）结论通知书。证明高某某受伤被鉴定为七级伤残。

（6）（2015）彭法民初字第02976号民事调解书。证明高某某请求支付的费用由社保基金支付。

（7）票据（劳动能力初次鉴定费收据、车票5张、重庆市彭水县门诊医药费专用收据9张、彭水苗族土家族自治县新型农村合作医疗处方笺2张、住宿费发票1张）。证明高某某实际发生的费用。

经一审庭审质证，A 社保局质证认为：对证据（1）~（5）无异议；对证据（6）真实性无异议，但是不能达到高某某的证明目的；证据（7）中的劳动能力初次鉴定费收据无异议，对证据（7）的其他证据有异议。某煤矿质证认为，对证据（1）~（6）无异议，对证据（7）有异议。

一审第三人某煤矿在一审中未提交证据。

以上罗列的被上诉人 A 社保局和上诉人高某某在一审时举示的证据，均已随案移送到本院。一审法院对 A 社保局和高某某举示的证据评判理由充分，予以支持。

二审中，上诉人高某某向本院提交了以下证据：《职业病诊断证明书》(渝职防诊字第〔2013〕1858 号)。证明上诉人于 2013 年 10 月 24 日被重庆市职业病防治院诊断为职业病观察对象，当时一审第三人并未欠缴工伤保险费用。

经庭审质证，被上诉人 A 社保局质证认为，该证据不属于新证据，仅能证明高某某被确定为观察对象，其被确诊为煤工尘肺一期是在 2014 年，请求法院不予采信。一审第三人某煤矿质证认为，对该证据的真实性、合法性不持异议，但上诉人应在一审中举示。

法院经审查认为，上诉人高某某举示的《职业病诊断证明书》客观、真实，与本案具有关联性，能够证明高某某于 2013 年 10 月 24 日被诊断为职业病观察对象的事实，对此予以采信。法院二审查明，2013 年 10 月 24 日，重庆市职业病防治院对高某某作出《职业病诊断证明书》(渝职防诊字第〔2013〕1858 号)，该证明载明：诊断结论为观察对象，处理意见为一年后复查。

二审审理查明的其他事实与一审查明的事实一致。

二审法院认为，根据《工伤保险条例》第三十条第一款规定："职工因工作遭受事故伤害或者患职业病进行治疗，享受工伤医疗待遇。"《人力资源社会保障部关于执行若干问题的意见》第九条规定："按照本意见第八条规定被认定为工伤的职业病人员，职业病诊断证明书（或职业病诊断鉴定书）中明确的用人单位，在该职工从业期间依法为其缴纳工伤保险费的，按《条例》的规定，分别由工伤保险基金和用人单位支付工伤保险待遇；未依法为该职工缴纳工伤保险费的，由用人单位按照《条例》规定的相关项目和标准支付待遇。"本案中，高某某在某煤矿从事采煤工作的从业期间为 2005 年 1 月至 2014 年 7 月，某煤矿依法为其缴纳工伤保险费截至 2014 年 6 月，高某某在 2014 年 7 月之后离开某煤矿，并于2014年9月30日被诊断为煤工尘肺一期。实际上，某煤矿自从为高某某办理工伤保险起，在高某某从业期间内，仅2014年7月未给高某某缴纳相应的工伤保险费。尘肺病属职业病中的一种，尘肺是由于在职业活动中长期吸入生产性粉尘（灰尘）而引起的疾病，A社保局未提供确凿证据证明高某某患的尘肺病，成病于2014年7月某煤矿拖欠工伤保险费期间，且尘肺病的形成机理也决定了高某某不可能在欠缴工伤保险费的一个月内患上此病。结合高某某在二审中举示的《职业病诊断证明书》来看，可以确定高某某于2013年10月24日被重庆市职业病防治院诊断为职业病观察对象的事实，足以印证上述事实。据此，某煤矿为高某某缴纳工伤保险费，虽有欠缴的情况，但其欠缴时间较短、数额较小，在本案中不应认定为未依法缴纳工伤保险费的情形。彭水苗族土家族自治县人力资源和社会保障局所作决定已认定高某某所患职业病为工伤，故A社保局应当依照《工伤保险条例》第三十条第一款、《人力资源社会保障部关于执行若干问题的意见》第九条的规定，支付高某某相应的工伤保险待遇。A社保局所作的彭水社险〔2015〕15号《批复》并未明确其具体适用的法律规定，其在庭审中明确系适用《重庆市工伤保险实施办法》第五十一条规定而决定暂不支付。经查，《重庆市工伤保险实施办法》第五十一条规定针对的是“受伤的工伤人员及工亡职工的供养亲属”申请工伤保险待遇的办理办法，而本案中高某某系患职业病，并不属于上述规定中受伤或工亡的情形，故该规定不适用于本案。据此，A社保局所作《批复》认定事实不清，适用法律错误，应予撤销。

综上，因二审中出现新的证据，导致一审判决认定事实不清，适用法律错误，二审法院对此予以纠正。上诉人高某某的上诉请求和理由成立。

【争议焦点】

用人单位短期欠缴工伤保险费职工是否能够享受工伤保险待遇？

【评析】

这是实践中经常发生的一类问题。按照《工伤保险条例》第三十条第一款规定：“职工因工作遭受事故伤害或者患职业病进行治疗，享受工伤医疗待遇”。《人力资源社会保障部关于执行若干问题的意见》第九条规定：“按照本意见第八条规定被认定为工伤的职业病人员，职业病诊断证明书（或职业病诊断鉴定书）中明确的用人单位，在该职工从业期间依法为其缴纳工伤保险费的，按《条例》的规定，分别由工伤保险基金和用人单位支付工伤保险待遇；未依法为该职工缴纳工伤保险费的，由用人单位按照《条例》规定的相关项目和标准支付待遇。”尘肺病属职业病中的一种，尘肺是由于在职业活动中长期吸入生产性粉尘（灰尘）而引起的疾病，且尘肺病的形成机理也决定了劳动者不可能在欠缴工伤保险费的短短一个月内患上此病。并且，用人单位为劳动者缴纳工伤保险费，同时有证据证明劳动者患上职业病是在缴纳工伤保险期间，虽有欠缴的情况，但其欠缴时间较短、数额较小，不应认定为未依法缴纳工伤保险费的情形。同时，人力资源和社会保障局所作决定已认定劳动者所患职业病为工伤，故A社保局应当依照《工伤保险条例》第三十条第一款、《人力资源社会保障部关于执行〈工伤保险条例〉若干问题的意见》第九条的规定，支付劳动者相应的工伤保险待遇。本案中，用人单位短期欠缴保险费，不认定为未依法缴纳的情形，如果用人单位欠缴劳动者缴纳工伤保险费，劳动者发生了工伤事故，按照《社会保险法》第四十一条规定，职工所在用人单位未依法缴纳工伤保险费，发生工伤事故的，由用人单位支付工伤保险待遇。用人单位不支付的，从工伤保险基金中先行支付。这样的制度设计最大限度保护了劳动者权益，给受到工伤伤害处于困境中的劳动者以及时充分的保障。当然，工伤保险基金先行支付，并非用人单位就逃脱了责任。相反，根据《社会保险法》的规定：从工伤保险基金中先行支付的工伤保险待遇应当由用人单位偿还。用人单位不偿还的，社会保险经办机构可以依照本法第六十三条的规定追偿。用人单位如果不为职工依法缴纳社会保险费，最终还是要自己承担起劳动者的工伤保险待遇的。

【相关法条】

《中华人民共和国行政诉讼法》

第八十九条　第一款第（二）项人民法院审理上诉案件，按照下列情形，分别处理：（二）原判决、裁定认定事实错误或者适用法律、法规错误的，依法改判、撤销或者变更。

《中华人民共和国社会保险法》

第四十一条　职工所在用人单位未依法缴纳工伤保险费，发生工伤事故的，由用人单位支付工伤保险待遇。用人单位不支付的，从工伤保险基金中先行支付。

从工伤保险基金中先行支付的工伤保险待遇应当由用人单位偿还。用人单位不偿还的，社会保险经办机构可以依照本法第六十三条的规定追偿。

第六十条　用人单位应当自行申报、按时足额缴纳社会保险费，非因不可抗力等法定事由不得缓缴、减免。

《中华人民共和国工伤保险条例》

第三十条　职工因工作遭受事故伤害或者患职业病进行治疗，享受工伤医疗待遇。

《人力资源社会保障部关于执行〈工伤保险条例〉若干问题的意见》

第九条　按照本意见第八条规定被认定为工伤的职业病人员，职业病诊断证明书（或职业病诊断鉴定书）中明确的用人单位，在该职工从业期间依法为其缴纳工伤保险费的，按《条例》的规定，分别由工伤保险基金和用人单位支付工伤保险待遇；未依法为该职工缴纳工伤保险费的，由用人单位按照《条例》规定的相关项目和标准支付待遇。

二、耿某某与A煤矿劳动争议纠纷案

【案情】

2013年1月1日，原告A煤矿与被告耿某某签订书面劳动合同约定，原告与被告订立劳动关系。合同期间自2013年1月1日起至2013年12月31日止，工资标准1800元/月（试用期1500元/月）；被告从事井下采煤、管理工作。合同期满后，双方未续签书面劳动合同，但被告依然在A煤矿工作，直至2014年5月被告到贵州省第三人民医院住院治疗47天，经诊断为煤工尘肺一期合并结核。2014年12月2日，威宁县人力资源和社会保障局对被告耿某某所患职业病作出决定书认定为工伤。2014年12月31日，经毕节市劳动能力鉴定委员会鉴定并出具鉴定结论通知书对被告评定为：劳动功能障碍程度伤残七级。由于双方对赔偿相关事宜分歧较大，未能达成一致意见。2015年3月12日，被告耿某某向威宁县劳动人事争议仲裁委员会申请仲裁。该仲裁委员会根据《工伤保险条例》第三十三条、第三十七条，《中华人民共和国劳动合同法》第三条及《贵州省关于贯彻实施新修订〈工伤保险条例〉有关问题的意见》第四条、第六条、第七条之规定，于2015年5月27日作出威劳人仲字（2015）第13号仲裁裁决书。裁决准予被告耿某某与原告A煤矿解除劳动关系；由A煤矿一次性给予被告伤残补助金23400元、伤残就业补助金40854元、停工留薪期待遇5400元、伙食补助费470元、住院期间护理费4700元，以上合计115678元；定于裁决生效之日起10日内给付。原告收到裁决书后，不服该裁决起诉至法院。

【原审审理与判决】

原审法院认为：用人单位自用工之日起即与劳动者建立劳动关系。虽然原告法定代表人谢某以A煤矿的名义与被告签订的劳动合同书部分条款不符合法律规定（试用期超过一个月），但不违反法律强制性规定（效力性），不响合同效力，也不影响双方形成的劳动关系。在合同约定的用工期限届满后，原告作为用人单位未与被告续签劳动合同，而按原合同约定的权利义务关系继续用工，应当认定为双方按照原条件继续履行劳动合同。被告耿某某向威宁县劳动人事争议仲裁委员会申请仲裁，提出解除劳动关系，并要求原告依法予以赔偿和补偿。法院认为，威宁县劳动人事争议仲裁委员会按劳动争议仲裁前置程序作出的仲裁裁决符合法律规定，予以确认，故原告的诉讼请求不成立，不予支持，应予以驳回。关于原告以原被告双方签订的劳动合同是浙江建峰公司以A煤矿的名义与被告签订的劳动合同，应由浙江建峰公司承担责任的主张。因原告未向原审法院提交证据予以证实，而双方签订的劳动合同书载明用人单位为威宁县A煤矿，被告耿某某为劳动者，且有A煤矿法定代表人谢某签章。虽然合同书未加盖A煤矿公章，但谢某作为A煤矿执行董事（法定代表人）以单位名义对外签订合同的行为，属单位职务授权范围内实施的民事行为，其民事责任应由A煤矿承担，故原告的诉讼请求理由不充分，证据不足，不予支持。

【二审审理与判决】

上诉人威宁县A煤矿不服上述判决，向二审法院提起上诉称：上诉人将煤矿建井工作通过合同方式发包给具有独立法人资格的浙江建峰公司进行兼并。2013年，浙江建峰公司以威宁县A煤矿名义与被上诉人耿某某签订为期一年的劳动合同，合同期满后，双方未续签合同，也没有事实上的用工关系，在工伤保险待遇仲裁过程中，上诉人未收到工伤认定书和劳动能力鉴定书，但威宁县仲裁委没有听取上诉人的申辩，下达了（2015）第13号仲裁裁决书。上诉人认为，被上诉人在签订合同期间并没有患病，潜伏期长达十年，无论被上诉人患病的时间在签订合同之前还是合同终止后，都与上诉人无关。故原判认定事实不清，请求二审撤销原判，依法判决。

被上诉人耿某某答辩：2010年被上诉人就在上诉人处工作，直到2013年才签订书面劳动合同，经过工伤认定、劳动能力鉴定、停工留薪期鉴定，并经仲裁委仲裁的工伤保险待遇正确，请求二审予以维持。

二审经审理查明的事实及证据与原审查明的一致。

二审法院认为：本案中，双方当事人对解除劳动关系及被上诉人因伤计算的一次性伤残补助金23400元（1800元/月，13个月）、一次性工伤医疗补助金40854元（3404.5元/月，12个月）、一次性伤残就业补助金40854元（3404.5元/月，12个月）、停工留薪期待遇5400元（1800元/月，3个月）、伙食补助费

470 元（10 元/天，47 天）、住院期间护理费 4700 元（100 元/天，47 天）等合计 115678 元的事实均无异议，二审法院予以确认。双方当事人在合同约定的用工期限届满后，上诉人作为用人单位未与被上诉人续签劳动合同，而按原合同约定的权利义务关系继续用工，应当认定为双方按照原条件继续履行劳动合同关系，且上诉人在被上诉人住院期间为其支付了医药费 15000 元。故上诉人提出“合同期满后，双方未续签合同，也没有事实上的用工关系”的上诉理由不能成立。对上诉人提出“其未收到工伤认定书和劳动能力鉴定书，被上诉人在签订合同期间并没有患，无论被上诉人患的时间有签订合同之前还是合同终止后，都与上诉人无关”的上诉理由，根据最高人民法院关于适用《中华人民共和国民事诉讼法》的解释第九十条：“当事人对自己提出的诉讼请求所依据的事实或者反驳对方诉讼请求所依据的事实，应当提供证据加以证明，但法律另有规定的除外。在作出判决前，当事人未能提供证据或者证据不足以证明其事实主张的，由负有举证证明责任的当事人承担不利的后果”之规定，上诉人并未提交反驳证据推翻工伤认定书和劳动能力鉴定书，上诉人亦未提交反驳证据证明被上诉人所患职业病并非在双方签订的合同期限内所患职业病。故上诉人的该上诉理由不能成立。

根据最高人民法院对劳动部《关于人民法院审理劳动争议案件几个问题的函》第二条：“劳动争议当事人对仲裁决定不服，向人民法院起诉的，人民法院仍应以争议的双方为诉讼当事人，不应将劳动争议仲裁委员会列为被告或者第三人。在判决书、裁定书、调解书中也不应含有撤销或者维持仲裁决定的内容。”及《最高人民法院关于审理劳动争议案件适用法律若干问题的解释》第十七条：“劳动争议仲裁委员会作出仲裁裁决后，当事人对裁决中的部分事项不服，依法向人民法院起诉的，劳动争议仲裁裁决不发生法律效力”之规定，由于人民法院受理劳动争议案件后，劳动争议仲裁委员会所作出的仲裁裁决不发生法律效力，尽管原审原告诉讼无理，也必须将仲裁裁决中的具体内容以判决形式表达出来，否则无法确定执行的依据。故原判未在原审判决中明确被上诉人应当享受的工伤保险待遇，属适用法律错误。

综上所述，原判认定事实清楚，但适用法律错误，二审法院依法予以纠正。上诉人威宁县 A 煤矿的上诉理由不能成立，应予驳回。据此，依照《工伤保险条例》第三十三条、第三十七条、《中华人民共和国民事诉讼法》第一百七十条第一款第（二）项之规定，二审法院判决如下：

（1）撤销贵州省威宁彝族回族苗族自治县人民法院（2015）黔威民初字第2934号民事判决；

（2）由上诉人威宁县A煤矿于本判决生效之日起十日内一次性支付被上诉人耿某某一次性伤残补助金23400元、一次性工伤医疗补助金40854元、一次性伤残就业补助金40854元、停工留薪期待遇5400元、伙食补助费470元、住院期间护理费4700元共计115678元；

（3）驳回上诉人威宁县A煤矿的其他上诉请求。

义务人如果未按本判决指定的期间履行给付金钱义务，应当依照《中华人民共和国民事诉讼法》第二百五十三条之规定，加倍支付迟延履行期间的债务利息。

【争议焦点】

未续签劳动合同，发生工伤情形，劳动者的工伤保险待遇请求是否应得到支持?

【评析】

本案中，原告与被告签订书面劳动合同，建立劳动关系，约定了用工合同的期限、试用期、工资标准。被告从事井下采煤、管理工作。合同期满后，双方未续签书面劳动合同，但被告依然在A煤矿工作，直至经诊断为煤工尘肺一期合并结核。威宁县人力资源和社会保障局对被告耿某某所患职业病作出决定书认定为工伤。劳动能力鉴定委员会鉴定并出具鉴定结论通知书对被告评定为：劳动功能障碍程度伤残七级。双方对赔偿相关事宜分歧较大，未能达成一致意见。被告耿某某向威宁县劳动人事争议仲裁委员会申请仲裁。该仲裁委员会根据法律法规于2015年5月27日作出威劳人仲字（2015）第13号仲裁裁决书。裁决准予被告耿某某与原告A煤矿解除劳动关系；由A煤矿一次性给予被告伤残补助金、工伤医疗补助金、伤残就业补助金、停工留薪期待遇、伙食补助费、住院期间护理费，合计115678元；定于裁决生效之日起10日内给付。一审判决后，被告对判决不服，提起上诉。

本案中，双方当事人对解除劳动关系及被上诉人因伤计算的一次性伤残补助金、一次性工伤医疗补助金、一次性伤残就业补助金、停工留薪期待遇、伙食补助费、住院期间护理费等合计115678元的事实均无异议，法院予以确认。双方当事人在合同约定的用工期限届满后，上诉人作为用人单位未与被上诉人续签劳动合同，而按原合同约定的权利义务关系继续用工，根据《劳动合同法》的相关规定，应当认定为双方按照原条件继续履行劳动合同关系，且上诉人在被上诉人住院期间为其支付了医药费15000元，用人单位默认了劳动者与其劳动关系的存续。故上诉人提出"合同期满后，双方未续签合同，也没有事实上的用工关系"的上诉理由不能成立，法院不予采纳。对上诉人提出"其未收到工伤认定书和劳动能力鉴定书，被上诉人在签订合同期间并没有患病，无论被上诉人患病的时间在签订合同之前还是合同终止后，都与上诉人无关。"的上诉理由，根据在《最高人民法院关于适用〈中华人民共和国民事诉讼法〉的解释》第九十条："当事人对自己提出的诉讼请求所依据的事实或者反驳对方诉讼请求所依据的事实，应当提供证据加以证明，但法律另有规定的除外。在作出判决前，当事人未能提供证据或者证据不足以证明其事实主张的，由负有举证证明责任的当事人承担不利的后果"之规定，上诉人并未提交反驳证据推翻工伤认定书和劳动能力鉴定书，上诉人亦未提交反驳证据证明被上诉人所患职业病并非在双方签订的合同期限内所患职业病。故上诉人的该上诉理由不能成立。

【相关法条】

《中华人民共和国工伤保险条例》

第三十三条 职工因工作遭受事故伤害或者患职业病需要暂停工作接受工伤医疗的，在停工留薪期内，原工资福利待遇不变，由所在单位按月支付。

停工留薪期一般不超过12个月。伤情严重或者情况特殊，经设区的市级劳动能力鉴定委员会确认，可以适当延长，但延长不得超过12个月。工伤职工评定伤残等级后，停发原待遇，按照本章的有关规定享受伤残待遇。工伤职工在停工留薪期满后仍需治疗的，继续享受工伤医疗待遇。

生活不能自理的工伤职工在停工留薪期需要护理的，由所在单位负责。

第三十七条 职工因工致残被鉴定为七级至十级伤残的，享受以下待遇：

（1）从工伤保险基金按伤残等级支付一次性伤残补助金，标准为：七级伤残为13个月的本人工资，八级伤残为11个月的本人工资，九级伤残为9个月的本人工资，十级伤残为7个月的本人工资；

（2）劳动、聘用合同期满终止，或者职工本人提出解除劳动、聘用合同的，由工伤保险基金支付一次性工伤医疗补助金，由用人单位支付一次性伤残就业补助金。一次性工伤医疗补助金和一次性伤残就业补助金的具体标准由省、自治区、直辖市人民政府规定。

《最高人民法院关于审理劳动争议案件适用法律若干问题的解释》

第十七条　劳动争议仲裁委员会作出仲裁裁决后，当事人对裁决中的部分事项不服，依法向人民法院起诉的，劳动争议仲裁裁决不发生法律效力。

《最高人民法院关于适用〈中华人民共和国民事诉讼法〉的解释》

第九十条　当事人对自己提出的诉讼请求所依据的事实或者反驳对方诉讼请求所依据的事实，应当提供证据加以证明，但法律另有规定的除外。在作出判决前，当事人未能提供证据或者证据不足以证明其事实主张的，由负有举证证明责任的当事人承担不利的后果。

三、魏某与A社会保险中心工伤待遇核定纠纷案

【案情】

魏某系山西省晋城煤业集团凤凰山矿井下采掘工。2005年12月被诊断为“煤工尘肺”一期职业病。2006年5月，原晋城市劳动和社会保障局认定魏某为工伤。2007年4月，鉴定为七级伤残，A社会保险中心核定一次性伤残津贴为38832元。2012年4月，魏某再次复查被诊断为“煤工尘肺”二期，并被鉴定为四级伤残。同年9月，魏某所在单位给其下达了离岗通知。同年10月，A社会保险中心以魏某患职业病之前12个月平均工资的75%（即2004年12月至2005年11月）为基数，为其核定伤残津贴每月为2427元，并从2012年9月起执行。魏某不服该工伤保险待遇核定，向山西省煤炭工业厅提起行政复议，2013年7月1日，山西省煤炭工业厅作出晋煤复决字（2013）2号行政复议决定，维持了A社会保险中心的工伤保险待遇核定。魏某遂向法院提起行政诉讼，要求A社会保险中心按照其2012年被诊断为四级伤残之前12个月平均工资的75%为基数，核定工伤保险待遇。

【原审审理与判决】

原审法院认为，魏某是2005年12月被确诊为患职业病的，A社会保险中心以魏某2005年12月患职业病前12个月平均月缴费工资为基数，为其核定伤残津贴并无不妥。魏某被确诊患职业病至被鉴定为四级伤残一直在工作岗位工作，其要求按2012年4月鉴定为四级伤残前十二个月平均月缴费工资给其核定伤残津贴没有法律依据。原审法院依据《最高人民法院关于执行〈中华人民共和国行政诉讼法〉若干问题的解释》第五十六条第（四）项的规定，判决驳回魏某某的诉讼请求。

【二审审理与判决】

魏某上诉称，上诉人在第一次患职业病后继续在原单位工作，职业病的加重是由所从事的工作直接导致，应享受相应的伤残待遇，且计算上诉人的伤残待遇应考虑社会经济水平和本人工资的发展变化，而不应固定适用首次确诊职业病前12个月的本人平均工资。被上诉人A社会保险中心按照上诉人2005年12月患职业病前12个月平均月缴费工资为基数核定上诉人的伤残津贴是错误的。原审法院认为A社会保险中心的工伤待遇核定并无不妥，显属认定错误。请求二审法院撤销原审判决，依法予以改判。

A社会保险中心答辩称，上诉人魏某在未发生新工伤的情况下，仅以原有工伤伤情加重，伤残等级升高为由，主张按照2012年被诊断为四级伤残之前12个月平均工资的75%为基数核发其伤残津贴，于法无据。A社会保险中心按照《工伤保险条例》《山西省实施〈工伤保险条例〉试行办法》的规定，为上诉人核定工伤保险待遇并无不妥。原审法院认定事实清楚，适用法律正确。请求二审法院维持原审判决，驳回上诉人的上诉。

A社会保险中心在法定举证期间内提供了如下证据：

（1）2006年5月29日，原晋城市劳动和社会保障局向魏某作出的《工伤认定决定书》；

（2）2006年12月魏某的《劳动能力鉴定申请表》；

（3）2012年8月魏某的《劳动能力复查鉴定申请表》；

（4）魏某的《工伤职工基本情况表》；

（5）2007年9月魏某的《工伤保险待遇核定表》；

（6）2012年10月《工伤保险待遇核定表》；

（7）2013年7月山西省煤炭工业厅晋煤复决字（2013）2号《行政复议决定书》。

魏某在法定举证期间内提供了如下证据：

（1）2012年9月，晋城煤业集团的工伤离退字（2012002）号《1~4级工伤职工离岗通知书》；

（2）魏某的《晋城煤业集团1~4级工伤职工离岗审批表》；

（3）魏某2004年12月至2005年11月个人工资台账；

（4）魏某2011年4月至2012年3月个人工资台账；

（5）2005 年 12 月魏某的《职业病诊断证明书》（编号：050304）；

（6）2012 年 4 月魏某的《职业病诊断证明书》（编号：12018）；

（7）A 社会保险中心晋煤社险便字（2013）5 号《关于对魏某同志工伤保险待遇问题的函复》。其他证据同 A 社会保险中心的证据。

经二审庭审质证，双方对对方提交的证据的真实性未提出异议。合议庭认为，各方提交的证据符合行政诉讼证据规定的采信标准，可以作为本案的定案依据。

二审法院认为，魏某在同一单位工作期间先后被诊断为“煤工尘肺”一期、二期职业病，且两次职业病都有诊断机构出具的职业病诊断证明书。魏某第二次职业病诊断虽未经工伤确认，但其在首次患职业病后继续在原单位工作，职业病的加重与所从事工作有着直接的因果关系，从职业病诊断的效力特性及存在工伤事实的情况看，魏某所患“煤工尘肺”二期职业病属再次发生工伤的情形。A 社会保险中心应依照《工伤保险条例》第四十五条“职工再次发生工伤，根据规定应当享受伤残津贴的，按照新认定的伤残等级享受伤残津贴待遇”的规定，为魏某核定工伤保险待遇。A 社会保险中心应根据魏某被复查鉴定为四级伤残情况，依照《工伤保险条例》第三十五条的规定，核定其工伤保险待遇。A 社会保险中心以魏某首次认定工伤前十二个月的本人工资为基数核定魏某的伤残津贴及未对魏某一次性伤残补助金进行核定，缺少法律依据。原审判决适用法律错误，应予改判。故二审法院依据《中华人民共和国行政诉讼法》第五十四条第（二）项第二目、第六十一条第（二）项之规定，判决如下：

（1）撤销山西省太原市中级人民法院（2013）并行初字第 15 号行政判决；

（2）撤销 A 社会保险中心 2012 年 10 月 10 日对魏某的工伤保险待遇核定；

（3）A 社会保险中心应于本判决生效后三十日内按照 2012 年魏某伤残等级复查鉴定前的本人工资为基数，重新核定上诉人魏某的工伤保险待遇。

一审、二审案件受理费各人民币 50 元，由被上诉人 A 社会保险中心负担。

【争议焦点】

劳动者二次职业病诊断未经工伤确认，按照何种标准确定其工伤保险待遇？

【评析】

本案中，魏某系山西省晋城煤业集团凤凰山矿井下采掘工。2005 年 12 月被诊断为“煤工尘肺”一期职业病。2006 年 5 月，原晋城市劳动和社会保障局认定魏某为工伤。2007 年 4 月，鉴定为七级伤残，A 社会保险中心核定一次性伤残津贴为 38832 元。2012 年 4 月，魏某再次复查被诊断为“煤工尘肺”二期，并被鉴定为四级伤残，同年 9 月，魏某所在单位给其下达了离岗通知。同年 10 月，A 社会保险中心以魏某患职业病之前 12 个月平均工资的 75%（即 2004 年 12 月至 2005 年 11 月）为基数，为其核定伤残津贴每月为 2427 元，并从 2012 年 9 月起执行。魏某不服该工伤保险待遇核定，向山西省煤炭工业厅提起行政复议，2013 年 7 月 1 日，山西省煤炭工业厅作出晋煤复决字（2013）2 号行政复议决定，维持了 A 社会保险中心的工伤保险待遇核定。魏某遂向法院提起行政诉讼，要求 A 社会保险中心按照其 2012 年被诊断为四级伤残之前 12 个月平均工资的 75% 为基数，核定工伤保险待遇。

尘肺是由于在职业活动中长期吸入生产性粉尘（灰尘），并在肺内滞留而引起的以肺组织弥漫性纤维化（疤痕）为主的全身性疾病。尘肺病是一种在煤炭行业高发的职业病，二次职业病也成了困扰很多劳动者的问题。未及时申报工伤还会影响到劳动者维护自身的合法权益，本案便是一个典型的案例。本案劳动者在同一单位工作期间先后被诊断为“煤工尘肺”一期、二期职业病，且两次职业病都有诊断机构出具的职业病诊断证明书。第二次职业病诊断虽未经工伤确认，但其在首次患职业病后继续在原单位工作，职业病的加重与所从事工作有着直接的因果关系，从职业病诊断的效力特性及存在工伤事实的情况看，劳动者所患“煤工尘肺”二期职业病属再次发生工伤的情形。应依照《工伤保险条例》第四十五条“职工再次发生工伤，根据规定应当享受伤残津贴的，按照新认定的伤残等级享受伤残津贴待遇”的规定，为劳动者核定工伤保险待遇。A 社会保险中心应根据劳动者被复查鉴定为四级伤残情况，依照《工伤保险条例》第三十五条的规定，核定其工伤保险待遇。A 社会保险中心以魏某首次认定工伤前十二个月的本人工资为基数核定魏某的伤残津贴且未对劳动者一次性伤残补助金进行核定，缺少法律依据。据此，原判存在明显适用法律错误，二审法院依法应当予以改判。

【相关法条】

《中华人民共和国工伤保险条例》

第三十五条 职工因工致残被鉴定为一级至四级伤残的，保留劳动关系，退出工作岗位，享受以下待遇：

（一）从工伤保险基金按伤残等级支付一次性伤残补助金，标准为：一级伤残为27个月的本人工资，二级伤残为25个月的本人工资，三级伤残为23个月的本人工资，四级伤残为21个月的本人工资；

（二）从工伤保险基金按月支付伤残津贴，标准为：一级伤残为本人工资的90%，二级伤残为本人工资的85%，三级伤残为本人工资的80%，四级伤残为本人工资的75%。伤残津贴实际金额低于当地最低工资标准的，由工伤保险基金补足差额；

（三）工伤职工达到退休年龄并办理退休手续后，停发伤残津贴，按照国家有关规定享受基本养老保险待遇。基本养老保险待遇低于伤残津贴的，由工伤保险基金补足差额。

职工因工致残被鉴定为一级至四级伤残的，由用人单位和职工个人以伤残津贴为基数，缴纳基本医疗保险费。

第四十五条 职工再次发生工伤，根据规定应当享受伤残津贴的，按照新认定的伤残等级享受伤残津贴待遇。

四、何某与A煤矿工伤保险待遇纠纷案

【案情】

2013年2月21日，原告何某经曲靖市疾病预防控制中心诊断为煤工尘肺二期。2013年7月25日，经曲靖市人力资源和社会保障局认定属工伤。2013年11月18日，经曲靖市劳动能力鉴定委员会鉴定伤残等级为四级，未达护理依赖程度。2014年4月16日，富源县劳动人事争议调解仲裁委员会裁决：

（1）由被申请人（被告A煤矿）一次性支付申请人（原告何某）下列工伤保险费用55950元，其中一次性伤残补助金39165元、停工留薪期工资16785元；

（2）驳回申请人的其他仲裁请求。

【原审审理与判决】

原审法院审理认为，《最高人民法院关于民事诉讼证据的若干规定》第二条规定："当事人对自己提出的诉讼请求所依据的事实或者反驳对方诉讼请求所依据的事实有责任提供证据加以证明。没有证据或者证据不足以证明当事人的事实主张的，由负有举证责任的当事人承担不利后果。"本案中，原告何某未向本院提交证据证实与被告A煤矿存在劳动关系的事实，其主张被告A煤矿支付各项工伤待遇无事实依据，故原告何某的诉讼请求本院不予支持。因此，根据《最高人民法院关于民事诉讼证据的若干规定》第二条之规定，判决：驳回原告何某的诉讼请求。

【二审审理与判决】

在二审中，上诉人向二审法院提交《劳动用工登记名册》复印件1份，用以证实双方2009年签订过劳动合同及双方存在劳动关系的事实。

经质证，被上诉人认为该用工登记名册系复印件，且没有公章，对其真实性、合法性及关联性均不予认可。同时提出何某实际在2009年10月就离开了被上诉人煤矿。

二审法院认为，上诉人提交的《劳动用工登记名册》系复印件，且其中载明的劳动合同签订时间为“2009年11月8日”，与《职业病诊断证明书》《认定工伤决定书》和《劳动能力鉴定结论通知》中记载的工作时间及上诉人二审中陈述的上诉人在被上诉人煤矿处工作的时间均不一致，故本院依法不予采信。

经二审审理查明的本案法律事实，与一审认定一致，二审法院依法予以确认。

另查明：上诉人何某于2004年3月至2009年3月在被上诉人煤矿从事井下掘进、采煤工作。

二审法院认为，上诉人提交的《职业病诊断证明书》《认定工伤决定书》和《劳动能力鉴定结论通知》相互印证，能够证实上诉人与被上诉人之间存在劳动关系，以及上诉人所患职业病与在被上诉人煤矿处工作存在因果关系的事实，故本院依法予以确认。《中华人民共和国劳动争议调解仲裁法》第五条规定：“发生劳动争议，当事人不愿协商、协商不成或者达成和解协议后不履行的，可以向调解组织申请调解；不愿调解、调解不成或者达成调解协议后不履行的，可以向劳动争议仲裁委员会申请仲裁；对仲裁裁决不服的，除本法另有规定的外，可以向人民法院提起诉讼”。《中华人民共和国职业病防治法》第六十条规定：“劳动者被诊断患有职业病，但用人单位没有依法参加工伤保险的，其医疗和生活保障由该用人单位承担”。第六十一条规定：“职业病病人变动工作单位，其依法享有的待遇不变。用人单位在发生分立、合并、解散、破产等情形时，应当对从事接触职业病危害的作业的劳动者进行健康检查，并按照国家有关规定妥善安置职业病病人”。《工伤保险条例》第三十三条规定：“职工因工作遭受事故伤害或者患职业病需要暂停工作接受工伤医疗的，……按照本章的有关规定享受伤残待遇。工伤职工在停工留薪期满后仍需治疗的，继续享受工伤医疗待遇。生活不能自理的工伤职工在停工留薪期需要护理的，由所在单位负责。”第三十五条规定：“职工因工致残被鉴定为一级至四级伤残的，……缴纳基本医疗保险费。”第六十四条规定：“本条例所称本人工资，是指工伤职工因工作遭受事故伤害或者患职业病前12个月平均月缴费工资。本人工资高于统筹地区职工平均工资

300%的，按照统筹地区职工平均工资的300%计算；本人工资低于统筹地区职工平均工资60%的，按照统筹地区职工平均工资的60%计算。”上诉人2013年2月21日被诊断为煤工尘肺二期，2013年7月25日被认定为工伤，2013年11月18日被鉴定为四级伤残。由于上诉人与被上诉人均未提交证据证实上诉人患职业病前的工资待遇及上诉人患职业病前12个月平均月缴费工资，而2012年统筹地区职工平均工资为3108元，上诉人提出的对停工留薪期的工资按3260元的标准和对一次性伤残补助金按1900元的标准计算的主张，二审法院依法予以认定上诉人停工期间工资为27972元（3108元×9个月），一次性伤残补助金为39165元（3108元×60%×21个月）。上诉人主张的职业病诊断费1200元、鉴定费300元、交通费和食宿费6000元，虽其未提供相应的证据予以证明实际支出的数额，但结合其患病、诊断及鉴定等事实，产生诊断费、鉴定费、交通费和食宿费具有必然性，故本院酌情支持其诊断费800元、鉴定费300元、交通费和食宿费2000元。根据《工伤保险条例》第三十五条的规定，结合上诉人提出的“判决保留双方的劳动关系和判决由被上诉人按月支付其伤残津贴”的诉讼请求，上诉人主张的“无故辞退后的收入损失224125元和解除劳动合同期间一次性经济补偿金32600元”，二审法院依法不予支持，上诉人提出由被上诉人从2013年12月起至退休时止按月支付其伤残津贴的主张，二审法院依法予以支持。

综上所述，一审法院审理本案程序合法，但认定事实有遗漏，适用法律有误，二审法院依法予以纠正。故依照《中华人民共和国劳动争议调解仲裁法》第五条、《中华人民共和国职业病防治法》第六十条、《工伤保险条例》第三十三条、第三十五条、第六十四条和《中华人民共和国民事诉讼法》第一百七十条第一款第（二）项之规定，判决如下：

（1）撤销富源县人民法院（2014）富民初字第1382号民事判决；

（2）上诉人何某与被上诉人富源县老厂镇A煤矿保留劳动关系，退出工作岗位，并由被上诉人富源县老厂镇A煤矿从2013年12月起至上诉人何某退休时止于每月30日前按月支付上诉人何某伤残津贴（伤残津贴以其本人工资的75%计算，本人工资按上年度曲靖市职工平均工资的60%确定，伤残津贴实际金额低于曲靖市最低工资标准的，为曲靖市最低工资）；

（3）由被上诉人富源县老厂镇A煤矿于本判决生效之日起30日内给付上诉

人何某停工留薪期间工资27972元、一次性伤残补助金39165元、诊断费800元、鉴定费300元、交通费和食宿费2000元，合计70237元；

（4）驳回上诉人何某的其他诉讼请求。

【争议焦点】

（1）劳动者与用人单位之间是否存在劳动关系，以及劳动者所患职业病与所在煤矿处工作是否存在因果关系？

（2）劳动者依法获得的工伤保险待遇数额如何确定？

【评析】

本案中，原告何某经市疾病预防控制中心诊断为煤工尘肺二期，并经市人力资源和社会保障局认定属工伤，市劳动能力鉴定委员会鉴定伤残等级为四级，未达护理依赖程度。劳动者向县劳动人事争议调解仲裁委员会提起仲裁，县劳动人事争议调解仲裁委员会裁决由被申请人（被告A煤矿）一次性支付申请人（原告何某）一次性伤残补助金和停工留薪期工资，并驳回申请人的其他仲裁请求。原告不服，遂向法院提起了诉讼。

本案争议的焦点之一就是劳动者与用人单位之间是否存在劳动关系。劳动关系是指劳动者与用人单位（包括各类企业、个体工商户、事业单位等）在实现劳动过程中建立的社会经济关系。劳动关系的确立，明确了双方的权利义务。在实践中有的单位没有与劳动者签订合同，而《劳动合同法》明确规定，只要存在实际用工，就认定劳动关系存在，所以认定劳动关系存在只是认定标准和举证的问题。根据劳动和社会保障部2005年5月25日发布的《关于确定劳动关系事项的通知》的规定，用人单位没有与劳动者签订劳动合同，认定双方存在劳动关系时可参照下列凭证：

（1）工资支付凭证或记录（职工工资发放花名册）、缴纳各项社会保险费的记录；

（2）用人单位向劳动者发放的“工作证”“服务证”等能够证明身份的证件；

（3）劳动者填写的用人单位招工招聘“登记表”“报名表”等招用记录；

（4）考勤记录；

（5）其他劳动者的证言等。虽然规定上述材料可以作为确认事实劳动关系的证据材料，但是否具有证明效力，则不一而足。一般情况下，工资卡发放记录、社会保险缴费记录、个人所得税缴费记录等材料，证明效力优先于其他证据，可以作为认定事实劳动关系的证据；而工作证、招工表、考勤记录等证据，由于往往缺乏用人单位的证章，无法确定其真实性，也不能直接确认其关联性。本案中，法院通过相关证据，依照证据规则，确认了双方存在劳动关系。

本案的第二个争议焦点是劳动者依法获得的工伤保险待遇数额如何确定。数额的确定应当按照《工伤保险条例》的相关规定，工伤保险待遇主要内容包括医疗康复待遇、伤残待遇和死亡赔偿待遇。医疗康复待遇包括治疗费、药费、住院费用，以及在规定的治疗期内的工资待遇。伤残待遇包括一至十级工伤伤残职工的一次性伤残补助金；需要护理的，还可以享受生活护理费；需要安装辅助器具的，由基金支付费用。死亡待遇包括丧葬补助金、供养亲属抚恤金，一次性工亡补助金。本案中，根据《工伤保险条例》第三十三条、三十五条和六十四条的规定，劳动者应当享受的待遇为：停工留薪期工资、一次性伤残补助金、按月支付的伤残津贴。

【相关法条】

《中华人民共和国职业病防治法》

第六十条 职业病病人变动工作单位，其依法享有的待遇不变。

用人单位在发生分立、合并、解散、破产等情形时，应当对从事接触职业病危害的作业的劳动者进行健康检查，并按照国家有关规定妥善安置职业病病人。

《中华人民共和国劳动争议调解仲裁法》

第五条 发生劳动争议，当事人不愿协商、协商不成或者达成和解协议后不履行的，可以向调解组织申请调解；不愿调解、调解不成或者达成调解协议后不履行的，可以向劳动争议仲裁委员会申请仲裁；对仲裁裁决不服的，除本法另有规定的外，可以向人民法院提起诉讼。

《中华人民共和国工伤保险条例》

第三十三条 职工因工作遭受事故伤害或者患职业病需要暂停工作接受工伤医疗的，在停工留薪期内，原工资福利待遇不变，由所在单位按月支付。

停工留薪期一般不超过 12 个月。伤情严重或者情况特殊，经设区的市级劳动能力鉴定委员会确认，可以适当延长，但延长不得超过12个月。工伤职工评定伤残等级后，停发原待遇，按照本章的有关规定享受伤残待遇。工伤职工在停工留薪期满后仍需治疗的，继续享受工伤医疗待遇。

生活不能自理的工伤职工在停工留薪期需要护理的，由所在单位负责。

第三十五条 职工因工致残被鉴定为一级至四级伤残的，保留劳动关系，退出工作岗位，享受以下待遇：

（1）从工伤保险基金按伤残等级支付一次性伤残补助金，标准为：一级伤残为27个月的本人工资，二级伤残为25个月的本人工资，三级伤残为23个月的本人工资，四级伤残为21个月的本人工资；

（2）从工伤保险基金按月支付伤残津贴，标准为：一级伤残为本人工资的90%，二级伤残为本人工资的85%，三级伤残为本人工资的80%，四级伤残为本人工资的75%。伤残津贴实际金额低于当地最低工资标准的，由工伤保险基金补足差额；

（3）工伤职工达到退休年龄并办理退休手续后，停发伤残津贴，按照国家有关规定享受基本养老保险待遇。基本养老保险待遇低于伤残津贴的，由工伤保险基金补足差额。

职工因工致残被鉴定为一级至四级伤残的，由用人单位和职工个人以伤残津贴为基数，缴纳基本医疗保险费。

第六十四条 本条例所称工资总额，是指用人单位直接支付给本单位全部职工的劳动报酬总额。

本条例所称本人工资，是指工伤职工因工作遭受事故伤害或者患职业病前12个月平均月缴费工资。本人工资高于统筹地区职工平均工资300%的，按照统筹地区职工平均工资的300%计算；本人工资低于统筹地区职工平均工资60%的，按照统筹地区职工平均工资的60%计算。

五、A煤矿与某社保局工伤认定纠纷案

【案情】

第三人何某某原系采煤工人，曾于1985年6月开始相继在毕节市沙冲、杨兴文湾湾、河家竹林等煤矿从事采煤工作。2011年2月17日，第三人何某某到原告大方县文阁乡A煤矿上班，工种为井下掘进。2011年3月5日，原告A煤矿组织第三人何某某等人到大方县同仁医院进行职业健康体检，同年3月8日，医院签发体检报告显示第三人何某某疑似尘肺，建议转上级诊断机构明确诊断。2011年3月10日，原告通知何某某停止上班。2011年5月27日，第三人开始到贵州省疾病预防控制中心附属医院诊断、治疗，经多次摄片检查，2011年11月2日，贵州省疾病预防控制中心诊断第三人何某某患有“煤工尘肺贰期”。2011年11月12日，何某某向某社保局（下文简称“被告”）申请工伤认定，因劳动关系争议未获受理。后何某某向大方县劳动仲裁委员会申请劳动仲裁，2012年5月15日，大方县劳动争议仲裁委员会作出方劳仲案字（2012）第26号《仲裁裁决书》，认定原告A煤矿与第三人何某某于2011年2月17日至2011年3月10日期间存在劳动关系。2012年7月25日，被告受理了第三人何某某的工伤认定申请，但未通知原告。同年8月17日大方县劳动争议仲裁委员会因原作出的《仲裁裁决书》中年限有误，将“2011”误作“2012”，故又作出（2012）第26号-1《仲裁裁决书》予以更正。2012年9月17日，被告作出方人社工认字（2012）149号《认定工伤决定书》，认定第三人何某某患有的“煤工尘肺”符合《工伤保险条例》第十四条第一款第（四）项之规定，属于工伤范围，予以认定为工伤。原告不服该工伤认定，于2012年10月31日向大方县人民政府申请复议。在复议期间，原告申请毕节市卫生局委托中华医学会贵州省毕节分会对何某某的职业病重新鉴定，2013年2月27日，该会作出毕节职鉴（2013）1号《职业病诊断鉴定书》确认何某某系“煤工尘肺二期”。2013年7月2日，大方县人民政府作出方府行复决字（2013）6号行政复议决定书，维持了被告作出的方人社工认字（2012）149号认定工伤决定，原告A煤矿不服，向原审法院提起诉讼。2013 年 10 月 11 日，原审法院以方人社工认字（2012）149 号《认定工伤决定书》行政程序违法为由，判决撤销了该被诉具体行政行为。2013 年 11 月 11 日，第三人何某某又向被告申请工伤认定，2013 年 11 月 26 日，原告向被告申请中止工伤认定并递交了《疾病与工伤因果关系鉴定申请书》，请求被告委托贵州省毕节市劳动能力鉴定委员会对何某某所患“煤工尘肺贰期”疾病与原告临时用工之间是否具有因果关系进行鉴定。同年 12 月 12 日，被告作出方人社工认中字（2013）13 号《工伤认定中止决定书》中止了工伤认定，要求原告在 60 日内向被告提供重新鉴定的《职业病诊断证明书》或《职业病诊断鉴定书》。逾期，原告没有提供重新鉴定的《职业病诊断证明书》或《职业病诊断鉴定书》，被告于 2014 年 3 月 26 日向原告发出了《工伤认定举证通知书》，在规定的时间内，原告没有举证。2014 年 5 月 5 日，被告作出方人社工认字（2014）59 号《认定工伤决定书》，认定何某某经中华医学会贵州省毕节分会鉴定的“煤工尘肺”为工伤。原告不服，向毕节市人力资源和社会保障局申请复议，2014 年 8 月 30 日，毕节市人力资源和社会保障局作出毕人社行复决字（2014）10 号《行政复议决定书》维持了被告的方人社工认字（2014）59 号《认定工伤决定书》。

【原审审理与判决】

原审法院认为，第三人何某某系原告的职工，从 2011 年 2 月 17 日至 2011 年 3 月 10 日期间与原告存在劳动关系，这是原告、被告、第三人均已认同的事实，原审法院予以确认。

“煤工尘肺”是指煤矿工人长期吸入生产环境中粉尘所引起的肺部病变的总称。应当说，第三人有从事多年采煤工作的经历，其所患“煤工尘肺”职业病与其长期从事的工作环境有关。但法律并未设定可以免除最后用人的单位承担职业病危害责任的法律条款。第三人虽然曾在其他煤矿企业工作过，但最后的用人单位是原告，这是无可争议的事实。《中华人民共和国职业病防治法》第六十条规定：“劳动者被确诊为职业病，但用人单位没有依法参加工伤保险的，其医疗和生活保障由该用人单位承担”。原告没有依照《工伤保险条例》第二条第一款“中华人民共和国境内的各类企业、有雇用工的个体工商户应当依照本条例规定参加工伤保险，为本单位全部职工或雇工缴纳工伤保险费”。依照《中华人民共和国职业病防治法》第三十六条第一、二款“对从事接触职业病危害的作业的劳动者，用人单位应当按照国务院安全生产监督管理部门、卫生行政部门的规定组织上岗前、在岗期间和离岗时的职业健康检查，并将检查结果书面告知劳动者。职业健康检查费用由用人单位承担。用人单位不得安排未经上岗前职业健康检查的劳动者从事接触职业病危害的作业；不得安排有职业禁忌的劳动者从事其所禁忌的作业；对在职业健康检查中发现有与所从事的职业相关的健康损害的劳动者，应当调离原工作岗位，并妥善安置；对未进行离岗前职业健康检查的劳动者不得解除或者终止与其订立的劳动合同”的规定，原告未参加工伤保险，又未组织第三人进行上岗前的职业健康检查。第三人在原告单位工作期间，被诊断出患有职业病，原告应对其承担职业病危害的责任。

原告称，被告根据第三人提供的《贵州省医疗疾病控制中心职业病诊断证明书》作出的工伤认定决定，因原告已向毕节地区卫生行政部门和省卫生行政部门申请重新鉴定。故第三人提供的《贵州省医疗疾病控制中心职业病诊断证明书》不具法律效力，被告的行政程序违法。纵观本案，被告2014年5月5日作出第59号工伤认定决定之前，原告曾申请毕节市卫生局委托中华医学会毕节分会对何某某进行了职业病的重新鉴定，毕节职鉴字01号《职业病鉴定书》已确认何某某患有“煤工尘肺二期”。本案行政程序中，被告在收到原告《中止工伤认定申请书》和《疾病与工伤因果关系鉴定申请书》后决定中止了工伤认定，并且通知原告在60日内提供重新鉴定的依据。但逾期原告并未提供更高层次的相关鉴定或诊断证明。根据《工伤认定办法》第十七条“职工或者其近亲属认为是工伤，用人单位不认为是工伤的，由该用人单位承担举证责任，用人单位不举证的，社会保险部门可以根据受伤害职工提供的证据或者调查取得的证据依法作出工伤认定”之规定，被告在原告逾期举证不能的情形下，作出工伤认定决定，符合法律规定。且被告是根据中华医学会贵州省毕节分会鉴定并签发的毕节职鉴字01号《职业病鉴定书》作出的工伤认定。故原告的这一诉讼理由原审法院不予采纳。在诉讼中，原告还提出了第三人在原告单位用工仅21天，其所患疾病与原告的用工之间不存在因果关系。原告向被告提出了申请对疾病与工伤的因果关系进行鉴定。并提出了在因果关系未明确之前被告就作出工伤认定与客观事实不符的辩解。所谓疾病与工伤的因果关系，是指职工工伤后所患的疾病与因工作遭受事故伤害或患职业病有无关联，也即是说职工所患的疾病是否因为工伤的原因引发的病变。工伤是因，是前提，疾病是果，是工伤衍生的病变。疾病与工伤因果关系的鉴定，不是解决能否认定工伤的问题，而是解决工伤认定之后职工所患疾病是否与之前的工伤有关，用人单位应否承担该疾病医疗费用等相关的问题。《中华人民共和国职业病防治法》第二条第二款规定：“本法所称的职业病是指企业、事业单位和个体经济组织等用人单位的劳动者在职业活动中因解除粉尘、放射性物质和其他有毒有害因素而引起的疾病”。原告是煤炭生产企业，正是“煤工尘肺”职业病危害产生的因素之一。根据《中华人民共和国职业病防治法》第五条之规定，应对本单位产生的职业病危害承担责任。故原告诉第三人在原告单位用工仅21天，其疾病与原告的用工之间不存在因果关系的理由原审法院不予支持。

综上，被告作出工伤认定具体行政行为的证据确凿，适用法律、法规正确，依法应予维持。据此，依照《中华人民共和国行政诉讼法》第五十四条第（一）项之规定，判决：维持被告2014年5月5日作出方人劳社工认字（2014）59号《工伤认定决定书》的具体行政行为。案件诉讼费50元由原告负担。

【二审审理与判决】

宣判后，大方县文阁乡A煤矿不服，上诉称：上诉人对原审第三人患职业病不持异议，但原审第三人的职业病并非在上诉人单位上班期间引起。原审第三人所患的“煤工尘肺病”系数十年在小型煤窑采煤的工作原因引起。认定工伤是赔付的前提，但须以劳动者所患职业病与实际用工构成因果关系。被上诉人应当查清第三人何某某所患职业病的时间，再作出属于工伤的认定，不能在上诉人确因客观原因，即鉴定机构的程序性原因未能及时提供证实何某某职业病形成时间的相关结论的情况下，以上诉人不能举证为由作出工伤认定。被上诉人作出的《工伤认定决定》认定事实不清，证据不足，系违法行政行为，依法应予以撤销。请求二审法院：

（1）撤销大方县人民法院（2014）黔方行初字第33号行政判决；

（2）撤销被上诉人作出的方人劳社工认字（2014）59号《工伤认定决定书》的具体行政行为；

（3）一审、二审诉讼费用由被告承担。

经审理查明：二审查明的事实与一审判决认定的事实一致。

二审法院认为，原审第三人何某某系上诉人大方县文阁乡A煤矿的职工，从 2011 年 2 月 17 日至 2011 年 3 月 10 日期间与上诉人存在劳动关系。原审第三人有从事多年采煤工作的经历，其所患“煤工尘肺”职业病与其长期从事的工作环境有关，但法律并未设定可以免除最后的用人单位承担职业病危害责任的法律条款。原审第三人虽然曾在其他煤矿企业工作过，但最后的用人单位是上诉人。依照《中华人民共和国职业病防治法》第三十六条第一、二款和第六十条规定，上诉人应当为原审第三人缴纳工伤保险费，并对原审第三人进行上岗前职业健康检查。而上诉人并未参加工伤保险，又未组织原审第三人进行上岗前的职业健康检查，第三人在上诉人单位工作期间，被诊断出患有职业病，上诉人应对其承担职业病危害的责任。

根据《工伤认定办法》第十七条之规定，用人单位不认为是工伤的，由用人单位承担举证责任。在工伤认定过程中，被上诉人在收到上诉人提交的《中止工伤认定申请书》和《疾病与工伤因果关系鉴定申请书》后决定中止了工伤认定，并且通知上诉人在 60 日内提供重新鉴定的依据。但上诉人逾期并未提供相关鉴定或诊断证明，也没有向被上诉人提交不能鉴定的证据材料。上诉人逾期不举证，被上诉人根据原审第三人提交的证据作出的工伤认定决定，符合法律规定。对于上诉人提出原审第三人在上诉人单位用工仅 21 天，其所患疾病与原告的用工之间不存在因果关系的上诉理由，根据《中华人民共和国职业病防治法》第二条第二款、第五条之规定，上诉人是煤炭生产企业，是“煤工尘肺”职业病危害产生的因素之一，应对本单位产生的职业病危害承担责任。而疾病与工伤因果关系的鉴定，不是解决能否认定工伤的问题，而是解决工伤认定之后职工所患疾病是否与之前的工伤有关，用人单位应否承担该疾病医疗费用等相关的问题。故该上诉理由，二审法院不予支持。另上诉人向二审法院提交的证据，从材料的时间上看均系被上诉人 2014 年 5 月 5 日作出《认定工伤决定书》之前形成，不属于新证据。上诉人未在工伤认定过程中向被上诉人提交，也未在一审审理期间向一审法院提交，且没有正当理由。根据《最高人民法院关于行政诉讼证据若干问题的规定》第七条第二款“原告或者第三人在第一审程序中无正当事由未提供而在第二审程序中提供的证据，人民法院不予接纳”的规定，二审法院对上诉人提交的证据不予采纳。对于上诉人向二审法院提交《关于请求对第三人何某某“煤工尘肺”职业病形成时间鉴定的申请书》，根据《最高人民法院关于行政诉讼证据若干问题的规定》第三十一条之规定，上诉人对该申请事项负有举证责任，应当在一审举证期限内申请，而上诉人未提出鉴定申请且无正当理由，故该申请本院不予准许。综上所述，一审判决认定事实清楚，证据充分，适用法律正确，二审法院予以维持。

【争议焦点】

劳动者所患职业病与短期用工之间是否存在因果关系？

【评析】

本案中，第三人何某某原系采煤工人，曾相继在毕节市沙冲、杨兴文湾湾、河家竹林等煤矿从事采煤工作。2011 年 2 月 17 日，第三人何某某到原告大方县文阁乡 A 煤矿工作，工种为井下掘进。2011 年 3 月 5 日，原告 A 煤矿组织第三人何某某等人到大方县同仁医院进行职业健康体检，同年 3 月 8 日，医院签发体检报告显示何某某疑似尘肺，建议转上级诊断机构明确诊断。2011 年 3 月 10 日，原告通知何某某停止上班。2011 年 11 月 2 日，贵州省疾病预防控制中心诊断第三人何某某患有“煤工尘肺二期”。2011 年 11 月 12 日，何某某向被告申请工伤认定，因劳动关系争议未获受理。后何某某向大方县劳动仲裁委员会申请劳动仲裁，大方县劳动争议仲裁委员会作出方劳仲案字（2012）第 26 号《仲裁裁决书》，认定原告 A 煤矿与第三人何某某于 2011 年 2 月 17 日至 2011 年 3 月 10 日期间存在劳动关系。2012 年 7 月 25 日，被告受理了第三人何某某的工伤认定申请，但未通知原告。2012 年 9 月 17 日，被告作出方人社工认字（2012）149 号《认定工伤决定书》，认定第三人何某某患有的“煤工尘肺”符合《工伤保险条例》第十四条第一款第（四）项之规定，属于工伤范围，予以认定为工伤。原告不服该工伤认定，于 2012 年 10 月 31 日向大方县人民政府申请复议。在复议期间，原告申请毕节市卫生局委托中华医学会贵州省毕节分会对何某某的职业病重新鉴定，该会作出毕节职鉴（2013）1 号《职业病诊断鉴定书》确认何某某系“煤工尘肺二期”。2013 年 7 月 2 日，大方县人民政府作出方府行复决字（2013）6 号行政复议决定书，维持了被告作出的方人社工认字（2012）149 号认定工伤决定，原告 A 煤矿不服，向原审法院提起诉讼。2013 年 10 月 11 日，原审法院以方人社工认字（2012）149 号《认定工伤决定书》行政程序违法为由，判决撤销了该被诉具体行政行为。2013 年 11 月 11 日，第三人何某某又向被告申请工伤认定，11 月 26 日，原告向被告申请中止工伤认定并递交了《疾病与工伤因果关系鉴定申请书》，请求被告委托贵州省毕节市劳动能力鉴定委员会对何某某所患“煤工尘肺二期”疾病与原告临时用工之间是否具有因果关系进行鉴定。同年 12 月 12 日，被告作出方人社工认中字（2013）13 号《工伤认定中止决定书》中止了工伤认定，要求原告在 60 日内向被告提供重新鉴定的《职业病诊断证明书》或《职业病诊断鉴定书》。逾期，原告没有提供重新鉴定的《职业病诊断证明书》或《职业病诊断鉴定书》，被告于 2014 年 3 月 26 日向原告发出了《工伤认定举证通知书》，在规定的时间内，原告没有举证。2014 年 5 月 5 日，被告作出方人社工认字（2014）59 号《认定工伤决定书》，认定何某某经中华医学会贵州省毕节分会鉴定的“煤工尘肺”为工伤。原告不服，向毕节市人力资源和社会保障局申请复议，2014 年 8 月 30 日，毕节市人力资源和社会保障局作出毕人社行复决字（2014）10 号《行政复议决定书》维持了被告的方人社工认字（2014）59 号《认定工伤决定书》。

本案中，劳动者为维护自身的合法权益经历了工伤认定、仲裁、行政复议等法律程序，过程相对曲折。本案中劳动者作为第三人参加到行政诉讼中，第三人有从事多年采煤工作的经历，其所患“煤工尘肺”职业病与其长期从事的工作环境有关。原告主张第三人所患“煤工尘肺二期”疾病与临时用工之间是否具有因果关系进行鉴定。根据《工伤保险条例》第十四条第四款的规定，应当认定为工伤。可见，法律并未设定可以免除最后用人的单位承担职业病危害责任的法律条款。因为，劳动者相对于用人单位来说处于弱势地位，法律作为保护劳动者合法权益的最后一道防线，如果不能保障相对处于弱势地位的劳动者的合法权益，那么劳动者的合法权益便无法主张。本案中，第三人虽然曾在其他煤矿企业工作过，但最后的用人单位是原告，这是无可争议的事实。根据《中华人民共和国职业病防治法》第六十条规定：“劳动者被确诊为职业病，但用人单位没有依法参加工伤保险的，其医疗和生活保障由该用人单位承担”。原告没有依照《工伤保险条例》第二条第一款“中华人民共和国境内的各类企业、有雇用工的个体工商户应当依照本条例规定参加工伤保险，为本单位全部职工或雇工缴纳工伤保险费”。依照《中华人民共和国职业病防治法》第三十六条第一、二款“对从事接触职业病危害的作业的劳动者，用人单位应当按照国务院安全生产监督管理部门、卫生行政部门的规定组织上岗前、在岗期间和离岗时的职业健康检查，并将检查结果书面告知劳动者。职业健康检查费用由用人单位承担。用人单位不得安排未经上岗前职业健康检查的劳动者从事接触职业病危害的作业；不得安排有职业禁忌的劳动者从事其所禁忌的作业；对在职业健康检查中发现有与所从事的职业相关的健康损害的劳动者，应当调离原工作岗位，并妥善安置；对未进行离岗前职业健康检查的劳动者不得解除或者终止与其订立的劳动合同”的规定，原告并未给第三人参加工伤保险，又未组织第三人进行上岗前的职业健康检查。用人单位未按照法律的规定对劳动者组织上岗前的职业健康检查，而劳动者却在原告单位工作期间，被诊断出患有职业病，原告应对其承担职业病危害防治的责任。原告主张的劳动者患职业病与其工作不存在因果关系的主张在诸多证据和法条面前经不起论证，用人单位应该担负其本身所应负起的社会责任，严格按照法律的规定履行自己的法定义务，而不是出现纠纷才想到用法律手段维护自己的利益。

【相关法条】

《中华人民共和国职业病防治法》

第五条 用人单位应当建立、健全职业病防治责任制，加强对职业病防治的管理，提高职业病防治水平，对本单位产生的职业病危害承担责任。

第三十六条 用人单位应当为劳动者建立职业健康监护档案，并按照规定的期限妥善保存。

职业健康监护档案应当包括劳动者的职业史、职业病危害接触史、职业健康检查结果和职业病诊疗等有关个人健康资料。

第六十条 劳动者被确诊为职业病，但用人单位没有依法参加工伤保险的，其医疗和生活保障由该用人单位承担。

《中华人民共和国工伤保险条例》

第二条 中华人民共和国境内的企业、事业单位、社会团体、民办非企业单位、基金会、律师事务所、会计师事务所等组织和有雇工的个体工商户（以下称用人单位）应当依照本条例规定参加工伤保险，为本单位全部职工或者雇工（以下称职工）缴纳工伤保险费。

第十四条 职工有以下情形之一的，应当认定为工伤：

（一）在工作时间和工作场所内，因工作原因受到事故伤害的；……

（四）患职业病的；……

（七）法律、行政法规规定应当认定为工伤的其他情形。

《工伤认定办法》

第十七条 职工或者其近亲属认为是工伤，用人单位不认为是工伤的，由该用人单位承担举证责任。用人单位拒不举证的，社会保险行政部门可以根据受伤害职工提供的证据或者调查取得的证据，依法作出工伤认定决定。

《最高人民法院关于行政诉讼证据若干问题的规定》

第七条 第二款原告或者第三人在第一审程序中无正当事由未提供而在第二审程序中提供的证据，人民法院不予接纳。

第三十一条 对需要鉴定的事项负有举证责任的当事人，在举证期限内无正当理由不提出鉴定申请、不预交鉴定费用或者拒不提供相关材料，致使对案件争议的事实无法通过鉴定结论予以认定的，应当对该事实承担举证不能的法律后果。

六、田某与A煤矿劳动争议纠纷案

【案情】

原告田某于2013年2月18日到被告A煤矿所属的陡山煤矿上班，从事掘进工作，同年6月22日签订书面劳动合同，约定月基本工资为1000元，同年10月从事管理工作，任副矿长。2014年4月29日，原告因病到贵州省第三人民医院住院治疗36天，同年6月3日被诊断为矽肺二期，原告住院期间的医疗费用为17308.72元。2014年7月18日经黔南州人力资源和社会保障局黔南工决字（2014）04083号决定书认定原告患病性质为工伤，2014年10月20日经黔南州劳动能力鉴定委员会NO20140638－D号鉴定结论评定原告劳动能力为伤残四级。原告生病前12个月（从2013年4月至2014年3月）的工资册被告拒不提供，被告自2014年5月至10月向原告发放工资共19600元，被告为原告缴纳各项社会保险的工资基数为2053.33元，社保部门已于2014年12月19日向原告一次性核准拨付了一次性伤残补助金43119.93元。原、被告因工作保险待遇等发生纠纷，于2014年12月1日向瓮安县劳动人事仲裁委员会申请仲裁，经瓮劳人仲裁字（2014）第31号仲裁裁决书裁决：由被申请人（本案被告）在本裁决生效之日起十五日内补发申请人（本案原告）停工留薪期工资23838.5元；由被申请人（本案被告）在本裁决生效之日起十五日内到社保部门按规定为申请人（本案原告）办理参加基本养老保险和基本医疗保险手续，并按时缴纳基本养老保险和基本医疗保险费；驳回申请人（本案原告）的其他仲裁请求。原告认为该裁决认定事实不清、适用法律错误、裁决结果不公，向一审法院起诉。

【原审审理与判决】

原告在被告单位工作期间患病，经认定为工伤，并经鉴定为四级伤残，应根据《工伤保险条例》的相关规定享受相应的工伤保险待遇。原告要求被告支付住院治疗期间医疗费、住院生活补助费、因就医产生的交通住宿费、劳动能力鉴定费、检查费等费用，根据《中华人民共和国社会保险法》第三十八条“因工伤发生的下列费用，按照国家规定从工伤保险基金中支付：（一）治疗工伤的医疗费用和康复费用；（二）住院伙食补助费；（三）到统筹地区以外就医的交通食宿费；（四）安装配置伤残辅助器具所需费用；（五）生活不能自理的，经劳动能力鉴定委员会确认的生活护理费；（六）一次性伤残补助金和一至四级伤残职工按月领取的伤残津贴；（七）终止或者解除劳动合同时，应当享受的一次性医疗补助金；（八）因工死亡的，其遗属领取的丧葬补助金、供养亲属抚恤金和因工死亡补助金；（九）劳动能力鉴定费”之规定，被告已经为原告缴纳工伤保险，原告因工伤发生的医疗费、住院生活补助费、因外出就医产生的交通住宿费、劳动能力鉴定费、检查费等费用，应向社保经办机构申请核发，不应由被告支付，对原告的该请求，不予支持；关于原告停工留薪期工资的问题，依照《工伤保险条例》第三十三条“职工因工作遭受事故伤害或者患职业病需要暂停工作接受工伤医疗的，在停工留薪期内，原工资福利待遇不变，由所在单位按月支付。停工留薪期一般不超过12个月。伤情严重或者情况特殊，经设区的市级劳动能力鉴定委员会确认，可以适当延长，但延长不得超过12个月。工伤职工评定伤残等级后，停发原待遇，按照本章的有关规定享受伤残待遇。工伤职工在停工留薪期满后仍需治疗的，继续享受工伤医疗待遇。生活不能自理的工伤职工在停工留薪期需要护理的，由所在单位负责”之规定，原告停工留薪期应自2014年4月29日因病住院治疗至2014年10月20日劳动能力鉴定结论作出之日止，共6个月，被告应按原告的实际工资核发原告停工留薪期间工资48000元，扣除被告已发工资19600元，被告应补发原告停工留薪期间工资28400元；关于一次性伤残补助金、伤残津贴的问题，依照《工伤保险条例》第三十五条“职工因工致残被鉴定为一级至四级伤残的，保留劳动关系，退出工作岗位，享受以下待遇：（一）从工伤保险基金按伤残等级支付一次性伤残补助金，标准为：一级伤残为27个月的本人工资，二级伤残为25个月的本人工资，三级伤残为23个月的本人工资，四级伤残为21个月的本人工资；（二）从工伤保险基金按月支付伤残津贴，标准为：一级伤残为本人工资的90%，二级伤残为本人工资的85%，三级伤残为本人工资的80%，四级伤残为本人工资的75%。伤残津贴实际金额低于当地最低工资标准的，由工伤保险基金补足差额；（三）工伤职工达到退休年龄并办理退休手续后，停发伤残津贴，按照国家有关规定享受基本养老保险待遇。基本养老保险待遇低于伤残津贴的，由工伤保险基金补足差额。职工因工致残被鉴定为一级至四级伤残的，由用人单位和职工个人以伤残津贴为基数，缴纳基本医疗保险费”之规定，原告应享有21个月工资的一次性伤残补助金，即8000元×21月=168000元，并享有按月领取其工资的75%的伤残津贴，即8000元×75%=6000元，但因被告为原告缴纳工伤保险的工资金额仅为2053.33元，原告仅能从工伤保险基金中获得一次性伤残补助金43119.93元及每月2053.33×75%=1539.99元的伤残津贴，致使原告未能获得足额的工伤保险待遇，不足部分（一次性伤残补助金168000元-43119.93元=124880.07元、每月伤残津贴6000元-1539.99元=4460.01元）应由被告承担，考虑到原、被告双方仍保留劳动关系，对原告要求被告一次性支付以上伤残津贴的请求不予支持，由被告按月支付原告伤残津贴4460.01元直到原告退休为止；原告要求被告以其工伤前的工资8000元为基数为其办理社会养老保险及基本医疗保险，依照《工伤保险条例》第三十五条规定，应以伤残津贴6000元为基数交纳社会养老保险及基本医疗保险，对原告超出部分的请求，原审法院不予支持。对于原告要求判令被告立即到社保部门为其办理从2014年11月起按月领取伤残津贴手续的请求，不属于一审法院审查的范围，原审法院不予支持。

综上所述，根据《中华人民共和国社会保险法》第三十八条和依照《工伤保险条例》第三十三条、第三十五条之规定，原审法院判决：

（1）限被告贵州省A煤矿有限公司于判决生效后十日内支付原告田某停工留薪期工资人民币28400元及一次性伤残补助金人民币124880.07元，共计人民币153280.07元；

（2）限被告贵州省A煤矿有限公司自2014年11月起每月30日前支付原告田某伤残津贴人民币4460.01元；

（3）限被告贵州省A煤矿有限公司即日起为原告田某以伤残津贴6000元为基数办理社会养老保险及基本医疗保险；

（4）驳回原告田某的其余诉讼请求。案件受理费10元，由被告贵州省A煤矿有限公司承担。如果被告在指定期限内未履行给付义务，应按《中华人民共和国民事诉讼法》第二百五十三条之规定，加倍支付迟延履行期间的债务利息。

【二审审理与判决】

一审判决宣判后，A煤矿不服，向二审法院提起上诉，请求：

撤销原判，驳回被上诉人对上诉人的诉讼请求；一审、二审诉讼费用均由被上诉人承担。其主要理由：

（1）一审判决认定事实错误。①一审判决认定被上诉人因职业病所产生的工伤保险待遇由上诉人承担显属错误。被上诉人于2013年2月18日入职至今，其工作的陡山矿一直都为建设矿井，并未进行过任何的生产活动，为停产状态。并且被上诉人在上诉人处工作期间所担任的职务为生产副矿长，其所承担的工作内容为跟班下矿指挥操作，根本不需要进行具体的井下作业，被上诉人的职业病不可能是在其入职以后的陡山矿所形成；②一审判决认定一次性伤残补助金、伤残津贴的基数为8000元违反相应政策、法规，显属错误。根据相关政策及规定，国家根据不同行业的工伤风险程度确定行业的差别费率，煤矿企业缴费费率实行基准费率和费率浮动相结合，基准费率为吨煤缴费4元，首次参保按基准费率核定。费率浮动按煤矿企业发生工伤（亡）事故情况确定，浮动后的吨煤缴费最高为4.5元，最低为3.5元。费率调整一个参保年度核定一次。新建煤矿企业没有煤炭产量的月份，或煤矿企业因各种原因没有煤炭产量的月份，按煤矿企业实有职工人数，每人以上年度黔南州月职工平均工资为基数，按2%的费率缴纳工伤保险费。而被上诉人所工作的陡山矿系建设矿井，并未进行过任何的生产活动，其工伤保险的费率应以上年度黔南州月职工平均工资为基数进行缴纳。上诉人为被上诉人缴纳的工伤保险的情形符合相关法律、政策之规定；③一审判决认定上诉人向被上诉人支付差额部分的一次性伤残补助金无任何法律依据。根据《中华人民共和国民事诉讼法》第七条："人民法院审理民事案件，必须以事实为根据，以法律为准绳"。第一百五十二条第二项："判决书应当写明判决结果和作出该判决的理由。判决书内容包括：（二）判决认定的事实和理由、适用的法律和理由"之规定，民事判决应在正确适用法律的基础上进行，但该一审判决并无任何法律依据支持，显属错误；

（2）一审判决适用法律错误。《工伤保险条例》第三十五条在该项法律规定中并无任何关于社会养老保险交纳的内容，因此，一审判决依照《工伤保险条例》第三十五条规定，认定上诉人应以伤残津贴6000元为基数为被上诉人办理社会养老保险显属适用法律错误。《工伤保险条例》第三十五条的规定中对于缴纳基本医疗保险费的主体为用人单位和职工。而一审判决依照《工伤保险条例》第三十五条规定，仅判决由上诉人承担办理基本医疗保险的义务，显属适用法律错误。

被上诉人田某二审答辩称：

（1）原判认定事实清楚。①答辩人入职前，被答辩人组织进行了健康体检，经体检合格后，被答辩人才为答辩人办理入职手续、签订劳动合同。答辩人入职后，被答辩人虽未进行采煤生产，但一直进行矿井建设。答辩人自始从事井下巷道掘进、喷浆等涉及接触严重粉尘环境的一线工作，即使2013年10月担任生产副矿长以来，均长时间井下一线跟班作业，直至于2014年4月身体不适住院检查治疗。2014年6月3日答辩人经贵州省第三人民医院贵州省职业病防治院职业病诊断为：矽肺二期。对此，被答辩人并未提出异议。是被答辩人作为申请人于答辩人职业病诊断的同月27日向黔南州人力资源和社会保障局提交答辩人的工伤认定申请，经调查核实后予以认定为工伤，并经劳动能力鉴定为伤残四级。对此，被答辩人对工伤认定、工伤鉴定亦未提出异议。至今，被答辩人没有提出任何否认答辩人在被答辩人处工作期间发生职业病工伤的证据；②原判认定答辩人工伤待遇一次性伤残补助金、伤残津贴计算基数为8000元，以及缴纳社会养老保险及基本医疗保险为6000元基数的事实清楚，证据充分。工伤待遇一次性伤残补助金、伤残津贴计算基数均依法应以本人伤前12个月平均工资计算，即应以8000元为基数计算。答辩人按月领取伤残津贴后，被答辩人依法应以伤残津贴为基数为答辩人缴纳社会养老保险及基本医疗保险即应以8000元/月×75%＝6000元为基数缴纳；

（2）原判适用法律正确。①根据我国《劳动法》《劳动合同法》等法律法规规定，以及答辩人与被答辩人所签《劳动合同》约定，被答辩人依法应当为答辩人参加社会保险，并按时、足额缴纳社会保险费；②《社会保险法》第35条规定，用人单位应当按照本单位职工工资总额，根据社会保险机构确定的费率确定缴纳工伤保险费；③被答辩人未依法按包含由答辩人本人工资等职工所组成的本单位职工工资总额缴纳工伤保险费，被答辩人为答辩人申报缴纳的平均月缴费工资仅为2053.33元，导致答辩人仅能从工伤保险基金中获得一次性伤残补助金43119.93元及每月2053.33元×75%＝1539.99元的伤残津贴，致使答辩人未能获得足额的工伤保险待遇，其行为损害了答辩人的合法权益，依据有关法律规定和劳动合同约定，应当由被答辩人承担赔偿责任，即应补足工伤保险待遇差额，以及依法应以伤残津贴6000元为基数办理社会养老保险及基本医疗保险。综上，被答辩人的上诉理由没有事实根据和法律依据，不能支持其上诉请求。请求二审法院公正审理，依法判决驳回被答辩人上诉请求，维持原判。

经审理，二审另查明：2012 年 4 月 27 日，贵州省能源局以黔能源煤炭（2012）133 号作出《关于对贵州省 A 煤矿有限公司陡山矿（技改）开采方案设计的批复》，该批复内容包括对矿井建设工资 35 个月，需抓紧组织施工，确保及时投产等。2013 年 4 月，上诉人组织职工体检中存在健康体检表姓名由杨某及年龄涂改为田某及年龄的情况，但不能证实是由被上诉人更改。其余二审查明的事实与一审查明的事实一致。

综合双方当事人的诉辩请求及理由，归纳本案的争议焦点为：

（1）被上诉人所患职业病是否在上诉人处工作期间所形成；

（2）被上诉人的工伤保险待遇如何确定。

二审法院认为：

（1）关于被上诉人所患职业病是否在上诉人处工作期间所形成的问题。首先，被上诉人于 2013 年 2 月 18 日至 2014 年 4 月到被上诉人所属陡山煤矿掘进施工队工作和从事生产副矿长工作。2013 年 4 月，上诉人组织被上诉人等职工到瓮安县中医院进行体检。在此基础上，上诉人与被上诉人于 2013 年 6 月 22 日签订《劳动合同》，期限为 2013 年 6 月 22 日至 2016 年 6 月 30 日止；其次，被上诉人于 2014 年 6 月 3 日经贵州省第三人民医院贵州省职业病防治院诊断为矽肺二期。2014 年 7 月 18 日，黔南人力资源和社会保障局作出黔南工决字（2014）04083 号工伤认定决定书认定，被上诉人田某所患职业病为工伤。上诉人对工伤认定决定书，在法定期限内未向相关行政机构申请复议或向人民法院起诉，故黔南工决字（2014）04083 号工伤认定决定书已发生法律效力。根据本案查明的上述事实，应认定被上诉人所患职业病是在上诉人处工作期间所形成。而上诉人未提供充分证据证实被上诉人所患职业病不是在上诉人处工作期间所形成，故对上诉人该项主张不予支持。

（2）被上诉人的工伤保险待遇如何确定的问题。被上诉人在上诉人处工作期间所患职业病，经黔南人力资源和社会保障局认定为工伤，被上诉人劳动能力经鉴定为四级伤残。上诉人应当依照《工伤保险条例》的相关规定支付被上诉人相应的工伤保险待遇。《中华人民共和国社会保险法》第三十五条规定“用人单位应当按照本单位职工工资总额，根据社会保险经办机构确定的费率缴纳伤保险费”、《工伤保险条例》第十条第二款规定“用人单位缴纳工伤保险费的数额为本单位职工工资总额乘以缴费单位缴费率之积”、第六十四条规定“本条所称的工资总额，是用人单位直接支付给本单位全部职工的劳动报酬总额。本条例所指的本人工资，是指工伤职工因工作遭受事故伤害或患职业病前12个月平均月缴费工资。本人工资高于统筹地区职工平均工资300%的，按照统筹地区职工平均工资的300%计算；本人工资低于统筹地区职工平均工资60%的，按照统筹地区职工平均工资的60%计算”、第三十五条规定“职工因工致残被鉴定为一级至四级伤残的，保留劳动关系，退出工作岗位，享受以下待遇：（一）从工伤保险基金按伤残等级支付一次性伤残补助金，标准为：一级伤残为27个月的本人工资，二级伤残为25个月的本人工资，三级伤残为23个月的本人工资，四级伤残为21个月的本人工资；（二）从工伤保险基金按月支付伤残津贴，标准为：一级伤残为本人工资的90%，二级伤残为本人工资的85%，三级伤残为本人工资的80%，四级伤残为本人工资的75%。伤残津贴实际金额低于当地最低工资标准的，由工伤保险基金补足差额；（三）工伤职工达到退休年龄并办理退休手续后，停发伤残津贴，按照国家有关规定享受基本养老保险待遇。基本养老保险待遇低于伤残津贴的，由工伤保险基金补足差额。职工因工致残被鉴定为一级至四级伤残的，由用人单位和职工个人以伤残津贴为基数，缴纳基本医疗保险费”、《贵州省工伤保险条例》第二十二条规定“职工因工致残被鉴定为一级至四级伤残的，保留与用人单位的劳动关系，由用人单位和职工个人以伤残津贴为基数缴纳职工基本养老保险费、基本医疗保险费”。根据以上条款及有关工资总额的规定，上诉人依法缴纳的工伤保险基数应为上诉人单位支付的职工全部工资总和。被上诉人在上诉人处所患职业病前，每月领取工资平均为8000元，被上诉人应享有的一次伤残补助金为16800元，被上诉人每月享有伤残津贴就为8000元×75%为6000元。由于上诉人未足额缴纳工伤保险，造成被上诉人应享受的工伤保险待遇与工伤保险基金支付的一次性伤残补助金和伤残津贴存在差额，致使被上诉人享有的一次性伤残补助金和伤残津贴减少，上诉人理应补足被上诉人一次性伤残补助金和伤残津贴的差额。一审判决上诉人以伤残津贴6000元为基数为被上诉人缴纳养老保险费和基本医疗保险符合《工伤保险条例》三十五条的规定和《贵州省工伤保险条例》第二十二条规定，应予以确认。

综上，上诉人A煤矿的上诉理由不成立，对其上诉请求，二审法院不予支持。据此，依照《中华人民共和国民事诉讼法》第一百七十条第一款第（一）项之规定，判决驳回上诉，维持原判。

【争议焦点】

1. 被上诉人田某的职业病是否是在上诉人贵州省 A 煤矿有限公司处工作期间所形成？

2. 被上诉人田某的工伤保险待遇如何确定？

【评析】

本案焦点有两个，首先，要分析被上诉人的职业病是否是在上诉人处工作期间所形成，其次，应分析被上诉人的工伤保险待遇如何确定。

（1）被上诉人所患职业病是否在上诉人处工作期间所形成？

首先，被上诉人于 2013 年 2 月 18 日至 2014 年 4 月到被上诉人所属陡山煤矿掘进施工队工作和从事生产副矿长工作。被上诉人于 2014 年 6 月 3 日经贵州省第三人民医院贵州省职业病防治院诊断为矽肺二期。2014 年 7 月 18 日，黔南人力资源和社会保障局作出黔南工决字（2014）04083 号工伤认定决定书认定，被上诉人田某所患职业病为工伤。上诉人在法定期限内未向相关行政机构对工伤认定书申请复议或向人民法院起诉，故工伤认定决定书已发生法律效力。根据上述事实，应认定被上诉人所患职业病是在上诉人处工作期间所形成。

（2）被上诉人的工伤保险待遇如何确定？

被上诉人在上诉人处工作期间所患职业病，经黔南人力资源和社会保障局认定为工伤，被上诉人劳动能力经鉴定为四级伤残。

根据《工伤保险条例》第六十四条规定“本条所称的工资总额，是用人单位直接支付给本单位全部职工的劳动报酬总额。本条例所指的本人工资，是指工伤职工因工作遭受事故伤害或患职业病前 12 个月平均月缴费工资。本人工资高于统筹地区职工平均工资 300% 的，按照统筹地区职工平均工资的 300% 计算；本人工资低于统筹地区职工平均工资 60% 的，按照统筹地区职工平均工资的 60% 计算”，原告的工资是 8000 元。

《工伤保险条例》第三十五条规定，“职工因工致残被鉴定为一级至四级伤残的，保留劳动关系，退出工作岗位，享受以下待遇：（一）从工伤保险基金按伤残等级支付一次性伤残补助金，标准为：一级伤残为27个月的本人工资，二级伤残为25个月的本人工资，三级伤残为23个月的本人工资，四级伤残为21个月的本人工资；（二）从工伤保险基金按月支付伤残津贴，标准为：一级伤残为本人工资的90%，二级伤残为本人工资的85%，三级伤残为本人工资的80%，四级伤残为本人工资的75%。伤残津贴实际金额低于当地最低工资标准的，由工伤保险基金补足差额；（三）工伤职工达到退休年龄并办理退休手续后，停发伤残津贴，按照国家有关规定享受基本养老保险待遇。基本养老保险待遇低于伤残津贴的，由工伤保险基金补足差额。职工因工致残被鉴定为一级至四级伤残的，由用人单位和职工个人以伤残津贴为基数，缴纳基本医疗保险费。”

综上，应支付的一次性伤残补助金：根据本条第一款关于一次性伤残补助金的规定，原告为四级伤残，则应支付的一次性伤残补助金为21个月的本人工资，即8000元×21＝168000元；综上，应支付的伤残津贴：根据本条第二款关于从工伤保险基金按月支付伤残津贴的标准，原告应取得的伤残津贴为本人工资的75%，即8000元×75%＝6000元。

由于上诉人未足额缴纳工伤保险，造成被上诉人应享受的工伤保险待遇与工伤保险基金支付的一次性伤残补助金和伤残津贴存在差额，致使被上诉人享有的一次性伤残补助金和伤残津贴减少，上诉人理应补足被上诉人一次性伤残补助金和伤残津贴的差额。

因被告为原告缴纳保险的工资金额为2053.33元，所以原告仅获得了一次性伤残补助金2053.33元×75%＝1539.99元，仅获得了伤残津贴2053.33×75%＝43119.93元。那么根据原告应获得的一次性伤残补助金与伤残津贴的数额，减去原告已获得的数额，则为被告应补给原告的差额。则一次性伤残补助金的差额为168000－43119.93＝124880.07元，伤残津贴的差额为6000－1539.99＝4460.01元。

根据《贵州省工伤保险条例》第二十二条规定“职工因工致残被鉴定为一级至四级伤残的，保留与用人单位的劳动关系，由用人单位和职工个人以伤残津贴为基数缴纳职工基本养老保险费、基本医疗保险费”。原告的伤残津贴为6000元，则一审判决上诉人以伤残津贴6000元为基数为被上诉人缴纳养老保险费和基本医疗保险符合《工伤保险条例》三十五条的规定和《贵州省工伤保险条例》第二十二条规定，应予以确认。

综上，上诉人 A 煤矿的上诉理由并不成立。二审法院驳回上诉，维持原判的判决正确。

【相关法条】

《工伤保险条例》

第十条　用人单位应当按时缴纳工伤保险费。职工个人不缴纳工伤保险费。

用人单位缴纳工伤保险费的数额为本单位职工工资总额乘以单位缴费费率之积。

对难以按照工资总额缴纳工伤保险费的行业，其缴纳工伤保险费的具体方式，由国务院社会保险行政部门规定。

《工伤保险条例》

第三十三条　职工因工作遭受事故伤害或者患职业病需要暂停工作接受工伤医疗的，在停工留薪期内，原工资福利待遇不变，由所在单位按月支付。

停工留薪期一般不超过 12 个月。伤情严重或者情况特殊，经设区的市级劳动能力鉴定委员会确认，可以适当延长，但延长不得超过 12 个月。工伤职工评定伤残等级后，停发原待遇，按照本章的有关规定享受伤残待遇。工伤职工在停工留薪期满后仍需治疗的，继续享受工伤医疗待遇。

生活不能自理的工伤职工在停工留薪期需要护理的，由所在单位负责。

《工伤保险条例》

第三十五条　职工因工致残被鉴定为一级至四级伤残的，保留劳动关系，退出工作岗位，享受以下待遇：

（一）从工伤保险基金按伤残等级支付一次性伤残补助金，标准为：一级伤残为 27 个月的本人工资，二级伤残为 25 个月的本人工资，三级伤残为 23 个月的本人工资，四级伤残为 21 个月的本人工资；

（二）从工伤保险基金按月支付伤残津贴，标准为：一级伤残为本人工资的 90%，二级伤残为本人工资的 85%，三级伤残为本人工资的 80%，四级伤残为本人工资的 75%。伤残津贴实际金额低于当地最低工资标准的，由工伤保险基金补足差额；

（三）工伤职工达到退休年龄并办理退休手续后，停发伤残津贴，按照国家有关规定享受基本养老保险待遇。基本养老保险待遇低于伤残津贴的，由工伤保险基金补足差额。

职工因工致残被鉴定为一级至四级伤残的，由用人单位和职工个人以伤残津贴为基数，缴纳基本医疗保险费。

《中华人民共和国社会保险法》

第三十五条 用人单位应当按照本单位职工工资总额，根据社会保险经办机构确定的费率缴纳工伤保险费。

《中华人民共和国社会保险法》

第三十八条 因工伤发生的下列费用，按照国家规定从工伤保险基金中支付：

（一）治疗工伤的医疗费用和康复费用；

（二）住院伙食补助费；

（三）到统筹地区以外就医的交通食宿费；

（四）安装配置伤残辅助器具所需费用；

（五）生活不能自理的，经劳动能力鉴定委员会确认的生活护理费；

（六）一次性伤残补助金和一至四级伤残职工按月领取的伤残津贴；

（七）终止或者解除劳动合同时，应当享受的一次性医疗补助金；

（八）因工死亡的，其遗属领取的丧葬补助金、供养亲属抚恤金和因工死亡补助金；

（九）劳动能力鉴定费。

七、隆某与A煤矿劳动争议纠纷案

【案情】

隆某于2014年3月20日在A煤矿处上班时受伤，经威远王氏医院住院治疗26天出院，经内江市劳动能力鉴定委员会鉴定为七级伤残。2014年8月25日，隆某向威远县劳动人事争议仲裁委员会申请仲裁，要求解除与A煤矿的劳动关系，并要求A煤矿一次性支付工伤待遇。威远县劳动人事争议仲裁委员会裁决A煤矿向隆某支付各项工伤待遇162096元。庭审中，A煤矿主张隆某的工资按2012年内江市职工平均工资31646元/年计算，隆某主张按2013年内江市职工平均工资35479元/年计算。

A煤矿向四川省威远县人民法院提起诉讼，请求判决给付隆某各项工伤待遇132470元。

【原审审理与判决】

原审法院认为：

（1）关于A煤矿与隆某之间劳动关系的解除。依照《工伤保险条例》第三十七条第一款第（二）项“职工因工致残被鉴定为七级至十级伤残的，享受以下待遇：……（二）劳动、聘用合同期满终止，或者职工本人提出解除劳动、聘用合同的，由工伤保险基金支付一次性工伤医疗补助金，由用人单位支付一次性伤残就业补助金。一次性工伤医疗补助金和一次性伤残就业补助金的具体标准由省、自治区、直辖市人民政府规定”的规定，隆某要求与A煤矿解除劳动关系系隆某法定解除权。解除权系形成权，隆某向劳动仲裁机构提出解除劳动关系的申请被受理时双方的劳动关系即解除。

（2）关于隆某工资的确定。依照《工伤保险条例》第六十四条第二款“本条例所称本人工资，是指工伤职工因工作遭受事故伤害或者患职业病前12个月平均月缴费工资。本人工资高于统筹地区职工平均工资300%的，按照统筹地区职工平均工资的300%计算；本人工资低于统筹地区职工平均工资60%的，按照统筹地区职工平均工资的60%计算”的规定，因A煤矿未能对隆某工伤职工因工作遭受事故伤害前12个月平均月缴费工资提供证据证明，隆某于2014年3月25日受伤，故参照内江市2013年职工平均工资计算其工伤待遇，即按35479元/年÷12月=2957元/月，A煤矿要求按2012年内江市职工平均工资计算的意见，该院不予采纳。

（3）关于隆某的工伤待遇。双方当事人对隆某享有住院伙食补助费390元、交通费用100元无异议，该院予以确认。①依照《工伤保险条例》第三十七条“职工因工致残被鉴定为七级至十级伤残的，享受以下待遇：（一）从工伤保险基金按伤残等级支付一次性伤残补助金，标准为：七级伤残为13个月的本人工资，八级伤残为11个月的本人工资，九级伤残为9个月的本人工资，十级伤残为7个月的本人工资；（二）劳动、聘用合同期满终止，或者职工本人提出解除劳动、聘用合同的，由工伤保险基金支付一次性工伤医疗补助金，由用人单位支付一次性伤残就业补助金。一次性工伤医疗补助金和一次性伤残就业补助金的具体标准由省、自治区、直辖市人民政府规定”、四川省人民政府《关于贯彻实施国务院关于修改〈工伤保险条例〉决定的通知》（川府发（2011）28号）“职工因工致残被鉴定为七级至十级伤残，劳动（聘用）合同期满终止，或者职工本人提出解除劳动（聘用）合同，终止工伤保险关系的，享受一次性工伤医疗补助金和一次性伤残就业补助金。其标准以统筹地区上年度职工月平均工资为基数计算：一次性工伤医疗补助金标准为七级伤残10个月，八级伤残8个月，九级伤残6个月，10级伤残4个月；一次性伤残就业补助金标准为七级伤残26个月，八级伤残18个月，九级伤残10个月，10级伤残6个月”的规定，隆某相关待遇确定为：一次性伤残补助金13月×35479元/年÷12月=38436元；一次性就医补助金26月×35479元/年÷12月=76871元；一次性医疗补助金10月×35479元/年÷12月=29566元。②停工留薪期待遇。依照《工伤保险条例》第三十三条“职工因工作遭受事故伤害或者患职业病需要暂停工作接受工伤医疗的，在停工留薪期内，原工资福利待遇不变，由所在单位按月支付。停工留薪期一般不超过12个月。伤情严重或者情况特殊，经设区的市级劳动能力鉴定委员会确认，可以适当延长，但延长不得超过12个月。工伤职工评定伤残等级后，停发原待遇，按照本章的有关规定享受伤残待遇。工伤职工在停工留薪期满后仍需治疗的，继续享受工伤医疗待遇……”的规定，隆某于2014年3月20日受伤，经威远县王氏医院住院治疗 26 天后出院，隆某没有证据证明其出院后到鉴定之日期间属医疗期间，其停工留薪期待遇按一个月计算为 1 月 ×35479 元/年 ÷12 月 = 2957 元。③住院期间护理费。依照《工伤保险条例》第三十三条第三款“生活不能自理的工伤职工在停工留薪期需要护理的，由所在单位负责”的规定，因 A 煤矿在隆某住院期间没有派人护理，应承担实际护理人员的工资。故隆某的护理费确定为 26 天 ×70 元/天 = 1820 元。④隆某主张的鉴定费用 130 元。隆某没有提供相关的票据，该费用不能确定。因此对该项主张不予支持。综上，隆某应得的各项工伤待遇共计 150140 元。

原审法院依照《工伤保险条例》第三十条、第三十三条、第三十七条、第六十四条，四川省人民政府《关于贯彻实施国务院关于修改〈工伤保险条例〉决定的通知》，《中华人民共和国民事诉讼法》第一百四十二条、第一百五十二条之规定，判决：A 煤矿向隆某支付各项工伤待遇 150140 元，于该判决生效后 10 日内付清。如果未按该判决指定的期间履行给付金钱义务，应当依照《中华人民共和国民事诉讼法》第二百五十三条的规定，加倍支付迟延履行期间的债务利息。

【二审审理与判决】

上诉人隆某不服，向四川省内江市中级人民法院提起上诉称：原审认定事实不清，适用法律错误。依照《工伤保险条例》第三十三条之规定，上诉人的停工留薪期是到评定为伤残后才结束，停工留薪期应为 5 个月，停工留薪期待遇应为 14783 元。故请求改判 A 煤矿向隆某支付各项工伤待遇为 161968 元。

被上诉人 A 煤矿在二审中辩称：原审判决认定事实清楚，适用法律正确。上诉人对停工留薪期的看法错误，其没有证据证明出院后还在进行工伤医疗，《工伤保险条例》规定的是最长时限，需要根据伤者情况而定。故请求驳回上诉，维持原判。

上诉人隆某为支持自己的诉讼主张，向二审法院提交了以下证据：

（1）《内江市职工工伤(职业病)致残鉴定申请表》,证明鉴定的时间与等级；

（2）威远王氏医院的住院病历资料以及出院记录共 6 页，证明隆某的住院时间为 26 天，出院时医嘱为门诊随访一月。

被上诉人 A 煤矿的质证意见是：对以上证据的真实性、合法性均无异议，但不能达到上诉人的证明目的，门诊随访一个月并不意味着医疗时间为一个月。

二审法院的认证意见是：对该证据的真实性、合法性、关联性予以认可。

二审另查明：上诉人隆某在威远王氏医院住院 26 天后，出院记录上载明的出院医嘱为：1. 防外伤；2. 门诊随访一月。

其余查明的事实与原审查明的事实一致，二审法院依法予以确认。

根据《工伤保险条例》第三十三条规定，隆某于 2014 年 3 月 20 日受伤住院治疗 26 天后出院，出院医嘱为门诊随访一个月，后于 2014 年 8 月 25 日被内江市劳动能力鉴定委员会鉴定为七级伤残。隆某的停工留薪期为 5 个月。原审法院根据隆某的住院时间确定停工留薪期不当，本院依法予以纠正。故隆某的停工留薪期待遇应为 5 月 × 35479 元 ÷ 12 月 = 14783 元。隆某的各项工伤待遇应为 161966 元。

综上，上诉人隆某的上诉理由成立。原审适用法律正确，审判程序合法，但上诉人提交新的证据以致原审认定事实部分不清。二审法院依照《中华人民共和国民事诉讼法》第一百七十条第一款第（二）项之规定，做出了判决：

变更四川省威远县人民法院（2015）威民初字第 198 号民事判决“威远县 A 煤矿向隆某支付各项工伤待遇 150140 元，于本判决生效后 10 日内付清”为“威远县 A 煤矿向隆某支付各项工伤待遇 161966 元，于本判决生效后 10 日内付清”。

【争议焦点】

原审对上诉人的停工留薪期待遇计算是否正确？

【评析】

根据《工伤保险条例》第三十三条“职工因工作遭受事故伤害或者患职业病需要暂停工作接受工伤医疗的，在停工留薪期内，原工资福利待遇不变，由所在单位按月支付。停工留薪期一般不超过 12 个月。伤情严重或者情况特殊，经设区的市级劳动能力鉴定委员会确认，可以适当延长，但延长不得超过 12 个月。工伤职工评定伤残等级后，停发原待遇，按照本章的有关规定享受伤残待遇。工伤职工在停工留薪期满后仍需治疗的，继续享受工伤医疗待遇……”的规定，隆某于 2014 年 3 月 20 日受伤住院治疗 26 天后出院，出院医嘱为门诊随访一个月，后于 2014 年 8 月 25 日被内江市劳动能力鉴定委员会鉴定为七级伤残。结合隆某的受伤情况以及医疗机构出具的意见，隆某的停工留薪期应自工伤之日至劳动能力鉴定委员会作出鉴定结论之前的期间，该期间为5个月。原审法院根据隆某的住院时间确定停工留薪期不当，应依法予以纠正。关于隆某基本工资，仍依照《工伤保险条例》第六十四条第二款“本条例所称本人工资，是指工伤职工因工作遭受事故伤害或者患职业病前12个月平均月缴费工资。本人工资高于统筹地区职工平均工资300%的，按照统筹地区职工平均工资的300%计算；本人工资低于统筹地区职工平均工资60%的，按照统筹地区职工平均工资的60%计算”的规定。因A煤矿未能对隆某工伤职工因工作遭受事故伤害前12个月平均月缴费工资提供证据，故参照内江市2013年职工平均工资计算其工伤待遇，即按35479元/年÷12月=2957元/月。

故隆某的停工留薪期待遇应为5月×35479元÷12月=14783元。隆某的各项工伤待遇应为161966元。

综上所述，原审对上诉人的停工留薪期待遇计算不正确，应为161966元。

【相关法条】

《工伤保险条例》

第三十三条　职工因工作遭受事故伤害或者患职业病需要暂停工作接受工伤医疗的，在停工留薪期内，原工资福利待遇不变，由所在单位按月支付。

停工留薪期一般不超过12个月。伤情严重或者情况特殊，经设区的市级劳动能力鉴定委员会确认，可以适当延长，但延长不得超过12个月。工伤职工评定伤残等级后，停发原待遇，按照本章的有关规定享受伤残待遇。工伤职工在停工留薪期满后仍需治疗的，继续享受工伤医疗待遇。

生活不能自理的工伤职工在停工留薪期需要护理的，由所在单位负责。

《工伤保险条例》

第三十五条　职工因工致残被鉴定为一级至四级伤残的，保留劳动关系，退出工作岗位，享受以下待遇：

（一）从工伤保险基金按伤残等级支付一次性伤残补助金，标准为：一级伤残为27个月的本人工资，二级伤残为25个月的本人工资，三级伤残为23个月的本人工资，四级伤残为21个月的本人工资。

（二）从工伤保险基金按月支付伤残津贴，标准为：一级伤残为本人工资的

90%，二级伤残为本人工资的85%，三级伤残为本人工资的80%，四级伤残为本人工资的75%。伤残津贴实际金额低于当地最低工资标准的，由工伤保险基金补足差额

（三）工伤职工达到退休年龄并办理退休手续后，停发伤残津贴，按照国家规定享受基本养老保险待遇，基本养老保险待遇低于伤残津贴的由工伤保险基金补足差额。

职工因工致残被鉴定为一级至四级伤残的，由用人单位和职工个人以伤残津贴为基数，缴纳基本医疗保险费。

《工伤保险条例》

第六十四条 本条例所称工资总额，是指用人单位直接支付给本单位全部职工的劳动报酬总额。

本条例所称本人工资，是指工伤职工因工作遭受事故伤害或者患职业病前12个月平均月缴费工资。本人工资高于统筹地区职工平均工资300%的，按照统筹地区职工平均工资的300%计算；本人工资低于统筹地区职工平均工资60%的，按照统筹地区职工平均工资的60%计算。

八、A煤矿与某工伤保险管理局追偿权纠纷案

【案情】

再审申请人某工伤保险管理局（以下简称某工保局）与被申请人涟源市六亩塘镇A煤矿（以下简称A煤矿）追偿权纠纷一案，湖南省涟源市人民法院于2015年1月5日作出（2013）涟民一初字第1298号民事判决，某工保局不服，提出上诉，娄底市中级人民法院于2015年6月12日作出（2015）娄中民二终字第79号民事判决。某工保局不服，向本院申请再审。湖南省高级人民法院于2015年12月15日作出了（2015）湘高法民申字第1292号裁定。

A煤矿系原资兴煤矿、振兴煤矿、原高峰煤矿整合而来，于2006年9月20日依法登记成立。自1989年始，刘某先后在五风井煤矿、六亩塘镇利铁煤矿、六亩塘镇振兴煤矿、原高峰煤矿从事采煤掘进工作，A煤矿成立后，刘某继续留在矿区工作。2007年4月24日，A煤矿为刘某办理了工伤保险手续。2008年4月底，A煤矿停止了刘某的工作。2008年6月30日，刘某被诊断为二期煤工尘肺病，后依刘某申请经娄底市劳动和社会保障局鉴定刘某的工伤为工残三级。

【原审审理与判决】

刘某向涟源市劳动争议仲裁委员会申请仲裁，该委于2009年7月30日作出仲裁，仲裁全文如下：（1）刘某与A煤矿之间的劳动关系终止；（2）由A煤矿一次性支付刘某工伤保险待遇19.04万元。A煤矿不服，向湖南省涟源市人民法院起诉，该院于2010年6月21日作出（2009）涟民一初字第802号民事判决书，判决：（1）刘某与A煤矿之间的劳动关系终止；（2）由A煤矿一次性支付刘某工伤保险待遇18.28万元，诉讼费10元，由A煤矿负担。

【二审、再审审理与判决】

A煤矿不服提起上诉，2010年10月13日，娄底市中级人民法院作出（2010）娄中民一终字第409号民事判决，改判由A煤矿在二审判决生效后10日内支付刘某一次性工伤保险待遇16.32万元，二审诉讼费10元，由A煤矿负担。A煤矿仍不服，向本院申请再审，本院于2011年3月16日作出（2010）湘高法民申字第0711号民事裁定，指定娄底市中级人民法院再审。娄底市中级人民法院于2012年3月14日作出（2011）娄中民再终字第51号民事判决，判决驳回申诉，维持原判。A煤矿仍不服，向湖南省高级人民法院再次提出申诉。湖南省高级人民法院经过审理，认为原审判决虽认定事实清楚，但适用法律错误，再审申请人某工保局的再审请求成立。

【争议焦点】

1. 本案是适用民法还是行政法进行调整？
2. A煤矿是否有追偿权？
3. 本案是行政法律关系还是民事法律关系的问题？

【评析】

对于：（1）本案是适用民法还是行政法进行调整；（2）A煤矿是否有追偿权。关于上述两个焦点问题，湖南省高级人民法院的生效判决文书认为，刘某因患职业病，经鉴定构成工残三级，依法应该享受工伤待遇。对此双方当事人均无异议，争议的焦点A煤矿是否应先行垫付该笔工伤保险经费。根据《工伤保险条例》的相关规定，工伤保险待遇应由工伤保险部门从工伤保险基金中支付。该条例只是说明了工伤保险待遇经费的来源。就给付的具体方式，按照娄底市《工伤职工伤亡待遇给付办法（试行）》第三条规定“工伤职工享受一次性伤残补助金……由用人单位到统筹经办机构办理有关手续”，就本案而言，该条文中的用人单位应该是A煤矿，统筹经办机构是指某工保局，现法院判决由A煤矿在判决生效后10日内支付刘某一次性工伤保险待遇16.32万元。A煤矿按判决已完全履行了法律规定的义务。根据工伤保险条例的规定，职工因工致残被鉴定为一级至四级伤残的，其一次性伤残补助金、伤残津贴的费用从工伤保险基金中支付，A煤矿按法院生效判决代某工保局履行了义务，该义务系A煤矿先行垫付。根据《中华人民共和国民法通则》第八十四条的规定，A 煤矿向某工保局行使追偿权，某工保局不予支付不属于行政侵权行为，应属于给付之诉。A 煤矿、某工保局之间属于平等的民事主体，属民法调整范围，故对某工保局的诉讼请求予以支持。

对于本案是行政法律关系还是民事法律关系的问题。工伤保险管理局核定工伤保险待遇的行为系行政行为，不属于民事诉讼的审理范围。湖南省高级人民法院（2013）湘高法民再终字第 77 号民事判决仅仅对 A 煤矿与劳动者刘某之间的平等民事关系进行审查，并未对 A 煤矿核发工伤保险费用的申请是否符合核发条件进行审核，是否符合核发条件须经工伤保险管理局依法定程序进行行政审批。《工伤保险条例》第五条规定，国务院社会保险行政部门负责全国的工伤保险工作。县级以上地方各级人民政府社会保险行政部门负责本行政区域内的工伤保险工作。社会保险行政部门按照国务院有关规定设立的社会保险经办机构具体承办工伤保险事务。某工保局承办工伤保险事务系对行政权力的行使。根据《中华人民共和国社会保险法》第八十三条第二款与《工伤保险条例》第五十五条第（五）项之规定，用人单位或者个人对社会保险经办机构不依法核定社会保险费、支付社会保险待遇的行为，可以依法申请行政复议或者提起行政诉讼。本案中，某工保局是否支付 A 煤矿工伤保险待遇系行使行政审批权的行政行为，A 煤矿对此不服应通过行政复议或行政诉讼解决，人民法院不能在民事诉讼中解决行政争议。

【相关法条】

《中华人民共和国民法通则》

第八十四条 债是按照合同的约定或者依照法律的规定，在当事人之间产生的特定的权利和义务关系，享有权利的人是债权人，负有义务的人是债务人。

债权人有权要求债务人按照合同的约定或者依照法律的规定履行义务。

《工伤保险条例》

第五条 国务院社会保险行政部门负责全国的工伤保险工作。

县级以上地方各级人民政府社会保险行政部门负责本行政区域内的工伤保险工作。

社会保险行政部门按照国务院有关规定设立的社会保险经办机构（以下称

经办机构）具体承办工伤保险事务。

第五十五条 第（五）项有下列情形之一的，有关单位或者个人可以依法申请行政复议，也可以依法向人民法院提起行政诉讼：

（五）工伤职工或者其近亲属对经办机构核定的工伤保险待遇有异议的。

《中华人民共和国社会保险法》

第八十三条 第二款用人单位或者个人对社会保险经办机构不依法办理社会保险登记、核定社会保险费、支付社会保险待遇、办理社会保险转移接续手续或者侵害其他社会保险权益的行为，可以依法申请行政复议或者提起行政诉讼。

九、朱某与A公司劳动争议纠纷案

【案情】

朱某于2004年3月1日到A公司从事采煤工作，双方于2011年、2012年分别签订了一年期的书面劳动合同。2013年3月1日合同到期后，朱某仍在A公司继续从事采煤工作，双方未续订书面劳动合同。2013年9月24日，朱某所采的煤因含有煤渣，被A公司扣除了四桶产量。2013年9月25日、26日，A公司棣棠煤矿一号矿井停工两天。2013年9月24日起，A公司即拒绝朱某到棣棠煤矿上班。2013年10月11日，A公司作出开除朱某的决定，开除原因为朱某阻止工人上班造成A公司棣棠煤矿一号矿井停工停产两天，严重违反煤矿管理制度。10月12日，A公司棣棠煤矿向某市第六人民医院出具介绍信，载明：我矿职工朱某于2004年3月至2013年9月在我矿从事采煤工作，现经医院检查，怀疑有尘肺迹象，特介绍该同志到你院进行职业病诊断。2013年11月12日，朱某向某市劳动人事争议仲裁委员会提出仲裁申请，请求裁令A公司支付朱某因违法解除劳动合同赔偿金80000元、未签订书面劳动合同双倍工资差额26000元、未出具书面解除劳动合同通知的损失赔偿6000元，并由A公司为朱某补缴综合保险费，该仲裁委员会于2013年12月23日作出仲裁裁决，驳回朱某的仲裁请求。2014年3月3日，某市职业病防治院出具《职业病诊断证明书》，诊断结论为：(朱某) 煤工尘肺一期。

朱某认为自己于2004年3月1日至今在A公司处从事采煤工作，2013年3月前，A公司曾连续与自己签订了多个一年期的书面劳动合同。2013年3月合同到期后，自己与A公司之间形成事实劳动关系，A公司以种种理由不再与自己续签书面劳动合同。另外，A公司只给自己缴纳了工伤保险，至今未缴纳养老保险、失业保险、生育保险、医疗保险。朱某一直工作至2013年9月24日，A公司随意找借口无理将朱某辞退，口头告知朱某被辞退不要再上班了。至此，朱某就再未能继续工作，也未能领取任何经济补偿而待业在家。朱某在A公司从事井下采煤工作近十年，现被该公司违法辞退，且不出具书面解除通知，也不进行任何经济补偿，其行为侵害了朱某的合法权益，理应依法承担相应责任。遂向法院提起诉讼，请求判决由A公司支付双倍工资差额26000元［4000元/月×6.5月（2013年4月1日—2013年11月14日）］、违法解除劳动合同经济赔偿金80000元（4000元/月×10月×2）、支付拖欠工资6000元［4000元/月×1.5月（2013年9月25日—2013年11月14日）］、未缴纳的综合保险费用（养老、失业、医疗）79892.60元（31.5%×2224.80元×12×9.5），共计191892.60元。

【一审审理与判决】

一审法院经审理认为，A公司自2013年9月24日起即拒绝朱某到煤矿上班，但并未解除与朱某之间的劳动关系，朱某请求支付自2013年4月1日起支付双倍工资差额，应予支持。因缴纳社会保险费引发的纠纷不宜纳入人民法院民事诉讼的受案范围，朱某以A公司未为其缴纳社会保险为由，要求A公司赔偿损失的请求不属于人民法院受案范围的劳动争议事项，其请求应不予支持。根据《中华人民共和国劳动合同法》第十四条第二款第（三）项、第三十九第（二）项、第四十六条、第四十七条、第八十二条、第八十七条，《最高人民法院关于审理劳动争议案件适用法律若干问题的解释》第十六条，《最高人民法院关于审理劳动争议案件适用法律若干问题的解释（三）》第一条，以及《最高人民法院关于民事诉讼证据的若干规定》第二条之规定，判决如下：

（1）被告A公司于本判决生效后十日内赔偿原告朱某未订立书面劳动合同的双倍工资差额26228.80元、违法解除劳动合同赔偿金75660元，共计101888.80元；

（2）驳回原告朱某的其余诉讼请求。案件受理费10元（原告朱某已预交10元），由被告A公司负担。

【二审审理与判决】

A公司和朱某不服，均提起上诉。二审法院查明，2013年2月28日，A公司开会，将与工人续签劳动合同作为一项重点工作任务来抓，由于原合同文本不尽完善，公司重新修订劳动合同文本，经重新修订后的合同文本在2013年9月下旬朱某离开公司之际还没有拿出。2013年9月24日，朱某因采矿质量不合格，不服公司的扣除产量的决定，拒绝上班，并阻止1号井工人上班，导致A公司于

2013年9月25日、26日停产两天，后公司与2013年10月11日作出开除朱某的决定。A公司《公司煤矿日常管理制度》第二十三条规定：“在工作中，不服从领导安排和管理，出现一次处罚人民币200元，与管理人员抵触，辱骂、威胁、恐吓、殴打管理人员的，故意扰乱煤矿正常生产秩序，妨碍正常生产的，除赔偿因此造成停工停产的损失外，并解除劳动关系，处以开除处理，情节严重者并移交司法机关处理。”二审查明的其他事实与一审查明的事实相同。经审理认为，《劳动合同法》第十条第一款规定：“建立劳动关系，应当订立书面劳动合同。”第十二条规定：“劳动合同分为固定期限劳动合同、无固定期限劳动合同和以完成一定工作任务为期限的劳动合同。”根据《劳动合同法》第十四条第一款第（三）项之规定，连续订立二次固定期限劳动合同，且劳动者没有本法第三十九条和第四十条第一项、第二项规定的情形，续订劳动合同的，劳动者提出或者同意续订、订立劳动合同的，除劳动者提出订立固定期限劳动合同外，应当订立无固定期限劳动合同。该条规定明确双方连续订立二次固定期限劳动合同，劳动者没有劳动合同法第三十九条规定的归咎于劳动者的过错原因被用人单位解除，也没有劳动合同法第四十条第一项、第二项规定的基于劳动者本身无过错，但因患病或者不能胜任工作的原因，用人单位可以解除劳动关系外，其是否签订固定期限劳动合同还是签订无固定期限劳动合同，其主动选择权在劳动者，即如果劳动者明确提出要订立固定期限合同情形除外，用人单位应当与劳动者订立无固定期限劳动合同。本案，朱某在此之前已经连续多次分别与A公司签订了为期各一年的固定期限劳动合同，根据《劳动合同法》第十四条第一款第（三）项的规定，除朱某明确提出双方再次订立固定期限劳动合同外，A公司应当与朱某订立无固定期限劳动合同。且至朱某未继续在公司上班时止，用人单位没有提供合同文本以供劳动者签订，在没有及时续签书面劳动合同的前提下，双方事实劳动关系存续达半年多之久，该责任明显应由用人单位承担。《劳动合同法》第八十二条第二款规定：“用人单位违反本法规定不与劳动者订立无固定期限劳动合同的，自应当订立无固定期限劳动合同之日起向劳动者每月支付二倍的工资。”由此确立了未订立无固定期限劳动合同的双倍工资制度。本案中，自2013年3月2日起，双方上一轮劳动合同到期。此后，用人单位A公司与劳动者朱某之间没有订立书面劳动合同是一种客观事实，未订立书面劳动合同的原因的举证责任在于用人单位而非劳动者，只有在用人单位举示了相应证据证明未订立书面劳动合同的原因系劳动者本人原因而非用人单位时，劳动者予以反驳否认的举证责任即才转移至劳动者。本案中A公司上诉称，朱某既未向原法院举示其提出签订无固定期限劳动的证据，也未举示用人单位A公司不同意签订无固定期限劳动合同的证据的上诉理由不成立。故朱某请求支付未签订无固定期限劳动合同双倍工资差额的诉讼请求因为有法律的明确规定而应予支持。

此外，关于A公司应否向朱某支付违法解除劳动合同赔偿金。根据《劳动合同法》第三十九条第二项、第四十六条之规定，严重违反用人单位的规章制度的，用人单位可以单方解除劳动合同，并不用向劳动者支付经济补偿。结合本案，朱某因对A公司扣除产量的决定不服，应当采取合法方式主张自己的权益，其阻止其他工人下矿工作的行为，导致煤矿停产，扰乱了生产秩序，A公司据此依照劳动合同法的规定解除与朱某的劳动关系，并无不当，A公司不存在违法解除劳动合同的行为，故不应支付违法解除劳动合同的赔偿金。一审判决认定事实错误，二审法院依法予以纠正。

因二审出现新证据，导致一审判决认定事实错误，依法应予纠正。二审法院根据《中华人民共和国民事诉讼法》第一百七十条第一款第（二）项之规定，判决如下：一、撤销一审人民法院（2014）彭法民初字第00113号民事判决；二、由上诉人A公司向上诉人朱某支付双倍工资差额26228.80元；三、驳回A公司、上诉人朱某的其他诉讼请求。一审案件受理费10元，由上诉人A公司承担；二审案件受理费10元，由上诉人A公司承担。

【争议焦点】

1. 未订立书面劳动合同的双倍工资差额应否支付？
2. 是否应支付未缴纳的综合保险费用？

【评析】

1. 未订立书面劳动合同的双倍工资差额支付

根据《最高人民法院关于审理劳动争议案件适用法律若干问题的解释》第十六条的规定，劳动合同期满后，劳动者仍在原用人单位工作，原用人单位未表示异议的，视为双方同意以原条件继续履行劳动合同。双方在2011年、2012年连续签订一年期限的书面劳动合同，根据《劳动合同法》第十四条第二款第

（三）项的规定，连续订立二次固定期限劳动合同的，应当订立无固定期限劳动合同，但朱某、A公司之间并未订立书面劳动合同，应视为双方存在无固定期限的劳动合同关系，并以原劳动合同确定双方的权利义务关系。根据《劳动合同法》第八十二条第二款的规定，“用人单位自用工之日起超过一个月不满一年未与劳动者订立书面劳动合同的，应当向劳动者每月支付二倍的工资。用人单位违反本法规定不与劳动者订立无固定期限劳动合同的，自应当订立无固定期限劳动合同之日起向劳动者每月支付二倍的工资。”本案A公司自2013年9月24日起即拒绝朱某到煤矿上班，但并未解除与朱某之间的劳动关系，2013年10月11日，A公司作出开除朱某的决定，即应认定为A公司于2013年10月11日单方解除了与朱某的劳动关系，双方之间一直未续订书面劳动合同，故A公司自2013年4月1日至10月11日期间应向朱某每月支付双倍工资。

2. 未缴纳的综合保险费用的支付

根据《最高人民法院关于审理劳动争议案件适用法律若干问题的解释（三）》第一条的规定：“劳动者以用人单位未为其办理社会保险手续，且社会保险经办机构不能补办导致其无法享受社会保险待遇为由，要求用人单位赔偿损失而发生争议的，人民法院应予受理”。根据该规定，对于用人单位没有为劳动者办理社会保险手续且社会保险经办机构不能办理补交手续导致劳动者无法享受社会保险待遇，由此产生的赔偿损失纠纷，属于人民法院的受案范围。对于其他社会保险争议，《社会保险费征缴暂行条例》明确规定了征缴社会保险费用是社会保险部门的职责，且根据该条例的规定，用人单位必须为劳动者依法办理社会保险，故社会保险费的缴纳属于行政法规规定的强制缴纳的范畴，社会保险费管理部门与缴费义务主体之间属于管理与被管理的法律关系，因缴纳社会保险费引发的纠纷不宜纳入人民法院民事诉讼的受案范围。本案朱某以A公司未为其缴纳社会保险为由，要求A公司赔偿损失的请求不属于人民法院受案范围的劳动争议事项。

【相关法条】

《最高人民法院关于审理劳动争议案件适用法律若干问题的解释》

第十六条　劳动合同期满后，劳动者仍在原用人单位工作，原用人单位未表示异议的，视为双方同意以原条件继续履行劳动合同。一方提出终止劳动关系的，人民法院应当支持。

根据《劳动法》第二十条之规定，用人单位应当与劳动者签订无固定期限劳动合同而未签订的，人民法院可以视为双方之间存在无固定期限劳动合同关系，并以原劳动合同确定双方的权利义务关系。

《最高人民法院关于审理劳动争议案件适用法律若干问题的解释（三）》

第一条 劳动者以用人单位未为其办理社会保险手续，且社会保险经办机构不能补办导致其无法享受社会保险待遇为由，要求用人单位赔偿损失而发生争议的，人民法院应予受理。

《劳动合同法》

第十四条 无固定期限劳动合同，是指用人单位与劳动者约定无确定终止时间的劳动合同。

用人单位与劳动者协商一致，可以订立无固定期限劳动合同。有下列情形之一，劳动者提出或者同意续订、订立劳动合同的，除劳动者提出订立固定期限劳动合同外，应当订立无固定期限劳动合同：（一）劳动者在该用人单位连续工作满十年的；（二）用人单位初次实行劳动合同制度或者国有企业改制重新订立劳动合同时，劳动者在该用人单位连续工作满十年且距法定退休年龄不足十年的；（三）连续订立二次固定期限劳动合同，且劳动者没有本法第三十九条和第四十条第一项、第二项规定的情形，续订劳动合同的。

用人单位自用工之日起满一年不与劳动者订立书面劳动合同的，视为用人单位与劳动者已订立无固定期限劳动合同。

第三十九条 劳动者有下列情形之一的，用人单位可以解除劳动合同：（一）在试用期间被证明不符合录用条件的；（二）严重违反用人单位的规章制度的；（三）严重失职，营私舞弊，给用人单位造成重大损害的；（四）劳动者同时与其他用人单位建立劳动关系，对完成本单位的工作任务造成严重影响，或者经用人单位提出，拒不改正的；（五）因本法第二十六条第一款第一项规定的情形致使劳动合同无效的；（六）被依法追究刑事责任的。

第四十六条 有下列情形之一的，用人单位应当向劳动者支付经济补偿：（一）劳动者依照本法第三十八条规定解除劳动合同的；（二）用人单位依照本法第三十六条规定向劳动者提出解除劳动合同并与劳动者协商一致解除劳动合同的；（三）用人单位依照本法第四十条规定解除劳动合同的；（四）用人单位依照本法第四十一条第一款规定解除劳动合同的；（五）除用人单位维持或者提高劳动合同约定条件续订劳动合同，劳动者不同意续订的情形外，依照本法第四十四条第一项规定终止固定期限劳动合同的；（六）依照本法第四十四条第四项、第五项规定终止劳动合同的；（七）法律、行政法规规定的其他情形。

第四十七条　经济补偿按劳动者在本单位工作的年限，每满一年支付一个月工资的标准向劳动者支付。六个月以上不满一年的，按一年计算；不满六个月的，向劳动者支付半个月工资的经济补偿。

劳动者月工资高于用人单位所在直辖市、设区的市级人民政府公布的本地区上年度职工月平均工资三倍的，向其支付经济补偿的标准按职工月平均工资三倍的数额支付，向其支付经济补偿的年限最高不超过十二年。

本条所称月工资是指劳动者在劳动合同解除或者终止前十二个月的平均工资。

第八十二条　用人单位自用工之日起超过一个月不满一年未与劳动者订立书面劳动合同的，应当向劳动者每月支付二倍的工资。

用人单位违反本法规定不与劳动者订立无固定期限劳动合同的，自应当订立无固定期限劳动合同之日起向劳动者每月支付二倍的工资。

第八十七条　用人单位违反本法规定解除或者终止劳动合同的，应当依照本法第四十七条规定的经济补偿标准的二倍向劳动者支付赔偿金。

十、丁某与A煤矿劳动合同纠纷案

【案情】

1987年7月，丁某通过招工到A煤矿三号井掘进队连续工作15年零5个月。2002年12月，因长期从事粉尘工作，呼吸困难，难以坚持工作，向A煤矿提出辞职，当时A煤矿医院诊断为哮喘病，回家后在家务农。2010年，丁某到某省职业病防治院治病，要求进行职业病鉴定，A煤矿拒绝在鉴定表上加盖公章，为此某省职业病防治院不予鉴定。2010年4月8日，丁某向章丘市劳动争议仲裁委员会提出申请，要求确认1987年7月至2002年12月期间与A煤矿存在劳动关系；A煤矿在山东省职业病防治院的职业病史证明表上加盖单位公章；补缴1987年7月至2002年12月期间的社会保险。同日，该委员会作出章劳仲定字（2010）第037号决定书，认为其申请超过仲裁时效，决定不予受理。丁某向法院提起诉讼，请求：1. 确认丁某自1987年7月至2002年12月期间，与A煤矿存在劳动关系；2. 要求A煤矿在山东省职业病防治院的职业病史证明表上加盖单位公章；3. 补缴1987年7月至2002年12月期间的社会保险。在诉讼过程中，丁某重新申请仲裁后增加诉讼请求为：支付经济补偿金256320元；离岗生活费66880元；医疗费13894元；要求A煤矿出具相关资料，对丁某进行职业病鉴定。

【审理与判决】

法院经审理认为，关于丁某要求确认劳动关系问题。根据劳动和社会保障部《关于确立劳动关系有关事项的通知》的规定，丁某提供的工资证、医疗证能够互相印证，证实丁某自1987年7月在A煤矿工作、A煤矿为其发放工资的事实。A煤矿虽对该主张有异议，但未提供证据对抗丁某的主张，因此，应认定双方之间在1987年7月至丁某辞职期间存在劳动关系。关于盖章问题。丁某身体不适到医院治疗，怀疑系职业病引起，要求A煤矿在相应资料上加盖公章进行职业病鉴定，该主张不属于人民法院劳动争议案件受理范畴，不予支持。关于补缴社会保险问题。社会保险交纳发生的争议不属于人民法院的受理范畴。A煤矿作为用人单位，未按规定给丁某缴纳社会保险，丁某可通过其他途径解决。关于A煤矿对仲裁时效的抗辩问题。自2002年12月丁某辞职至2010年4月提出仲裁申请，已超过仲裁时效。A煤矿关于丁某申请仲裁已过时效的抗辩理由成立。法院作出判决如下：一、自1987年7月至2002年12月，丁某与A煤矿之间存在劳动关系；二、驳回丁某的其他诉讼请求。案件受理费10元，由丁某承担。

【争议焦点】

1. 丁某与A公司是否存在劳动关系？

2. 丁某要求A煤矿为其出具证明并进行职业病鉴定以及缴纳社会保险，法院应否予以审理？

【评析】

1. 事实劳动关系的认定

根据《关于确立劳动关系有关事项的通知》(劳社部发〔2005〕12号）的规定，用人单位招用劳动者未订立书面劳动合同，但同时具备下列情形的，劳动关系成立：（一）用人单位和劳动者符合法律、法规规定的主体资格；（二）用人单位依法制定的各项劳动规章制度适用于劳动者，劳动者受用人单位的劳动管理，从事用人单位安排的有报酬的劳动；（三）劳动者提供的劳动是用人单位业务的组成部分。用人单位未与劳动者签订劳动合同，认定双方存在劳动关系时可参照下列凭证：（一）工资支付凭证或记录（职工工资发放花名册)、缴纳各项社会保险费的记录；（二）用人单位向劳动者发放的“工作证”、“服务证”等能够证明身份的证件；（三）劳动者填写的用人单位招工招聘“登记表”、“报名表”等招用记录；（四）考勤记录；（五）其他劳动者的证言等。本案丁某提供的工资证、医疗证能够证实丁某自1987年7月在A煤矿工作、A煤矿为其发放工资的事实，应认定双方之间存在劳动关系。

2. 要求A公司开具证明和补缴社保是否属于法院受案范围

《社会保险费征缴暂行条例》明确规定了征缴社会保险费是社保管理部门的职责，社保管理部门与缴费义务主体之间是管理与被管理的法律关系。丁某请求人民法院判令A煤矿为其补缴1987年7月至2002年12月期间社会保险费，不属于人民法院民事案件审理范围，A煤矿作为用人单位未按规定给丁某缴纳社会保险，丁某可向社保管理部门寻求解决。此外，A公司不给丁某出具相应证明，不属于人民法院的受案范围。2013年修订后的《职业病诊断与鉴定管理办法》第二十二条规定："劳动者依法要求进行职业病诊断的，职业病诊断机构应当接诊，并告知劳动者职业病诊断的程序和所需材料。劳动者应当填写《职业病诊断就诊登记表》，并提交其掌握的本办法第二十一条规定的职业病诊断资料"。取消了受理门槛，劳动者只需填写《职业病诊断就诊登记表》，职业病诊断机构就应当接诊，并告知其还需提供哪些资料。第二十四条规定："职业病诊断机构进行职业病诊断时，应当书面通知劳动者所在的用人单位提供其掌握的本办法第二十一条规定的职业病诊断资料，用人单位应当在接到通知后的十日内如实提供"。第二十五条规定："用人单位未在规定时间内提供职业病诊断所需要资料的，职业病诊断机构可以依法提请安全生产监督管理部门督促用人单位提供"。也就是说，用人单位要是拒开证明，安监部门就有责任督促用人单位提供。如果对单位提供的资料有异议，或用人单位解散、破产没法提供资料的，安监部门还要进行调查。此外，劳动者可自主选择职业病诊断机构范围，在用人单位所在地、劳动者本人户籍所在地或经常居住地的诊断机构进行职业病诊断。并在诊断与鉴定过程中享有知情权、选择鉴定专家、隐私受保护等权利。可见，新修订的《职业病诊断与鉴定管理办法》对社会高度关注的职业病诊断与鉴定制度作了比较大的调整和完善，明确了相关部门在职业病诊断与鉴定工作中的协调配合职责，解决了因诊断资料不全而无法进行职业病诊断的问题了，充分体现了方便劳动者、简化程序、制度设置向保护劳动者权益倾斜等特点，使得职业病诊断与鉴定工作进一步规范，劳动者健康权益得到有效保障。

【相关法条】

《关于确立劳动关系有关事项的通知》(劳社部发〔2005〕12号)

用人单位招用劳动者未订立书面劳动合同，但同时具备下列情形的，劳动关系成立：（一）用人单位和劳动者符合法律、法规规定的主体资格；（二）用人单位依法制定的各项劳动规章制度适用于劳动者，劳动者受用人单位的劳动管理，从事用人单位安排的有报酬的劳动；（三）劳动者提供的劳动是用人单位业务的组成部分。

用人单位未与劳动者签订劳动合同，认定双方存在劳动关系时可参照下列凭证：（一）工资支付凭证或记录（职工工资发放花名册）、缴纳各项社会保险费的记录；（二）用人单位向劳动者发放的“工作证”“服务证”等能够证明身份的证件；（三）劳动者填写的用人单位招工招聘“登记表”“报名表”等招用记录；（四）考勤记录；（五）其他劳动者的证言等。

《劳动法》

第七十二条　社会保险基金按照保险类型确定资金来源，逐步实行社会统筹。用人单位和劳动者必须依法参加社会保险，缴纳社会保险费。

第九十一条　用人单位有下列侵害劳动者合法权益情形之一的，由劳动行政部门责令支付劳动者的工资报酬、经济补偿，并可以责令支付赔偿金：（一）克扣或者无故拖欠劳动者工资的；（二）拒不支付劳动者延长工作时间工资报酬的；（三）低于当地最低工资标准支付劳动者工资的；（四）解除劳动合同后，未依照本法规定给予劳动者经济补偿的。

《职业病诊断与鉴定管理办法》

第二十一条　职业病诊断需要以下资料：（一）劳动者职业史和职业病危害接触史（包括在岗时间、工种、岗位、接触的职业病危害因素名称等）；（二）劳动者职业健康检查结果；（三）工作场所职业病危害因素检测结果；（四）职业性放射性疾病诊断还需要个人剂量监测档案等资料；（五）与诊断有关的其他资料。

第二十二条　劳动者依法要求进行职业病诊断的，职业病诊断机构应当接诊，并告知劳动者职业病诊断的程序和所需材料。劳动者应当填写《职业病诊断就诊登记表》，并提交其掌握的本办法第二十一条规定的职业病诊断资料。

第二十三条　在确认劳动者职业史、职业病危害接触史时，当事人对劳动关系、工种、工作岗位或者在岗时间有争议的，职业病诊断机构应当告知当事人依法向用人单位所在地的劳动人事争议仲裁委员会申请仲裁。

第二十四条　职业病诊断机构进行职业病诊断时，应当书面通知劳动者所在的用人单位提供其掌握的本办法第二十一条规定的职业病诊断资料，用人单位应当在接到通知后的十日内如实提供。

第二十五条　用人单位未在规定时间内提供职业病诊断所需要资料的，职业病诊断机构可以依法提请安全生产监督管理部门督促用人单位提供。

第二十六条 劳动者对用人单位提供的工作场所职业病危害因素检测结果等资料有异议，或者因劳动者的用人单位解散、破产，无用人单位提供上述资料的，职业病诊断机构应当依法提请用人单位所在地安全生产监督管理部门进行调查。

职业病诊断机构在安全生产监督管理部门作出调查结论或者判定前应当中止职业病诊断。

第二十八条 经安全生产监督管理部门督促，用人单位仍不提供工作场所职业病危害因素检测结果、职业健康监护档案等资料或者提供资料不全的，职业病诊断机构应当结合劳动者的临床表现、辅助检查结果和劳动者的职业史、职业病危害接触史，并参考劳动者自述、安全生产监督管理部门提供的日常监督检查信息等，作出职业病诊断结论。仍不能作出职业病诊断的，应当提出相关医学意见或者建议。

十一、胡某与A煤矿协议解除劳动合同纠纷案

【案情】

胡某从1998年起在A煤矿从事井下采煤工作，2010年10月6日胡某在采煤工作中晕倒被送到某市医院住院治疗，被诊断为一氧化碳中毒和煤肺，后又经B医院和C医院进行治疗好转出院。2011年6月8日胡某与A煤矿签订《协议书》，内容为：胡某（乙方）于2010年10月6日在A煤矿（甲方）上班时，不慎晕倒，甲方及时安排乙方检查治疗，现已治愈出院，经甲乙双方协商同意，采取一次性处理的办法解决，协议如下："一、甲方支付乙方误工费、营养伙食费、护理费、伤残补助金等费用共计三十二万元，此款分二次支付，第一次签订协议时支付十万元，第二次的二十二万元一个月后支付。二、协议签订后，甲方不管乙方身体状况以后如何，均由乙方自行负担，与甲方无关。三、即日起解除胡某与A煤矿的劳动合同。四、协议签订后，双方不得反悔，乙方不得以任何理由找甲方的麻烦。五、本协议双方签字生效，一式二份，双方各执一份。"2011年10月17日胡某经某市疾病预防控制中心诊断为一期煤工尘肺。2013年9月13日某市人力资源和社会保障局作出工伤认定书认定原告属工伤。2014年8月19日胡某到某市疾病预防控制中心诊断为煤工尘肺一期加重度肺功能损伤。胡某要求A煤矿支付医疗费、一次性伤残补助金、伤残津贴及护理费，A煤矿拒绝赔偿。于是，胡某向法院提起诉讼，请求：1. 依法确认原、被告之间存在劳动关系；2. 判令被告支付原告医疗费、一次性伤残补助金、每月伤残津贴和每月护理费。

【法院审理和判决】

法院经审理认为，胡某通过自愿协商达成解除其与A公司之间劳动关系和工伤赔偿的协议并已全部履行并办理了相关辞退手续，系双方真实意思表示，且

不违反法律、法规强制性的规定，依法应认定有效。且胡某要求确认与 A 公司之间仍存在劳动关系及由被告支付相关费用的请求无事实、法律依据，故判决胡某的诉讼请求不能成立，不予支持。

【争议焦点】

胡某和 A 公司签订的协议书是否有效?

【评析】

最高人民法院《关于审理劳动争议案件适用法律若干问题的解释（三)》第十条："劳动者与用人单位就解除或者终止劳动合同办理相关手续、支付工资报酬、加班费、经济补偿或者赔偿金等达成的协议，不违反法律、行政法规的强制性规定，且不存在欺诈、胁迫或者乘人之危情形的，应当认定有效。"本案胡某在工作中晕倒经住院治疗被诊断为一氧化碳中毒和煤肺，根据该诊断证明书通过自愿协商达成解除其与 A 公司之间劳动关系和工伤赔偿的协议，并已全部履行并办理了相关辞退手续。胡某在签订上述协议时对其患煤肺病的情况知晓，且双方协商同意采取一次性处理的办法解决，并协商解除双方的劳动合同关系，该行为该工伤处理协议系原、被告双方真实意思表示，且不违反法律、法规强制性的规定，依法应认定有效。

【相关法条】

《关于审理劳动争议案件适用法律若干问题的解释（三)》

第十条 劳动者与用人单位就解除或者终止劳动合同办理相关手续、支付工资报酬、加班费、经济补偿或者赔偿金等达成的协议，不违反法律、行政法规的强制性规定，且不存在欺诈、胁迫或者乘人之危情形的，应当认定有效。

十二、刘某与A煤矿劳动争议纠纷案

【案情】

刘某系A煤矿职工，2004年5月24日在井下作业时致右臂骨折，住院治疗37天。2004年9月7日被认定为工伤。2006年1月18日被鉴定为伤残十级。刘某伤前工作不满一个月，当月工资471元，A煤矿按471元/月的工资标准支付刘某6个月的一次性伤残补助金2826元。后双方就工伤保险待遇问题一直未协商一致，刘某于2011年11月20日向市劳动争议仲裁委员会申请仲裁。该委于2012年3月6日作出裁决，裁决A煤矿共支付刘某各项费用15724.8元。刘某不服该裁决，起诉至法院，要求A煤矿支付一次性伤残补助金、停工留薪期工资、住院期间伙食补助费、住院期间护理费、工伤学习班工资、停工待工工资、工资乱扣款、劳动误工费、工资差价、福利待遇等十一项费用共计1240748.8元。

【一审、二审法院审理和判决】

一审法院经审理认为，本案系工伤保险待遇纠纷。刘某系A公司职工，在工作中受伤，并被认定为工伤，应按工伤保险条例的规定享受工伤保险待遇。因A公司未实行工伤保险基金的社会统筹，其工伤保险基金属于企业内部封闭运行，A公司应按工伤保险条例的规定支付刘某相关待遇。因刘某伤前连续在岗不满12个月，故以该省当年的社平工资（10530元/年）为基数计算刘某的工伤保险待遇。刘某所诉超出工伤保险条例规定的请求，不予支持。故依据原《工伤保险条例》第二十九条、第三十一条、第三十五条之规定，做出民事判决如下：（1）A公司支付刘某一次性伤残补助金5365元、停工留薪期工资17374.5元、住院期间伙食补助费555元、住院期间护理费1082.25元，合计24276.75元，扣除A公司已支付的一次性伤残补助金2826元、停工留薪期工资2172.8元，还须支付19280.95元；（2）驳回刘某的其他诉讼请求。案件受理费10元，由A公司负担。

刘某不服，提起上诉。二审法院经审理认为，2004年5月24日刘某因工作受到事故伤害，并被认定为工伤，刘某作为工伤职工有权依据《工伤保险条例》的规定享受工伤待遇。原审判决依据《工伤保险条例》的规定，确定刘某应当享受的一次性伤残补助金、停工留薪期工资、住院期间护理费、住院期间伙食补助费、计算依据及数额正确，予以维持。刘某主张由A公司补发并赔偿患病期间工资、学习班工资、待工、停工工资、福利待遇等费用，不属于工伤保险待遇的给付范畴，不予支持。依据《中华人民共和国民事诉讼法》第一百五十三条第一款第一项之规定，判决：驳回上诉，维持原判。二审案件受理费10元，由刘某承担。刘某不服二审判决，向检察机关申诉。

【再审法院审理和判决】

再审法院经审理认为，二审判决认为本案系工伤保险待遇纠纷，刘某诉求中超出《工伤保险条例》的请求，不予支持，属认定的基本事实缺乏证据证明，导致适用法律确有错误。刘某在A煤矿工作过程中，因发生事故致右臂骨折，2004年9月7日被认定为工伤，2006年1月18日被鉴定为伤残十级，依法应当享受工伤保险待遇。根据原《工伤保险条例》第三十一条的规定，职工因工作遭受事故伤害或者患职业病需要暂停工作接受工伤医疗的，在停工留薪期内，原工资福利待遇不变，由所在单位按月支付。故A煤矿在刘某停工留薪期内，仍应按月发放其所享受的福利待遇。对于刘某要求A煤矿补发和赔偿伤前患病期间工资、工伤学习班工资、停工待工工资、工资乱扣款、劳动误工费、工资差价的诉讼请求，因刘某未能举证证实A煤矿对其发生工伤前所患疾病负有责任，不予支持。判决如下：

（1）撤销某市中级人民法院（2012）七民终字第169号民事判决；

（2）维持某市某区人民法院（2012）新红民初字第62号民事判决第二项；

（3）变更某市某区人民法院（2012）新红民初字第62号民事判决第一项为：A公司于本判决生效之日起十日内支付刘某一次性伤残补助金5265元、停工留薪期工资17374.5元、住院期间伙食补助费555元、住院期间护理费1082.25元、停工留薪期内福利待遇1980元，合计26256.75元，扣除A公司已支付的24276.75元，还须支付1980元。A公司如果未按本判决指定的期间履行给付义务，应当依照《中华人民共和国民事诉讼法》第二百五十三条之规定，加倍支付迟延履行期间的债务利息。一审、二审案件受理费 20 元，由 A 公司负担。

【争议焦点】

工伤保险待遇纠纷的认定。

【评析】

本案中，刘某从申请劳动仲裁再到法院提起诉讼，其诉讼请求都非常明确，即补发工资和福利待遇、给予伤残补助金、给予住院期间伙食补助和误工费等，共计十一项诉求。其诉讼请求中包含的法律关系不仅含有工伤保险待遇纠纷，还含有追索劳动报酬纠纷、福利待遇纠纷等相关法律关系。追索劳动报酬纠纷和福利待遇纠纷也是本案诉讼请求的一部分。一审、二审判决仅以工伤保险待遇纠纷来确定整个案件的案由，并依据此案由确定的法律关系，驳回刘某其他诉讼请求，致使刘某要求 A 公司支付福利待遇的诉讼请求未得到支持，属认定的基本事实缺乏证据证明，导致适用法律确有错误。再审法院的判决在事实认定和法律适用上都是正确的。

【相关法条】

《工伤保险条例》

第三十条　职工因工作遭受事故伤害或者患职业病进行治疗，享受工伤医疗待遇。

职工治疗工伤应当在签订服务协议的医疗机构就医，情况紧急时可以先到就近的医疗机构急救。

治疗工伤所需费用符合工伤保险诊疗项目目录、工伤保险药品目录、工伤保险住院服务标准的，从工伤保险基金支付。工伤保险诊疗项目目录、工伤保险药品目录、工伤保险住院服务标准，由国务院社会保险行政部门会同国务院卫生行政部门、食品药品监督管理部门等部门规定。

职工住院治疗工伤的伙食补助费，以及经医疗机构出具证明，报经办机构同意，工伤职工到统筹地区以外就医所需的交通、食宿费用从工伤保险基金支付，基金支付的具体标准由统筹地区人民政府规定。

工伤职工治疗非工伤引发的疾病，不享受工伤医疗待遇，按照基本医疗保险办法处理。

工伤职工到签订服务协议的医疗机构进行工伤康复的费用，符合规定的，从工伤保险基金支付。

第三十三条 职工因工作遭受事故伤害或者患职业病需要暂停工作接受工伤医疗的，在停工留薪期内，原工资福利待遇不变，由所在单位按月支付。

停工留薪期一般不超过 12 个月。伤情严重或者情况特殊，经设区的市级劳动能力鉴定委员会确认，可以适当延长，但延长不得超过 12 个月。工伤职工评定伤残等级后，停发原待遇，按照本章的有关规定享受伤残待遇。工伤职工在停工留薪期满后仍需治疗的，继续享受工伤医疗待遇。

生活不能自理的工伤职工在停工留薪期需要护理的，由所在单位负责。

第三十七条 职工因工致残被鉴定为七级至十级伤残的，享受以下待遇：（一）从工伤保险基金按伤残等级支付一次性伤残补助金，标准为：七级伤残为 13 个月的本人工资，八级伤残为 11 个月的本人工资，九级伤残为 9 个月的本人工资，十级伤残为 7 个月的本人工资；（二）劳动、聘用合同期满终止，或者职工本人提出解除劳动、聘用合同的，由工伤保险基金支付一次性工伤医疗补助金，由用人单位支付一次性伤残就业补助金。一次性工伤医疗补助金和一次性伤残就业补助金的具体标准由省、自治区、直辖市人民政府规定。